煤炭高等教育“十四五”规划教材

单片机原理及应用开发

主　编　穆莉莉
副主编　张华宇　赵佰亭　马天兵

中国矿业大学出版社
·徐州·

内 容 简 介

本书由浅入深、循序渐进地讲述了 51 单片机的硬件结构、外部资源的使用方法，包括单片机内部结构、汇编指令系统、C51 基础知识、单片机应用系统开发。本书既注重理论基础，又强调实践开发，每个章节都配备了详尽的实例，在 Keil μVision5 集成开发环境编程基础上，通过 Proteus 软件进行实例仿真，展开理论与实践相结合的学习模式。

本书视频教程、教学 PPT 和 Proteus 仿真实例等内容发布于"学银在线"平台，读者可自行观看、下载或在线学习，平台还附有其他丰富的资料供读者参考，为读者使用单片机实现各种检测与控制的实际应用打下基础。平台对书中内容还做了进一步扩展，提供了一些工程综合案例源码和电路，读者在学完基础内容后，可做进一步学习，提升使用单片机解决复杂工程问题的能力。

本书可作为高等工科院校机械类、测控类、电子信息类、计算机类各专业单片机相关课程 32～48 学时的教材，也可作为从事嵌入式应用系统开发、生产从业人员的岗位培训教材及自学教材。

图书在版编目(CIP)数据

单片机原理及应用开发/穆莉莉主编. — 徐州：中国矿业大学出版社，2025. 1. — ISBN 978 - 7 - 5646 - 6614 - 9

Ⅰ. TP368.1

中国国家版本馆 CIP 数据核字第 2025PU3596 号

书　　名　单片机原理及应用开发
主　　编　穆莉莉
责任编辑　何　戈
出版发行　中国矿业大学出版社有限责任公司
（江苏省徐州市解放南路　邮编 221008）
营销热线　(0516)83885370　83884103
出版服务　(0516)83995789　83884920
网　　址　http://www.cumtp.com　**E-mail**：cumtpvip@cumtp.com
印　　刷　江苏淮阴新华印务有限公司
开　　本　787 mm×1092 mm　1/16　**印张** 20.75　**字数** 531 千字
版次印次　2025 年 1 月第 1 版　2025 年 1 月第 1 次印刷
定　　价　48.00 元

前　言

单片机原理及应用开发是工科院校普遍开设的一门专业核心课，旨在通过对单片机的学习，使学生掌握单片机软硬件系统的工作原理及单片机应用系统的开发设计，为以后从事高性能单片机和嵌入式系统开发奠定理论和实践基础。

本书针对具有C语言基础的单片机初学者，既注重基础理论，又注重实践，内容系统全面，图文并茂。需要说明的是，本书并没有将汇编语言内容删除，虽然现在51单片机大部分采用C51语言开发，但为保持内容的系统性和完整性，编者斟酌再三，决定保留汇编语言章节的内容，同时汇编语言也可以帮助读者从“底层”理解单片机的硬件知识。本书从I/O接口流水灯实践入门，到简易波形发生器、数字电压表、IC卡水表、温度控制系统等复杂工程实例，结合Proteus仿真调试，由浅入深、循序渐进，使读者能够从理论到实践真正掌握单片机相关知识，具备良好的单片机理论基础和综合实践能力。

本书共由10章组成，内容编排上由浅入深、循序渐进。第1章为绪论，主要介绍了单片机的定义、发展及应用领域。第2章、第5～7章为单片机硬件结构基础知识，书中安排了大量实例，带领读者一步步完成单片机的入门；第2.6、2.7节详细介绍了Keil μVision5集成开发环境和Proteus仿真软件的使用方法。第3～4章系统介绍了汇编语言、C51语言及程序设计，为单片机编程打下坚实的基础。第8～9章为系统的扩展技术和AD/DA转换技术，书中提供了关于人机交互、基于IIC总线的存储器技术、模拟量数据采集及DAC模拟量输出等丰富的实践案例。第10章以一个温度采集控制系统详述了工程实际系统的软硬件开发过程，具有很强的实践性。

本书配套视频教学网站为 https://www.xueyinonline.com/detail/219265712，可以满足读者自主学习的需求。

本书由安徽理工大学与山东科技大学教材编写组编写，编写组成员均为多年从事单片机课程教学的教师，具有丰富的单片机教学及系统开发实践经验。本书第 1、第 2、第 7 章由安徽理工大学穆莉莉编写，第 3～6 章由山东科技大学张华宇编写，第 8～10 章由安徽理工大学赵佰亭编写，部分 Proteus 仿真由安徽理工大学陈惠编写，全书校验由安徽理工大学马天兵完成。

编者自认才疏学浅，更兼时间所限，书中错谬之处在所难免，若蒙读者不吝告知，将不胜感激。联系邮箱：nlgm0611@163.com。

编　者

2024 年 12 月

目　录

第 1 章　绪论 …… 1

1.1　单片机的定义 …… 1

1.2　单片机的发展趋势 …… 2

1.3　单片机主要生产厂家 …… 5

1.4　单片机的应用 …… 6

1.5　如何学习单片机 …… 8

1.6　习题 …… 9

第 2 章　MCS-51 单片机结构 …… 11

2.1　单片机外部特性 …… 11

2.2　MCS-51 单片机内部结构 …… 20

2.3　存储器及寄存器 …… 24

2.4　并行 I/O 口 …… 30

2.5　I/O 口的四个编程实例 …… 34

2.6　Keil C51 集成开发环境与实例 …… 48

2.7　Proteus 仿真简介 …… 59

2.8　习题 …… 71

第 3 章　MCS-51 单片机指令系统 …… 73

3.1　概述 …… 73

3.2　寻址方式 …… 75

3.3　数据传送指令 …… 80

3.4　算术运算类指令 …… 84

3.5　逻辑运算指令 …… 88

3.6　控制转移指令 …… 91

3.7　子程序调用和返回指令 …… 94

3.8　位操作指令 …… 95

3.9　汇编语言程序设计 …… 98

3.9　习题 …… 101

第 4 章　C51 及 C51 程序设计 …… 103

4.1　C51 语言概述 …… 103

4.2 C51 语言与标准 C 语言 …… 104
4.3 C51 语法基础 …… 105
4.4 C51 对 MCS-51 单片机的访问 …… 110
4.5 C51 结构化程序设计 …… 114
4.6 程序设计实例 …… 119
4.7 习题 …… 124

第 5 章 中断系统结构及管理 …… 126
5.1 中断的引入与基本概念 …… 126
5.2 跟中断有关的寄存器 …… 129
5.3 中断响应过程 …… 132
5.4 中断请求的撤除 …… 135
5.5 中断 C 语言编程 …… 135
5.6 中断应用实例 …… 136
5.7 习题 …… 143

第 6 章 定时/计数器 …… 145
6.1 定时/计数器的结构 …… 145
6.2 控制寄存器 …… 146
6.3 定时/计数器的工作方式 …… 148
6.4 定时/计数器的初始化 …… 155
6.5 应用实例 …… 156
6.6 习题 …… 162

第 7 章 串行通信及其接口 …… 164
7.1 基本概念 …… 164
7.2 MCS-51 串行口的内部结构 …… 166
7.3 控制寄存器 SCON、PCON …… 167
7.4 串口工作方式及其应用实例 …… 169
7.5 RS232C、RS485 接口及通信实例 …… 195
7.6 习题 …… 205

第 8 章 MCS-51 系统扩展技术 …… 208
8.1 概述 …… 208
8.2 显示器技术 …… 208
8.3 键盘接口 …… 230
8.4 串行 E2PROM 存储器 AT24CXX 及其应用 …… 241
8.5 习题 …… 260

第 9 章　ADC 转换设计 …… 263
9.1　D/A 转换与 DAC0832 应用 …… 263
9.2　A/D 转换与 ADC0809 应用 …… 277
9.3　工程实例——简易数字电压表的设计 …… 281
9.4　习题 …… 289

第 10 章　单片机应用系统设计与开发 …… 291
10.1　单片机系统的设计开发过程 …… 291
10.2　单片机系统的可靠性技术 …… 298
10.3　系统开发实例——温度控制系统的设计 …… 300
10.4　习题 …… 322

参考文献 …… 323

第1章 绪　论

1.1 单片机的定义

单片微型计算机，简称单片机(SCM：Single Chip Microcomputer)，是微型计算机的一个分支，它是在一块大规模或超大规模集成电路芯片上集成中央处理器(CPU：Central Processing Unit)、随机存取存储器(RAM：Random-Access Memory)、只读存储器(ROM：Read-Only Memory)、定时/计数器、串行通信接口和各种输入/输出(I/O：Input/Output)接口等设备构成的微型计算机。单片机最初为实时控制应用而设计制造，又称为微控制器MCU(Micro Controller Unit)。早期的单片机集成度不高，内部主要集成了CPU、时钟、ROM、RAM、定时器/计算器、串行通信接口、I/O外设接口等，如图1-1所示。随着半导体技术的进步，单片机的集成度越来越高，性能越来越强，芯片内部远不止这几个功能模块，甚至可将一个计算机系统都集成到芯片中。

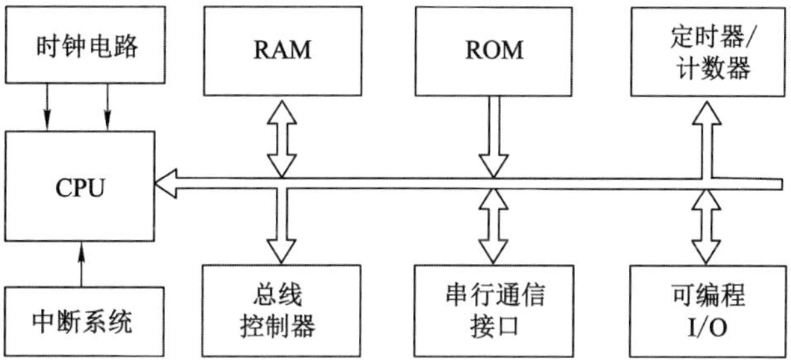

图1-1　单片机内部结构

单片机具有集成度高、体积小、速度快、功能强、功耗低等特点。近年来，随着微电子技术的飞速发展，单片机的功能日渐强大，在集成度、功能、性能、体系结构等方面都有了飞速发展，已能集成一个完整的功能强大、性能优良的计算机应用系统。单片机在工业控制、智能仪器仪表、数据采集与处理、通信、智能接口、商业等领域得到了广泛的应用，诸如家用电器、手机、PC外围、遥控器、汽车电子、工业上的步进马达、机器手臂的控制等，都可见到MCU的身影。

单片机外部看起来是一个在黑色塑料外壳上包含若干个引脚的芯片，如图1-2所示。它的内部在塑料基底的中央有一个微型的芯片，还有连接芯片和单片机管脚的细导线，单片机的主要部分是芯片，细导线起到了在芯片和管脚之间传递信号的作用。

(a) 单片机外观

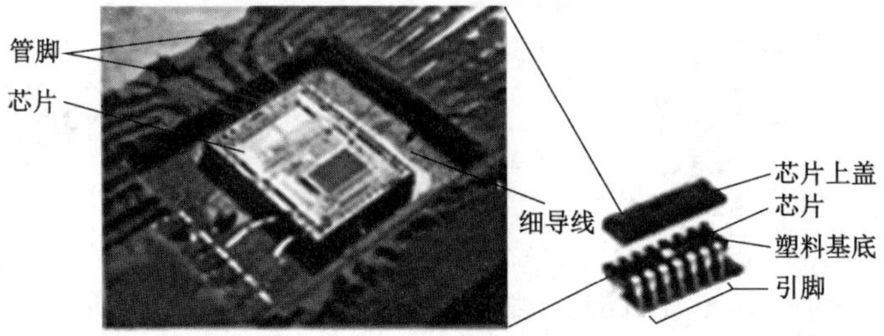

(b) 单片机内部结构

图 1-2　单片机外观与内部结构

1.2 单片机的发展趋势

单片机发展至今已 50 余年，追溯它的历史，可以从微处理器的历史讲起。1971 年，Intel(英特尔)公司研制出世界上第一个 4 位微处理器芯片 4004，它标志着第一代微处理器问世，因发明微处理器，Intel 公司的霍夫还被英国《经济学家》杂志列为第二次世界大战以来最有影响力的 7 位科学家之一。4004 最初专为日本 Busicom 公司设计制造，用于计算器产品，它包含 2 300 个晶体管，尺寸规格为 3 mm×4 mm，频率 108 kHz，计算速度 6 万次/s，采用 10 μm 制程，最初售价为 200 美元，这些性能参数早已被后来者全面超越，但它是世界上第一款商用计算机处理器。Intel 公司同时还推出了另外三款芯片——4001ROM 芯片、4002RAM 芯片和 4003 十位移位寄存器芯片，它们和 4004 微处理器一起组成 MCS-4 微型计算机系统。

从 4004 到目前主流的酷睿系列，Intel 微处理器不断发展。在这个历程当中，有一款芯片功不可没，它就是 1974 年 Intel 公司研制的 8 位微处理器 8080，以 N 沟道 MOS 电路取代了 P 沟道，第二代微处理器就此诞生。8080 芯片主频提升到 2 MHz，具有可存取 64 KB 的存储器，使用了基于 6 μm 的技术，拥有 6 000 个晶体管，处理速度为 0.64 MIPS(Million Instructions Per Second)。8080 被广泛应用于各种控制系统和嵌入式系统，包括世界上首款个人电脑 Altair8800。Intel 公司 8080 微处理器的成功，促使不少半导体公司推出与 8080 兼容的芯片，最为成功的是 Zilog 公司的 Z80 微处理器，将 Z80、RAM、ROM 和输入输出接口都组合在一块 PCB 电路板上，就组成了 Z80 单板机。20 世纪 80 年代末 90 年代初，Z80 单板机被广泛应用于 PC 机接口扩展和工业控制领域，Z80 单板机在中国市场被广泛地应用。

自从 8080 出现后，微型处理器的应用有了两个主要方向，一个是微型计算机，另一个是工业微控制器。通用微处理器很难兼顾两个方向的不同发展需求，这时候出现了独立的单片微控制器，也就是单片机。单片机的发展经历了五个阶段。

第一阶段(1974—1976 年)：单片机的初级阶段。美国 Fairchild Semiconductor(仙童半导体公司)推出了第一款单片机 F8。由于受到工艺和集成度的限制，需采用双片形式，F8

(也就是3850)必须外接一块3851芯片，才能构成一个完整的计算机系统，因此F8还不能称得上是真正的单片机。3850为8位CPU，64 KB RAM，2个并行口，3851芯片内部有1 KB的ROM，1个定时/计数器，2个并行口。随后，Mostek(莫斯泰克)公司和仙童公司一起推出了与F8兼容的3870单片机系列。该阶段，单片机主要的应用领域是家用电器、计算器和玩具。仙童公司曾经是世界上最大最富创新精神的半导体生产企业，为硅谷的成长奠定了坚实的基础，是电子和电脑业界的"西点军校"。

第二阶段(1976—1978年)：低性能8位单片机阶段。1976年，Intel公司研制出MCS-48系列单片机，单片机的发展进入了低性能8位单片机阶段。单片机内集成有8位CPU，64～256 B RAM，1～4 KB ROM，2个8位定时器，若干8位并行口等，是一个真正的单片机，但内部没有集成串行口，而且存储容量较小，主要应用领域包括一般工业控制和智能化仪表。

第三阶段(1978—1983年)：高性能8位单片机阶段。1980年，Intel公司在MCS-48单片机的基础上，推出了具有里程碑意义的MCS-51单片机，奠定了典型的通用总线型单片机体系结构。其应用领域包括工业控制和智能终端，最具代表性的是Intel公司的MCS-51单片机。它和Zilog(齐格洛)公司的Z8、Motorola(摩托罗拉)公司的6801形成了三足鼎立的局面。20世纪80年代，Intel公司发展重心转移到PC机微处理器领域，将8051内核以专利互换或技术转让的方式授权给许多国际著名的半导体生产厂家，形成了目前占有市场份额最多的51系列单片机。这些半导体公司所推出的单片机与8051完全兼容，并且在性能、功能、电压范围、功耗、频率范围等方面进行了改进，这一类单片机被称为增强型51单片机。不同厂家在发展80C51系列时，都保证所有型号产品具有良好的兼容性，包括指令兼容、总线兼容和引脚兼容。为满足不同测控对象要求，增强型单片机增加了多种片上外设，如模拟量输入输出A/D和D/A，脉宽调制器PWM，高速输入输出通道HSI/HSO，总线接口I2C、SPI、CAN，看门狗WDT，掉电不丢失数据存储器EEPROM等。有几十家半导体厂商推出过51单片机，包括国外著名的芯片制造厂商，也有不少国内厂商。这里仅列举三种在国内市场使用比较广泛的51单片机：美国ATMEL(爱特梅尔)公司的AT89C系列和AT89S系列，如AT89C51、AT89C52、AT89S51、AT89S52、AT89C51ED2等；荷兰恩智浦公司的P89系列和LPC900系列，如P89C51X2、P89C52X2、LPC900；我国深圳宏晶科技有限公司的STC89、STC10、STC12、STC15、STC8系列等，如12系列中的12C5A60S2单片机指令代码完全兼容传统8051，速度比51单片机快8～12倍，内部集成MAX810专用复位电路，2路PWM，8路高速10位A/D转换(250 KB/s)，针对电机控制、强干扰场合。

第四阶段(1983—1990年)：8位巩固发展和16位的推出阶段。1982年，Intel公司推出了MCS-96系列16位单片机，单片机进入8位巩固发展和16位的推出阶段，也就是单片机向微控制器阶段发展。Intel公司又于1987年和1988年相继推出了80C196、87C196单片机，16位单片机凭借其高性能可以应用于工业控制、智能仪器仪表、便携式设备、电机控制场合等。但是16位单片机并没有获得广泛应用，主要原因是8位单片机已经能够满足大多数应用需求，而且很多8位高性能单片机不断问世，而当时16位的单片机性价比不高，竞争力不足。

第五阶段(1990年至今)：高水平发展阶段。从20世纪90年代开始，单片机进入高水平发展阶段，单片机在集成度、功能、速度、可靠性、应用领域等方面获得了全面发展。具体来说，单片机的发展方向是高集成度、高性能、低功耗等。高集成度是指内置了多种 I/O 接口和外围电路。有的单片机内部采用双 CPU、精简指令系统 RISC、流水线技术，有的还集成了数字信号处理模块 DSP，功耗可以低到微瓦级，大大提高了单片机的性能。单片机中高端的 32 位片上系统（SOC：System On Chip）主频已经超过 300 MHz，性能直追 20 世纪 90 年代中期的专用处理器。当代单片机系统已经不再只在裸机环境下开发和使用，大量专用的嵌入式操作系统被广泛应用在全系列的单片机上。作为掌上电脑和手机核心处理器的高端单片机甚至可以直接使用专用的 Windows 和 Linux 操作系统。

单片机技术正以惊人的速度向前发展，未来将以各自独特的优点或先进的技术参与市场竞争。

(1) CPU 的发展：增加 CPU 的字长或提高时钟频率均可提高 CPU 的数据处理能力和运算速度，CPU 的字长已有 8 位、16 位、32 位和 64 位，时钟频率也已发展到 20 MHz 以上。标准的 8051 单片机一个机器周期要占用 12 个时钟周期，执行一条指令至少要一个机器周期，而现在的单片机执行指令的速度大大提高了，如 Cygnal 公司的 C8051FXXX 系列是全集成混合信号的片上系统 SOC 单片机，该处理器 70%以上的指令可以在 1～2 个时钟周期内完成，只有 4 条指令需要 4 个以上的时钟周期。Atmel 公司的 AT90 系列单片机采用精简指令集架构 RISC(Reduced Instruction Set Computer)结构的单片机，该系列单片机可在一个时钟周期执行一条指令，即在执行前一条指令时就取出下一条指令，然后以一个时钟周期执行。STC 最快的 8051 单片机，相同时钟频率下比传统 8051 快 12 倍以上，绝大部分指令 1 个时钟周期完成，使用四级流水线。还有一些厂家为了在不提高时钟频率的条件下加快单片机的运算速度，改善了单片机的内部时序。Motorala 单片机和意法半导体(ST)的 SRM32 等单片机使用了锁相环技术或内部倍频技术，使内部总线速度大大高于时钟发生器的频率。STM32 单片机外部使用 8 MHz 的时钟晶振，经过锁相环倍频后内部时钟可达 72 MHz。

(2) 片内存储器的发展：早期单片机的片内存储器，一般 RAM 为 64～128 B，程序存储器 ROM 为 1～2 KB，新型单片机的 RAM 在 256 B 以上，片内程序 ROM 采用了快速闪存(Flash)技术，在 5 V 电压下进行程序的烧录，容量可多达 128 KB 以上，STM32F103 有些单片机 Flash 可高达 512 KB。由于采用了 Flash 技术，因此在线编程 ISP(In-System Programming)和在应用中编程技术 IAP(In Application Programming)得以实现。这里补充解释 ISP 和 IAP 两个概念。ISP 是内部的存储器可以由上位机的软件通过串口来进行改写。对于单片机来讲可以通过 SPI 或其他的串行接口接收上位机传来的数据并写入存储器中。所以即使将芯片焊接在电路板上，只要留出和上位机接口的这个串口，就可以实现芯片内部存储器的改写，而无须再取下芯片。IAP 的实现相对要复杂一些，在实现 IAP 功能时，单片机内部一定要有两块存储区，一般一块被称为 BOOT 区，另外一块被称为存储区。单片机上电运行在 BOOT 区，如果有外部改写程序的条件满足，则对存储区的程序进行改写操作。如果外部改写程序的条件不满足，那么程序指针跳到存储区，开始执行放在存储区的程序，这样便实现了 IAP 功能。

(3) 加强 I/O 接口功能：最初的单片机，片内只有并行输入/输出接口、定时/计数器，功能比较弱，集成度较低，实际应用中还需要接口功能扩展，增加了系统复杂性，也降低了系统稳定性。新型单片机内的接口无论从类型上还是从数量上都有了很大的发展，功能得到提高，系统结构也大大简化了。例如有些单片机的并行 I/O 口能直接输出大电流和高电压，可直接驱动数码管、液晶显示器等。集成在片内的部件也越来越多，常见的有 A/D、D/A、串行通信接口、看门狗电路、网络控制模块、脉宽调制模块等。

(4) 半导体工艺技术的发展：早期的单片机采用 PMOS 工艺，随后逐渐采用 NMOS、HMOS、CMOS 工艺，现在单片机基本上都采用 CMOS 工艺。CMOS 工艺制作的单片机本身具有低功耗的优点，为了进一步降低功耗，很多单片机设置了等待(Wait)、停止(Stop)和睡眠(Sleep)等低功耗的工作方式。例如 TI 公司的 MSP430 系列单片机，工作电压为 3 V，最低功耗可低至 0.1 μA 电流。CMOS 工艺还使得单片机的工作电压范围加宽，一般都可以在 3～6 V 的条件下工作。目前有的单片机工作电压更低，如 TI 公司的 MSP430 系列单片机工作电压可低到 2.2 V。

半导体技术的发展，还使得芯片的集成度得到大幅度的提高，当前大部分采用 0.6 μm 以下的工艺，有的采用 0.13 μm 工艺，使得一块硅芯片上集成的功能部件更多。

1.3 单片机主要生产厂家

在单片机的大家族里，除了 51 单片机，还有几大主流单片机及生产厂家。

P89C51XX 系列单片机是荷兰飞利浦公司在兼容 MCS-51 内核结构的基础上对标准的 MCS-51 内核进行改进后推出的增强型 MCS-51 单片机系列。芯片型号命名上，P 代表是 Philips 的产品，89 代表芯片内带有非易失性 Flash 程序存储器(早期还有与 Intel 命名上一致的内置 ROM/OTP 的 80 系列和内置 EPROM 的 87 系列)，C 代表 CMOS 工艺制造。51/52/54/58 代表芯片内 Flash 程序存储器的容量分别为 4 KB/8 KB/16 KB/32 KB，还用后缀名区分为 X2、Rx2 等不同系列。

MSP430 是德州仪器 TI 公司的产品，它是 16 位超低功耗单片机。TMS 是 TI 公司推出的 8 位单片机，适用于复杂实时控制场合，如汽车电子、工业电机控制领域等。

STM32 是 ST 公司从 2007 年开始陆续推出的一系列基于 32 位 Cortex-M 构架的 MCU 产品，由于成本低、性能高、技术资料全面、官方固件库易学易用，市场占有率非常高。很多学习者在学完 51 单片机之后，会继续学习 STM32 单片机。STM32 在最初发布的时候，共推出 14 个不同的型号，它们被分为两个版本：最高 CPU 时钟为 72 MHz 的“增强型”和最高 CPU 时钟为 36 MHz 的“基本型”。不同版本的 STM32 器件在引脚功能和应用软件上是兼容的，以 STM32ZET6 为例，其内部拥有 64 KB 的 SRAM、512KB 的 FLASH、112 个 I/O 接口、5 个 USART、18 个 ADC 通道等丰富的外设接口，卓越的性能使其成为开发者们的首选。

PIC 是美国微芯公司的产品，具有低工作电压、低功耗、强驱动能力等特点，主要应用于汽车电子、家电、机电一体化、仪器仪表等场合。PIC 8 位单片机具有指令少、执行速度快等优点，主要原因是 PIC 系列单片机在结构上与其他单片机不同，该系列单片机引入了原用于小型计算机的双总线和两级指令流水线结构。这种结构与一般采用 CISC(Complex Instruction Set Computer)的单片机在结构上是有不同的。PIC 单片机系列封装引脚最少的是 8 引脚(如 PIC12C5XX 和 PIC12C6XX)，多的可达 84 引脚(如 PIC17C76X)，其中 I/O(输入/输出)口线的数量与 PIC 单片机产品的型号有关。8 脚封装的 I/O 口线是 6 根线，而 84 脚封装的 I/O 口线多达 66 根。

AVR 单片机是 ATMEL 公司 1996 年研制的产品，具有高性能、高速度、低功耗等特点。目前 AVR 单片机有 UC3、XMEGA、megaAVR、tinyAVR 等几大系列过百种型号供设计时选择。AVR 是相当成功的一款单片机，较 51 单片机，功能提高了好几个档次，且外设很丰富，一般项目都能满足。如 ATMEGA128 单片机（图 1-3），具有 128 B Flash、4 KB 内部 SRAM、2 个 8 位定时器、2 个 16 位定时器、2 路 8 位 PWM、6 路（2～16 位）可编程 PWM、8 路 10 位 ADC、2 个串行 UARTH、SPI，还有看门狗定时器、JTAG 接口、53 个 I/O 口线等，功能十分强大。

图 1-3　ATMEGA128 单片机

Freescale（飞思卡尔）单片机，产品系列全，从低端到高端，从 8 位到 32 位。飞思卡尔公司 2004 年从摩托罗拉分离，2015 年被恩智浦并购。近年来飞思卡尔支持国内高校举办飞思卡尔智能车大赛，得到大学生的广泛参与。飞思卡尔的 S12 是一个非常成功的芯片系列，在全球以及中国范围内被广泛应用于各种汽车电子应用中。例如引擎管理、安全气囊、车身电子、汽车网络和资讯娱乐等。

其他还有一些 8 位单片机的生产厂家和部分主要机型，如 Motorala（美国摩托罗拉公司）的 6805 系列，Cypress（美国赛谱拉斯半导体）的 C8051Fxxxx 系列，National（日本松下公司）的 MN6800 系列，NEC（日本电气公司）的 μCOM87 和 μPD7900 系列，我国台湾华邦 W77、W78 系列单片机，美国 ADI 公司的 ADμC812 单片机等。

1.4　单片机的应用

单片机的应用领域十分广泛，可以说无处不在，如智能仪表、工控设备、机器人、通信设备、导航系统、家用电器等。各种产品采用单片机后，能使产品升级换代，常在产品名称前冠以“智能”，如智能洗衣机、智能冰箱、智能洗碗机、智能机器人、智能血压计等。单片机的应用领域如图 1-4 所示。

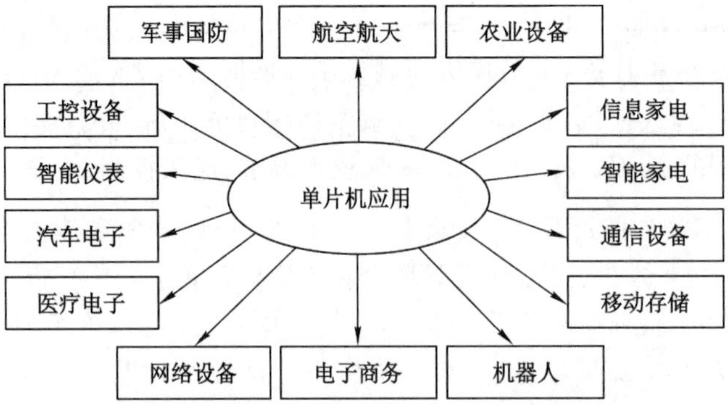

图 1-4　单片机的应用领域

图 1-5 所示是欧姆龙公司的一款智能电子语音血压计，主要由袖带、气泵、放气阀、压力

传感器、信号调理电路、液晶显示模块和单片机控制电路组成。电子血压计基本原理为：首先由气泵对袖带加压，检测压力传感器的反馈值，直至袖带中的气压能够阻断肱动脉血流，即直到压力大于典型数值，气泵才停止工作。然后，控制放气阀打开，进行缓慢放气，当袖带中的气压与人体心脏收缩压相等时，动脉血流将再次流通，开始出现脉动，脉动的大小代表了由心脏收缩所产生的压力变化，也用于计算心跳的速率，从而使压力传感器的反馈值发生改变，此时记录的压力值即为人体的收缩压；保持放气阀继续缓慢放气，直至压力传感器的反馈信号不发生改变，这时记录的压力值即为人体的舒张压。电子语音血压计系统中，配置有两个压力传感器，用于测量压力。单片机用于接收压力传感器发出并经 A/D 转换器转换的信号、控制气泵压力、控制阀门的开关、控制液晶显示、控制语音播报，还用于对得到的数据根据算法进行分析处理。

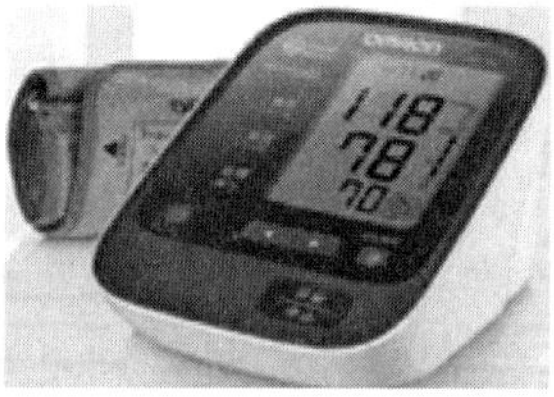

(a) 实物

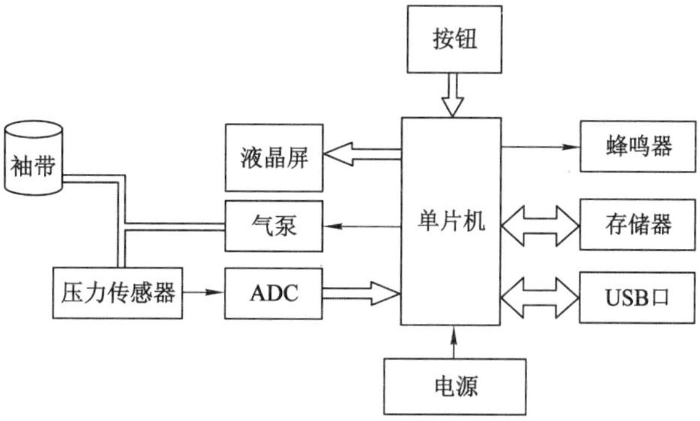

(b) 控制原理框图

图 1-5 电子血压计

图 1-6 所示为工业流水线控制系统，系统中包含 1 个纸箱传送带、1 个工件传送带、2 个光电传感器、2 组数码管显示器、1 个单片机控制系统。系统中两个电机控制纸箱传送带的运行，由另两个电机控制工件传送带的运行；一个光电传感器检测纸箱的个数，另一个光电传感器检测工件的个数；2 个显示器分别用来显示纸箱个数与工件个数。系统工作时，单片机对 4 个电机分别进行控制，包括速度、启停等。2 个光电传感器实时监测纸箱的个数与工件的个数，并分别送给单片机，由单片机控制显示器实时显示纸箱个数与工件个数。

单片机在汽车上的应用也非常广泛，高端车型中每辆车用到的 MCU 数量接近 100 个，主要涉及电子控制单元 ECU、转速调节、皮带位置调节、通风控制、安全气囊控制、电子开关与照明、车窗和天窗控制、座椅调节、胎压控制、防盗报警、转向控制、汽车仪表、车载记录仪、智能后视镜、电池管理系统等。例如，汽车的转动大灯智能照明系统能够根据汽车方向盘的角度、车辆偏转率和行驶速度，不断对大灯进行动态调节，适应当前的转向角，保持灯光方向与汽车的当前行驶方向一致，以确保对前方道路提供最佳照明并为驾驶员提供最佳可见度，从而显著增强黑暗中驾驶的安全性。早期，汽车中应用的主要是 8 位和 16 位 MCU，但随着汽车电子化和智能化不断加强，所需要的 MCU 数量与质量也不断提高。当前，32 位 MCU 在汽车 MCU 中的占比已经达到了约 60%，其中 ARM 公司的 Cortex 系列内核，因其成本低廉，功耗控制优异，是很多汽车 MCU 厂商的选择。随着人工智能时

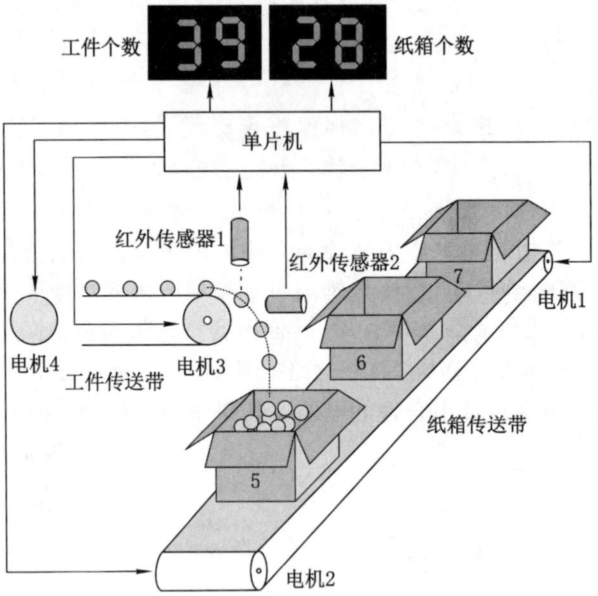

图 1-6 工业流水线控制系统

代的来临，无人驾驶汽车是未来汽车的发展方向，无人驾驶汽车上的单颗处理器芯片 AI 算力达到了 128 TOPS(Tera Operations Per Second)，1 TOPS 代表处理器每秒钟可进行一万亿次操作。

目前，人工智能已经逐渐渗透到各个领域，将单片机与人工智能相结合，为实现智能化的嵌入式系统提供了新的途径。例如，单片机可以作为数据采集设备，采集各种传感器的数据，并进行预处理。这些数据可以用于人工智能算法的训练和推理，提高算法的准确性和可靠性。单片机可以在边缘设备上进行计算，实现对数据的实时处理和分析。这种边缘计算的方式可以减少数据传输的延迟和带宽需求，提高系统的响应速度和可靠性。单片机也可将训练好的人工智能模型部署到边缘设备上，并进行推理，实现对设备的智能化控制和监测，提高设备的智能化水平。未来，随着芯片技术和算法的不断进步，单片机的计算能力将得到提升，从而更好地支持人工智能应用。同时，单片机在物联网、智能家居等领域的应用需求也将推动人工智能和单片机的进一步结合。我们可以期待，单片机的人工智能应用将更加广泛，并为各个领域带来更多便利和创新。

1.5 如何学习单片机

单片机的学习特别强调理论与实践相结合，学习者最好能够有一块 51 单片机开发板供自己反复练习，只有在反复实践中才能提高单片机的学习水平。对于调试过程中出现的错误应反复推敲，修改错误是提高单片机水平和能力的最佳途径。

(1) 学习单片机需要有相应的工具软件，51 单片机源代码的编写、编译、调试在 KEILC51 集成开发环境中，该软件的使用将在第 2.6 节中详细介绍。

(2) 程序的仿真可以在 Proteus 软件中进行。近年来出现的单片机仿真设计软件

Proteus 可以当成一种非常高效的辅助教学手段,用户只需要在 PC 上即可获得接近全真环境下的单片机技能培训,为学习者提供极大的便利。有关 Proteus 软件的使用方法将在第 2.7 节中介绍。本书实际案例均采用 Proteus 软件进行了仿真调试,在书中展示出来供学习者学习验证。如果有一块开发板,那么尽可能在开发板中实际运行,查看实际运行效果。

(3) 要求学习者具备扎实的 C 语言基础。51 单片机程序开发可采用汇编语言或 C51 语言实现,本书将简单介绍汇编语言及程序,考虑到目前实际工程程序开发的主流,本书中程序的编写将以 C51 语言为主。单片机 C51 语言是由 C 语言发展而来的,和 C 语言不同的是,C51 语言运行于单片机平台,而 C 语言则运行于普通的桌面平台。C51 语言语法结构和标准 C 语言基本一致,只进行了少量的扩展,具体内容将在第 4 章中介绍。

(4) 学习者也要有一些模拟电路、数字电路的基础知识,在进行单片机系统设计的时候这些电路知识会帮助学习者设计出合理的电路。如果学习者能用 PROTEL 或 AD(Altium Designer)计算机电路绘图软件进行原理图的绘制那是再好不过的事情了。即使不会画图,也需要具备看图识图的能力。

(5) 单片机的学习要做到触类旁通,在有了 51 单片机的基础之后,自学其他单片机会变得容易一些,学习者需要做的是了解新单片机有哪些软硬件资源,如何配置。开发流程与 51 单片机是类似的,有时候开发工具也是通用的。任何一个单片机应用系统,其背后都蕴含着相当丰富的知识,既有模拟电路、数字电路的知识,也有通信、网络、软件、机电一体化等知识,大家可以深入研究一个复杂工程案例,触类旁通,举一反三,这样在做其他系统的时候便能很快上手。

1.6 习题

一、单项选择题(基础知识回顾)

(1) 十进制数 56 的二进制数是(　　)。

A. 00111000B　　B. 01011100B

C. 11000111B　　D. 01010000B

(2) 十进制 38500 的二进制数是(　　)。

A. 1001011001100101B　　B. 1001011001100100B

C. 1001011001100111B　　D. 1001011001101000B

(3) 二进制数 10011111B 是十进制数(　　)。

A. 150　　B. 155　　C. 159　　D. 160

(4) 二进制数 11100011B 的十六进制数是(　　)。

A. C3H　　B. D3H　　C. E3H　　D. F3H

(5) 十六进制数 5EH 的二进制数是(　　)。

A. 01011110B　　B. 01011001B　　C. 01010110B　　D. 01011100B

(6) MCS-51 系列单片机是(　　)位的单片机。

A. 4 位　　B. 8 位　　C. 16 位　　D. 32 位

(7) 单片机的发展趋势中没有包括在内的是(　　)。

A. 高性能　　B. 高价格　　C. 低功耗　　D. 高性价比

(8) STM32 系列单片机是(　　)位的。

A. 8　　B. 16　　C. 32　　D. 64

(9) 单片机又称微控制器，其英文缩写为(　　)。

A. SCM　　B. CPU　　C. MCU　　D. MCP

(10) 家用电器如冰箱、空调、洗衣机中使用的单片机主要是利用了它的(　　)能力。

A. 高速运算　　B. 海量存储　　C. 远程通信　　D. 测量控制

(11) 苹果手机中用的微处理器采用(　　)芯片。

A. STM32　　B. 麒麟 990　　C. 骁龙 845　　D. 基于 ARM 的微处理器

(12) 单片机由(　　)、(　　)、(　　)、定时/计数器、UART、PWM 等部分组成。

A. CPU　ROM　RAM　　B. CPU　存储器　I/O

C. RAM　ROM　I/O　　D. CPU　RAM　I/O

二、填空题

(1) SOC 的英文为____________________，为片上系统，其主要的技术发展方向是：寻求应用系统在芯片上的最大化解决方案。

(2) 1 Word=__________ Byte，1 Byte=__________ bits。

三、简答题

(1) 微处理器、微计算机、单片机三者之间有何区别？

(2) 单片机的发展大致分为哪几个阶段？

(3) 单片机根据其基本操作处理的位数可分为哪几种类型？

(4) 单片机主要应用在哪些领域？

(5) MCS51 系列单片机的内部资源有哪些？

(6) 查阅资料了解某个领域内一款智能电子产品，并写出一份技术总结报告。

第 2 章　MCS-51 单片机结构

2.1　单片机外部特性

2.1.1　MCS-51 主要产品

MCS-51 主要产品有 51 和 52 两个子系列，具体如下：

(1) 51 子系列：8031/80C31、8051/80C51、8751/87C51。

(2) 52 子系列：8032/80C32、8052/80C52、8752/87C52。

51 子系列单片机主要有 8031、8051、8751、80C31、80C51、87C51 等型号，它们的结构基本相同，主要差别是存储器的配置上有所不同。8031 内部没有 ROM，8051 内部设置有 4 KB 的掩膜 ROM，8751 有 4 KB 的 EPROM，80C51 是内部为 4 KB 的 EEPROM，C 表示采用 CHMOS 工艺制造。

52 子系列单片机主要有 8032、8052、8752、80C32、80C52、87C52 等型号，ROM 容量为 8 KB，片内 RAM 容量提高到 256 B，计数器增加了一个。表 2-1 所示为 51 系列和 52 系列单片机的参数。

表 2-1　51 系列和 52 系列单片机的参数

系列	片内 ROM 形式			片内 ROM 容量	片内 RAM 容量	寻址范围	I/O 特性			中断源
	无	ROM	EPROM				计数器	并行口	串行口	
51	8031	8051	8751	4 KB	128 B	2×64 KB	2×16	4×8	1	5
	80C31	80C51	87C51	4 KB	128 B	2×64 KB	2×16	4×8	1	5
52	8032	8052	8752	8 KB	256 B	2×64 KB	3×16	4×8	1	6
	80C32	80C52	87C52	8 KB	256 B	2×64 KB	3×16	4×8	1	6

Atmel 公司的单片机，如 89C51、89C52、89S51、89S52 等可同等替换 Intel 公司的 MCS-51 以上产品，其中 S 表示单片机含有可串行下载功能的 Flash 存储器，即具有 ISP 可在线编程功能。

宏晶公司 STC 系列也可同等替换 MCS-51 单片机产品，目前市场上所售 51 单片机学习板上的芯片多采用宏晶公司的 STC89C52RC。STC89C52RC 具有 8 KB 字节系统可编程 Flash 存储器，使用经典的 MCS-51 内核，并进行了一些改进，使得芯片具有传统的 51 单片机不具备的功能。STC 单片机也是目前市场上使用较多的一种增强型 51 单片机。

2.1.2 MCS-51 单片机的封装结构

从外形上看，单片机是一个小小的芯片，嵌入在电子设备之中。MCS-51 单片机的封装方式和制造工艺有关，采用 CHMOS 制造工艺的 51 单片机一般采用双列直插封装（PDIP，Plastic Dual in line Package），如图 2-1(a)所示。除 PDIP 封装方式以外，还有采用 44 引脚塑封方形扁平式封装（PQFP，Plastic Quad Flat Package）和塑封有引线芯片载体封装（PLCC，Plastic Leaded Chip Carrier）等封装形式，如图 2-1(b)、(c)所示。

(a) PDIP封装（40脚）　(b) PQFP封装（44脚）　(c) PLCC封装（44脚）

图 2-1　MCS-51 单片机外观

2.1.3 MCS-51 单片机的引脚配置

图 2-2 所示为 51 单片机 PDIP、PQFP 两种封装的引脚图。PQFP 封装的芯片共有 44 个引脚，但其中 4 个 NC 引脚为无用引脚，因此有用引脚也为 40 个。PLCC 封装的芯片引脚排布与 PQFP 相同，不再赘述。

根据信号功能的不同，MCS-51 单片机 PDIP 封装 40 个引脚可分为如下四类。

2.1.3.1 电源引脚

(1) VCC(40 脚)：工作电源，正常工作在＋5 V。

(2) GND(20 脚)：接地引脚。

2.1.3.2 时钟电路引脚

(1) XTAL1(19 脚)：片内振荡电路输入端，外接晶振的一个引脚。当采用外部振荡器时，此引脚接地。

(2) XTAL2(18 脚)：片内振荡电路输出端，外接晶振的另一个引脚。当采用外部振荡器时，此引脚接外部振荡源。

2.1.3.3 控制引脚

(1) RST(9 脚)：复位/备用电源。当此引脚上出现两个机器周期以上的高电平时，单片机复位。VCC 掉电时，此引脚可接备用电源，以保持片内 RAM 数据不丢失。

(2) $\overline{\text{PSEN}}$(29 脚)：片外程序存储器读选通信号。从外部程序存储器中取指令或取数据期间，$\overline{\text{PSEN}}$在每个机器周期内两次有效，$\overline{\text{PSEN}}$同样可以驱动 8 个 TTL 电路。

(3) ALE/$\overline{\text{PROG}}$(30 脚)：地址锁存使能输出/编程脉冲输入。正常工作时为 ALE 功能，提供把低字节地址锁存到外部锁存器的信号。ALE 引脚还可以以不变的频率（振荡频率 f_{osc}的六分之一）周期性地发出正脉冲信号，利用这一点，可以对外输出时钟信号，或用于

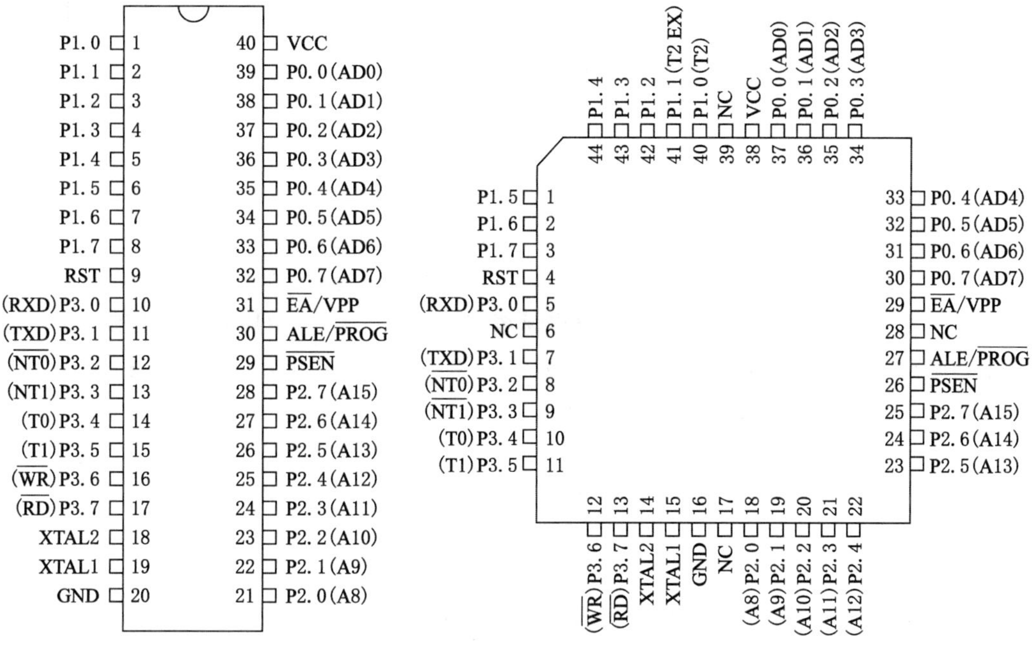

（a）PDIP封装　　（b）PQFP封装

图 2-2　两种封装的引脚图

定时。

对于 EPROM 型单片机，在 EPROM 编程期间，此引脚接收编程脉冲（$\overline{\text{PROG}}$功能）。由于新型 51 单片机内部程序存储器使用了 Flash，具备 ISP 功能，一般都通过串口进行程序下载，因此$\overline{\text{PROG}}$功能已经基本不用。

(4) $\overline{\text{EA}}$/VPP(31 脚)：片内片外程序存储器选择编程电压输入。当$\overline{\text{EA}}$引脚接高电平或悬空时，单片机首先读取片内程序存储器。如果程序地址超过片内程序存储器的范围，单片机会自动转向读取外部程序存储器中的程序。这种情况下，单片机会优先使用片内程序存储器，只有在片内程序存储器不足以存储所有程序时，才会使用片外程序存储器。当$\overline{\text{EA}}$引脚接低电平时，单片机直接使用片外程序存储器，而忽略片内程序存储器。这意味着如果$\overline{\text{EA}}$引脚接低电平，片内程序存储器将不会被使用。默认情况下，$\overline{\text{EA}}$引脚通常接高电平，因为大多数单片机设计时优先考虑使用片内程序存储器。只有在片内程序存储器不足以存储所有程序时，才会将引脚接低电平，以使用片外程序存储器。

对 EPROM 型单片机，在 EPROM 编程期间，此引脚加 21 V 编程电源(VPP)。由于新型 51 单片机内部程序存储器使用了 Flash，可在线编程，并不需要高电压，因此 VPP 功能也已经较少使用。

2.1.3.4　并行 I/O 引脚

并行 I/O 引脚共有 32 根，其中 P0.0～P0.7(32～39 脚)统称为 P0 口；P1.0～P1.7(1～8 脚)统称为 P1 口；P2.0～P2.7(21～28 脚)统称为 P2 口；P3.0～P3.7(10～17 脚)统称为 P3 口。

P0～P3 都可以作为通用输入/输出(I/O)口使用，其中 P0 口每条口线能以吸收电流的方式驱动 8 个 TTL 电路，P1、P2、P3 口均只能驱动 4 个 TTL 电路(吸收或输出电流形式)。

此外，P0 和 P2 还具有单片机地址/数据总线接口作用，P3 具有第二功能。具体内容将在 2.4 节讲述。

51 单片机本身资源有限，在比较复杂的应用场合，其内部资源往往显得不足，例如存储器、I/O 口或中断源等，甚至相差很远，这就需要进行外部扩展，尤其是低档的 8031 单片机，它内部没有 ROM，所以一般情况下很难满足要求。为满足系统扩展要求，MCS-51 单片机系统采用三总线结构，通过三总线和外部扩充部件相连。三总线分别为地址总线 AB(Address Bus)、数据总线 DB(Data Bus)、控制总线 CB(Control Bus)。此三总线分别由 P0、P2、P3 口来承担。在复杂应用系统设计中，扩展将使系统变得复杂，因此应该首选性价比高、片内资源丰富、功能强大的单片机来开展设计工作。

2.1.4　MCS-51 单片机最小系统

单片机的最小系统是指能让单片机工作的最小电路系统，包括复位电路、时钟电路，另外还需要配置电源 VCC 和$\overline{EA}$引脚。

2.1.4.1　时钟电路

计算机之所以能自动地工作，是因为 CPU 能从程序存储器 ROM 中取出一条指令、译码并执行这条指令，紧接着再取指令、译码、执行指令，如此周而复始，构成了一个封闭的循环。除非遇到停机指令，否则这个循环将一直继续下去。单片机执行指令的过程与此类似，也分为取指令、译码和执行指令三个步骤，每个步骤又由许多具体的微操作组成，这些微操作必须在一个统一的时钟控制下才能按照正确的顺序执行。

单片机的时钟信号可以由两种方式产生，即内部时钟方式和外部时钟方式。图 2-3(a)所示为内部时钟方式，XTAL1 和 XTAL2 引脚上外接定时元件，内部电路就产生自激振荡。定时元件通常采用石英晶体和电容组成的并联谐振回路，外部晶体振荡器频率一般为 6～12 MHz，一般取 11.059 2 MHz 或 12 MHz。电容值在 20～50 pF 之间选择，电容的大小可起频率微调作用，图 2-3(a)中电容 C_1、C_2 取 22 pF。

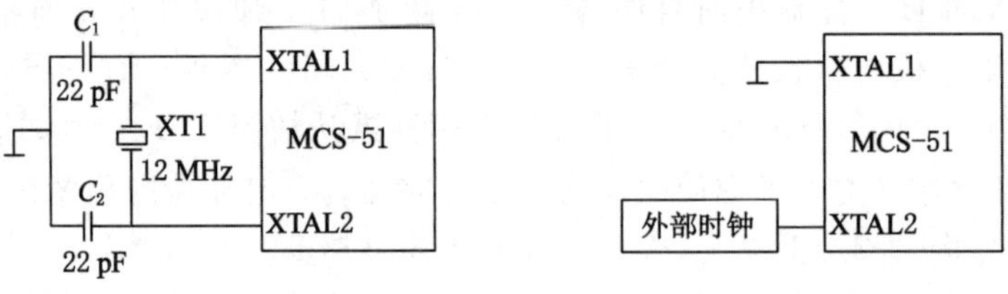

(a) 内部时钟电路　　(b) 外部时钟电路

图 2-3　时钟电路

外部时钟电路如图 2-3(b)所示，XTAL1 引脚接地，XTAL2 引脚接外部时钟，对外部振荡信号没有特殊要求，只需要保证脉冲宽度即可，一般采用频率低于 12 MHz 的方波信号。

时钟电路产生时钟信号的周期叫时钟周期(振荡周期)，它是单片机中最小的时间单位。为了便于描述单片机中的基本操作，把 12 个时钟周期称为 1 个机器周期。图 2-4 中，若系统时钟频率 $f_{osc}=12$ MHz，则机器周期 T_{cy} 为：

$$T_{cy}=12\times\frac{1}{12\times10^6}=10^{-6}\text{s}=1\ \mu\text{s}$$

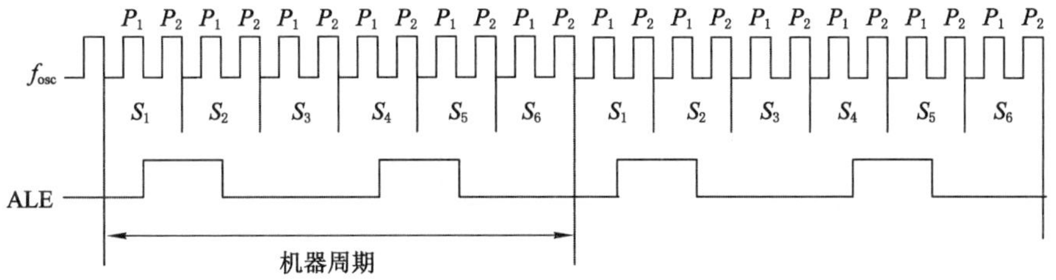

图 2-4　MCS-51 单片机各周期之间的关系

51 单片机中把一个时钟周期定义为一个节拍，用 P 表示；2 个节拍(P_1、P_2)定义为一个状态周期，用 S 表示。每个机器周期分为 6 个状态，分别为 S_1、S_2、S_3、S_4、S_5、S_6。P_1在每个状态 S 的前半部分有效，P_2在每个状态的后半部分有效。一个机器周期可以依次表示为 S_1P_1，S_1P_2，…，S_6P_1，S_6P_2。通常算术逻辑操作在 P_1时进行，而内部寄存器传送在 P_2时进行，低 8 位地址锁存信号 ALE 在每个机器周期中两次有效：一次是在 S_1P_2与 S_2P_1期间，另一次在 S_4P_2与 S_5P_1期间。

ALE(Address Lock Enable)为地址锁存使能输出引脚，功能是在访问外部存储器时，P0 口作为地址/数据复用口，ALE 信号用于锁存低 8 位地址。当 ALE 信号为高电平时，P0 口上的信息为低 8 位地址，在 ALE 信号的下降沿时将 P0 口上的低 8 位地址送到地址锁存器锁存起来。在 ALE 为低电平期间，P0 口上的信息为指令或数据信息，以实现低位地址与数据的分离。在每个机器周期内，ALE 输出两次高电平，第一次在 S_1P_2 和 S_2P_1 期间，第二次在 S_4P_2 和 S_5P_1 期间。因此，ALE 引脚输出周期信号，其频率为 $1/6f_{osc}$，周期为 $1/2T_{cy}$，如图 2-4 所示。

指令周期是指执行一条指令所需的时间。MCS-51 单片机的指令周期绝大部分为单机器周期和双机器周期。若系统时钟频率 $f_{osc}=12$ MHz，则单机器周期指令执行时间为 1 μs，双机器周期指令执行时间为 2 μs。

对于单机器周期指令，在 S_1期间读操作码，当操作码被送入指令寄存器时，便从 S_1P_2开始执行指令。如果是双字节单机器周期指令，例如加法指令：ADD A，# DATA，则在同一机器周期的 S_4期间读入第二个字节，如图 2-5(a)所示。若是单字节单机器周期指令，例如累加器 A 加一指令：INC A，则在 S_4期间仍进行读操作，但所读的这个字节操作码被忽略，程序计数器也不加 1。在 S_6P_2结束时完成指令操作，如图 2-5(b)所示。

对于单字节双机器周期指令，例如 INC DPTR，它是将 DPTR 寄存器内容加 1(查表可知其机器码为 A3H)。执行时，在第一个机器周期的 S_1 期间读操作码，并在第一个机器周

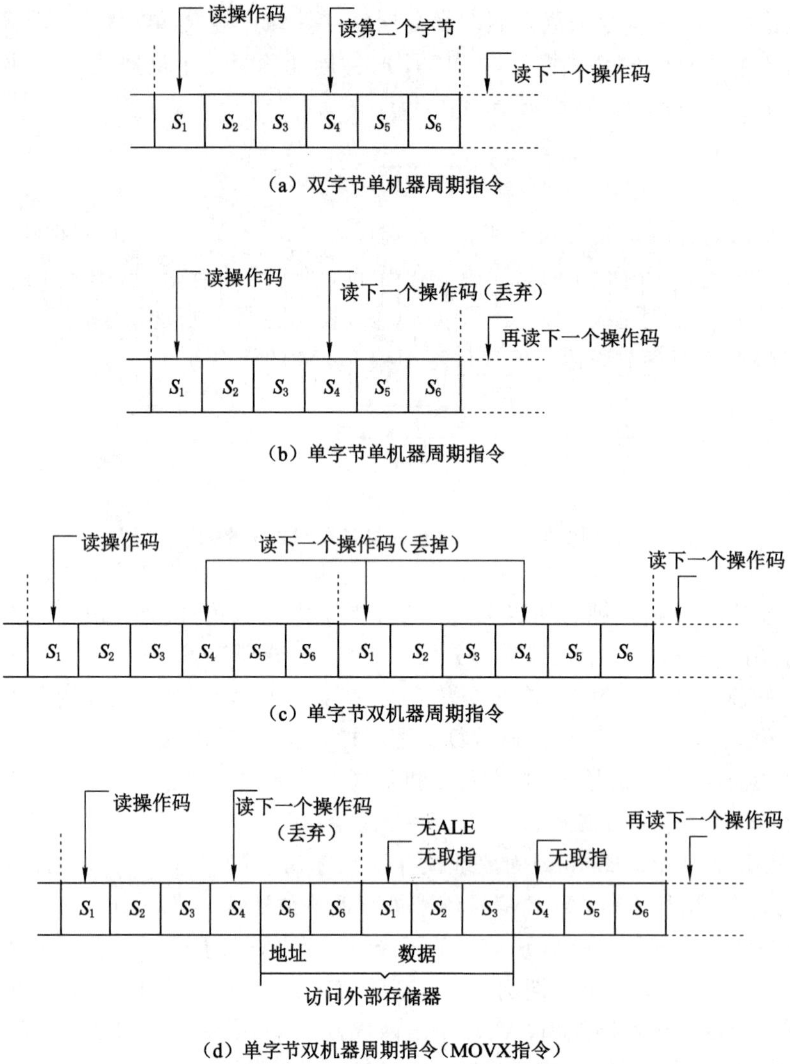

图 2-5　8051 的取指令/执行指令时序

期的 S_4 期间、第二个机器周期的 S_1 和 S_4 期间读操作码,但所读的这个字节操作码也被丢弃,如图 2-5(c)所示。MOVX 是访问外部数据存储器的指令,例如 MOVX A,@DPTR(查表可知其机器码为 E0),它也是一个单字节双周期指令,它和 INC 指令操作有所不同。在执行 MOVX 指令时,外部数据存储器被访问且被选通时跳过两次取指令操作,如图 2-5(d)所示。

51 单片机乘法指令(MUL)和除法指令(DIV)是仅有的需要两个以上机器周期的指令,占用 4 个机器周期。

2.1.4.2　复位电路

51 单片机要求 RST 复位引脚上至少有大于 2 个机器周期的高电平信号才能实现复位，一般不小于 10 ms。CPU 在第二个机器周期内执行内部复位操作，以后每个机器周期重复一次，直至 RST 引脚电平变低。复位期间不产生 ALE 及$\overline{PSEN}$信号。

复位后，各内部寄存器的状态见表 2-2。可以看出，单片机复位后，程序计数器 PC 的值为 0000H，因此当 RST 引脚返回低电平之后，CPU 从程序存储器 0 地址开始执行程序。内部复位操作使堆栈指针寄存器 SP 为 07H；P0～P3 各端口状态都为 1，即 P0～P3 口的内容为 FFH，表明已向各端口线写入 1，此时，各端口既可用于输入又可用于输出。其他特殊功能寄存器都复位为 0，PSW＝00H，表明寄存器组 0 为工作寄存器组；IP＝×××00000B，表明各个中断源处于低优先级；IE＝0××00000B，表明各个中断均被关断，这些特殊功能寄存器的含义将在后面章节详述。但复位不影响 RAM 的状态。

表 2-2　内部寄存器初始状态

寄存器	内容	寄存器	内容
PC	0000H	TMOD	00H
ACC	00H	TCON	00H
B	00H	TH0	00H
PSW	00H	TL0	00H
SP	07H	TH1	00H
DPTR	0000H	TL1	00H
P0～P3	FFH	SCON	00H
IP	×××00000B	SBUF	00H
IE	0××00000B	PCON	0×××××××B

单片机的复位可以由两种方式产生：上电复位和按键复位。上电复位是利用阻容充电电路实现的，如图 2-6(a)所示，在单片机上电瞬间，RST 引脚的电位与 VCC 相同。随着充电电流的减小，RST 端的电位逐渐下降。只要选择合适的电阻和电容，使其 RC 时间常数大于复位时间即可保证上电复位的发生。

按键复位是利用电阻分压电路实现的，如图 2-6(b)所示。当按键按下时，串联电阻上的分压可使 RST 端产生高电平，按键抬起时产生低电平。只要按键动作产生的复位脉冲宽度大于复位时间即可保证按键复位的发生。

实际应用中将上电复位和按键复位整合在一起，形成一个较为实用的复合复位电路，如图 2-7 所示。下面具体分析一下复合复位电路的 RST 引脚的电平变化情况。

(1) 上电复位：图 2-7 中，电容 $C_7=10\ \mu\text{F}$，电阻 $R_{17}=10\ \text{k}\Omega$，$R_{16}=1\ \text{k}\Omega$，根据充电公式，电容充电到电源电压的 0.7 倍，即大约充电到 $5\ \text{V}\times0.7=3.5\ \text{V}$ 时，需要的时间约为：$t_0=RC=11\ \text{k}\Omega\times10\ \mu\text{F}=110\ \text{ms}$，也就是说在启动的 110 ms 内，电容两端的电压由 0 增加到3.5 V，10 kΩ 电阻两端的端电压从 5 V 减少到 1.5 V，所以在 110 ms 内，RST 引脚的电压从 5 V 降至 1.5 V。51 单片机中小于 1.5 V 的电压信号为低电平信号，而大于 1.5 V 的电压信号为高电平信号。所以在开机后约 110 ms 内，单片机系统自动复位。若机器周期为

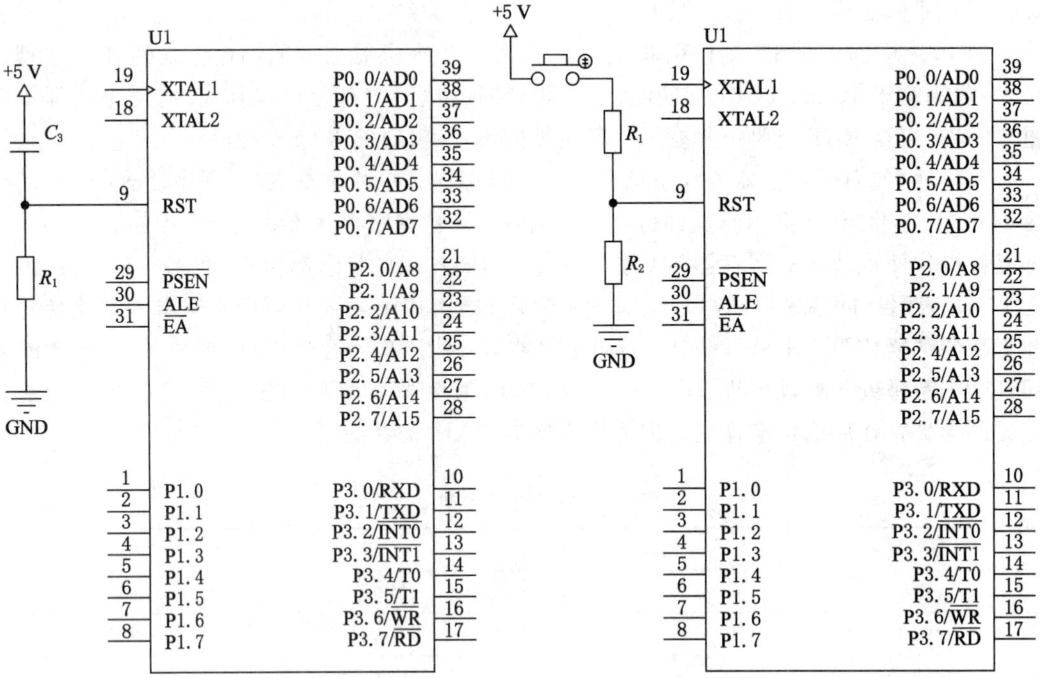

(a) 上电复位　　　　(b) 按键复位

图 2-6　复位电路

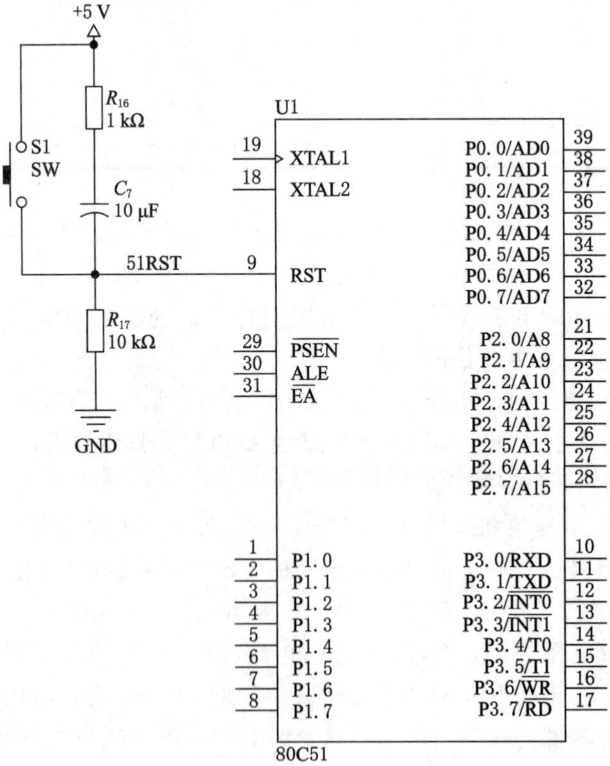

图 2-7　复合复位电路

1 μs，则理论上 2 μs 的高电平就可实现复位，此电路 RST 引脚接收到高电平的时间约为 110 ms，显然可以实现稳定地复位。

（2）正常工作：单片机启动 0.1 s 后，电容 C 两端的电压持续充电至 5 V，10 kΩ 电阻两端的电压接近于 0，RST 处于低电平，所以系统正常工作。

（3）按键复位：当按键按下时，开关导通，RST 引脚重新获得高电平；按键抬起时，产生低电平。只要按键的动作产生的复位脉冲宽度大于复位时间要求即可保证按键复位的发生。

通过 Multisim 软件进行仿真，结果如图 2-8 所示。从图中可以看出，第①段 5 V 到 0 V 的下降曲线为 RST 引脚上电复位波形，约经过 120 ms，RST 引脚的电压从 5 V 下降到 1.503 V，也即高电平的时间约为 120 ms，完全满足系统复位的要求。

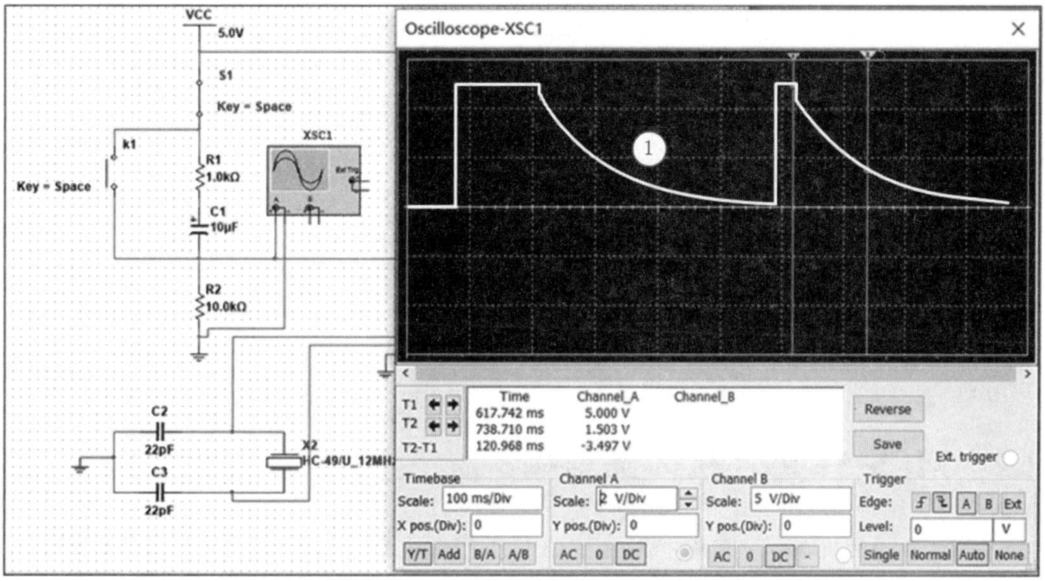

图 2-8　复位引脚电平变化

2.1.4.3　$\overline{\text{EA}}$引脚

$\overline{\text{EA}}$引脚是片内片外程序存储器选择引脚，若$\overline{\text{EA}}$接＋5 V 高电平，表示从片内程序存储器中开始执行程序；若程序大于 4 KB，则先从片内程序存储器中开始执行，然后转到片外 ROM 执行；若$\overline{\text{EA}}$接低电平，表示从片外程序存储器中开始执行程序。对于实际系统来说，一般都选用足够大的片内程序存储器进行工作，所以一般都将$\overline{\text{EA}}$引脚接高电平。

综上所述，常用的最小系统电路如图 2-9 所示。为减少原理图中过多导线，绘制原理图时一般采用网络标号进行连线，例如复位电路中网络标号 51RST，AT89S52 单片机的 RESET复位引脚引出线中也有一个网络标号 51RST，这表示具有相同网络标号的引脚实际是连接在一起的。图 2-9 中，0.1 μF 的 C_{12}电容对电源进行滤波。

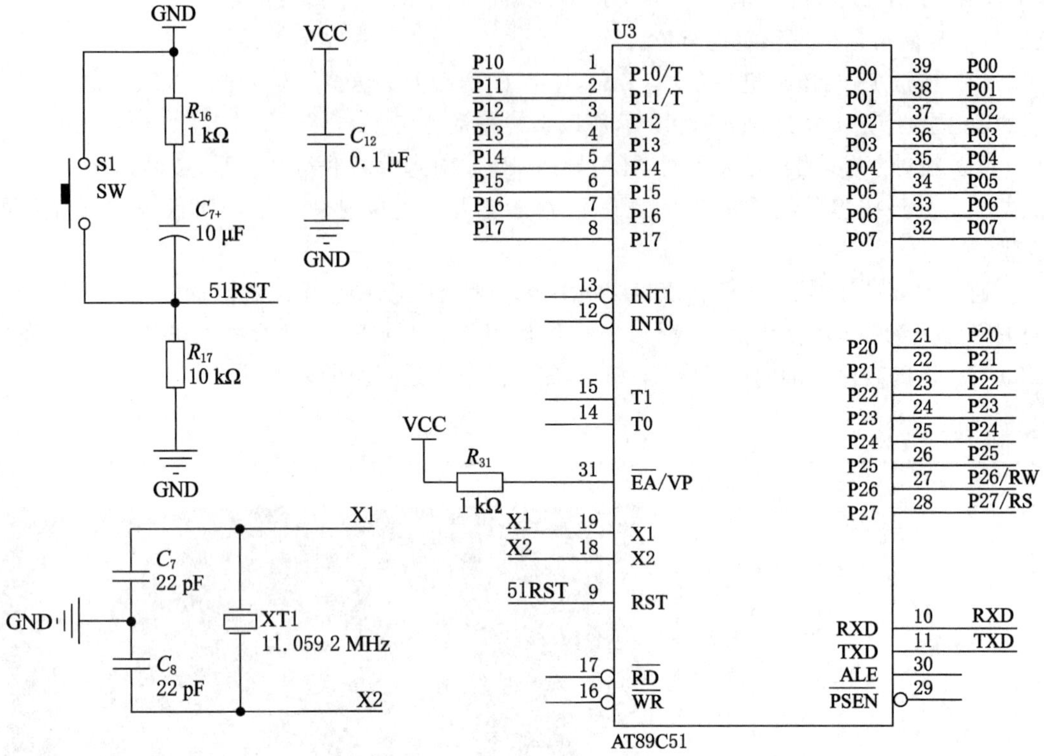

图 2-9　最小系统电路

2.2　MCS-51 单片机内部结构

MCS-51 单片机在一块芯片中集成了 CPU、RAM、ROM、定时/计数器和多种功能的 I/O 口等一台计算机所需要的基本功能部件，主要包含以下几个部件：

(1) 一个 8 位 CPU；

(2) 一个片内振荡器及时钟电路；

(3) 4 KB ROM 程序存储器；

(4) 128 B RAM 数据存储器；

(5) 两个 16 位定时/计数器；

(6) 可寻址 64 KB 外部数据存储器和 64 KB 外部程序存储器的控制电路；

(7) 32 条可编程的 I/O 口线；

(8) 一个可编程全双工异步串行通信接口 UART；

(9) 具有 5 个中断源、两个中断优先级嵌套结构。

MCS-51 单片机内部结构框图如图 2-10 所示。各功能部件通过内部总线连接在一起。图中 4 KB 的 ROM 存储器如果是 EPROM 就是 8751，如果是 Flash 就是 AT89S51 或 STC89C51RC。

CPU 是单片机内部最核心的部件，它是单片机的大脑和心脏，产生各种控制信号，完成

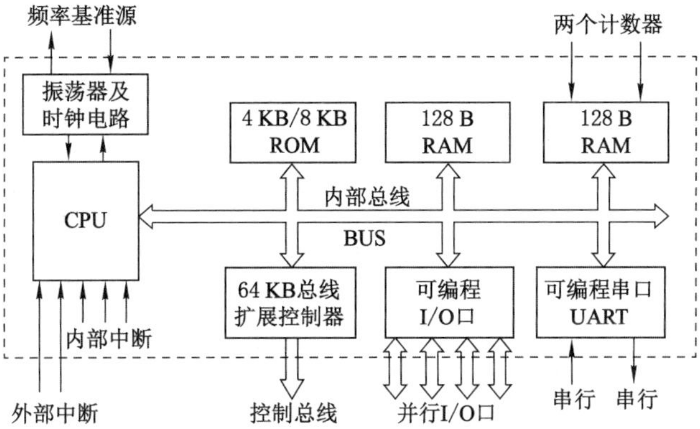

图 2-10　MCS-51 单片机内部结构框图

存储器数据存取、I/O 端口的数据传送、数据运算、逻辑运算等功能。图 2-11 为 CPU 的结构框图。CPU 从功能上可以划分为控制器和运算器两部分，下面分别介绍这两个部分的组成和功能。

2.2.1　控制器

控制器的作用是对指令代码进行译码，在规定的时刻发出各种操作所需要的控制信号，完成指令所规定的功能。

控制器包括程序计数器、指令寄存器、指令译码器、数据指针、定时与控制逻辑电路等。

(1) 程序计数器 PC(Program Counter)

程序计数器 PC 是一个 16 位的寄存器，它是一个十分重要的寄存器，用来存放下一条要执行指令的首地址，PC 的值决定着程序的运行地址。当 CPU 要从 ROM 中取指令时，PC 的内容就会出现在地址总线上。取出指令后，PC 的值可自动加 1，以保证程序顺序执行。此外，PC 的值也可以通过指令修改，从而实现程序的跳转。系统复位后，PC 的值为 0000H，意味着复位后 CPU 将从 ROM 的 0000H 地址处的指令开始运行。

(2) 指令寄存器 IR(Instruction Register)

指令寄存器中存放指令代码，CPU 执行指令时，从程序存储器中读取的指令代码首先送入指令寄存器中暂存，等待译码。经过译码器译码，由定时与控制电路产生相应的控制信号，完成指令功能。

(3) 指令译码器 ID(Instruction Decoder)

指令译码器的功能是对指令寄存器中的指令进行译码，根据译码器输出的信号，再经过定时与控制电路产生相应的控制信号，完成指令功能。

(4) 数据指针 DPTR(Data Pointer)

DPTR 是一个 16 位的专用地址指针寄存器，用来存放片内 ROM 的地址，也可以用来存放片外 RAM 和片外 ROM 的地址，与相关指令配合使用，实现对片外 RAM 和 ROM 的访问。DPTR 由两个 8 位寄存器 DTH 和 DPL 组成，其中 DPH 为高 8 位，DPL 为低 8 位。因此，DPTR 既可以作 16 位寄存器使用，也可以作两个独立的 8 位寄存器来使用。

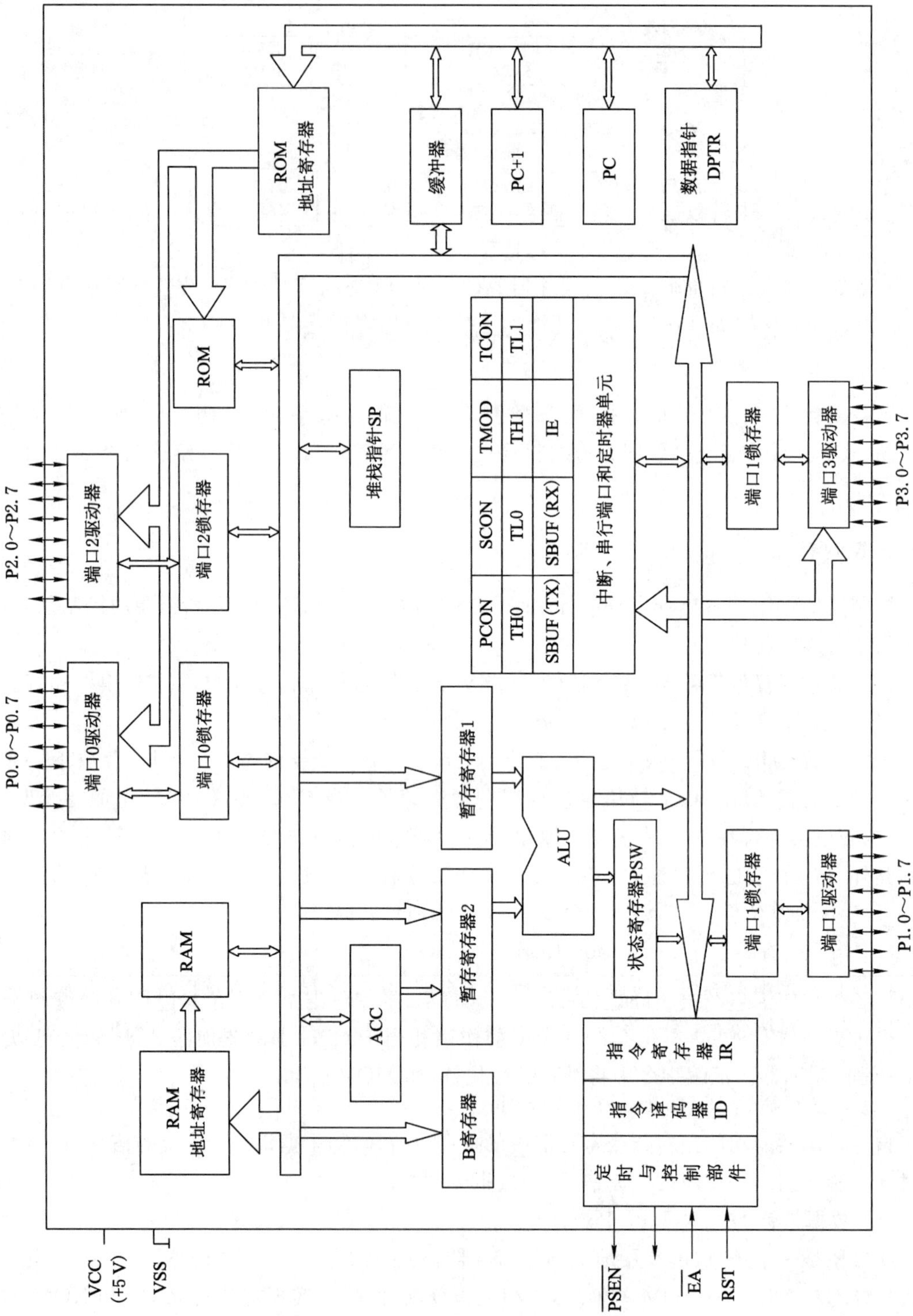

图2-11　CPU结构框图

2.2.2　运算器

运算器的功能是进行算术运算和逻辑运算。可以对半字节(4 位)、单字节等数据进行操作,例如可以完成加减乘除、加 1、减 1、BCD 码十进制调整、比较等算术运算,也可以完成与、或、异或、循环、求补等逻辑运算,操作的状态信息送至状态寄存器中。

运算器还包括一个布尔处理器,用来处理位操作。它是以进位标志 CY 为累加器的,可执行置位、复位、取反、等于 1 转移、等于 0 转移、等于 1 转移且清 0,以及进位标志位与其他可位寻址的位之间进行数据传送等位操作,也能使进位标志与其他可寻址的位之间进行逻辑与、逻辑或操作。

运算器由算术逻辑部件 ALU、累加器 ACC、程序状态寄存器 PSW 及运算调整电路等组成。为了提高数据处理速度,片内还增加了一个通用寄存器 B 和一些专用寄存器与位处理逻辑电路。

(1) 累加器 ACC(Accumulator)

ACC 是一个 8 位寄存器,简称为 A,通过暂存器与 ALU 相连。虽然名字有“累加”二字,但它并不是做加法运算的运算器,而是用来存放操作数和中间结果的,很多双操作数指令的一个操作数取自 ACC,所以有了“累加器”一名。ACC 是 CPU 工作时使用最频繁的寄存器,加、减、乘、除算术运算的运算结果都存放在 ACC 或 A、B 寄存器中。指令系统中用 A 作为累加器的助记符。

(2) 算术逻辑部件 ALU(Arithmetic Logic Unit)

ALU 由加法器和其他逻辑电路组成,用于对数据进行算术运算和逻辑运算。ALU 的两个操作数,一个由 ACC 通过暂存器 2 输入,另一个由暂存器 1 输入,运算结果的状态传给 PSW。

(3) 程序状态寄存器 PSW(Program State Word)

PSW 是一个 8 位专用寄存器,它包含了程序运行过程中的各种状态信息。寄存器各位含义如下:

PSW.7	PSW.6	PSW.5	PSW.4	PSW.3	PSW.2	PSW.1	PSW.0
CY	AC	F0	RS1	RS0	OV	F1	P

① CY:进位标志,在进行加法或减法运算时,如果操作结果最高位有进位或借位,CY 硬件置 1,否则清 0。在进行位操作时,CY 的作用相当于 CPU 中的累加器 A,因而又可以被认为是位累加器。汇编指令中将 CY 用 C 代替,如 MOV C,bit。

② AC:半进位标志,在进行加法或减法运算时,若操作结果的低 4 位向高 4 位有进位或借位,则 AC 硬件置 1,否则清 0。AC 位可用于 BCD 码调整时的判断位。

③ F0、F1:用户标志位,由用户置位或复位,可作为用户自行定义的一个状态标记。

④ RS1、RS0:工作寄存器组指针,用于选择 CPU 当前工作的寄存器组,具体内容见 2.3.2 小节。可由用户改变 RS1、RS0 的值,切换当前的寄存器组。

⑤ OV:溢出标志,可以指示运算结果是否发生溢出,由硬件自动置位。若执行有符号加、减运算指令时,累加器 A 中的运算结果超出了 8 位所能表示的范围,即 $-128\sim+127$,则 OV 标志自动置 1,否则清 0。因此,根据 OV 状态可以判断累加器 A 中的结果是否正

确。OV 的状态可用如下表达式来计算：

$$OV=C_6'\oplus C_7'$$

其中，C_6'表示 D_6 位向 D_7 位进位的状态，C_7'表示 D_7 位向 CY 位进位的状态，如果有进位则为 1，没有进位则为 0。

【例 2-1】 两个有符号数＋78 和＋120，执行加法运算，求其溢出标志 OV 的状态。

解：＋78＝01001110B，＋120＝01111000B，则：

	C_7'	C_6'							
		0	1	0	0	1	1	1	0 +78
	+	0	1	1	1	1	0	0	0 +120
CY=	0	1	1	0	0	0	1	1	0 +198

可知 $C_6'=1$，$C_7'=0$，则 $OV=C_6'\oplus C_7'=1\oplus 0=1$，说明产生溢出。由于两个正数的结果相加结果不可能为负，因此从最高位也可直观地看出计算结果是错误的。

溢出标志常用于 ADD 和 SUBB 指令对带符号数做加减运算时的状态标记，OV＝1 表示加减超出了目的寄存器 A 所能表示的带符号的范围(2 的补码)。无符号数乘法指令 MUL 和除法指令 DIV 也会影响溢出标志。另外，当除数为 0 时，OV＝1，否则 OV＝0。

⑥ P：奇偶标志位，表示累加器 A 中 1 的个数，如果有奇数个 1，则 P＝1；如果有偶数个 1，则 P＝0。每个指令周期内由硬件来置位或清 0。此标志位对串行通信传输有重要的意义，在串行通信中，常用奇校验或偶校验的办法来进行传输数据的正确性检验，在发送端可根据 P 的值对数据的可编程位置位或清 0，若通信中采用奇校验的办法，则 P＝0 时，应对数据的奇偶位置位，否则清 0。

【例 2-2】 例 2-1 中的两个有符号数＋78 和＋120，执行加法运算后，PSW 各标志位的状态如何。

	C_7'	C_6'		AC=1					
		0	1	0	0	1	1	1	0 +78
	+	0	1	1	1	1	0	0	0 +120
CY=	0	1	1	0	0	0	1	1	0 +198

根据例 2-1 计算结果可知，OV＝1。由于最高位没有进位，所以 CY＝0；低 4 位向高 4 位有进位，所以 AC＝1；结果中有 4 个 1，即偶数个 1，所以 P＝0。

2.3 存储器及寄存器

2.3.1 MCS-51 单片机存储器结构

计算机的存储器地址空间有两种结构形式：普林斯顿结构和哈佛结构。图 2-12 所示是具有 64 KB 存储空间的两种结构。普林斯顿结构，也称冯·诺伊曼结构，它将 ROM 和 RAM 统一编址，每个存储单元都有唯一的地址。由于指令和数据具有相同的宽度，所以 CPU 可使用相同指令访问 ROM 和 RAM。X86、ARM 处理器等都采用这种结构，如图 2-12(a)所示。

哈佛结构是将 ROM 和 RAM 分开的一种存储器结构，ROM 和 RAM 分开独立编址，存储单元的地址不是唯一的。因此，ROM 和 RAM 可以有相同的地址，CPU 需要采用不同的指令进行访问。51 单片机、AVR 系列、Z80 系列等处理器都采用哈佛结构，如图 2-12(b)所示。

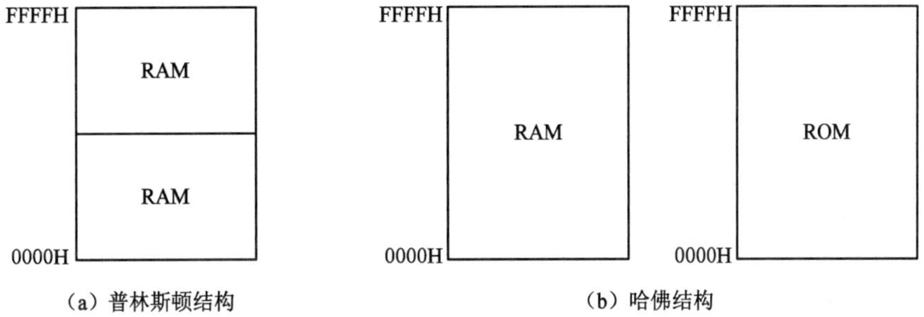

图 2-12　计算机存储器结构形式

图 2-13(c)所示为 MCS-51 单片机的存储器结构，共有 4 个存储空间，分别为片内 RAM、片外 RAM、片内 ROM、片外 ROM。可以看出，片内 RAM、片外 RAM 是分开独立编址的，而片内 ROM、片外 ROM 是统一编址的。因此，MCS-51 单片机有 3 个存储器空间，即片内 RAM、片外 RAM、片外 ROM。汇编语言分别用 MOV、MOVX、MOVC 指令访问这三种存储空间。C51 语言则是利用变量的存储类型属性进行区分，例如 data、xdata、code 分别对应于片内 RAM、片外 RAM、片外 ROM。

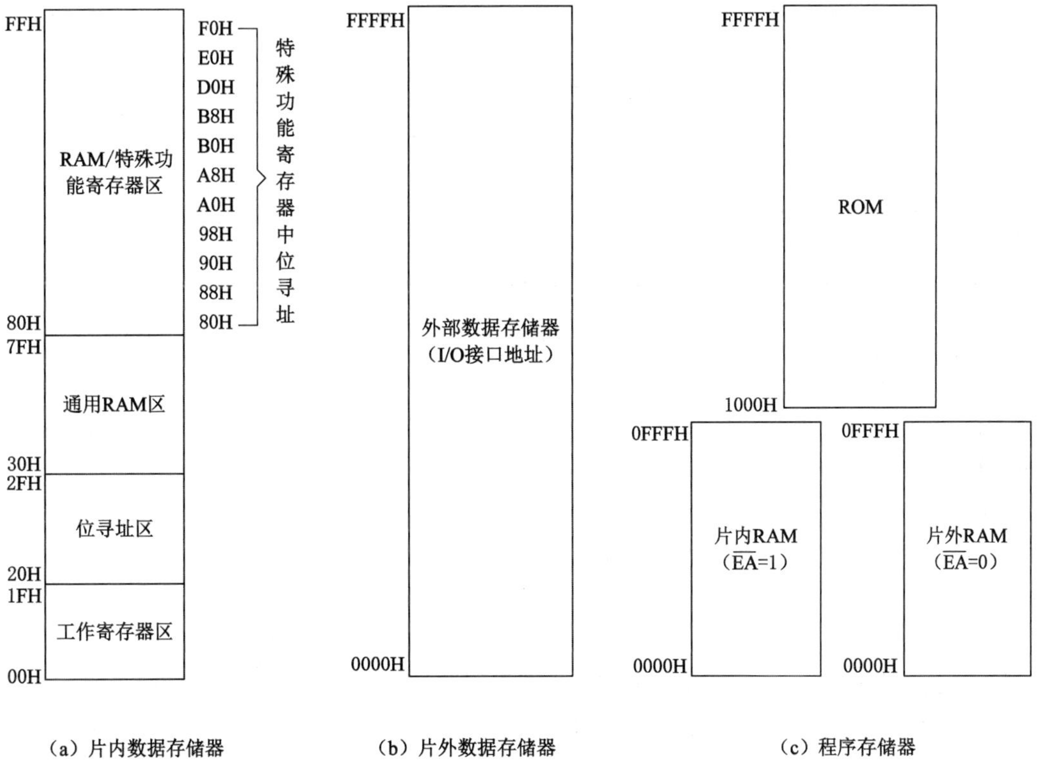

图 2-13　MCS-51 单片机存储器结构

由图 2-13 可以看出,MCS-51 单片机片内 256 B RAM 地址空间为 00H～FFH,片外 64 KB 的 RAM 地址空间为 0000H～FFFFH;片内 4 KB 的 ROM 地址空间为 0000H～0FFFH,片外 64 KB 的 ROM 地址空间为 0000H～FFFFH。

2.3.2 MCS-51 片内数据存储器

MCS-51 单片机片内 RAM 是最灵活的地址空间,它分成物理上独立且性质不同的几个区,分别为 00H～7FH 地址组成 128 B 的 RAM 区、80H～FFH 地址空间组成高 128 B 的 RAM 区(仅 8032、8052 单片机中有这一区)、128 B 地址空间的专用功能寄存器(又称为特殊功能寄存器 SFR:Special Function Register)区。

在 8051、8751 和 8031 单片机中,只有低 128 B 的 RAM 区和 128 B 的特殊功能寄存器区,两区地址空间是相连的,SFR 的地址空间为 80H～FFH。需特别说明的是,128 B 的 SFR 中只有 26 B 是有定义的,若访问这一区中没有定义的单元,将得到一个随机数。

片内 RAM 低 128 B RAM 空间功能不同,由三个部分组成,分别为工作寄存器区、位寻址区和通用 RAM 区。

2.3.2.1 工作寄存器区(通用寄存器 R0～R7)

MCS-51 单片机片内 RAM 最低 32 个内存单元 00H～1FH,分成 4 个区,每个区 8 个存储单元,分别称为 R0、R1、R2、R3、R4、R5、R6、R7,如表 2-3 所示。

表 2-3 工作寄存器区选择

RS1	RS0	默认组号	R0	R1	R2	R3	R4	R5	R6	R7
0	0	0 区(00H～07H)	00H	01H	02H	03H	04H	05H	06H	07H
0	1	1 区(08H～0FH)	08H	09H	0AH	0BH	0CH	0DH	0EH	0FH
1	0	2 区(10H～17H)	10H	11H	12H	13H	14H	15H	16H	17H
1	1	3 区(18H～1FH)	18H	19H	1AH	1BH	1CH	1DH	1EH	1FH

它们可作为通用寄存器来使用,由于 MCS-51 单片机片内没有单独设置通用寄存器,因此将片内 RAM 的最低 32 个内存单元用作通用寄存器。由于每个区的寄存器名称各自相同,因此这四个区的 R0～R7 在使用时由程序状态寄存器 PSW 中的 RS1、RS0 来设置。当 RS1 RS0＝00 时,选择 0 区;当 RS1 RS0＝01 时,选择 1 区;当 RS1 RS0＝10 时,选择 2 区;当 RS1 RS0＝11 时,选择 3 区。可以用软件来置位或清 0,以确定工作寄存器区。复位后,PSW＝00H,所以复位后 RS1 RS0＝00,选择 0 区通用寄存器组。

2.3.2.2 位寻址区

MCS-51 单片机片内 RAM 中第 20H～2FH 共 16 个单元为位寻址区,如图 2-13(a)所示。通常把各种程序状态标志、位控制变量设置在位寻址区。这个区的特点是既可以按字节来操作,又可以对其中的任意一位进行位操作。表 2-4 所示为位寻址区各位地址分布。

表 2-4　位寻址区位地址分布

字节地址	位地址							
	D7	D6	D5	D4	D3	D2	D1	D0
2FH	7FH	7EH	7DH	7CH	7BH	7AH	79H	78H
2EH	77H	76H	75H	74H	73H	72H	71H	70H
2DH	6FH	6EH	6DH	6CH	6BH	6AH	69H	68H
2CH	67H	66H	65H	64H	63H	62H	61H	60H
2BH	5FH	5EH	5DH	5CH	5BH	5AH	59H	58H
2AH	57H	56H	55H	54H	53H	52H	51H	50H
29H	4FH	4EH	4DH	4CH	4BH	4AH	49H	48H
28H	47H	46H	45H	44H	43H	42H	41H	40H
27H	3FH	3EH	3DH	3CH	3BH	3AH	39H	38H
26H	37H	36H	35H	34H	33H	32H	31H	30H
25H	2FH	2EH	2DH	2CH	2BH	2AH	29H	28H
24H	27H	26H	25H	24H	23H	22H	21H	20H
23H	1FH	1EH	1DH	1CH	1BH	1AH	19H	18H
22H	17H	16H	15H	14H	13H	12H	11H	10H
21H	0FH	0EH	0DH	0CH	0BH	0AH	09H	08H
20H	07H	06H	05H	04H	03H	02H	01H	00H

MCS-51 单片机专门设置有位操作指令和字节操作指令，通过置位指令和位清 0 指令进行位操作，SETB 是置位指令，CLR 是位清 0 指令。

【例 2-3】 请分析如下指令语句实现的功能。

```
MOV   21H,#0F0H          (1)
SETB  09H                (2)
CLR   0FH                (3)
```

分析　MOV 是字节传送指令，SETB 和 CLR 是位操作指令。因此：

指令语句(1)：将立即数 F0H 传送给 21H 单元，因此 21H 单元的值为 11110000B；

指令语句(2)：将 09H 位置 1，09H 位是 21H 单元中的 D1 位；

指令语句(3)：将 0FH 位清 0，0FH 位是 21H 单元中的 D7 位。

因此，此三条语句执行完后，21H RAM 单元中的内容为 01110010B，由原先的 F0H 变为 72H。可以看出，MCS-51 单片机可以直接对 RAM 中的某一位进行操作，也可以对 RAM 存储单元进行字节操作，编程非常灵活。

2.3.2.3　通用 RAM 区

30H～7FH 是片内 RAM 中开放给用户使用的地址空间，用户可以在这里存储系统运行时产生的数据，也可以读取存储的数据到工作寄存器、累加器等中。一般来说，MCS-51 单片机的开放区可以包括位寻址区 20H～2FH，所以，开放给用户使用的空间为 20H～7FH 共 96 个字节。

在一个实际的应用程序中，往往需要一个后进先出(LIFO：Last In First Out)的 RAM 区，以保存现场，这种“后进先出”的缓冲区称为堆栈。此区一端固定，称为栈底，另一端是活动的，称为栈顶。栈顶的位置由堆栈指针 SP(Stack Pointer)指出，堆栈方向是向上生长的(地址增大)，入栈时 SP 先加 1，然后将内容压入堆栈；出栈时先将内容弹出堆栈，然后 SP 减 1。

MCS-51 单片机的堆栈原则上可以在片内 RAM 任意区域，SP 值越小，堆栈的深度越深。复位后 SP 的值为 07H，即栈顶在 07H 单元。考虑到 07H 已被工作寄存器使用，所以一般修改为 30H～7FH 范围内。数据可以压入堆栈，也可以弹出堆栈，SP 的具体使用方法将在 3.3.3 小节中讲解。

2.3.3 MCS-51 片外数据存储器

MCS-51 单片机具有扩展 64 KB 片外数据存储器和 I/O 口的能力，这对很多应用领域已足够使用。对外部数据存储器的访问使用 MOVX 指令，用间接寻址方式，R0、R1 和 DPTR 都可以作为间接寄存器使用，具体方法可参见 3.3.2 小节 MOVS 指令的相关介绍。

2.3.4 MCS-51 程序存储器

程序存储器的作用是用来存放程序和程序中经常用到的常数。程序经过成功编译或汇编后，会生成一个.hex 文件(十六进制代码)，十六进制代码很容易转换成二进制代码，按一定的顺序下载到单片机程序存储器 ROM 中。

AT89S51 单片机和 STC89C51RC 中的 ROM 是一个 Flash 存储器，可以 ISP 下载。除了使用 Flash 存储器作为程序存储器外，PROM、EPROM 等存储器也用在一些单片机中，还有一些单片机甚至连程序存储器都没有，这种单片机称为 ROM Less 单片机，必须通过读取外部程序存储器中的程序才能正常使用。目前，很多 51 系列单片机的 ROM 容量越来越大，给用户带来了很大的方便。

MCS-51 单片机的程序计数器 PC 用于指示单片机下一条将要执行的指令的地址。PC 是一个 16 位的寄存器，故单片机最大可以访问 64 KB 程序存储器空间(0000H～FFFFH)，前面已经介绍过。如图 2-14 所示，根据 $\overline{EA}$ 引脚的不同电位，可对片内和片外两种 ROM 的低 4 KB 地址进行选择。

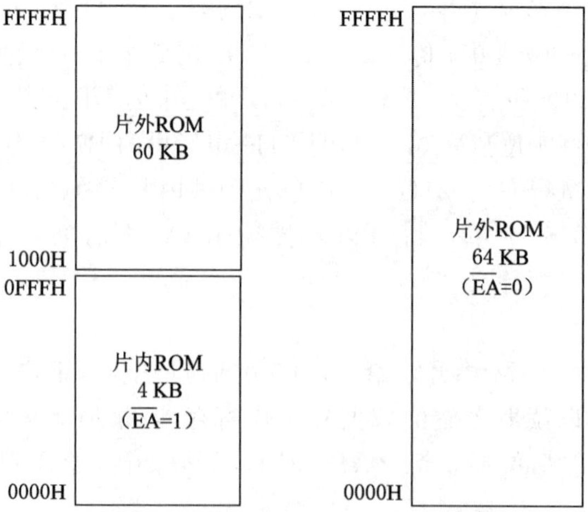

图 2-14 程序存储器 ROM 的结构

当$\overline{EA}$=0 时，全部自动执行片外程序存储器；

当$\overline{EA}$=1 时，先执行片内程序存储器，如果程序地址超过片内程序存储器的范围，自动执行片外程序存储器。

因此，如果单片机首先执行片内程序存储器的程序，一定要把$\overline{EA}$引脚接高电平。

2.3.5　特殊功能寄存器

特殊功能寄存器 SFR(Special Function Registers)是用来对单片机各功能模块进行管理、控制的寄存器。MCS-51 单片机共有 21 个特殊功能寄存器，分布在一个具有特殊功能的 RAM 区中。此 RAM 区地址为 80H～FFH，共有 128 个单元，但只用了其中 21 个，还有很多空闲单元，对它们读写是无意义的，但这些空闲单元是预留的空间，是为后来功能增加而设置的。表 2-5 列举的是这 21 个特殊功能寄存器的符号、名称、字节地址和位地址。

表 2-5　特殊功能寄存器的分布

序号	符号	名称	字节地址	位地址							
1	P0	P0 锁存器	80H	87H	86H	85H	84H	83H	82H	81H	80H
2	SP	堆栈指针	81H								
3	DPL	数据地址指针(低 8 位)	82H								
4	DPH	数据地址指针(高 8 位)	83H								
5	PCON	电源控制寄存器	87H								
6	TCON	定时/计数器控制寄存器	88H	8FH	8EH	8DH	8CH	8BH	8AH	89H	88H
7	TMOD	定时/计数器方式控制	89H								
8	TL0	定时/计数器 0(低 8 位)	8AH								
9	TH0	定时/计数器 0(高 8 位)	8BH								
10	TL1	定时/计数器 1(低 8 位)	8CH								
11	TH1	定时/计数器 1(高 8 位)	8DH								
12	P1	P1 锁存器	90H	97H	96H	95H	94H	93H	92H	91H	90H
13	SCON	串行口控制寄存器	98H	9FH	9EH	9DH	9CH	9BH	9AH	99H	98H
14	SBUF	串行口数据缓冲器	99H								
15	P2	P2 锁存器	A0H	A7H	A6H	A5H	A4H	A3H	A2H	A1H	A0H
16	IE	中断允许控制寄存器	A8H	AFH	AEH	ADH	ACH	ABH	AAH	A9H	A8H
17	P3	P3 锁存器	B0H	B7H	B6H	B5H	B4H	B3H	B2H	B1H	B0H
18	IP	中断优先级寄存器	B8H	BFH	BEH	BDH	BCH	BBH	BAH	B9H	B8H
19	PSW	程序状态字	D0H	D7H	D6H	D5H	D4H	D3H	D2H	D1H	D0H
20	A	累加器	E0H	E7H	E6H	E5H	E4H	E3H	E2H	E1H	E0H
21	B	寄存器	F0H	F7H	F6H	F5H	F4H	F3H	F2H	F1H	F0H

累加器 A、寄存器 B、程序状态字 PSW、程序数据寄存器 DPL 和 DPH 在 2.2 节中都已经介绍，其余寄存器将在后面章节中介绍。需要指出的是，表 2-3 中凡是特殊功能寄存器有位地址的，就表明此寄存器的相应位可单独进行位操作，当然也可以按字节来操作。

对于增强型52子系列单片机，在51子系列基础上新增了一个与特殊功能寄存器地址重叠的RAM空间，地址也为80H～FFH，对这一部分RAM的访问需要用到变量的idata类型。

2.4 并行I/O口

MCS-51单片机有4个并行双向I/O端口，分别为P0、P1、P2、P3，2.1.3小节中已做简要介绍。这4个I/O端口是单片机与外界联系的桥梁，可以外接输入设备，如键盘、开关、传感器等；也可接输出设备，如发光二极管、LCD、数码管、驱动设备、电机、打印机等。

每个I/O端口都包含一个同名的特殊功能寄存器、一个输入缓冲器和一个输出驱动器。对I/O口的控制，例如输入和输出操作，是通过其同名的特殊功能寄存器进行操作的。

P0口为三态双向口，能带8个TTL电路。P1、P2、P3为准双向口，负载能力为4个TTL电路。准双向口的意思是在用作输入线时，端口内部锁存器必须先写入“1”。

2.4.1 端口功能

(1) P0口可作为输入/输出口，还可作为地址/数据总线，即低8位地址和8位数据线分时复用。低8位地址由ALE信号的负跳变使它锁存到外部地址锁存器中，而高8位地址由P2口输出。

(2) P1口可以作为输入/输出口，P1.0～P1.7每一位都可独立编程操作。

(3) P2口可作为输入/输出口，还可作为高8位地址总线，与P0口共同组成16位地址总线。

(4) P3口可作为输入/输出口，还有第二功能，如表2-6所示。第二功能的使用将在后续章节中讲述。

表2-6 P3端口第二功能

P3口	第二功能	含义
P3.0	RXD	串行接收
P3.1	TXD	串行发送
P3.2	INT0	外部中断0
P3.3	INT1	外部中断1
P3.4	T0	定时器T0
P3.5	T1	定时器T1
P3.6	WR	写引脚
P3.7	RD	读引脚

2.4.2 端口内部结构

(1) P0口

P0口是一个8位漏极开路的双向I/O口。某一位的内部结构如图2-15所示，包含一个输出锁存器、两个三态缓冲器、一个输出驱动电路和一个输出控制电路。输出驱动电路由两个场效应管 T1、T2 组成，其工作状态受输出控制电路的控制。控制电路包括一个与门 A、一个反相器 X 和一个模拟转换开关 MUX。模拟开关的位置由 CPU 的控制信号决定，当控制信号为低电平(0)时，它把锁存器的 $\overline{Q}$ 端和 T2 的栅极(G 极)相连。同时与门 A 输出为低电平，场效应管 T1 处于截止状态，因此输出极是漏极(D 极)开路的开漏电路，等效电路图如图 2-16(a)所示。此时，P0 口可用作一般的 I/O 口线，其输入输出操作具体如下。

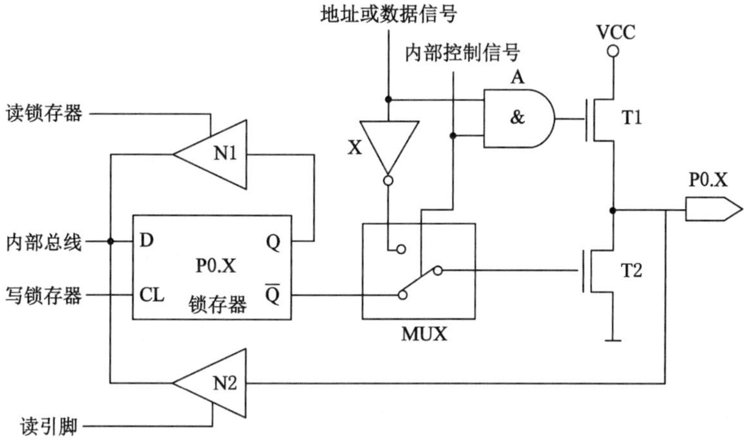

图 2-15　P0 端口内部结构

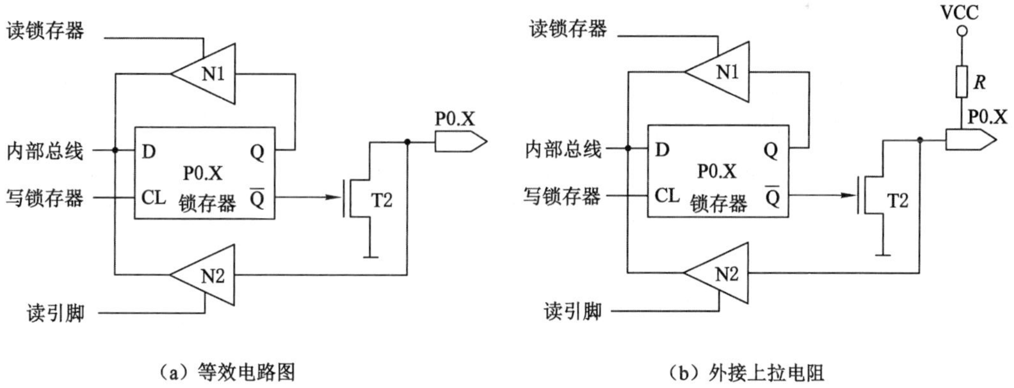

图 2-16　P0 口的通用 I/O 方式

① 输出：当 CPU 向端口输出数据时，写脉冲加在锁存器的 CL 时钟端，数据通过内部总线出现在锁存器的 D 端，经反相后出现在 $\overline{Q}$ 端，再经过 T2 管反相，由于 T1 截止，要使 1 正常输出，必须在引脚上外接一个上拉电阻，如图 2-16(b)所示。信号输出逻辑如表2-7所示，此时出现在 P0.X 引脚上的数据正好是需要输出的数据。

表 2-7　作 I/O 时信号输出逻辑表

控制信号	CPU 输出数据	D	$\overline{Q}$	T2	P0.X
0	0	0	1	导通	0
	1	1	0	截止	1

② 输入:当输入操作时,端口中的两个三态缓冲器 N1、N2 用于读操作。

N2 用于读端口引脚的数据。当执行一般的端口输入命令时,读脉冲把三态缓冲器 N2 打开,于是引脚 P0.X 上的数据经过缓冲器 N2 送到内部总线上。

N1 用于读锁存器 Q 端的数据,Q 端的数据实际上与 P0.X 引脚上的数据一样,为什么要读 Q 端的数据呢?假设有这样一条指令:

ANL　P0,A

这是一条“与运算”指令,作用是将累加器 A 的值与 P0 口的值“与运算”后,把结果送到 P0 口。在进行“与运算”时,先要读取 P0 口的数据。这种指令称为“读—修改—写”指令,对于这样的指令,不能直接读 P0 引脚上的数据,而是应读 Q 端的数据,这样做是为了避免读错引脚上的电平信号。例如,用一条口线 P0.X 去驱动外部一个晶体管的基极,当向此口线写“1”时,晶体管导通,将把引脚上的电平拉低。这时,若从引脚上读取数据,就把该数据读为了“0”,实际上应该是“1”。而从锁存器 Q 端读入,则会得到正确的结果。

另一种容易读错的情况是:当读引脚操作(输入)时,引脚上的外部信号既加在三态缓冲器 N2 的输入端,又加在 T2 的漏极上,若此时 T2 是导通的(之前输出过 0),则引脚上的电平将被钳位在“0”电平上。为了使引脚上输入的逻辑电平能被正确地读入,在输入数据时,要先向锁存器写 1,使 $\overline{Q}$ 端为 0,T1、T2 都截止,引脚处于悬浮状态,为高阻抗输入。因此,作为一般的 I/O 口使用时,P0 口是一个准双向口。

③ 作地址/数据总线:图 2-17 所示为 P0 口作地址/数据总线时的等效电路。当 P0 口作地址/数据总线时,控制信号为高电平“1”,转换开关把反相器与 T2 接通,同时把与门 A 开锁。输出的地址或数据信号通过与门驱动 T1 管,同时通过反相器驱动 T2,完成信号传送。表 2-8 所示是作为地址/数据总线时信号的输出逻辑关系。从表中可以看出,当地址/数据为“0”时,引脚 P0.X 也为 0;当地址/数据为“1”时,引脚 P0.X 也为 1,因此信号被正确传送到引脚上。

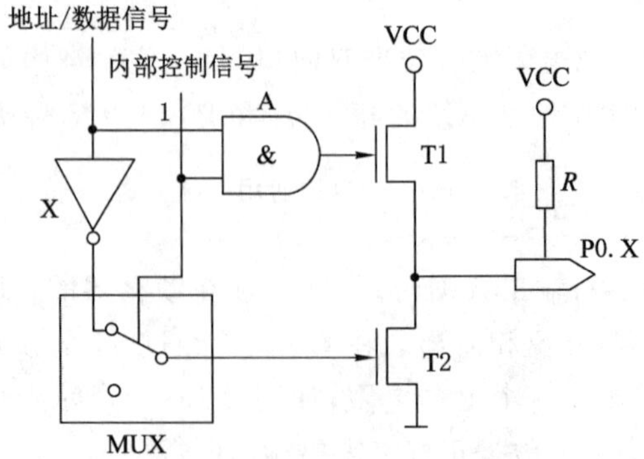

图 2-17　P0 口作地址/数据总线时的等效电路

表 2-8　作地址/数据总线时信号输出逻辑表

控制信号	地址/数据	X 输出	A 输出	T1	T2	P0.X
1	0	1	0	截止	导通	0
	1	0	1	导通	截止	1

(2) P1 口

P1 口是内部带上拉电阻的 8 位准双向口，仅作通用 I/O 口使用，每一位的结构如图 2-18 所示。当作为输出口时，将 1 写入锁存器，场效应管 T 截止，由于内部带上拉电阻，引脚 P1.X 输出高电平 1；当将 0 写入锁存器时，场效应管 T 导通，P1.X 输出低电平 0。

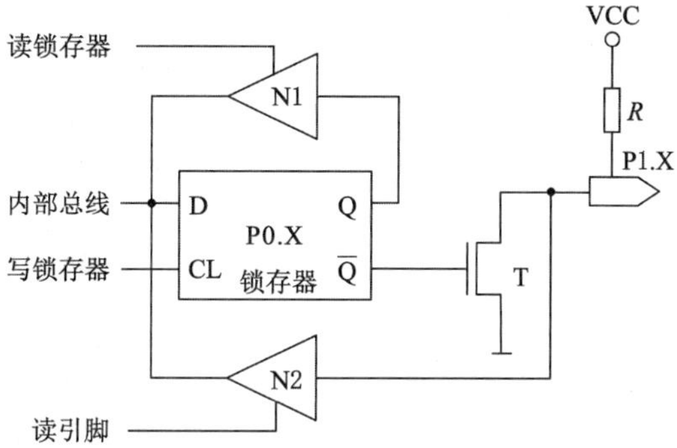

图 2-18　P1 端口内部结构

当 P1 口作为输入口时，也必须先将 1 写入锁存器，使 T 截止，把该口线由上拉电阻拉为高电平。当输入为高电平时，该口线为 1；当输入为低电平时，该口线为 0，从而使输入端的电平随输入信号而变，读入正确的数据信息。P1 口作为输入口时，可被任何 TTL 电路和 MOS 电路所驱动，由于内部带上拉电阻，也可以直接被集电极开路或漏电极开路的电路驱动而不必外加上拉电阻。

CPU 读 P1 口有两种情况，读引脚和读锁存器。读引脚时，打开三态门 N2，读入引脚上的输入状态(如 MOV A，P1)；读锁存器时，打开三态门 N1，与 P0 口的 I/O 功能一样，P1 可以进行“读—修改—写”操作。

(3) P2 口

P2 口是一个内部带上拉电阻的 8 位准双向口，每一位的结构如图 2-19 所示。P2 口既可以作为基本 I/O 口，又能作地址总线的高 8 位，和 P0 口一起组成 16 位地址总线，可对外寻址 64 KB 空间，由控制信号控制转换开关来实现。当转换开关 MUX 倒向左边时，P2 口作通用的 I/O 口，作用和 P1 相同。当作地址总线使用时，MUX 在控制信号作用下将地址线与反相器相连，从而在 P2 口引脚上输出地址 A15～A8。

(4) P3 口

P3 口是一个内部带上拉电阻的 8 位准双向口，且是一个双功能口，每一位的结构如图 2-20 所示。当它作为第一功能(通用的 I/O 口)使用时，工作原理与 P1、P2 口类似，但第二输出功能线保持为高电平，使与非门 N4 的输出电平由锁存器输出 Q 端决定。对 P3 口不管是作通用输入口还是第二功能输入口，相应位的锁存器和第二输出功能端都必须为 1。

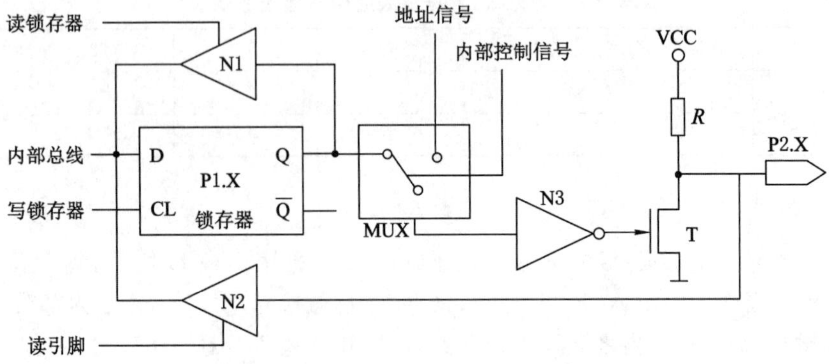

图 2-19　P2 端口内部结构

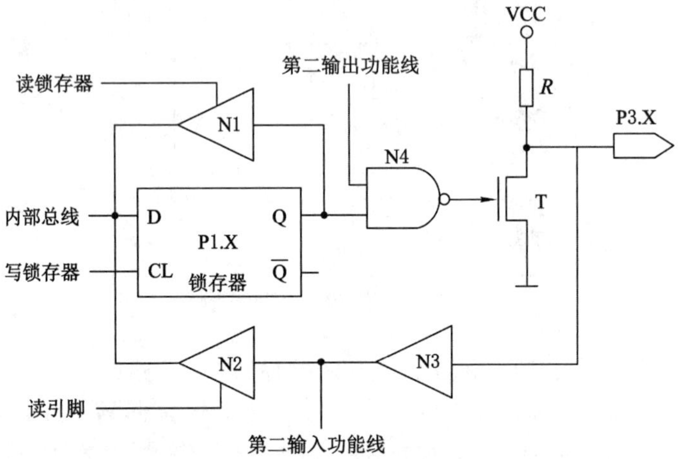

图 2-20　P3 端口内部结构

在 P3 口的引脚信号输入通道中有两个缓冲器 N2 和 N3，第二输入功能信号取自缓冲器 N3 的输出端，通用信号取自缓冲器 N2 的输出端。

P3 口既可以作为基本 I/O 口，又具有第二功能，具体见表 2-6。

2.5　I/O 口的四个编程实例

MCS-51 单片机的 I/O 口是与外界联系的桥梁，既可以接输入设备，又可以接输出设备，前面硬件结构讲述之后，下面通过几个简单的实例来让学习者领会 MCS-51 单片机是如何通过 I/O 口与外界沟通的，初步带领学习者进入单片机的实践之门。

【例 2-4】　图 2-21 中，P1 口接 8 个 LED 灯，请编程实现 8 个 LED 灯同时闪烁，闪烁时间为 500 ms。系统晶振频率为 $f_{osc}=12$ MHz。

分析　① 图中，发光二极管(简称 LED)是一种常见的状态输出显示设备，单片机如何驱动才能使其亮灭呢？LED 的阴极接单片机的 P1 口，阳极通过 RP1 限流电阻(排阻：8 个 220 Ω 电阻，每个支路一个电阻)接高电平 VCC。那么，P1.0～P1.7 八个引脚只要输出低电平

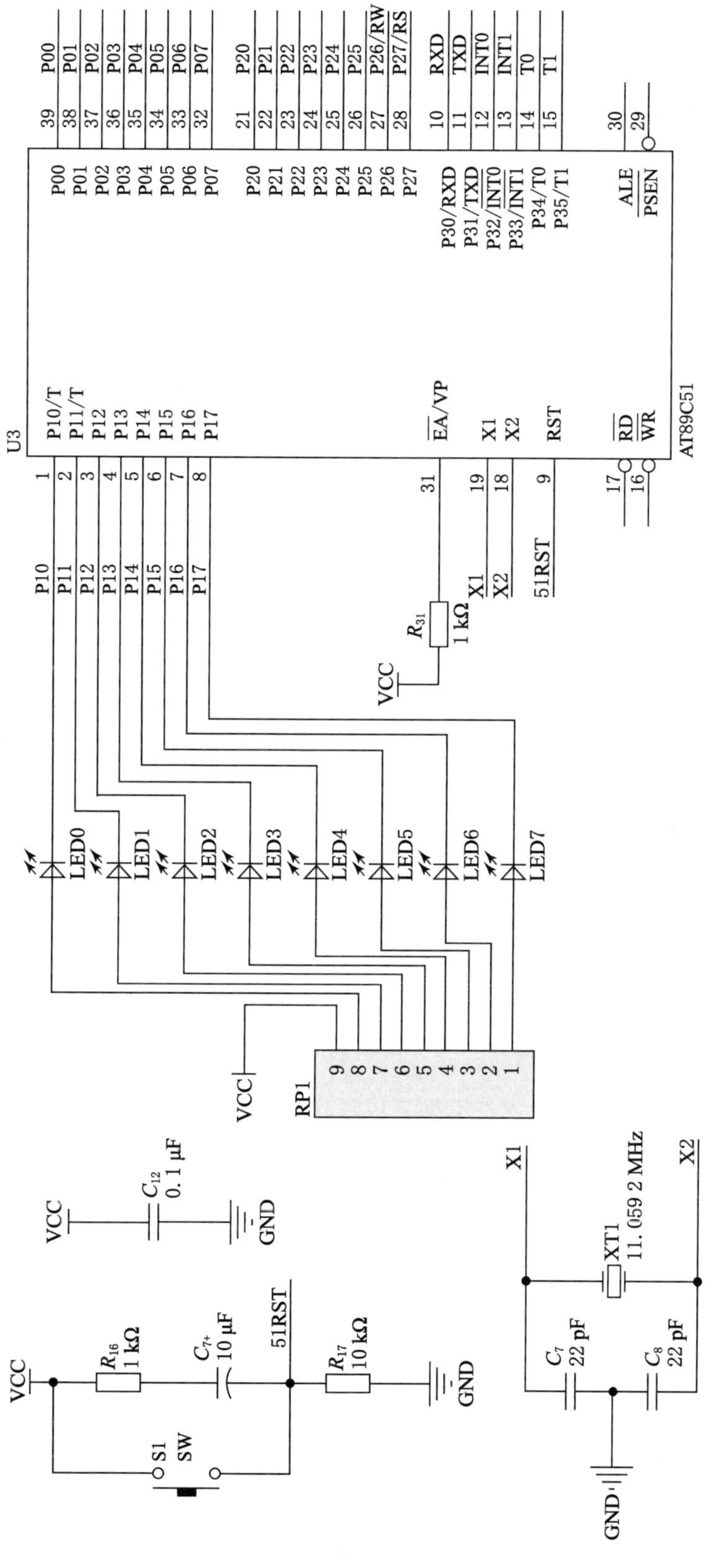

图2-21　LED灯电路原理图

LED便可被点亮。如果P1口输出高电平，LED两端没有压差，LED自然不能被点亮，这种驱动方式称为低电平驱动。由于低电平驱动I/O口可提供较大的输出电流，故低电平驱动电路最为常用。发光二极管的限流电阻通常取100～300 Ω，本例中为220 Ω。

② 亮灭时间的实现：程序中可以编写一个500 ms软件延时函数，LED点亮或熄灭之后，调用500 ms延时函数即可实现。亮灭无限循环就达到了题目要求的效果。流程图如图2-22所示。

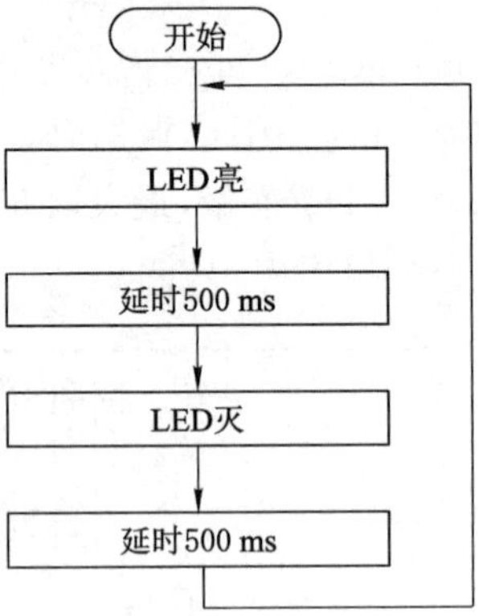

图2-22 程序流程图

③ 编程语言：可采用C51语言实现，也可采用汇编语言实现。本小节对此两种编程语言做简单引入，后面章节将详细介绍汇编指令和C51语法结构。

方法一：采用C语言编程实现。

程序清单2-1

```
# include <reg51.h>                                                    (1)
void delayms(unsigned int ms)    //带参的延时函数                        (2)
{
    unsigned char i;             //i是无符号char型变量，0～255取值范围
    while(ms--)
    {
    for(i=0;i<120;i++) ;         //1 ms延时，fosc=12 MHz
    }
}
//主函数
void main()                                                            (3)
{
  while(1)                                                             (4)
  {
   P1=0X00;                      //八个LED亮                            (5)
   delayms(500);                 //延时500 ms                           (6)
```

```
        P1=0XFF;                    //八个 LED 灭                        (7)
        delayms(500);
      }
    }
```

程序清单 2-1(1):include 宏指令,意指包含后面所述的 reg51.h 头文件。reg51.h 头文件中定义了 MCS-51 单片机的所有内部寄存器,并且进行了特殊位的定义。程序必须包含此头文件,单片机中的寄存器和特殊位才可以进行操作。

程序清单 2-1(2):delayms(unsigned int ms)为带参的延时函数,如果时钟频率 $f_{osc}=$ 12 MHz,函数体中的延时时间约为 1 ms。因此,调用时,实参为多少,就延时多长时间。ms 为 unsigned int 类型,为无符号整形 2 字节变量,最大取 65 535。

程序清单 2-1(3):主函数。一个程序中,只能有一个 main( )函数。

程序清单 2-1(4):LED 显示是无限循环的,用 while(1)结构来实现。

程序清单 2-1(5):0X00 为十六进制数(0X 为十六进制数标记符),等于二进制数 00000000B(B 为二进制数标记符),将 0X00 输出到 P1 口,也就是 P1.0～P1.7 每位引脚上输出的都是低电平,则八个 LED 全部被点亮。

程序清单 2-1(6):调用 delayms(500)延时函数,500 表示延时 500 ms。

程序清单 2-1(7):0XFF=11111111B,将 0XFF 输出到 P1 口,也就是 P0.0～P0.7 每位引脚上输出的都是高电平,则八个 LED 全灭。

经 Proteus 仿真软件调试,结果完全正确,达到了想要的效果,如图 2-23、图 2-24 所示。Proteus 仿真软件的使用方法详见 2.7 节。

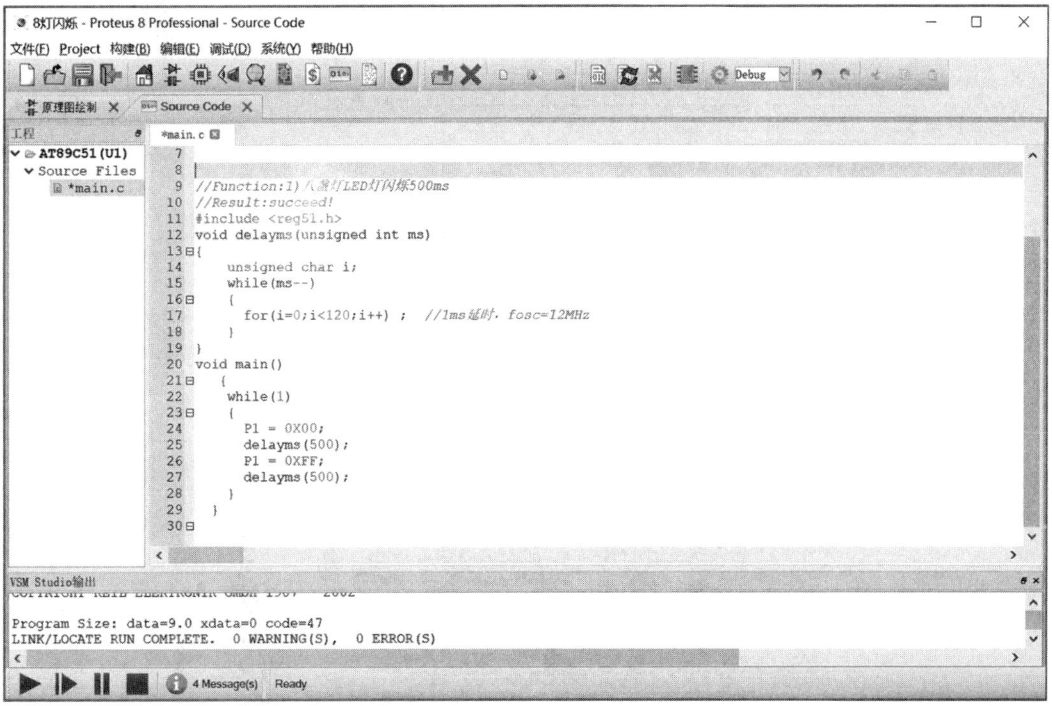

图 2-23　Proteus 程序界面

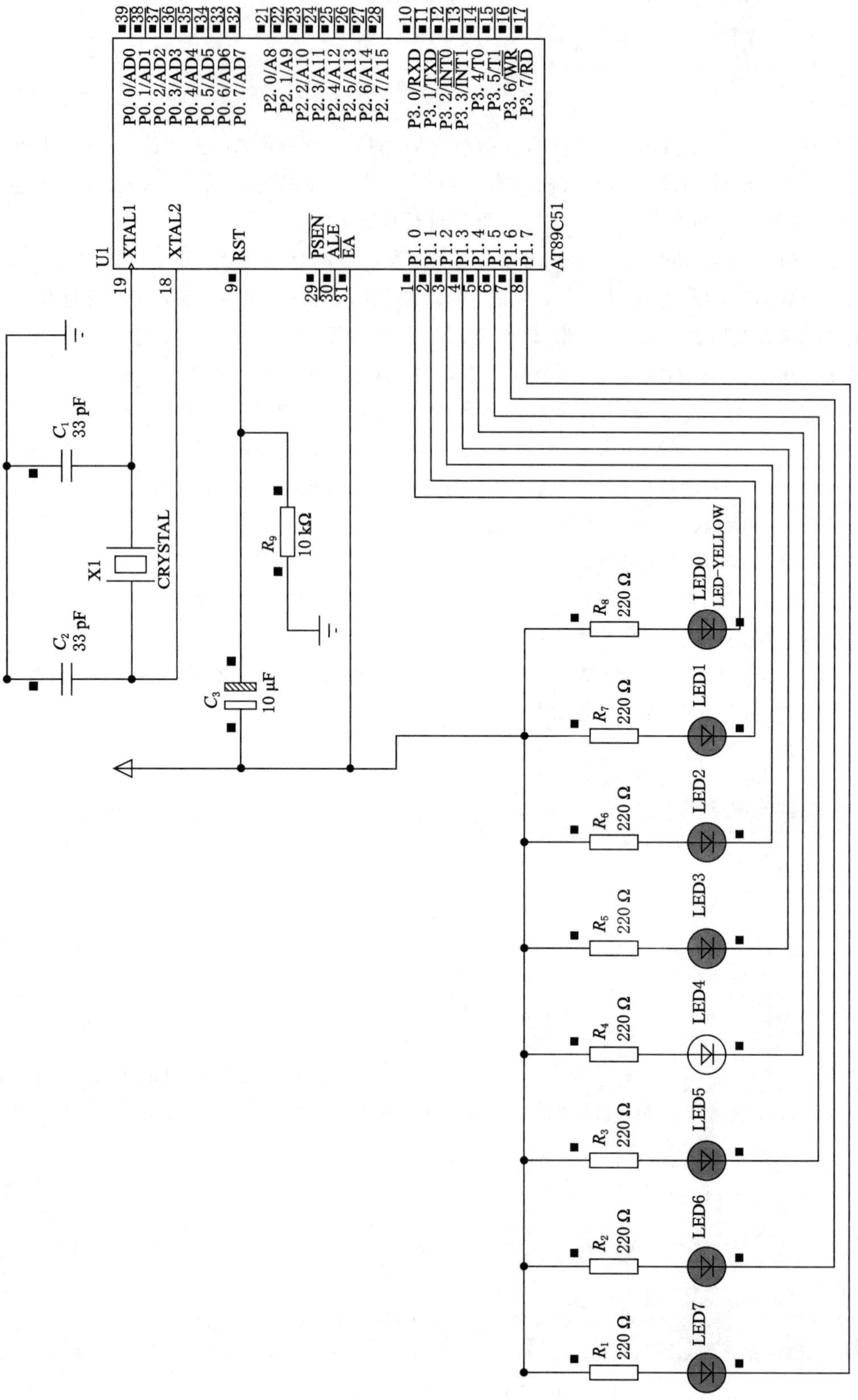

图2-24 Proteus仿真结果

方法二：采用汇编语言实现，请比较汇编语言程序和 C 语言程序各自的特点。

程序清单 2-2

```
        org 0300h                                   (1)
start:  mov P1,#00H         ;八盏灯全亮             (2)
        call delay          ;调用延时函数           (3)
        mov P1,#0ffH        ;八盏灯全灭             (4)
        call delay          ;
        jmp start           ;跳转到 start 程序处    (5)
delay:  mov R3,#50          ;延时 500 ms 子程序     (6)
D1:     mov R4,#20
D2:     mov R5,#248
        djnz R5,$                                   (7)
        djnz R4,D2
        djnz R3,D1
        ret                 ;返回主程序             (8)
        end                 ;汇编程序结束           (9)
```

程序清单 2-2(1)：org 伪指令指明了后面的程序块存放于 ROM 0300H 单元起始地址处。

程序清单 2-2(2)：mov 为数据传送指令助记符，表示将 #00H 数据传送到 P1 口，也就是 P0.0～P0.7 每位引脚上输出的都是低电平，则 LED 全部点亮。start 为指令标号，具有地址属性。汇编语言的注释符是“;”，与 C 语言不同，需谨记采用英文输入法。

程序清单 2-2(3)：call 为调用指令助记符，也即调用 delay 延时函数。

程序清单 2-2(4)：将 #0ffH 数据传送到 P1 口，也就是 P0.0～P0.7 每位引脚上输出的都是低电高，则 LED 全部熄灭。如果立即数第一位为字母，则应在字母前加 0，如 #0ffH。

程序清单 2-2(5)：jmp 为“跳转”指令助记符，表示程序跳回到 start 处，相当于 C 程序中的 while(1)无限大循环。

程序清单 2-2(6)：delay 标号后面的程序是延时子程序，相当于 C 程序中的延时函数，到 ret 结束。ret 是子程序返回指令。后面语句中的 R3、R4、R5 是 MCS-51 单片机的工作寄存器。用 mov 指令为这些寄存器赋初值。

程序清单 2-2(7)：djnz 指令含义为“减 1 不等于 0 则转移”。R5 的初值为 248，当执行 djnz 指令时，R5 做减 1 运算，如果结果不等于 0 就跳转到目标标号处，本句的目标标号为 $，这个符号表示标号就是这条指令本身。也就是 R5 不停做减 1 操作，直到为 0，才跳出本条语句，去执行下一条语句，相当于做了一个 248 次的 for 循环。假设一个机器周期为1 μs，djnz 指令为 2 个机器周期，即 1 条 djnz 指令为 2 μs，因此这条循环语句延时时间为 248×2=496 μs。延时子程序中有 3 条 djnz 指令，表明循环有 3 层嵌套，内层 248 次，第二层 20 次，最外层 50 次。因此总延时时间近似为：

$$(248\times2+4)\times20\times50=500\ 000\ \mu s=500\ ms$$

计算式中 4 为 mov 指令的时间，500 ms 为近似计算时间，实际有些误差，可以进行调整。将程序进行 Proteus 仿真调试和下载到开发板进行试验，结果正确。

通过上面的例题，学习者对汇编有了初步的了解，可知要想编好单片机程序，需要有扎实的C语言基础，也需要对单片机内部硬件结构有清晰的了解。

例2-4中对8位LED的控制可采用字节数据赋值或MOV汇编语句传送，那么学习者需要进一步思考的是，如果只控制其中的一位LED，该用什么指令呢？

【例2-5】 根据图2-21所示的硬件电路，编程实现LED0灯的闪烁，闪烁时间间隔为500 ms。

程序清单2-3

```
#include <reg51.h>
sbit LED0=P1^0;                                                    (1)
void delayms(unsigned int ms)
{
  unsigned char i;
  while(ms--)
  {
    for(i=0;i<120;i++) ;   //1 ms 延时,fosc=12 MHz
  }
}
void main()
{
    while(1)
    {
        LED0=! LED0;                                               (2)
        delayms(500);
    }
}
```

程序清单2-3(1)：① 此语句中，P1^0即是P1.0引脚，不能写成P1.0，这是开发环境中事先定义好的。② sbit为位定义指令，是C51扩展的变量类型，可定义特殊功能寄存器的位。此语句中，将P1.0定义为LED0变量，就相当于给P1.0赋予了一个新的名称，后面的程序就可以一直使用LED0来代替P1^0了。好处是显而易见的，用LED0比P1.0更容易记住其功能，也更规范，如果系统较为复杂，使用功能名称更容易记忆，这是单片机编程中的一种习惯做法。当然，学习者也可不这样定义，可直接操作P1^0，此处仅为给学习者引入一种常用的编程方法。

程序清单2-3(2)：! LED0是将LED0(P1.0)状态取反，即是将1变为0，0变为1，经过延时后达到了闪烁的目的。回忆一下C语言知识，! 为“逻辑反”运算符，～为“按位反”运算符，请自行学习C语言基础语法知识。

经Proteus仿真和实际开发板验证，程序代码正确，如图2-25、图2-26所示。

经过上述两个例题，学习者已经能够初步操作LED的亮灭了，如果在开发板上运行成功或者Proteus仿真成功，说明已经对单片机入门了。下面将对LED的控制演变讲述一些新内容。

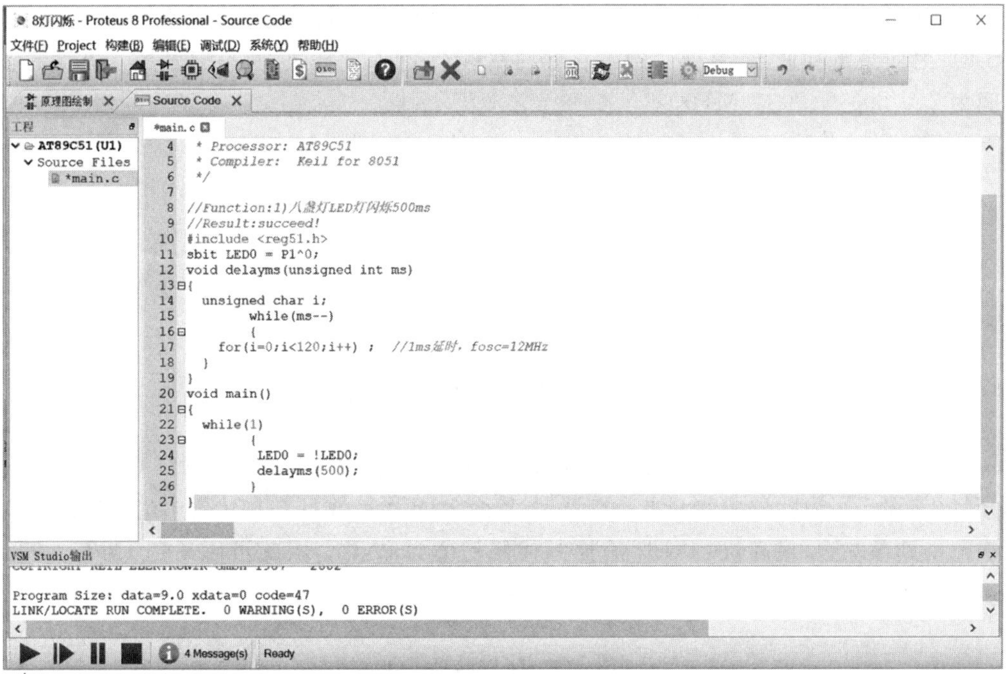

图 2-25　Proteus 程序界面

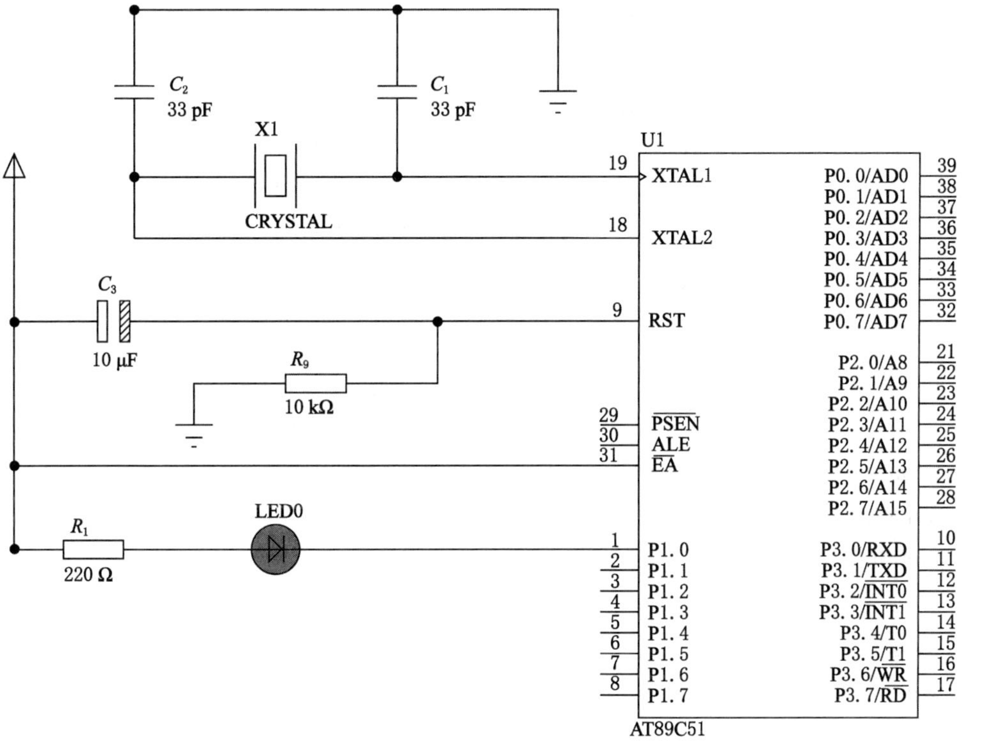

图 2-26　Proteus 仿真结果

【例 2-6】 根据图 2-21 所示的硬件电路，编程实现跑马灯的效果，如图 2-27 所示，即八盏 LED 灯实现流动效果，具体为做单一灯的左移流动，如此反复，每一只发光二极管的点亮时间为 200 ms(f_{osc}=12 MHz)。

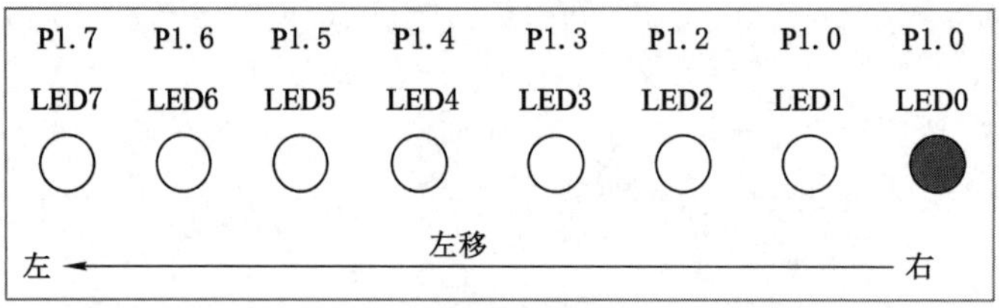

图 2-27　灯的排列和移动方式

分析　P1 口流水灯的控制代码如表 2-9 所示。从表中可以发现，每次只有一盏灯亮，其余灯灭，那么每组代码中将只有一位为 0，其余七位为 1，并且 0 在代码中的位置从最右边依次流动到最左边(最高位)，LED 的控制代码初值为 0XFE，因此可以采用 C 语言中的左移运算符实现，也可调用 intrins.h 头文件中定义的左移函数_crol_(LED,1)来实现。

表 2-9　P1 口控制代码

	P1.7	P1.6	P1.5	P1.4	P1.3	P1.2	P1.1	P1.0	值(十六进制)
1	1	1	1	1	1	1	1	0	0XFE
2	1	1	1	1	1	1	0	1	0XFD
3	1	1	1	1	1	0	1	1	0XFB
4	1	1	1	1	0	1	1	1	0XF7
5	1	1	1	0	1	1	1	1	0XEF
6	1	1	0	1	1	1	1	1	0XDF
7	1	0	1	1	1	1	1	1	0XBF
8	0	1	1	1	1	1	1	1	0X7F

程序见程序清单 2-4：

程序清单 2-4

```
#include <reg51.h>
#include <intrins.h>    //循环移位函数头文件
void delayms(unsigned char ms)
{
unsigned char i;
while(ms--)
    {
    for (i=0;i<120;i++);   //1ms 延时(fosc=12MHz)
    }
}
```

```
void main()
{
    unsigned char LED;
    LED=0xFE;        //赋初值
    P1=LED;          //送至 P1 口,LED0 灯亮,其余灭
    while(1)
    {
    delayms(200);
    LED=_crol_(LED,1);   //circle roll of left,循环左移          (1)
    P1=LED;
    }
}
```

程序清单 2-4(1):_crol_( )为循环左移函数,在 intrins.h 头文件中声明,因此前面需要包含 intrins.h 头文件。_crol_(LED,1)的作用是将 LED 变量的值左移一位,第二个参数 1 表示每次移位的次数。函数原型为 unsigned char _crol_ (unsigned char,unsigned char)。学习者也可以使用 C 语言中的"≪"左移运算符来实现移位操作。

Proteus 仿真结果如图 2-28 所示,仿真结果正确,出现了流水灯的效果。

例 2-6 的程序实现了 LED 灯的左移流水,如果要实现右移流水,该如何编写程序呢?在 intrins.h 头文件中有一个_cror_( )函数是循环右移函数,可将_crol_( )_函数修改为_cror_( )。还有一个问题需要思考的是,LED 初值要改为多少?要不要修改呢?请学习者自行编程来实现右移流水功能。

例 2-4～例 2-6 介绍了输出设备的控制方法,下面讨论单片机采集输入设备信号的方法,以按键为例,单片机如何读取按键的状态呢?

【例 2-7】 图 2-29 所示电路原理图中,按键 K1 接在 P3.0 引脚上,编程实现 K1 控制下的 LED0 灯闪烁,具体要求如下:

(1) 系统启动后,LED0 闪烁 5 次后熄灭;

(2) 当 K1 按下后闪烁 5 次后熄灭;

(3) 以后每次按下 K1,发光二极管都会闪烁 5 次。

分析　按键 K1 一端接 P3.0 引脚,另一端接地。按键没有按下时,按键回路是断开的,P3.0 引脚为高电平;当按键按下时,回路导通,P3.0 引脚电平变为低电平。因此,单片机识别按键时,就是对 P3.0 引脚的状态进行判断,若 P3.0=0,说明有键按下;若 P3.0=1,说明无键按下。依据这个原理,就可以识别按键的状态了。需要说明的是:

(1) P0 口工作在 I/O 方式时,内部为漏极开路结构,因此与按键或开关接口时需要有上拉电阻,而 P1～P3 口均不存在这个问题,故不需要上拉电阻。

(2) 通常的按键为机械弹性开关。由于机械触点的弹性作用,按键在闭合及断开的瞬间均伴随有一连串的抖动,抖动时间在 5～10 ms 之间。键抖动会引起一次按键被误读多次。为了确保 CPU 对键的一次闭合仅做一次处理,必须去除抖动。

(3) 去抖动的方法有硬件去抖和软件去抖两种。硬件去抖一般用在要求比较高的场

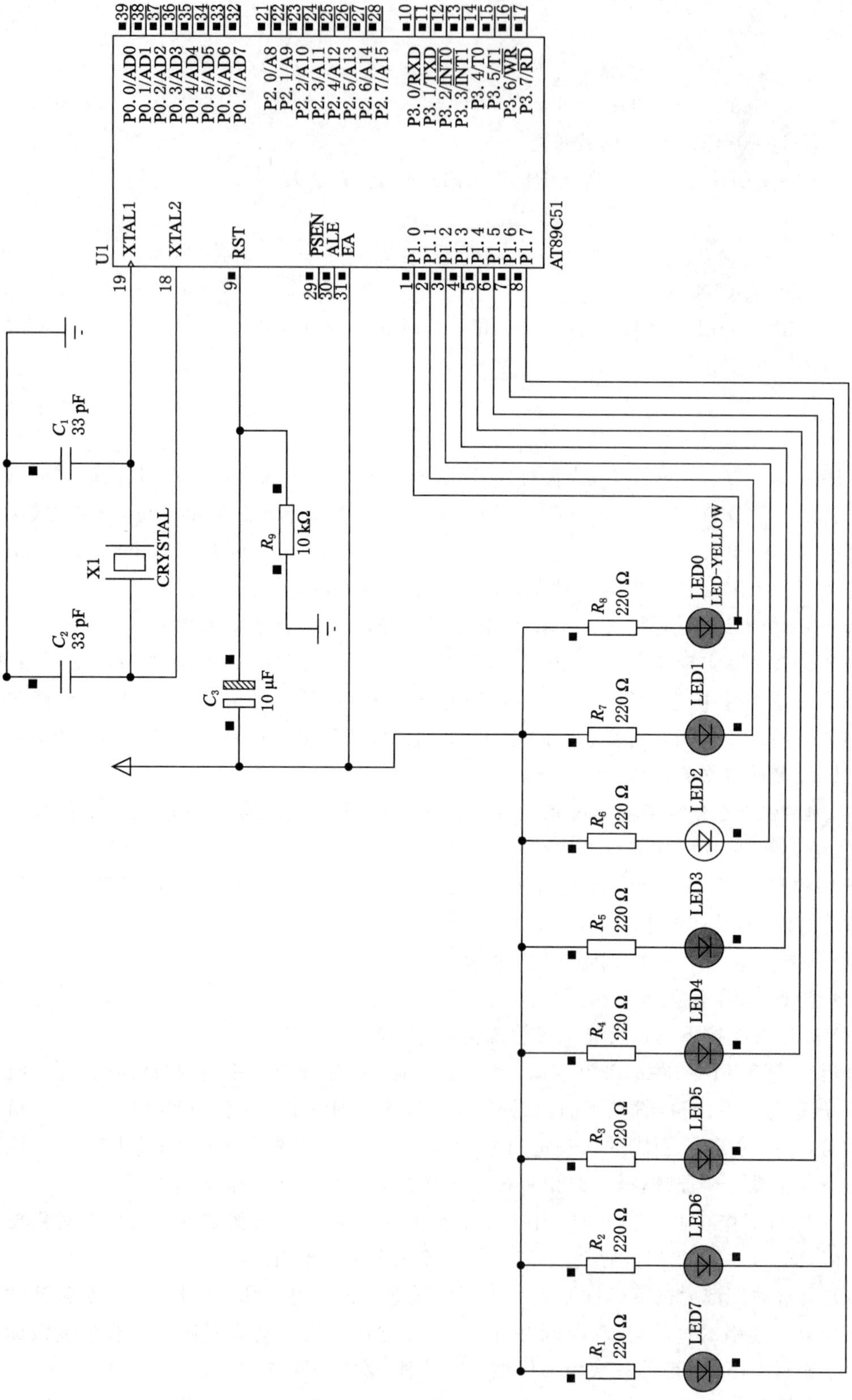

图2-28　Proteus仿真结果

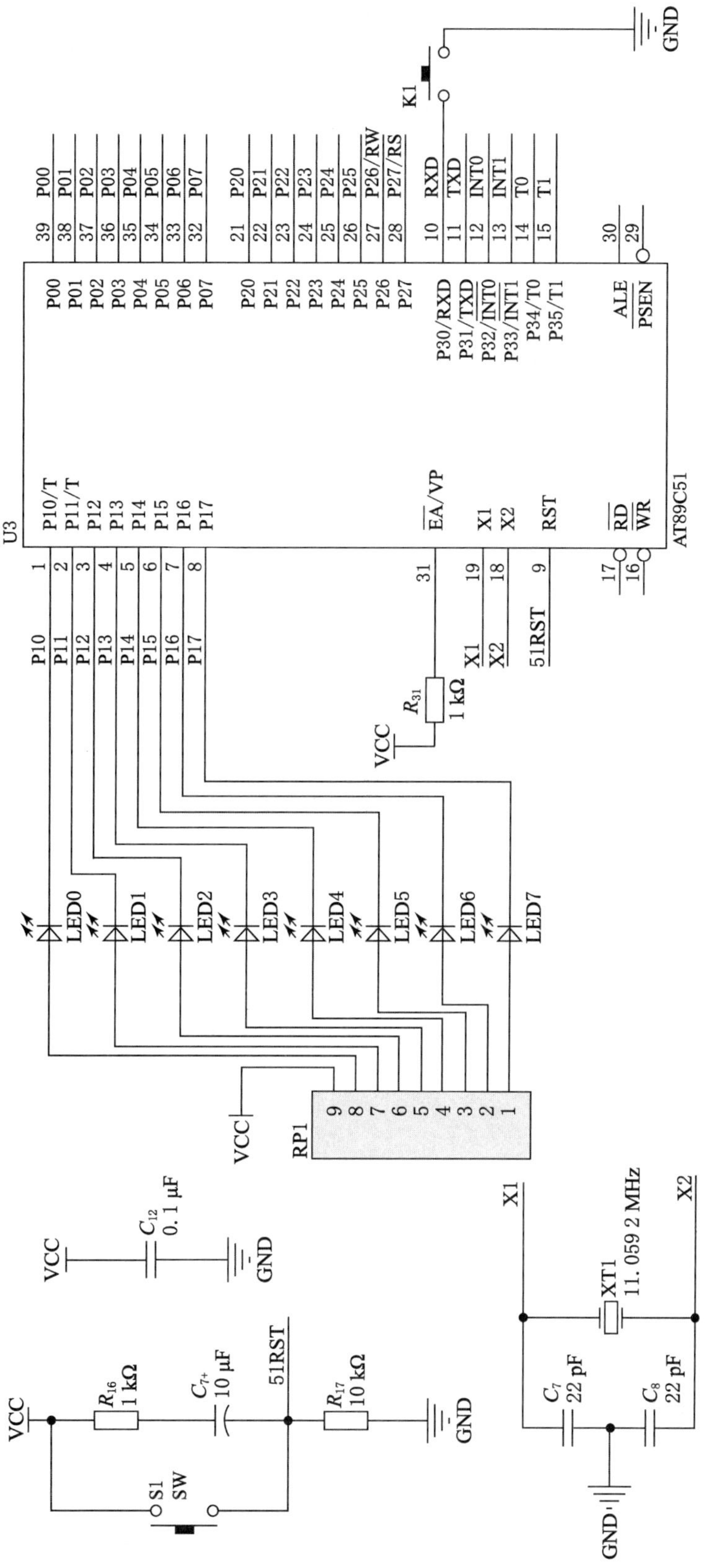

图2-29　按键与LED灯硬件原理图

合,需要增加一定的硬件成本;软件去抖较为常用,方法是在程序中做一个 10～20 ms 的延时,避开抖动期,如果延时 10～20 ms 之后,按键仍然按下,则认为它是稳定按下的。稳定闭合期约为 100 ms,快的一般为 40～50 ms,很难再低了。关于独立按键及矩阵式键盘的使用将在 8.3 节详细讲述。

程序清单 2-5

```
#include <reg51.h>
sbit LED0=P1^0;
sbit KEY=P3^0;                                                          (1)
//延时函数
void delayms(unsigned int ms)
{
  unsigned char i;
    while(ms--)
    {
    for(i=0;i<120;i++);
    }
}
// LED 灯闪烁 5 次函数
void led_glint_5()          //LED 灯 5 次闪烁函数                        (2)
{
  unsigned char j;
  for(j=0;j<10;j++)
    {
      LED 0= ! LED0;
      delayms(500);
    }
}

void main()
{
    led_glint_5( );
    LED0= 1;
    while(1)
    {
      if(KEY== 0)  //判断 K1 是否按下,如果 KEY==0,表示有键按下        (3)
      {
        led_glint_5();
        LED0=1;
      }
    }
}
```

程序清单 2-5(1):用 sbit 指令对按键 K1(P3.0)进行重新命名,命名为 KEY;

程序清单 2-5(2):定义了一个 LED0 闪烁 5 次的函数,供 main( )函数调用;

程序清单 2-5(3):判断按键是否按下,本程序没有做按键去抖。如果进行按键去抖,程序可改为:

```
while(1)
{
  if(KEY== 0)          //判断 K1 是否按下,如果 KEY==0,表示有键按下
  {
       delayms(10);        //延时 10 ms,再次判断是否有键按下
       if(KEY== 0)         //如果有键按下,则 LED0 闪烁 5 次,否则重新扫描
       {
           led_glint_5();
           LED0=1;
       }
  }
}
```

Proteus 仿真结果如图 2-30 所示,仿真结果正确。从图中可以看出,当按键闭合时,左侧的 LED0 开始闪烁。

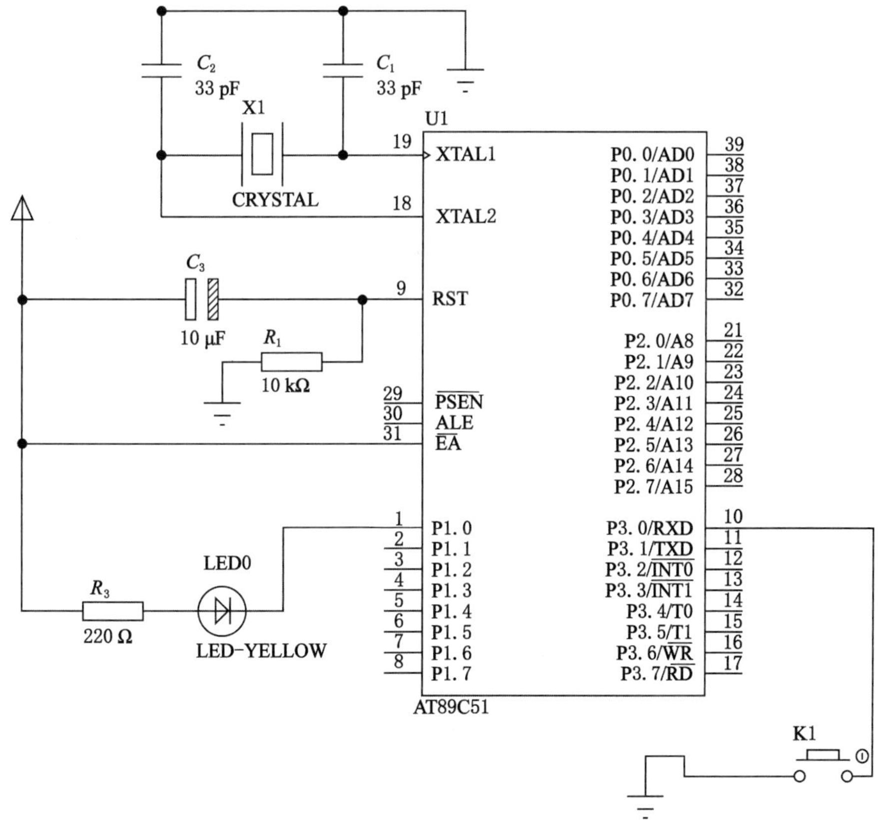

图 2-30　例 2-7 Proteus 仿真结果

2.6 Keil C51 集成开发环境与实例

学习单片机需要有相应的工具软件，MCS-51 单片机源代码的编写、编译与调试是在 Keil 集成开发环境中进行的。

Keil 软件是众多单片机应用开发软件中最优秀的软件之一，它支持众多不同公司的 MCS-51 架构的芯片，甚至 ARM 微处理器，它集编辑、编译、仿真于一体，界面和常用的 VC＋＋界面十分相似，在调试程序和软件仿真方面也有强大的功能，因此很多开发 MCS-51 应用的工程师都对它十分喜欢。

Keil 公司是一家业界领先的微控制器软件开发工具的独立供应商，由两家私人公司联合运营，分别是德国慕尼黑的 Keil Elektronik GmbH 和美国得克萨斯的 Keil Software Inc。Keil C51 编译器自 1988 年进入市场以来成为事实上的行业标准，并支持超过 500 种 8051 变种。Keil 公司在 2005 年被 ARM 公司收购。而后 ARM Keil 推出基于 μVision 界面，用于调试 ARM7、ARM9、Cortex-M 内核的 MDK-ARM 开发工具，用于控制领域的开发。

2009 年 2 月发布 Keil μVision4 集成开发环境 IDE（Integrated Development Environment）引入灵活的窗口管理系统，还添加了一些其他新功能。2011 年 3 月 ARM 公司发布最新集成开发环境 RealView MDK，开发工具中集成了最新版本的 Keil μVision4，其编译器、调试工具实现与 ARM 器件的最完美匹配。2013 年 10 月，Keil 正式发布了 Keil μVision5 IDE。本书以 Keil μVision5 版本为基础进行讲述。KEIL 集成开发环境包含以下几大模块。

Cx51：C 语言文件编译器，负责将 C 语言文件编译成可重定位的目标文件。

Ax51：汇编文件编译器，负责将汇编文件编译成可重定位的目标文件。

BL51：链接器/定位器，组成可重定位的目标文件，生成绝对目标文件。

LX51：扩展链接器/定位器，优化了 BL51 的功能，可以生成更小的目标文件。

LIB51：库管理器，从目标文件生成链接器可使用的库文件。

OH51：将目标文件转换成 Inter Hex 文件。

2.6.1 μVision5 的软件界面

软件的安装可参见本书所述平台的视频教程。安装完 Keil μVision5 软件（以下简称 Keil），从桌面双击打开 Keil 软件或单击屏幕左下方的“开始”→“程序”→“ Keil μVision5”，出现如图 2-31 所示界面。可以看出，软件界面包括五大组成部分，即菜单栏、工具栏、工程管理窗口、文件窗口和信息输出窗口。

（1）菜单栏：菜单为标准的 Windows 风格，μVison5 中共有 11 个下拉菜单。

（2）工具栏：工具栏包括文件管理、编译、工程配置、调试等。

（3）工程管理窗口：工程管理窗口用于管理项目文件目录，由 4 个子窗口组成，可以通过子窗口下方的标签进行切换，它们分别是：工程窗口、帮助窗口、函数窗口及模板窗口。

（4）文件窗口：文件窗口用于展示打开的程序文件，多个文件时可以通过窗口上方的文件标签进行切换。

（5）信息输出窗口：信息输出窗口用于输出编译过程中的信息，由 3 个子窗口组成，可

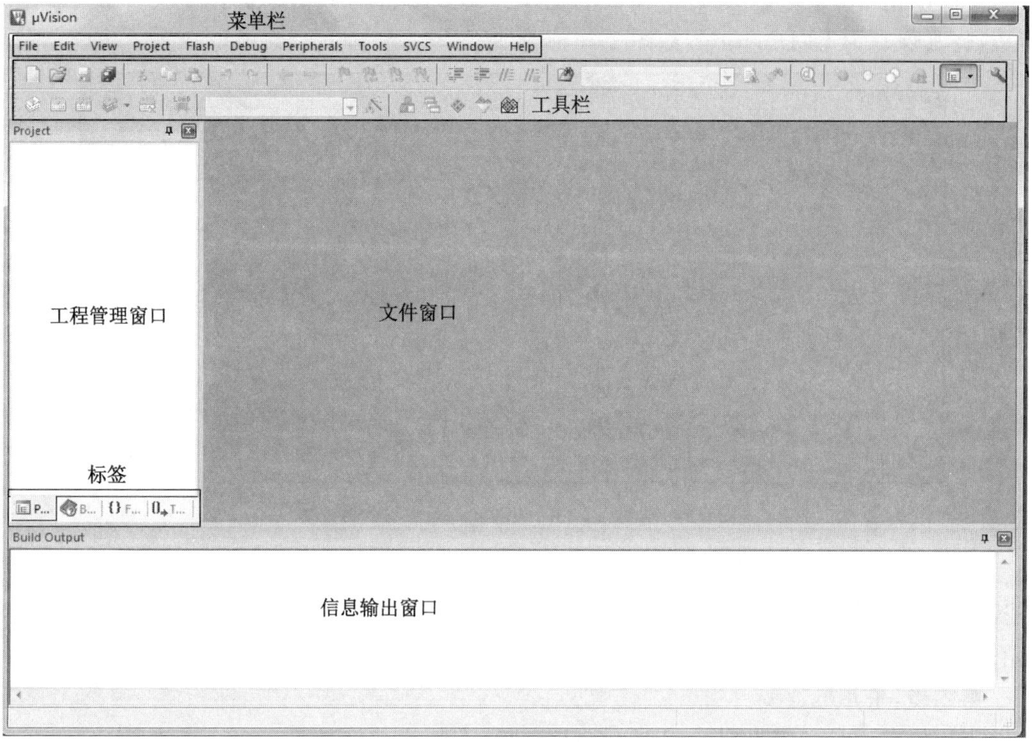

图 2-31　μVision5 启动界面

以通过子窗口下方的标签进行切换，它们分别是编译窗口、命令窗口和搜寻窗口。

为方便调试程序，μVision5 中还设有许多信息窗口，包括输出窗口、观察窗口、存储器窗口、反汇编窗口以及串行窗口等。为直观了解 MCS-51 单片机的定时器、中断寄存器、并行端口、串行端口的当前状态，μVision5 还提供了一些外围接口对话框。

2.6.2　μVision5 的使用方法

Keil 软件中以工程文件的形式建立单片机源程序，从建立新工程到最后生成.hex 文件需要七个步骤，分别为新建工程、单片机选型、工程中添加文件、工程设置、源程序编写、编译（生成.hex 可执行文件）、程序下载，最后将.hex 可执行文件烧录到单片机中，如图 2-32 所示。其中.hex 可执行文件是十六进制文件，可通过下载软件将其转换为二进制代码下载到单片机的 ROM 中。

图 2-32　创建 C51 工程基本步骤

工程建立步骤具体如下：

第一步，新建工程、保存工程。

下面以例 2-4 中八盏 LED 灯亮灭的程序为例介绍整个工程建立的方法。第一步新建工程，将其保存为 LED.uvproj，如图 2-33 所示。

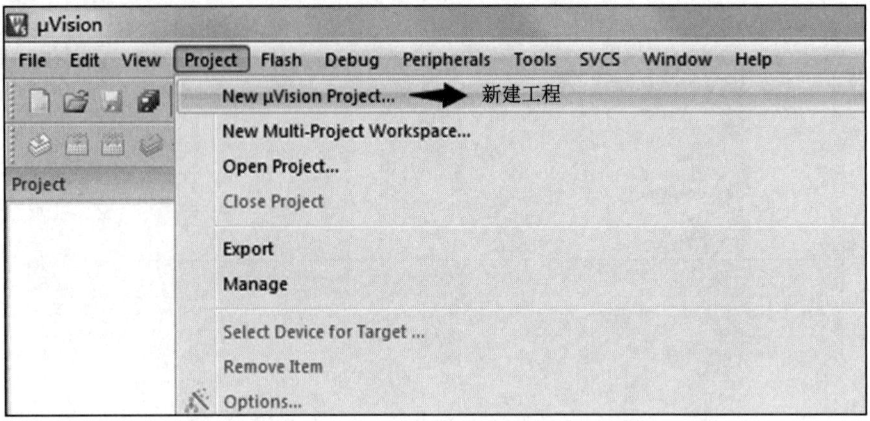

图 2-33　新建工程

说明：保存工程或文件时，要养成一个好习惯，最好先建立一个空文件夹，把工程文件放到里面，以避免和其他文件混合。可以在某个目录下新建一个文件夹，将所有的工程文件都保存在此目录下。

第二步，单片机选型。

工程保存后自动弹出图 2-34 所示页面，进行单片机的选型。

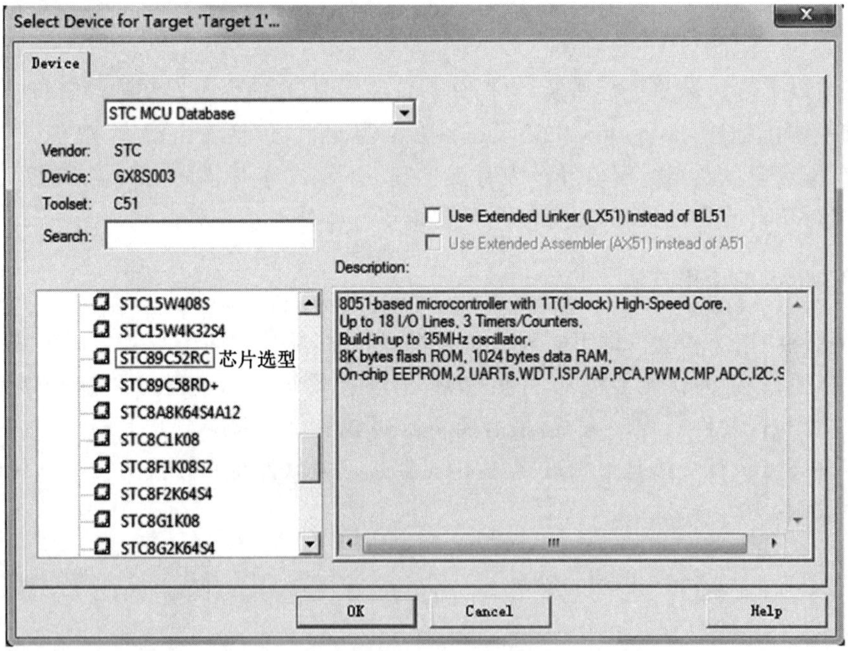

图 2-34　选择单片机型号

Intel 和 Atmel 公司的 MCS-51 单片机在 Keil 软件中自带，若要选用宏晶公司的 STC 芯片，还需在安装软件时将 STC 的数据库文件 stc.cdb 添加到安装路径下（例如 C:\keil_v5

\UV4)，芯片选型后生成一个新工程，然后就可以增加文件到工程中。stc.cdb 文件可登录 STC 官网下载。

第三步，工程中添加文件。① 新建文件并保存，保存为.c 文件(如果是汇编源文件，则保存为.asm 文件)，并将其添加到工程中，本例中文件保存为 led.c，如图 2-35 所示。led.c 和工程文件 LED.uvproj 保存在一个目录下即可。② 添加文件到工程中。具体方法为：图 2-36 中，鼠标停留在 Source Group 1 上，右键点击，弹出快捷菜单中，鼠标左键点击 Add Existing Files to Group ‘Source Group 1’，将新建立的 led.c 文件加入工程中。添加完毕后的项目管理窗口如图 2-37 所示。

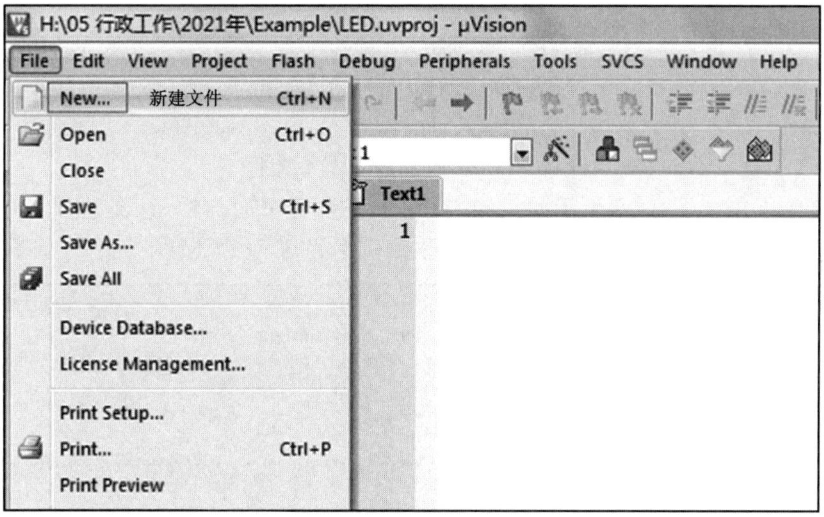

图 2-35　新建文件

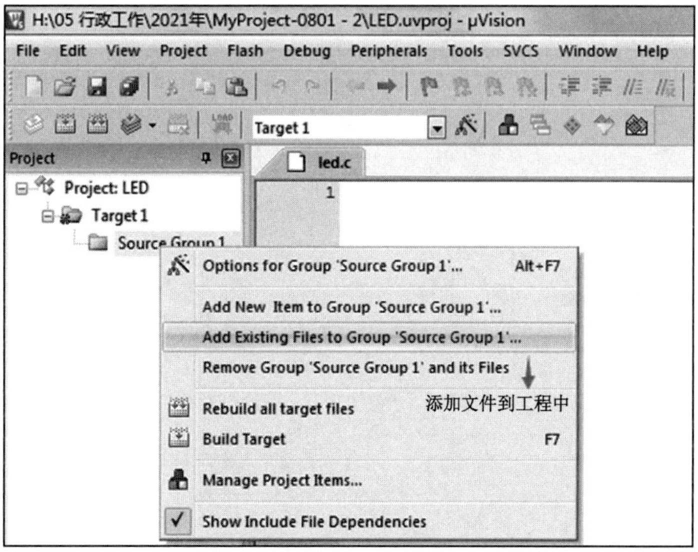

图 2-36　添加文件到工程中

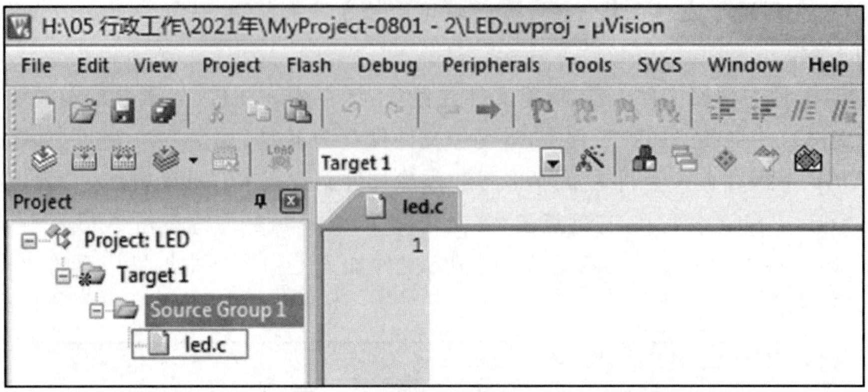

图 2-37　文件被添加到工程中

第四步，工程设置，设置系统晶振频率和创建 HEX 文件。

工具栏中点击如图 2-38 所示的按钮，弹出工程设置页面，在 target 选项卡中设置系统的晶振频率，根据实际系统的要求进行设置。本例中设置为 12 MHz。

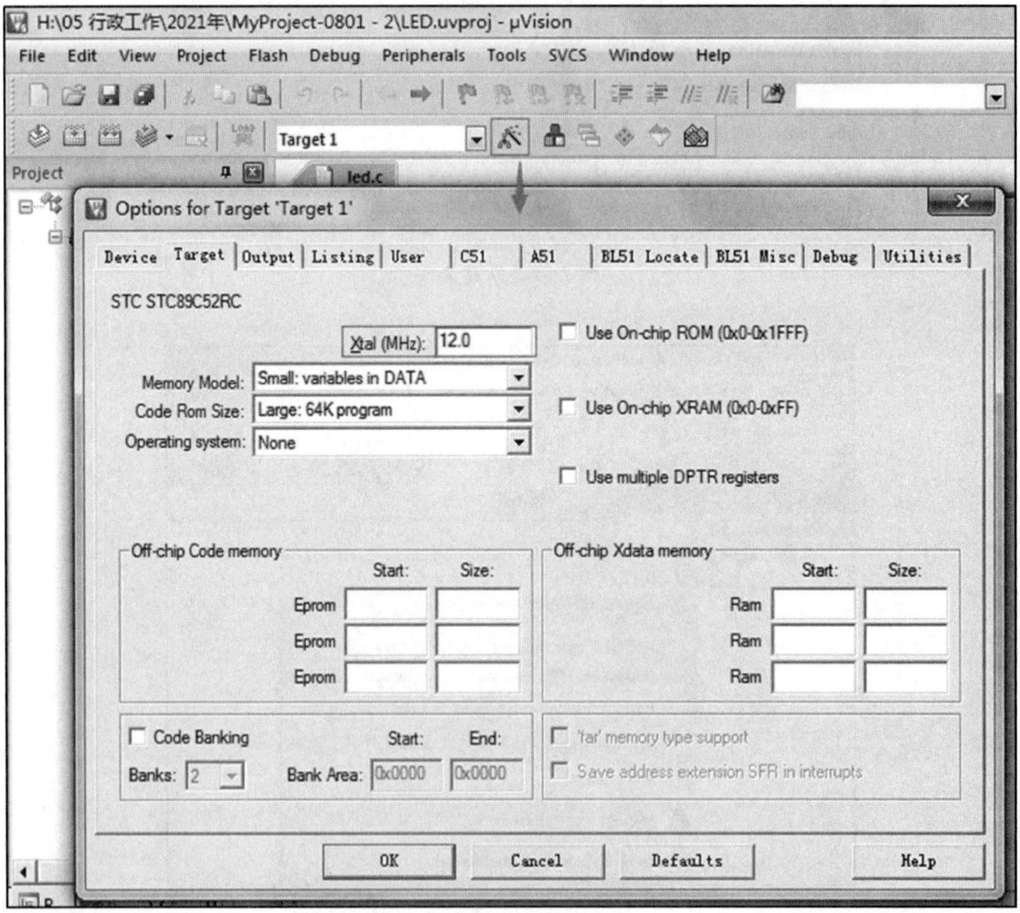

图 2-38　设置晶振频率

图 2-39 中，在 output 选项卡中勾选“Creat HEX file”。勾选此选项后，工程编译后会生成同名的.hex 文件，本例中生成 led.hex 文件。.hex 文件十分重要，它是下载到单片机中的可执行文件。

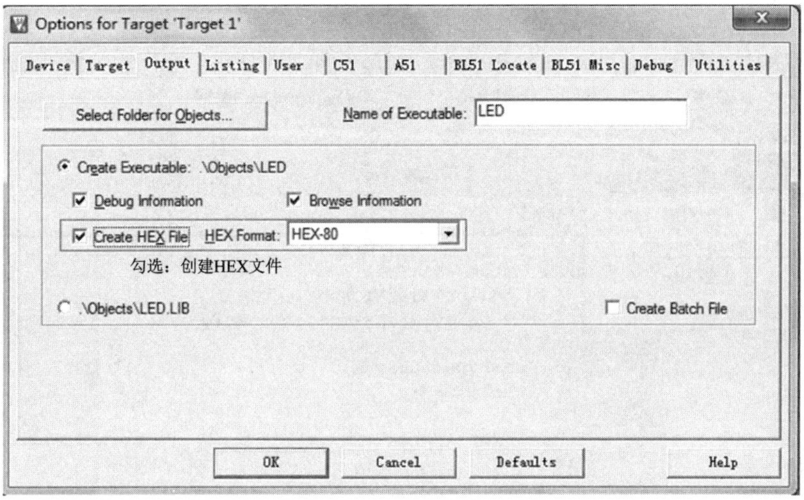

图 2-39　勾选创建 HEX 文件

第五步，编写源程序。

在程序编辑窗口编写源程序，如图 2-40 所示。注意，编写时应在英文状态下，例如语句结尾符“;”，若在中文状态下编写，将会报错。编程者应养成良好的编程习惯，程序关键的语句或函数应给出必要的注释，在文件开头处给出编程时间、作者、程序功能、硬件接口等内容，以供日后阅读或其他人阅读。

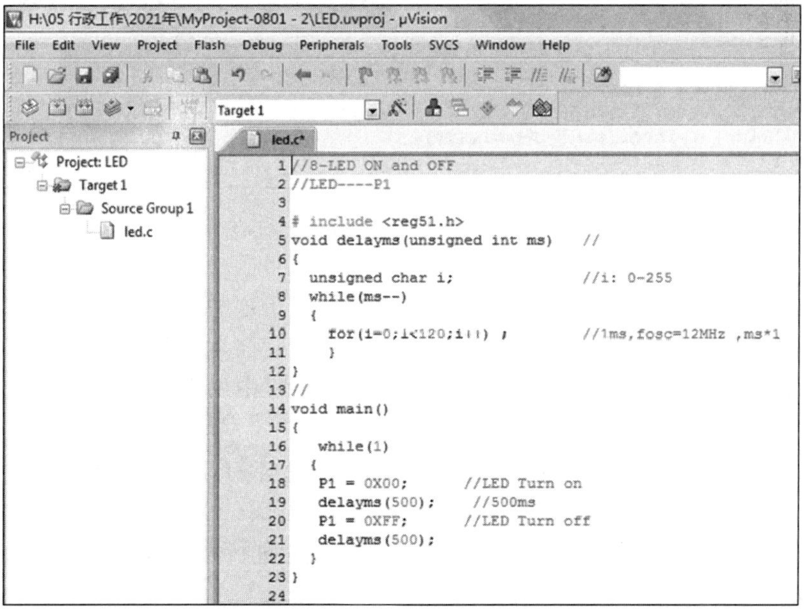

图 2-40　编写源程序

第六步，编译。源程序编写完成后，进行编译。

图 2-41 中 1～4 为编译按钮。1 为 Translate，2 为 Build，3 为 Rebuild，4 为 Batch Build。Translate 是编译当前改动的源文件，在这个过程中检查语法错误，但不生成可执行文件。

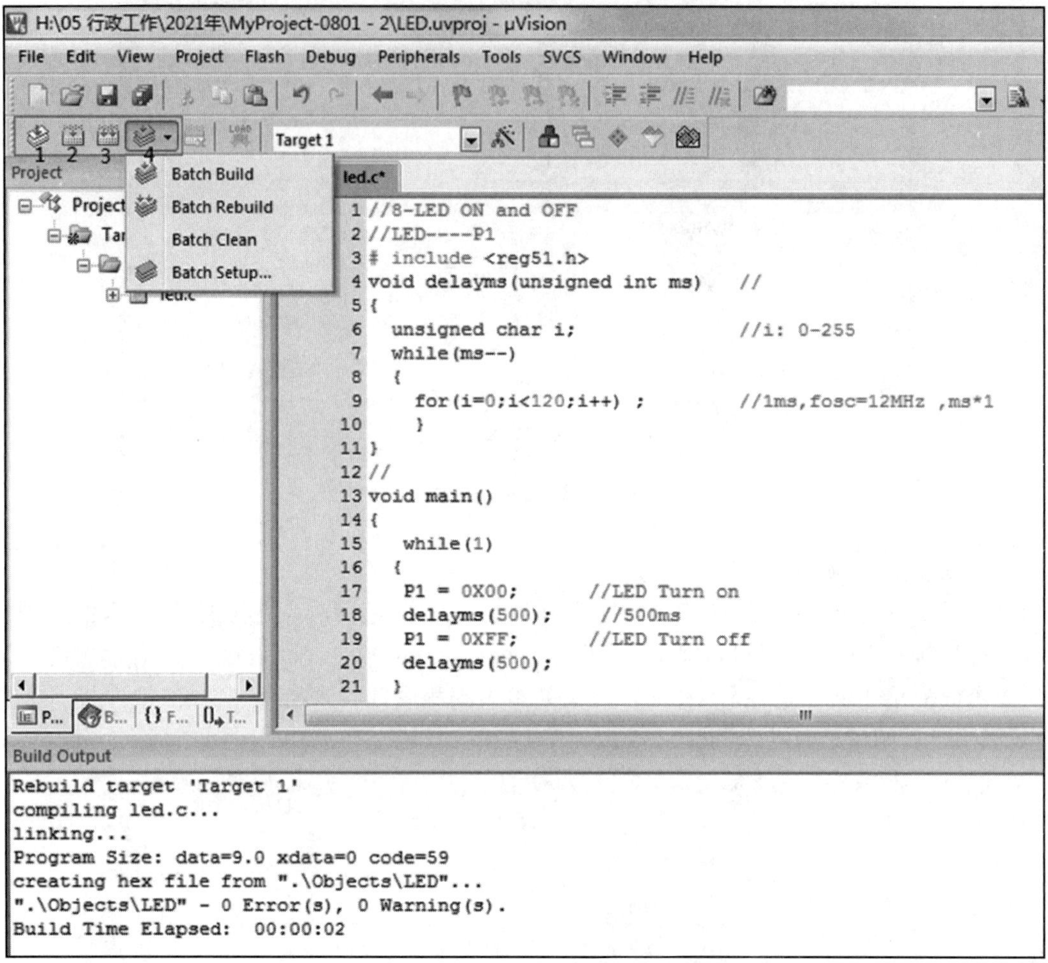

图 2-41　编译

Build 是只编译工程中上次修改的文件及其他依赖于这些修改过的文件的模块，同时重新链接生成可执行文件。如果工程之前没编译链接过，它会直接调用 Rebuild All。

Rebuild 是不管工程的文件有没有编译过，会对工程中所有文件重新进行编译生成可执行文件，因此时间较长。

Batch Build 可以编译一个 workbench 下的多个 project，Build 和 Rebuild 只能编译一个 project。

综上所述，当对工程源文件里面 main.c 之类的文件进行修改时，选用 build 编译链接生成可执行文件即可。

编译后在信息输出窗口显示编译结果，图 2-41 中，显示程序编译 0 Erros(s)，0 Warnings。程序语法正确无误。其中：

data=9.0:表示片内 RAM 占用 9 个单元(字节);

xdata=0:表示片外 RAM 占用 0 个单元(字节);

code=59:表示片内 ROM 占用 64 个单元(字节)。

如果有 Erros(s),则需检查程序,进行修改,然后重新编译,直至通过为 0 Erros(s)。本例中编译后生成 led.hex 文件。

第七步,通过串口将程序下载到单片机中运行,再次进行功能排错,直至通过。

本例中选用 STC89C52RC 芯片,并用宏晶公司的下载软件进行下载。参数设置如图 2-42所示。

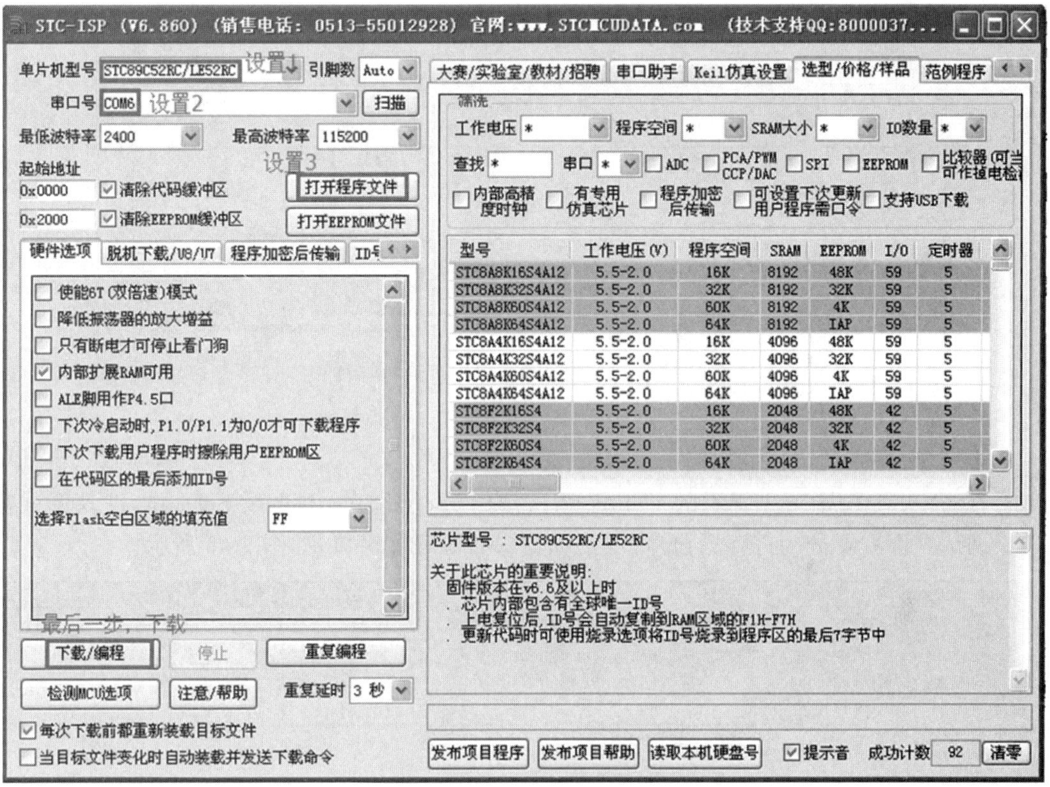

图 2-42　下载程序参数设置

首先选择单片机型号,然后设置串口号,根据开发板与计算机的 COM 口进行设定。第三步打开 led.hex 文件,最后点击“下载/编程”,打开开发板电源,程序便下载至 STC89C52RC 单片机的程序存储器 Flash 中。

2.6.3　程序调试方法

Keil 软件编译后仅能检查语法有无错误,并不能检查功能错误。Keil 软件提供了 debug 调试工具,供用户进行功能调试。目前有两种常见的仿真方法:一是利用 μVison5 中的运行调试器进行程序模拟运行;二是利用 Proteus 的 ISIS 模块进行程序与电路的仿真运行。本节讲述第一种仿真调试方法。调试之前,在工程配置窗口的 Debug 选项卡中选中“Use Simulator”,如图 2-43 所示。Proteus 仿真方法将在 2.7 节中介绍。

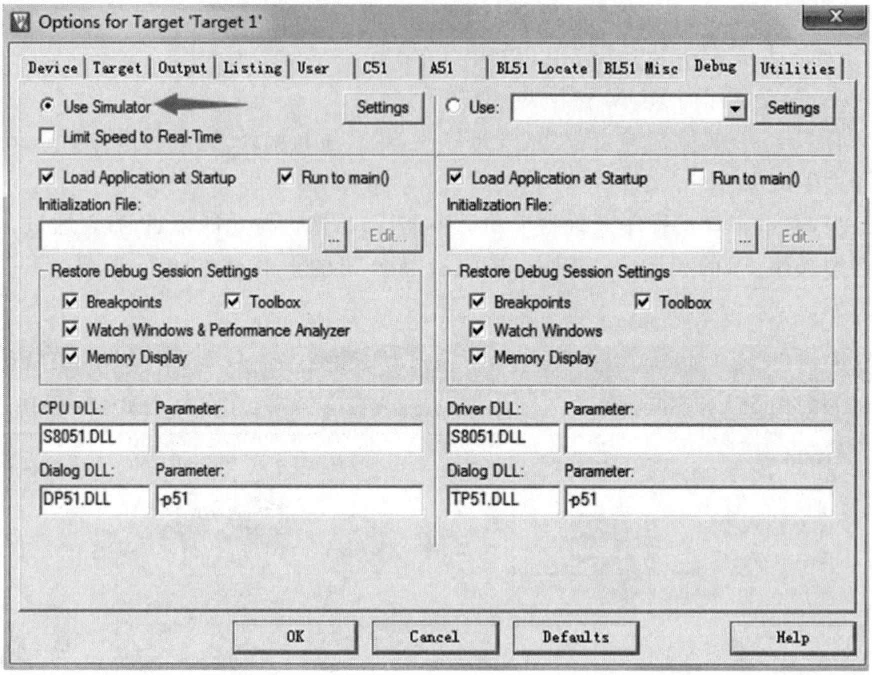

图 2-43　在工程配置窗口中选择调试选项

具体调试步骤如下：

第一步，进入调试，一般有三种方法。

方法一：点击图 2-44 所示的 Debug 调试按钮（Start/Stop Debug Session）进入调试窗口。调试界面主要分为寄存器窗口、反汇编窗口和源程序窗口，如图 2-45 所示。

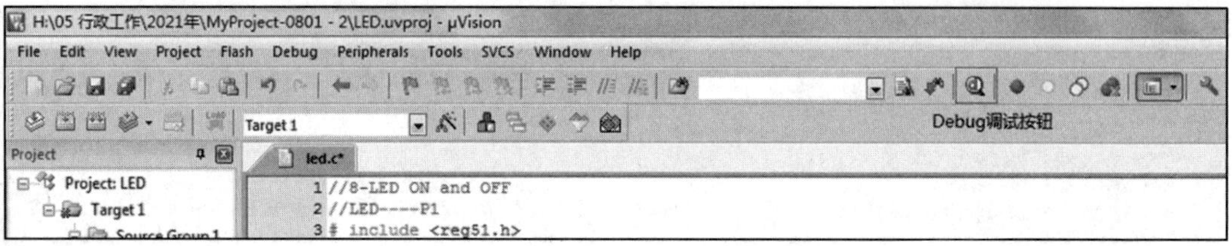

图 2-44　调式 debug 工具

方法二：菜单 Debug———Start/Stop Debug Session。

方法三：快捷键（Ctrl+F5）。

这三种方法使用得都较为普遍，根据个人习惯选用。

第二步，功能调试。

（1）复位、运行、停止、设置断点等功能

图 2-46 中从左至右功能分别为：Reset、Run、Stop、Step、Step Over（step over the current line）、Step Out（Step out of the current function）、Run to current line。

第一个图标 Reset，复位选项。当程序运行一段时间后，若想让其重新开始，单击复位按钮，即可回到 main 函数的开头处。

第二个图标 Run，全速运行。

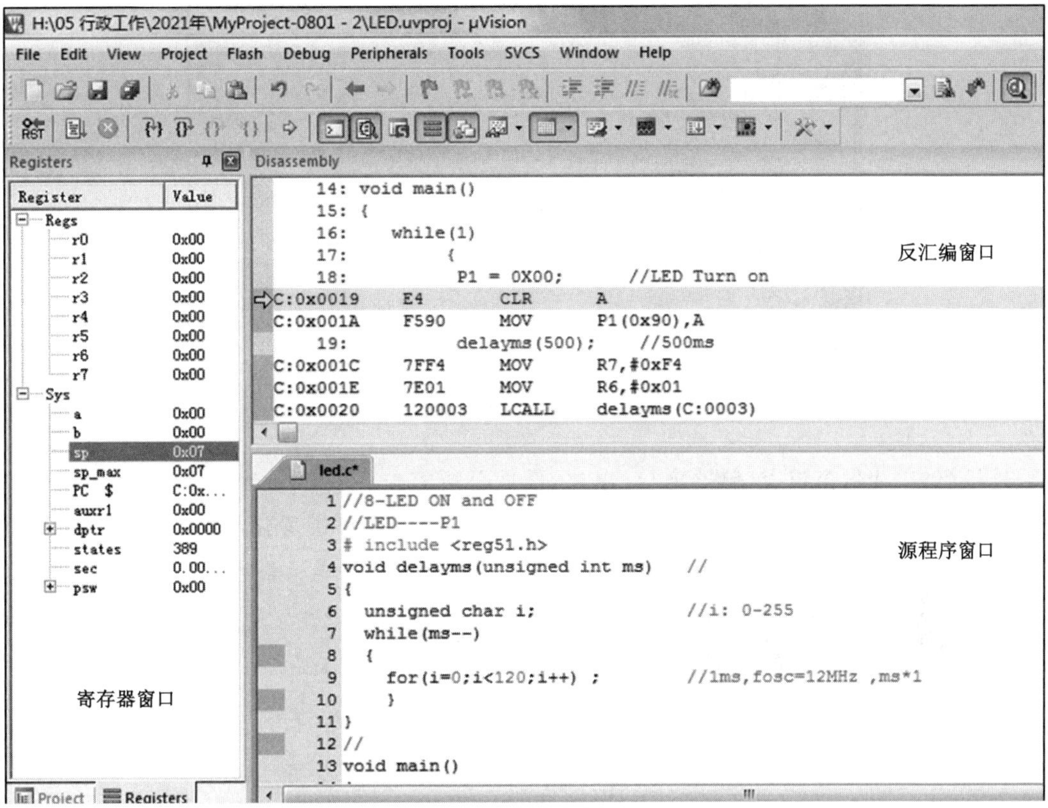

图 2-45　调试界面

图 2-46　运行按钮

第三个图标 Stop，进入全速运行状态后，通过这个图标可以停止全速运行。

第四个图标 Step，单步调试，每次点击运行一行代码，所以只要有子函数就会进入。

第五个图标 Step Over，每次点击以函数为单位运行，不会进入函数内部。

第六个图标 Step Out，点击后退出当前运行的函数，执行下一个函数。

第七个图标 Run to current line，直接运行到用户设置的行。设置方法比较简单，用户仅需使用鼠标左键在所需行点击一次，就可在此行语句前看到有个箭头。例如，图 2-47 中，点击此图标，可以看到语句前面多了一个黄色的小箭头，说明已经运行到此行。

除此之外，还可以在程序中设置断点，即在对应的代码地址设置断点，一旦程序运行到断点处，便会自动暂停运行。设置和移除断点的方法：点击 Debug 菜单下的“Insert/Remove Breakpoint（F9）”即可在光标处插入断点。也可采用 Debug 菜单下的“Breakpoints”进行调试。

(2) 调试按钮

图 2-48 中从左至右按钮的功能分别为：命令窗口、汇编语言窗口、符号窗口、寄存器窗

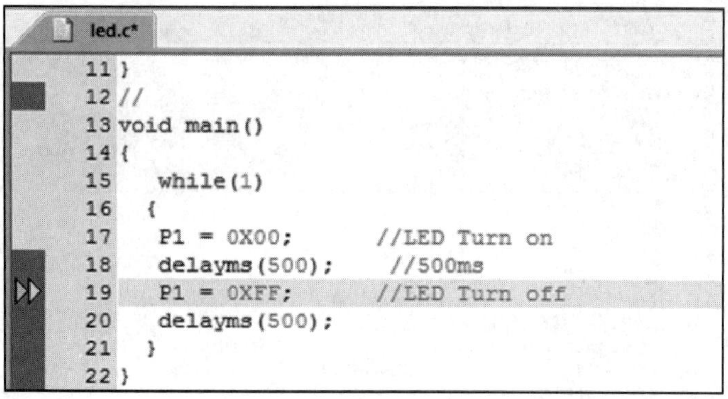

图 2-47　运行到当前行

口、堆栈窗口、变量窗口、存储器窗口、串口、模拟分析窗口、TRACE 窗口、各外设窗口。如图 2-49 所示。可以通过寄存器窗口来查看运行过程中寄存器的变化来检查程序功能正确与否。

图 2-48　调试按钮

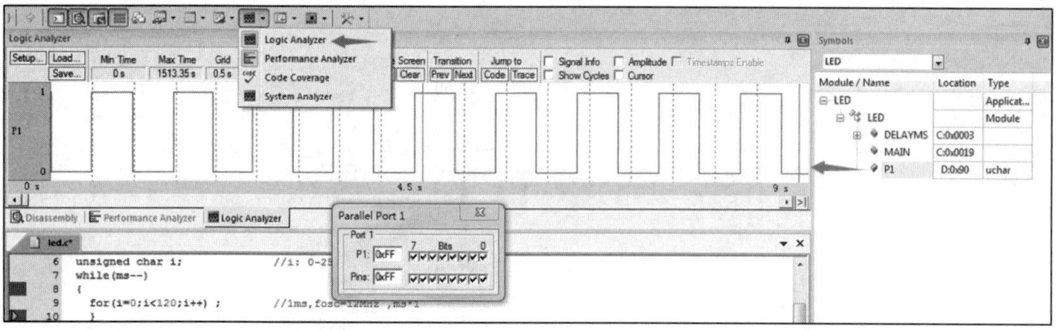

图 2-49　逻辑分析仪

(3) 软件逻辑分析仪

Keil 软件还提供了软件逻辑分析仪，可以进行逻辑分析或系统分析，在测试 I/O 口信号时十分有用。

首先点击 Logic Analyzer 菜单，弹出 Logic Analyzer 窗口；然后点击 Setup，输入要观察的引脚，也可在右侧的 Symbols 窗口中直接将 P1 拖入窗口；第三步点击 Run 运行，就可看到逻辑分析仪窗口输出引脚波形(图中为 P1.0 引脚)，类似于示波器的测试波形。由图 2-49 可以看到，高低电平每隔 500 ms 翻转一次，功能正确。也可调出 P1 并行端口指示器查看其状态，图中，√代表状态引脚为高电平 1，否则为低电平 0。

(4) 查看 ROM 程序代码和 RAM 内存

点击工具栏的 Memory1-Memory4，可查看 ROM 空间代码或 RAM 存储空间的内容。Address 后面地址框输入格式为“C：地址”或“D：地址”。C 代表 ROM 空间，D 代表 RAM

空间。图 2-50 所示为 ROM 从 0000 单元开始的存储器单元的内容。图 2-51 所示为 RAM 从 0000 单元开始的存储器单元的内容。

除此以外，Keil 软件还有很多调试功能，本书不做过多介绍。

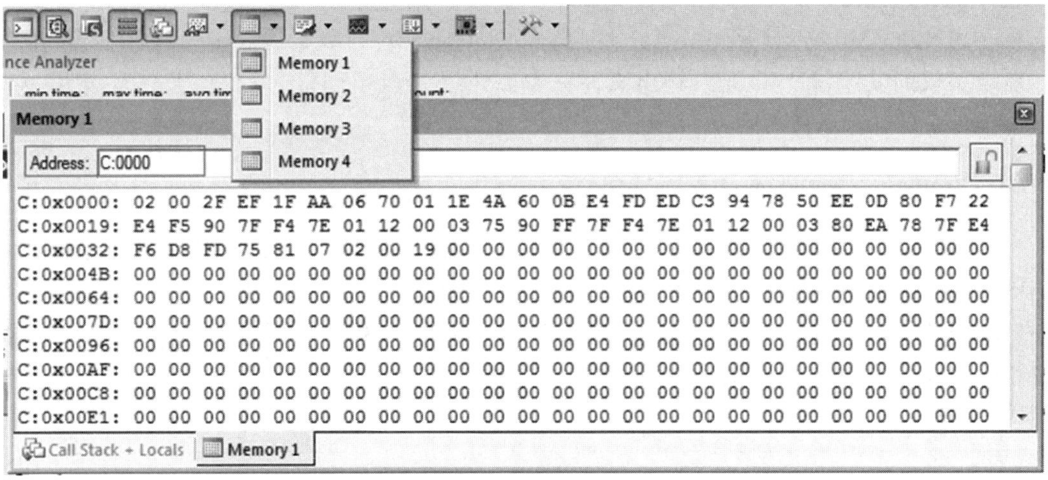

图 2-50　ROM 空间内容

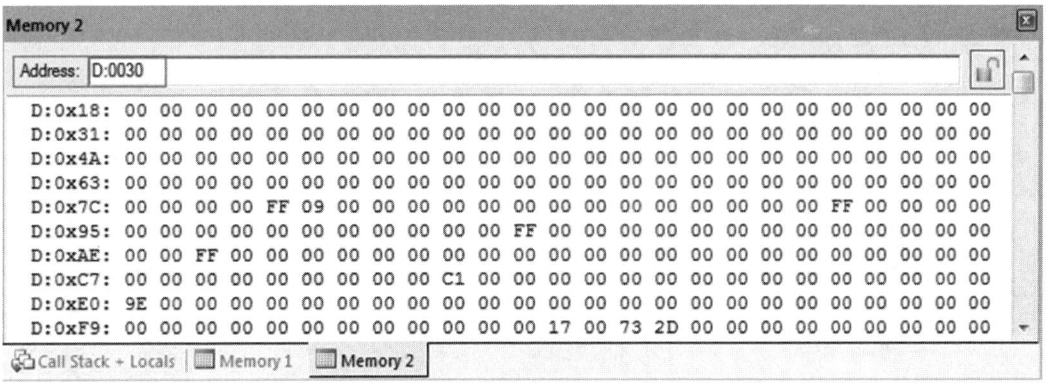

图 2-51　RAM 空间内容

2.7 Proteus 仿真简介

Proteus ISIS 是英国 Labcenter 公司开发的电路分析与仿真软件。它运行于 Windows 操作系统上，可以仿真、分析各种模拟器件和集成电路，该软件的特点是：① 实现了单片机仿真和 SPICE 电路仿真相结合；② 支持主流单片机系统的仿真；③ 提供软件调试功能。同时支持第三方的软件编译和调试环境，如 Keil C51 μVision2 等软件；④ 具有强大的原理图绘制功能。总之，该软件是一款集单片机和 SPICE 分析于一身的仿真软件，功能极其强大。Proteus 软件提供了 30 多个元件库、7 000 余种元器件。元件包括电阻、电容、二极管、三极管、变压器、各种放大器、各种激励源、各种微控制器、各种门电路和各种终端等。软件还包括交直流电压表、逻辑分析仪、示波器、定时/计数器和信号发生器等虚拟测试信号工具。Proteus 主要由两个设计平台组成。

① ISIS(Intelligent Schematic Input System):原理图设计与仿真平台,用于电路原理图设计及交互式仿真。

② ARES(Advanced Routing and Editing Software):高级布线和编辑软件平台,用于印制电路板的设计,并产生光绘输出文件。本节介绍 Proteus ISIS 软件的工作环境和一些基本操作。

2.7.1 Proteus 8 Professional 界面简介

软件安装方法可参见本书所述平台的视频教程。安装完 Proteus 后,双击桌面上的 ISIS 8 Professional 图标或者单击屏幕左下方的"开始"→"程序"→"Proteus 8 Professional"→"ISIS 8 Professional",启动 Proteus,出现如图 2-52所示界面,表明进入 Proteus ISIS 集成环境。软件分为菜单栏、工具栏、模型选择工具栏、方向工具栏、元件列表窗口、原理图编辑窗口、预览窗口、仿真控制按钮等。各部分功能如下:

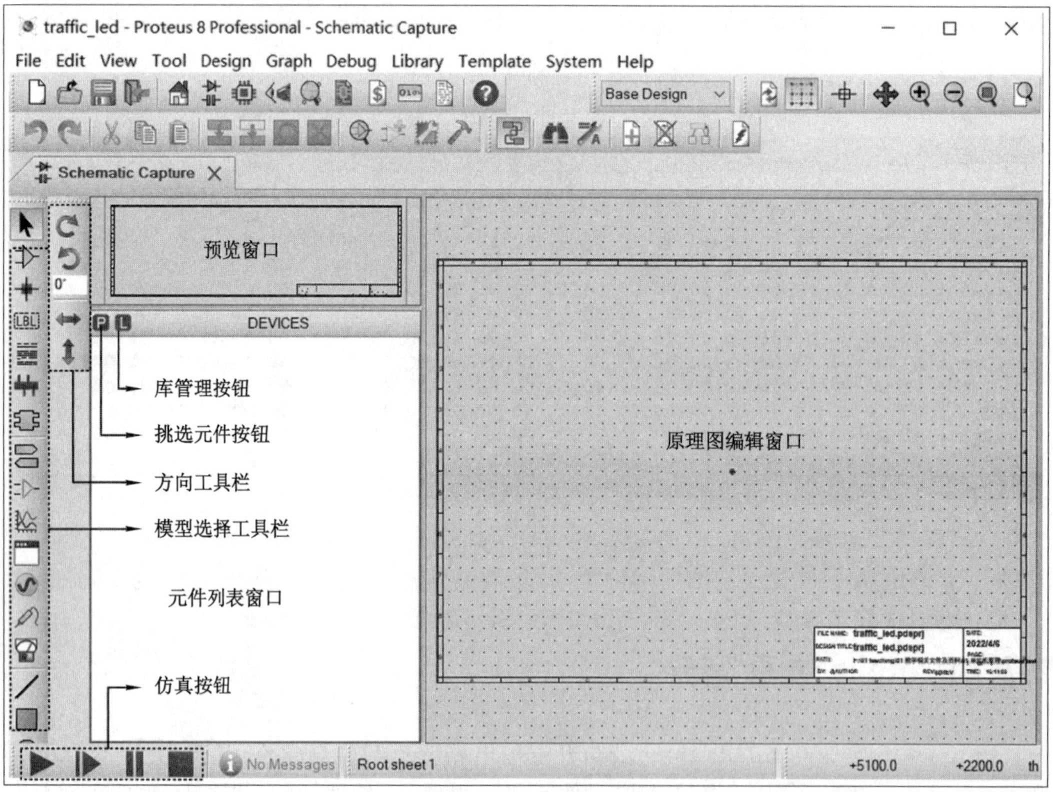

图 2-52 软件界面

(1) 原理图编辑窗口(The Editing Window):顾名思义,它是用来绘制原理图的。蓝色(屏幕显示颜色,下同)方框内为可编辑区,元件要放到蓝色方框内,如图 2-53 所示。此窗口没有滚动条,可用预览窗口来改变原理图的可视范围。

(2) 预览窗口(The Overview Window):可显示两个内容,一是在元件列表中选择一个

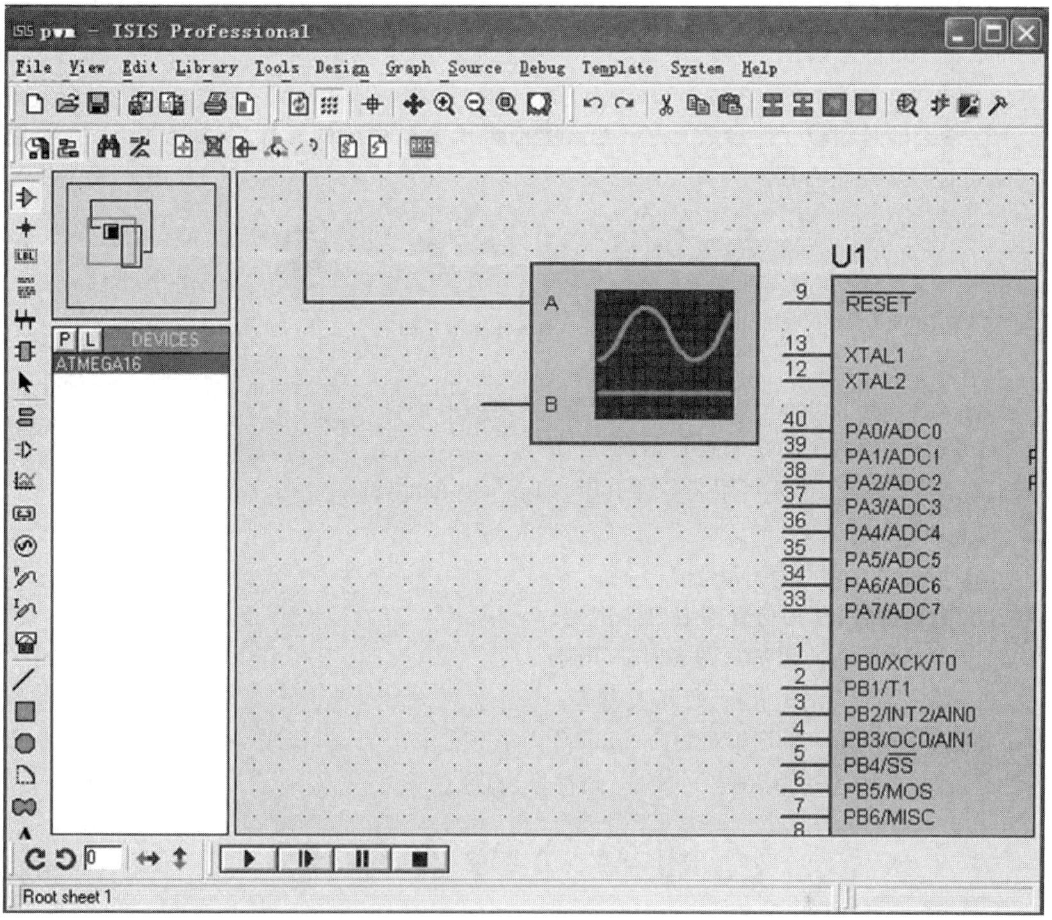

图 2-53　加载元器件

元件时，它会显示该元件的预览图；二是当鼠标焦点落在原理图编辑窗口时（即放置元件到原理图编辑窗口后或在原理图编辑窗口中点击鼠标后），它会显示整张原理图的缩略图，并会显示一个绿色方框，绿色方框中的内容即为当前原理图编辑窗口中的显示内容。因此，可用鼠标点击绿色方框改变原理图的可视范围，从而更方便地查看和编辑原理图的不同部分。

(3) 模型选择工具栏(Mode Selector Toolbar)：图 2-54 中主要模型(Main Modes)从左至右依次为：

图 2-54　模型选择工具栏

① 选择元件(components)(默认选择的)。

② 放置连接点。

③ 放置标签(用总线时会用到)。

④ 放置文本。

⑤ 用于绘制总线。

⑥ 用于放置子电路。

⑦ 用于即时编辑元件参数（先单击该图标再单击要修改的元件）。如图 2-55 所示，配件(Gadgets)从左至右依次为：

图 2-55　配件选择工具栏

(a) 终端接口(terminals)：VCC、地、输出、输入等接口；

(b) 器件引脚：用于绘制各种引脚；

(c) 仿真图表(graph)：用于各种分析，如 Noise Analysis；

(d) 录音机；

(e) 信号发生器(generators)；

(f) 电压探针：使用仿真图表时要用到；

(g) 电流探针：使用仿真图表时要用到；

(h) 虚拟仪表：逻辑分析仪、示波器等。

如图 2-56 所示，2D 图形(2D Graphics)从左至右依次为：画直线、画方框、画各种圆、画各种圆弧、画各种多边形、画各种文本、画符号、画原点等。

图 2-56　2D 图形

(4) 元件列表窗口(The Object Selector)：用于挑选元件(components)、终端接口(terminals)、信号发生器 (generators)、仿真图表(graph)等。例如，当你选择“元件(components)”时，单击“P”按钮会打开挑选元件对话框，选择一个元件后(单击了“OK”后)，该元件会在元件列表中显示，以后要用到该元件时，只需在元件列表中选择即可。

(5) 方向工具栏(Orientation Toolbar)：

旋转 ：旋转角度只能是 90°的整数倍。

翻转 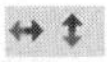：完成水平翻转和垂直翻转。使用方法为：先右键单击元件，再点击(左击)相应的旋转图标。

(6) 仿真控制按钮。如图 2-57 所示，仿真控制按钮从左至右分别为：运行、单步运行、暂停、停止。

图 2-57　仿真控制按钮

2.7.2　实例操作步骤

本书以一个单片机控制流水灯的实例来讲解 Proteus 的具体操作过程。

(1) 启动 Proteus 8 Professional(ISIS8 Professional)软件，出现图 2-58 所示窗口，点击新建工程，弹出图 2-59 所示对话框，依次修改工程名称，保存路径，然后点击“下一步”。

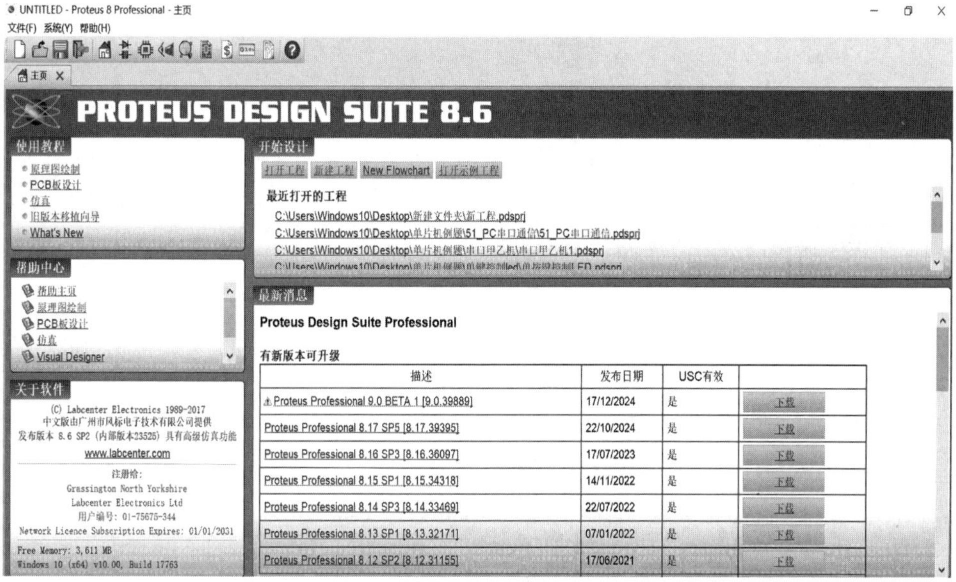

图 2-58　步骤 1-启动 Proteus 软件

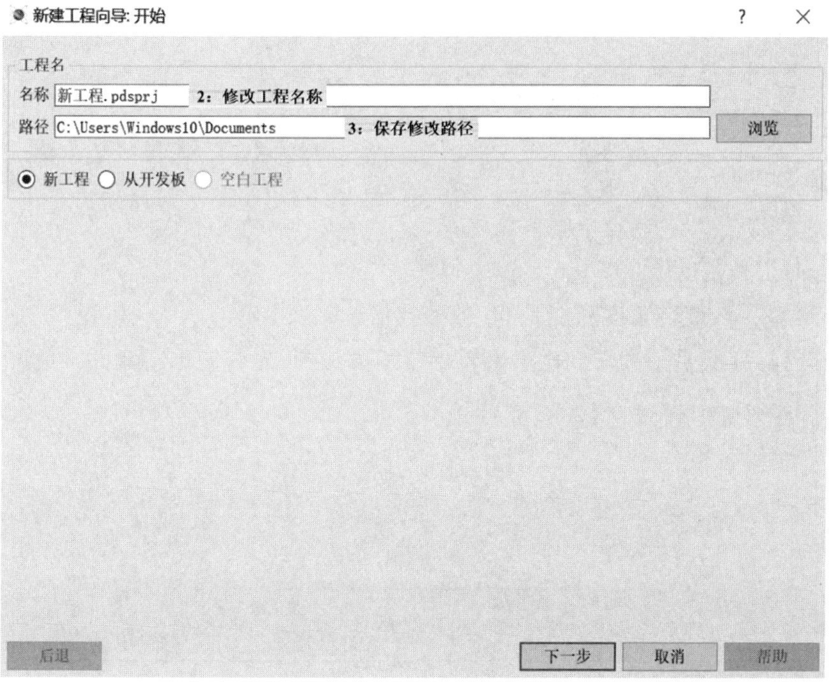

图 2-59　步骤 2-新建工程

进入图 2-60 所示界面,选择默认原理图模板,直接点击“下一步”。

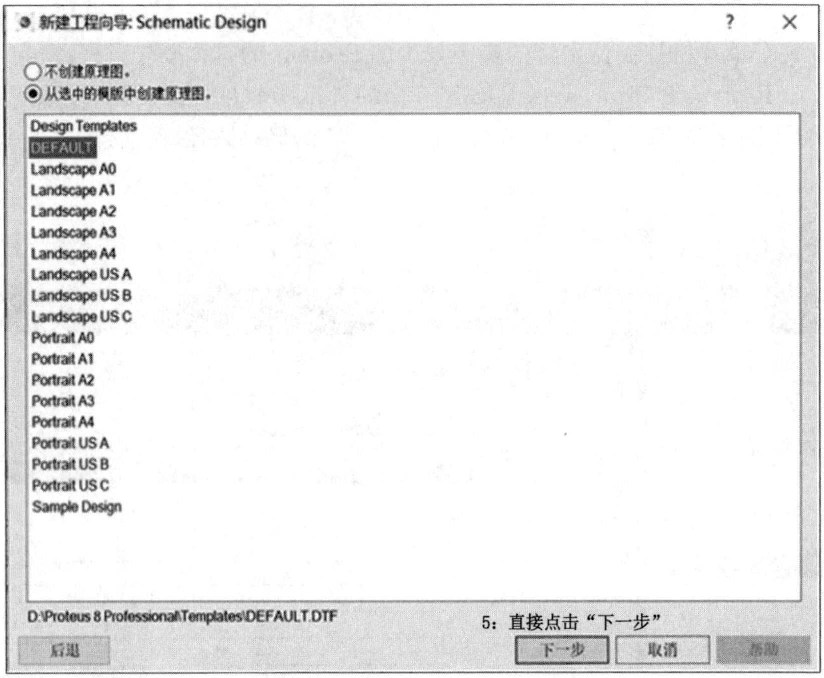

图 2-60　步骤 3-选中模板创建原理图

接下来依次按照图 2-61～图 2-63 进行设置。

图 2-61 所示为步骤 4,不创建 PCB 布版。

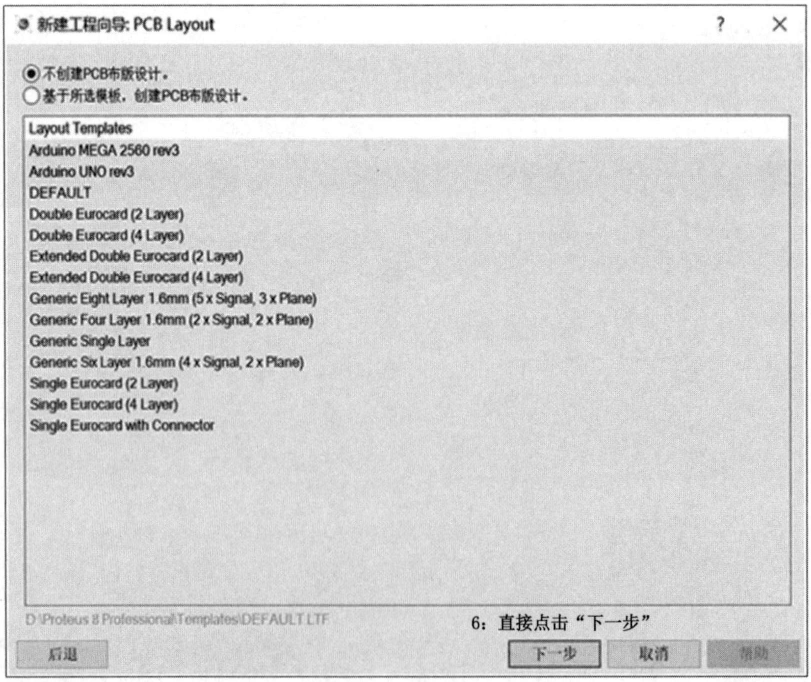

图 2-61　步骤 4-不创建 PCB 布版

图 2-62 所示为步骤 5，选择固件及编译器设置。

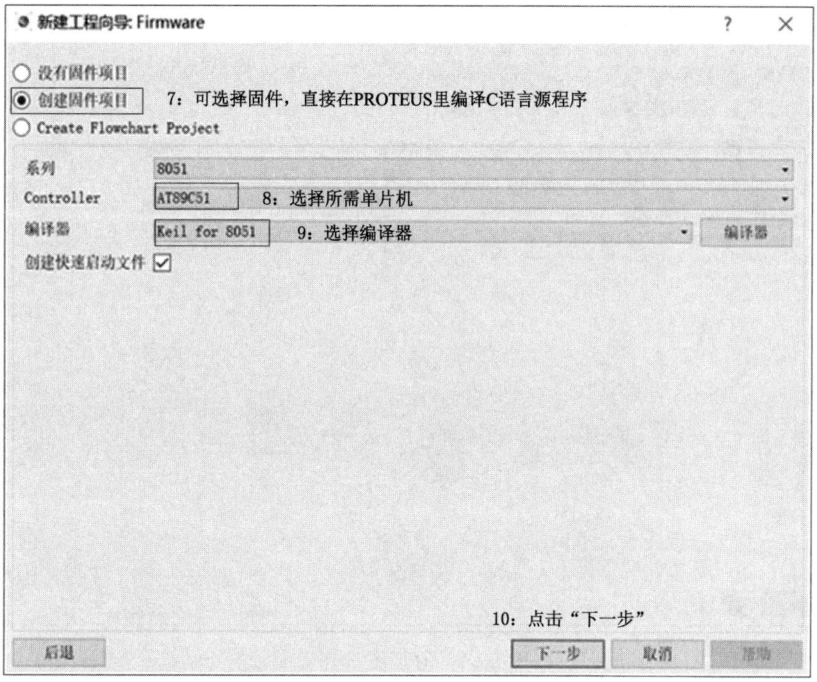

图 2-62　步骤 5-选择固件及编译器设置

图 2-63 所示为步骤 6，完成新建工程。

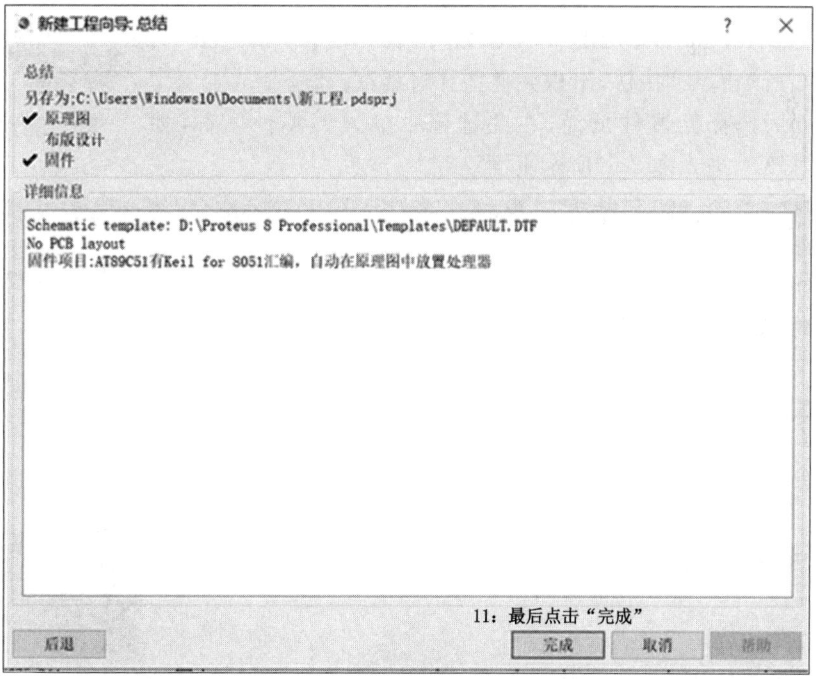

图 2-63　步骤 6-完成新建工程

设置完毕后进入原理图设计界面，如图 2-64 所示。

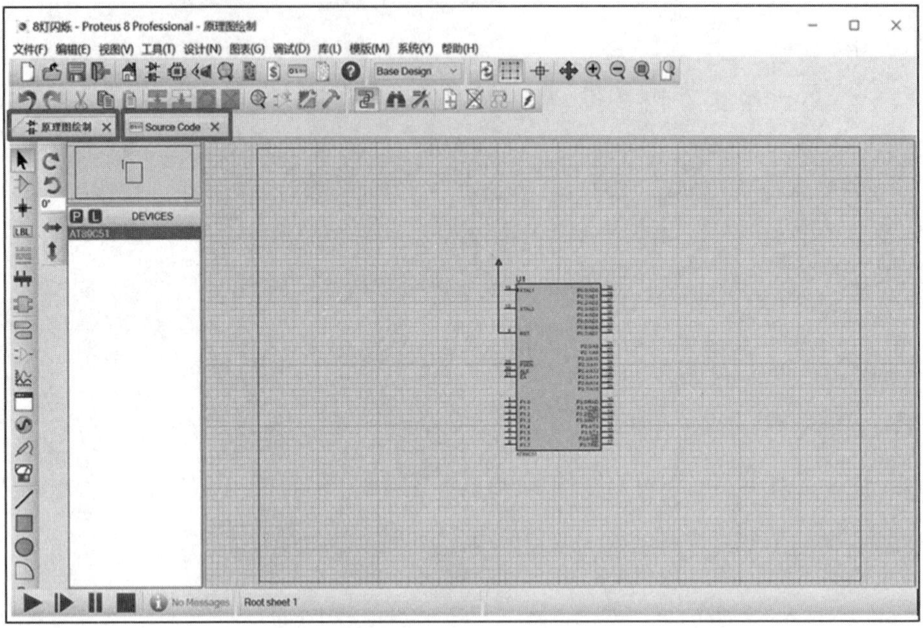

图 2-64　原理图设计界面

(2) 进入原理图编辑页面，分为原理图绘制页面和源代码编辑页面，如图 2-64 所示。原理图绘制分为以下几个步骤：

① 添加元件到元件列表中。本例要用到的元件有 CAP、CAP-ELEC、RES、CRYSTAL、LED-YELLOW、PROWER、GROUND。单击图 2-65 所示的"P"按钮，出现元件选择对话框，如图 2-66 所示。

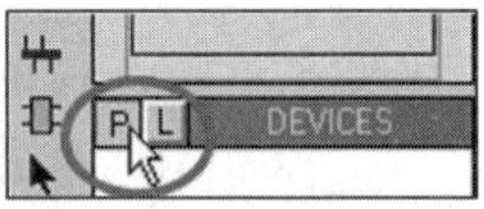

图 2-65　"P"按钮

图 2-66 为选择元器件页面，在关键词中输入元器件名称，如 RES，点击"OK"，进入图 2-67所示页面。

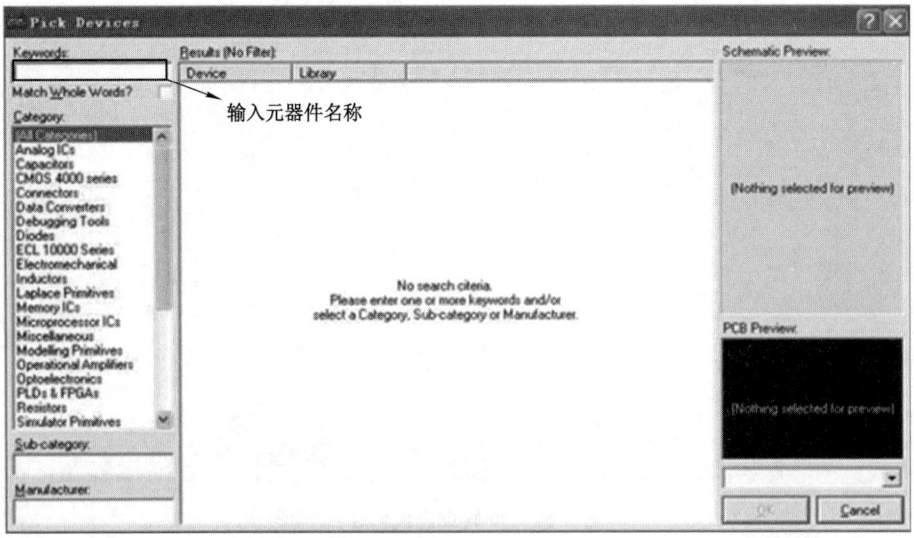

图 2-66　输入需要的元器件名称

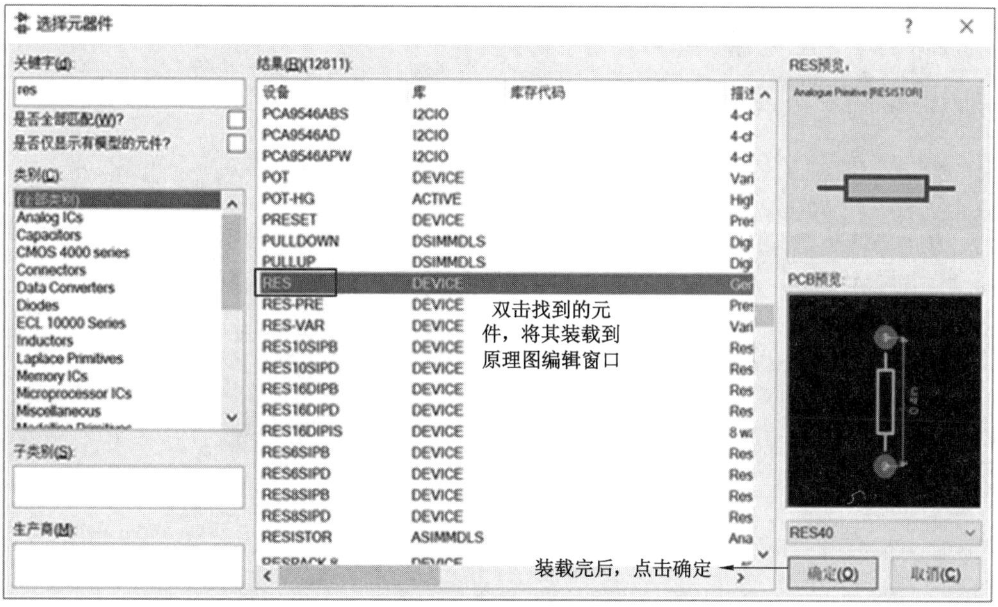

图 2-67　选择元器件

双击找到的元件，将其装载到元器件列表窗口中，照此方法，加载其他所需的元器件。如图 2-67、图 2-68 所示。

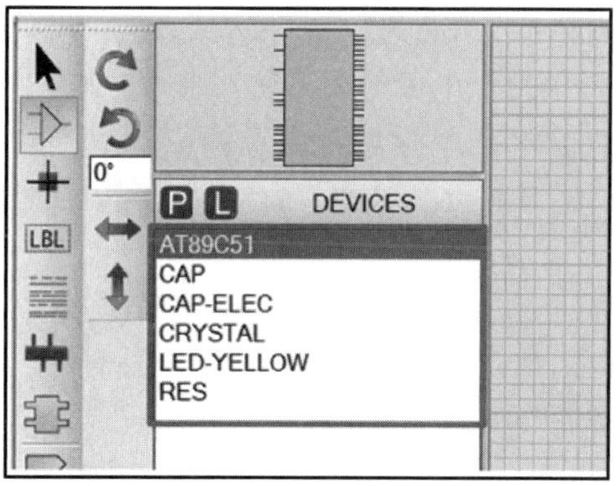

图 2-68　加载其他元器件

② 放置元件：将加载好的元器件放置到原理图编辑窗口。例如，在元件列表中左键选取 LED-YELLOW，在原理图编辑窗口中单击左键，这样元件就被放到原理图编辑窗口中了，如图 2-69 所示。同时可以使用元件方向工具栏或者鼠标右键的快捷键调整元件方向。

添加“地”和“电源”：左键选择模型选择工具栏中的 图标，出现图 2-70 所示列表。

左键分别选择 GROUND 和 POWER，并在原理图编辑窗口中左击，这样“地”和“电源”就被放置到原理图编辑窗口中了。

说明：放置元件时要注意所放置的元件应放到蓝色方框内，如果不小心放到外面，由于

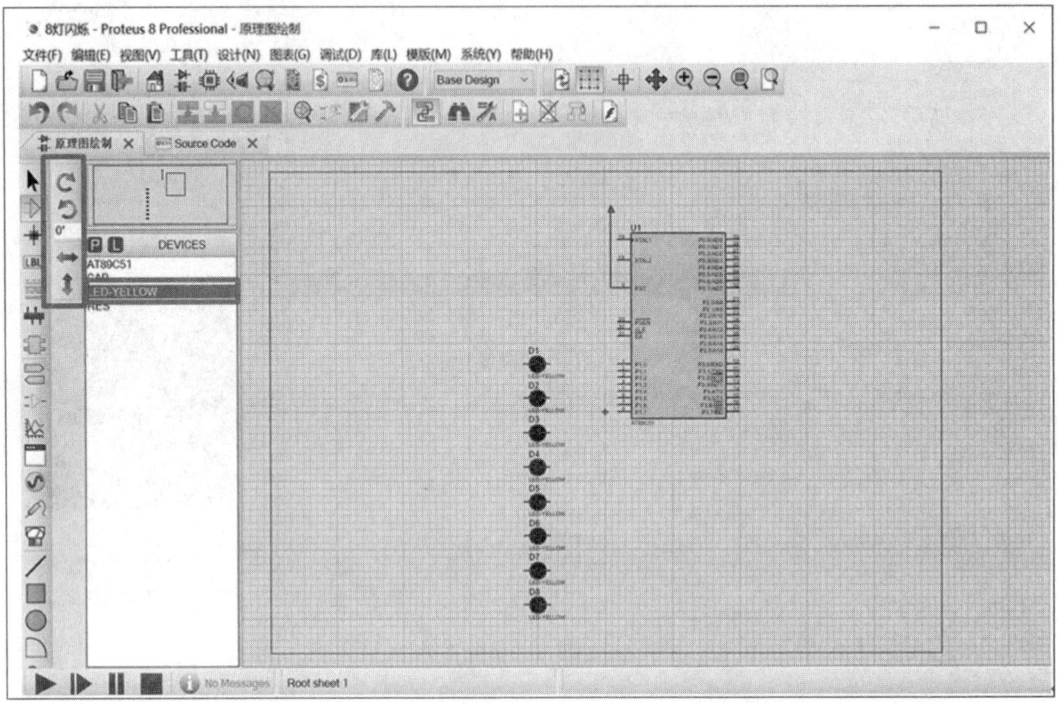

图 2-69　元器件加载到原理图编辑窗口

在外面鼠标用不了,要用到菜单“Edit”的“Tidy” 清除,方法很简单,只需单击“Tidy”即可。操作中可能要整体移动部分电路,操作方法:先用左键拖选,再单击  中的 ,这时这部分电路会随鼠标移动,在目标位置单击左键,这部分电路将被放到该处。

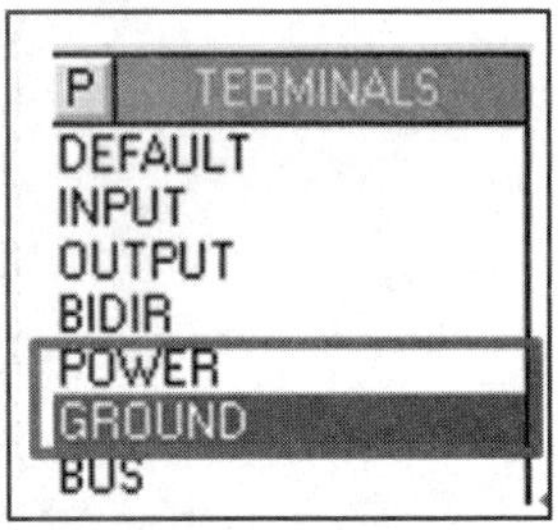

图 2-70　电源

③ 连线。在元件引脚处点击鼠标左键引出导线,到连接处再点击一次鼠标左键即可,如图 2-71 所示。

④ 编辑源代码。将源程序输入源代码编辑窗口后进行编译,如图 2-72 所示。如果在编译过程中源程序出错,则需要根据提示进行修改,直到编译成功。

⑤ 编译并仿真运行。点击“运行”按键,编译程序后仿真运行。如图 2-73 所示。

⑥ 如果不用 Proteus 里面的固态编辑页面(源代码编辑)编译源代码,而是用 Keil 软件编译源程序,生成.hex 文件,则前面的④、⑤步骤不需要,只需要将鼠标移动到单片机元件上,双击单片机元件,打开元件属性对话框,就可以修改单片机晶振频率,添加.hex 文件等,修改完成后点击“确定”,如图 2-74 所示。最后直接点击图 2-73 中的“运行”按键进行仿真。

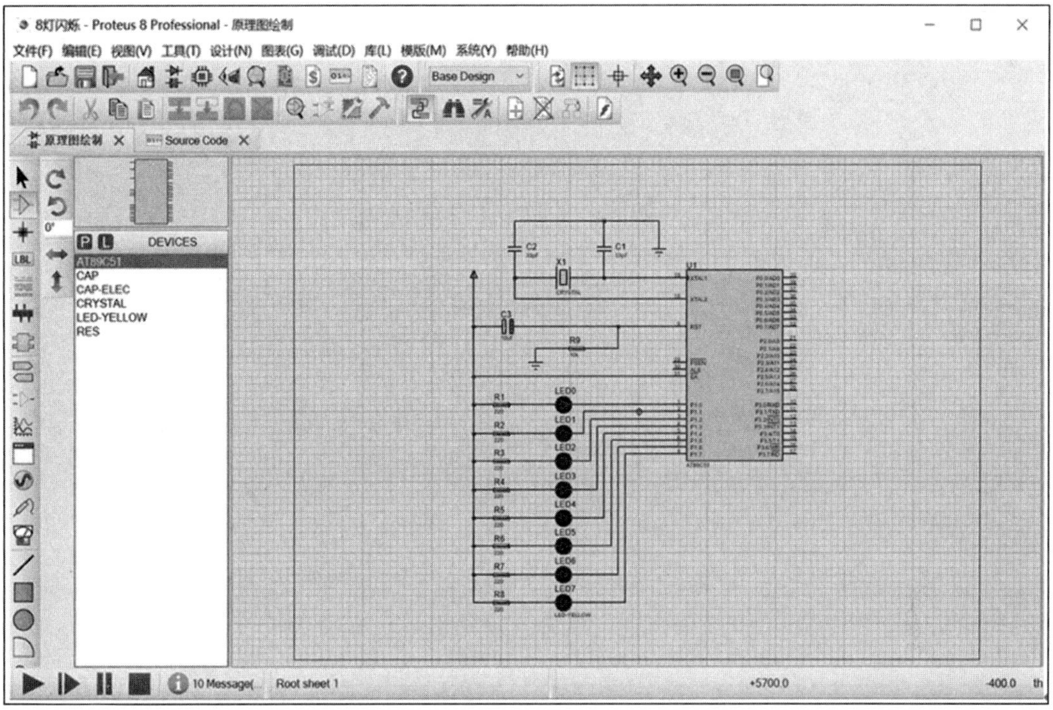

图 2-71　连线

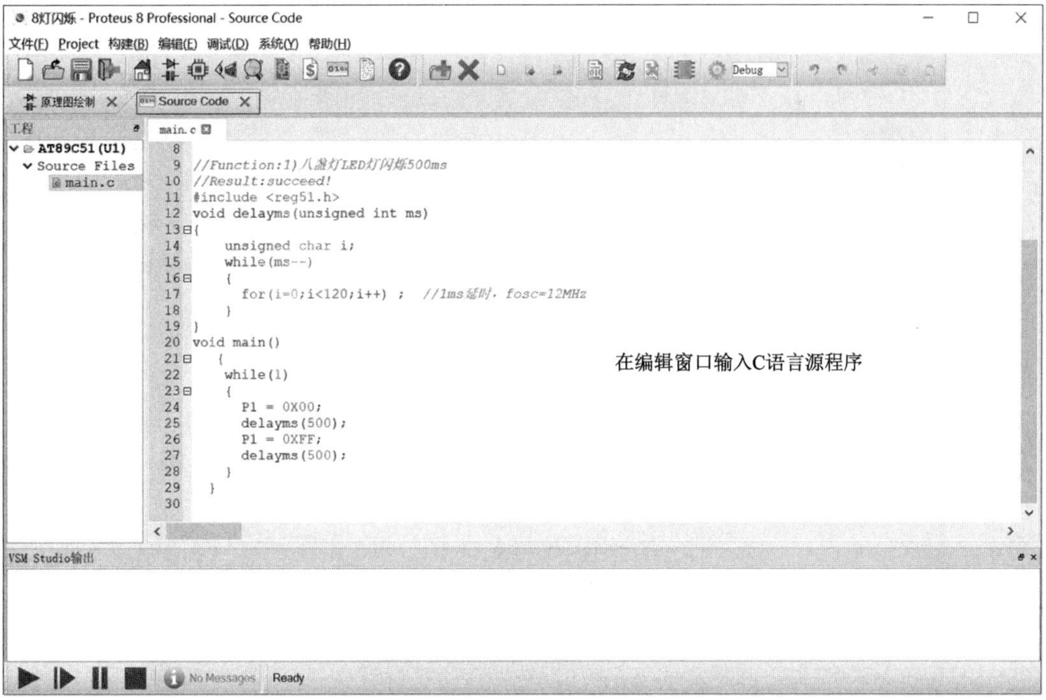

图 2-72　编写 C 源程序

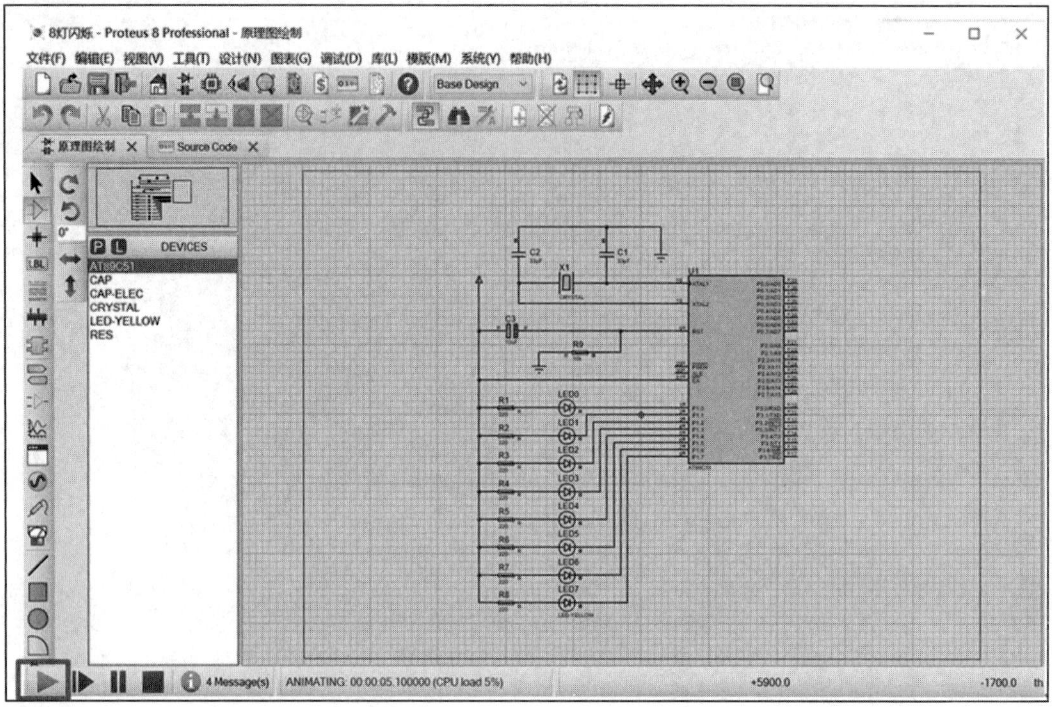

图 2-73　仿真运行

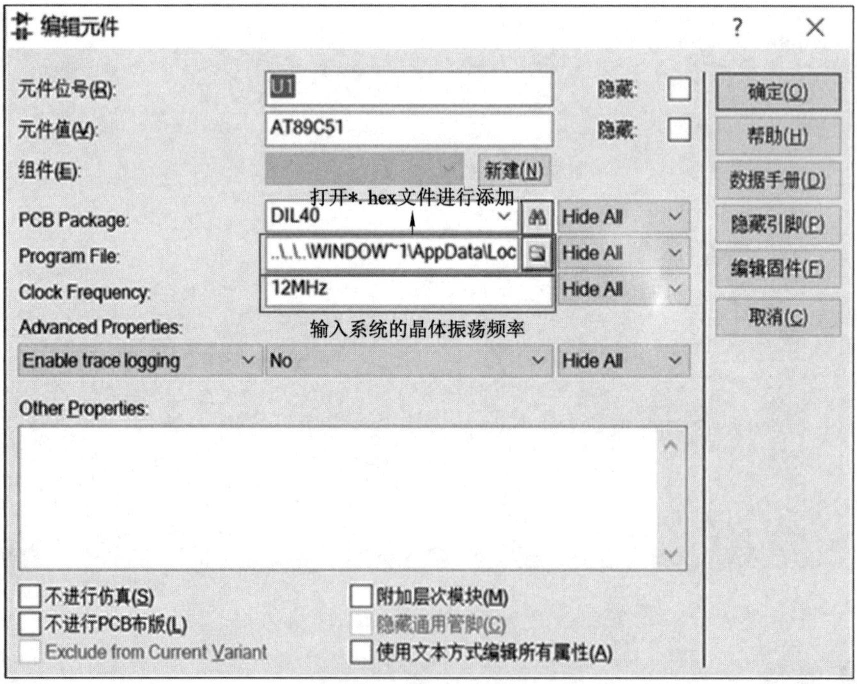

图 2-74　加载.hex 文件

2.8　习题

一、单选题

1. 程序计数器 PC 用来(　　)。

A. 存放指令　　B. 存放正在执行的指令地址

C. 存放下一条的指令地址　　D. 存放上一条的指令地址

2. 数据指针 DPDR 在(　　)中。

A. CPU 控制器　　B. CPU 运算器　　C. 外部程序存储器　　D. 外部数据存储器

3. 在 MCS-51 单片机的运算电路中，不能为 ALU 提供数据的是(　　)。

A. PSW　　B. 寄存器 B　　C. 累加器 A　　D. 暂存器

4. 单片机上电后或复位后，工作寄存器 R0 是在(　　)。

A. 0 区 00H 单元　　B. 0 区 01H 单元　　C. 0 区 09H 单元　　D. SFR

5. 进位标志 CY 在(　　)中。

A. 累加器　　B. 逻辑运算部件 ALU

C. 程序状态字寄存器 PSW　　D. DPTR

6. 单片机 8051 的 XTAL1 和 XTAL2 引脚是(　　)引脚。

A. 外接定时器　　B. 外接串行口　　C. 外接中断　　D. 外接晶振

7. 8051 复位后，PC 与 SP 的值为(　　)。

A. 0000H，00H　　B. 0000H，07H　　C. 0003H，07H　　D. 0800H，00H

8. 单片机的堆栈指针 SP 始终是(　　)。

A. 指示堆栈底　　B. 指示堆栈顶　　C. 指示堆栈地址　　D. 指示堆栈长度

9. P1 口作输入用途之前必须(　　)。

A. 相应端口先置 1　　B. 相应端口先置 0　　C. 外接高电平　　D. 外接上拉电阻

10. 一个 EPROM 芯片的地址线有 A0～A11 引脚，它的容量为(　　)。

A. 2 KB　　B. 4 KB　　C. 11 KB　　D. 12 KB

11. 8051 单片机中既可位寻址又可字节寻址的单元是(　　)。

A. 20H　　B. 30H　　C. 00H　　D. 70H

12. 8051 单片机中片内 RAM 共有(　　)字节。

A. 128　　B. 256　　C. 4K　　D. 64K

二、填空题

1. 8051 单片机芯片共有________个引脚。

2. 8051 内部有________个并行口，P0 口直接作输出口时，必须外接________电阻；并行口作输入口时，必须先向锁存器________，才能读入外设的状态。

3. 若单片机主振频率为 12 MHz，则一个时钟周期为________ μs，一个机器周期为________ μs。

4. 8051 的引脚 RST 是________(IN 脚还是 OUT 脚)，当其端出现________电平

时,8051进入复位状态。8051一直维持这个值,直到RST脚收到__________电平,8051才脱离复位状态,进入程序运行状态,从ROM __________单元开始取指令并翻译和执行。

5. MCS-51的堆栈存取数据的原则是__________,堆栈寄存器SP是__________位寄存器,存放__________。

6. 若累加器A中的数据为01110010B,则PSW中的P=__________。

7. 若由程序设定RS1、RS0=10,则工作寄存器R0～R7的直接地址为__________。

8. 片内RAM中,位地址为30H的位,该位所在字节的字节地址为__________。

9. 起止范围为0000H～3FFFH的存储器的容量是__________KB。

10. 11根地址线可访问__________个存储单元,16 KB存储单元需要__________根地址线。

11. MCS-51单片机程序存储器的寻址范围是由程序计数器PC的位数所决定的,因为MCS-51的PC是16位的,因此其寻址的范围为__________KB。

12. 8051内部数据存储器的地址范围是__________,位地址空间的字节地址范围是__________,对应的位地址范围是__________,外部数据存储器的最大可扩展容量是__________。

三、简答题

1. 为什么把MCS-51单片机的I/O口称为“准双向”口?
2. 简述程序计数器PC的作用。
3. 说明MCS-51的外部引脚$\overline{EA}$的作用。
4. MCS-51的位存储区在哪里?寻址范围是多少?
5. 简述堆栈及特殊功能寄存器SP的作用。
6. 画出89C51的复合复位电路,说明复位原理及参数选择原则。

四、编程题

设计一个MCS-51单片机应用系统,包括最小系统、8个LED灯,2个按钮A和B,编程实现流水灯效果。具体如下:

(1) 开机8个发光二极管为全亮状态;

(2) 当按下按钮A时,8个发光二极管做单一灯地从右向左流动;

(3) 当按下按钮B时,8个发光二极管做单一灯地从左向右流动;

(4) 画出系统硬件原理图;

(5) 使用Keil μVision5软件编写源程序,编译通过,用Proteus仿真调试。

第 3 章　MCS-51 单片机指令系统

在前两章的学习中,我们已经对单片微型计算机的内部结构和工作原理有了一个基本的了解。在此基础上,本章将进一步介绍指令的格式、分类和寻址方式,并以大量实例阐述 MCS-51 单片机指令系统中每条指令的含义和特点,为汇编语言程序设计打下基础。

3.1　概述

指令是 CPU 按照人们的意图来完成某种操作的命令。一台计算机的 CPU 所能执行全部指令的集合称为这个 CPU 的指令系统。指令系统功能的强弱决定了计算机性能的高低。80C51 单片机指令系统具有 111 条指令,其指令系统的特点为:执行时间短;指令编码字节少;位操作指令丰富,这是 80C51 单片机面向控制特点的重要保证。

3.1.1　指令格式

计算机能直接识别和执行的指令是二进制编码指令,称为机器指令。机器指令不便于记忆和阅读。为了编写程序的方便,人们采用了有一定含义的符号来表示机器指令,从而形成了助记符。由于助记符是机器指令的符号表示,所以它与机器指令有一一对应的关系。助记符转换成机器指令后,单片机才能识别和执行。

80C51 单片机指令系统的符号指令通常由操作助记符、目的操作数、源操作数及指令的注释几部分构成。一般格式为:

[标号:]　操作码助记符　[第一操作数]　[,第二操作数]　[;注释]

(1) 操作助记符表示指令的操作功能。

(2) 操作数是指令执行某种操作的对象,它可以是操作数本身,可以是寄存器,也可以是操作数的地址。

(3) 标号是该指令的符号地址。标号以大小写英文字母打头;标号不能与寄存器、端口及指令助记符重名。

(4) 注释是对指令功能的解释。

在 80C51 单片机的指令系统中,多数指令为两操作数指令。当指令操作数隐含在操作助记符中时,在形式上这种指令无操作数。另有一些指令为单操作数指令或三操作数指令。在指令的一般格式中使用了可选择符号“[ ]”,其包含的内容因指令的不同可以有也可以没有。在两个操作数的指令中,通常目的操作数写在左边,源操作数写在右边。

例如:指令 ANL A,#40H 完成的任务是将立即数“40H”同累加器 A 中的数进行“与”操作,结果送回累加器。这里 ANL 为“与”操作的助记符,立即数“40H”为源操作数,累加器 A 为目的操作数。

3.1.2 指令的分类

MCS-51 单片机指令系统共有 111 条指令,可以实现 51 种基本操作。这 111 条指令的分类方法较多,除可以按照指令功能和字节数分类外,还可以按照指令的机器周期数来分类。

3.1.2.1 按指令所占的字节来分

(1) 单字节指令 49 条。

(2) 双字节指令 45 条。

(3) 三字节指令 17 条。

3.1.2.2 按指令的执行时间来分

(1) 1 个机器周期(12 个时钟振荡周期)指令 64 条。

(2) 2 个机器周期(24 个时钟振荡周期)指令 45 条。

(3) 只有乘、除两条指令的执行时间为 4 个机器周期(48 个时钟振荡周期)。

3.1.2.3 按功能来分

(1) 数据传送类(29 条)。

(2) 算术运算类(24 条)。

(3) 逻辑运算类(24 条)。

(4) 控制转移类(17 条)。

(5) 位操作类(17 条)。

3.1.3 指令系统中所用符号的说明

在 MCS-51 单片机指令系统中,除操作码字段采用了操作码助记符外,还在源操作数和目的操作数字段中使用了一些符号。这些符号的含义归纳如下:

(1) Rn:工作寄存器,可以是 R0～R7 中的一个。

(2) #data:8 位立即数,实际使用时 data 应是 00H～FFH 中的一个。

(3) direct:8 位直接地址,实际使用时 direct 应该是 00H～FFH 中的一个,也可以是特殊功能寄存器 SFR 中的一个。

(4) @Ri:表示寄存器间接寻址,Ri 只能是 R0 或 R1。

(5) #data16:16 位立即数。

(6) DPTR:表示以 DPTR 为数据指针的间接寻址,用于对外部 64 KB RAM ROM 寻址。

(7) bit:位地址。

(8) addr11:11 位目标地址。

(9) addr16:16 位目标地址

(10) rel:8 位带符号地址偏移量。

(11) $:当前指令的地址。

(12) ←:数据传输方向。可理解为箭头左边的内容被箭头右边的内容所取代。

(13) ←→:数据交换。箭头两侧的内容互换。

(14) (x):地址 x 单元中的内容。

(15) ((x)):x 地址单元中的内容为地址的单元中的内容。

3.2　寻址方式

所谓寻址方式，就是寻找操作数地址的方式。在执行指令时，CPU 首先要根据地址寻找参加运算的操作数，然后才能对操作数进行操作，操作结果还要根据地址存入相应存储单元或寄存器中。因此，计算机执行程序实际上是不断寻找操作数并进行操作的过程。通常，指令的寻址方式有多种，寻址方式越多，指令功能就越强。

在 MSC-51 单片机中，源操作数可以在指令中，可以在寄存器中，也可以在存储器单元中。为了适应这一操作数范围内的寻址，MSC-51 单片机的指令系统共使用了 7 种寻址方式，它们是寄存器寻址、直接寻址、立即寻址、寄存器间接寻址、变址寻址、相对寻址和位寻址。

3.2.1　寄存器寻址

操作数存放在寄存器中，指令中直接给出该寄存器的名称，这种寻址方式称为寄存器寻址。采用寄存器寻址可以获得较高的传送和运算速度。

在该寻址方式中，用符号名称表示寄存器，参加操作的数存放在寄存器里。寄存器包括 8 个工作寄存器 R0～R7(由 PSW 中的 RS1、RS0 指定当前工作寄存器组号)、累加器 A(注：使用符号 ACC 表示累加器时属于直接寻址)、寄存器 B、数据指针 DPTR。

例：(R0)＝30H，则指令 MOV A，R0 执行后，A 的内容为 30H。如图 3-1 所示。

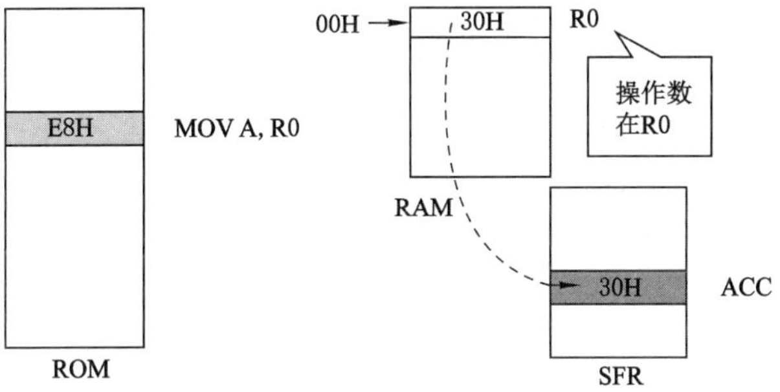

图 3-1　寄存器寻址指令执行过程示意图

3.2.2　直接寻址

源操作数在片内 RAM 中，指令中直接给出的操作数是片内 RAM 单元的地址，该地址通常可以是 8 位二进制数，该地址单元中的数据才是真正被操作的对象。直接地址用 direct 表示。直接寻址方式只适于片内 RAM 的数据传送。

例：MOV　A，50H；A←(50H)。

该指令的功能是把片内 RAM 中 50H 单元的内容送入累加器 A，执行过程如图 3-2 所示。

直接寻址指令在使用时需要注意：

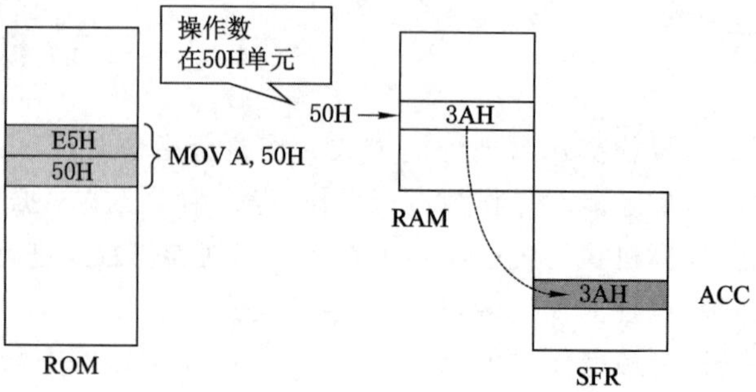

图 3-2　直接寻址指令执行过程示意图

(1) 指令中数据或地址不允许以字母打头，若出现以字母 A～F 打头的十六进制数（立即数、单元地址或其他），均需加前导 0。

(2) 在 MCS-51 单片机指令系统中，累加器有 A、ACC 和 E0H 三种表示形式，分属于两种不同的寻址方法，但指令的执行效果是完全相同的。例如：

INC　A

INC　ACC

INC　0E0H

其中：第一条指令是寄存器寻址，指令码为 04H；第二条和第三条指令是直接寻址，指令码为 05E0H，这三条指令的执行效果相同，都是使累加器 A 中的内容加 1。

(3) 在指令系统中，字节地址和位地址是有区别的。前者用 direct 表示，后者用 bit 表示。但在实际程序中，两者都要用十六进制数表示，因此使用中也容易混淆。例如：

MOV　A,20H　　;A←(20H)

MOV　C,20H　　;A←(20H)

在第一条指令中，由于目标寄存器是累加器 A，因此指令中的 20H 是字节地址 direct，汇编时总汇编成 E5 20H；第二条指令中由于目标寄存器是进位标志位 C（即 PWS.7），故它的 20H 属于位地址 bit，相应的 20H 中的内容是指 24H 单元中的最低位 20H 中的内容，汇编后的指令码为 A2 20H。显然，两条指令的含义和执行效果是完全不同的。

3.2.3　立即寻址

指令编码中直接给出操作数的寻址方式称为立即寻址，紧跟在操作码之后的操作数称为立即数。立即数可以为一个字节，也可以为两个字节，并要用符号“#”来标识。一般用#data表示。

例：MOV　A，#50H；A←#50H

该指令的功能是将立即数 50H 送入累加器 A 中，执行过程如图 3-3 所示。

对于 16 位立即数指令，汇编时它的高 8 位应放在前面（即指令的第二字节位置），低 8 位放在后面（即指令的第三字节位置）。

在指令汇编形式中，立即数通常使用 # data 或 # data16 表示，其中 # 是使它区别于 direct（或 bit）的唯一标志。例如：

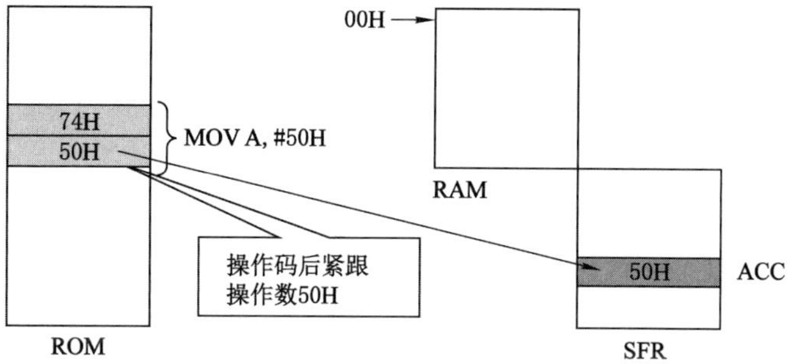

图 3-3　立即寻址指令执行过程示意图

MOV　A,＃4AH　　;A←4AH

MOV　A,4AH　　;A←(4AH)

在第一条指中的源操作数是立即型寻址,4AH 作为一个 8 位二进制数传送到累加器 A 中。第二条指令中的源操作数是直接寻址,4AH 代表地址,指令的功能是将地址 4AH 中的内容送入累加器 A 中。

3.2.4　寄存器间接寻址

寄存器中的内容为地址,从该地址去取操作数的寻址方式称为寄存器间接寻址。因此,寄存器间接寻址实际上是一种二次寻找操作地址的寻址方式。

寄存器间接寻址只能使用寄存器 R0、R1 作为地址指针来寻址片内 RAM 区的数据;当访问片外 RAM 时,可使用 R0、R1 及 DPTR 作为地址指针。寄存器间接寻址符号为"@",例如:

MOV　A,R0　　;A←R0

MOV　A,@R0　　;A←(R0)

其中,第一条指令是寄存器寻址,R0 中为操作数;第二条指令是寄存器间接寻址,寄存器 R0 中为操作数地址,不是操作数。

例:(R0)=30H,(30H)=5AH,执行指令 MOV A,@R0 后,A 的内容为 5AH。指令执行过程如图 3-4 所示。

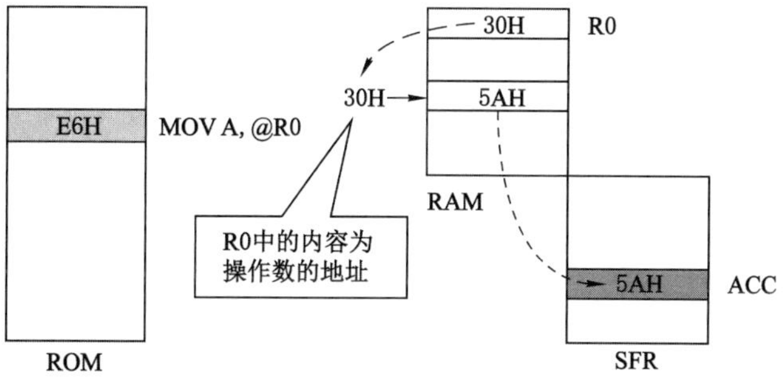

图 3-4　寄存器间接寻址指令执行过程示意图

寄存器间接寻址的存储空间为片内 RAM 或片外 RAM。片内 RAM 的数据传送采用"MOV"类指令，间接寻址寄存器采用寄存器 R0 或 R1（堆栈操作时采用 SP）。片外 RAM 的数据传送采用"MOVX"类指令，间接寻址寄存器有两种选择：一是采用 R0 和 R1 作为间接寻址寄存器，这时 R0 或 R1 提供低 8 位地址，高 8 位地址由 P2 口提供；二是采用 DPTR 作为间接寻址寄存器。寄存器间接寻址的应用总结如下：

（1）访问片内 RAM 低 128 个单元，其通用形式为@Ri。

（2）对片外数据存储器的 64 KB 的间接寻址，例如：MOVX　A,@DPTR。

（3）片外数据存储器的低 256 B。例如：MOVX　A,@Ri。

3.2.5　变址寻址

以一个基地址加上一个偏移量地址形成操作数地址的寻址方式称为变址寻址。在这种寻址方式中，以数据指针 DPTR 和程序计数器 PC 作为基址寄存器，累加器 A 作为偏移量寄存器，基址寄存器的内容与偏移量寄存器的内容之和作为操作数地址。

变址寻址方式用于对程序存储器中的数据进行寻址。由于程序存储器是只读存储器，所以变址寻址操作只有读操作而无写操作。

MCS-51 有如下两条变址寻址指令：

```
MOVC   A,@A+PC      ;A ←(A+PC)
MOVC   A,@A+DPTR    ;A ←(A+DPTR)
```

第一条指令执行时先使 PC 中当前值加 1，即取出指令码 83H。然后把这个加 1 后的 PC 中的地址与累加器 A 中的地址偏移量相加，从而取出该地址中操作数并传送到累加器 A 中，第二条指令执行过程和第一条指令类似，现举例加以说明。

【例 3-1】（A）＝0FH，程序存储器 240FH 单元的内容为 88H，（DPH）＝24H，（DPL）＝00H，执行指令 MOVC A,@A＋DPTR 后，A 的内容是什么？

解　由于（DPTR）＝2400H，程序存储器 240FH 单元的内容为 88H。执行指令 MOVC A,@A＋DPTR 时，首先将 DPTR 的内容 2400H 与累加器 A 的内容 0FH 相加，得到地址 240FH，然后将该地址的内容 88H 取出传送到累加器 A，则 A 的内容为 88H，原来 A 的内容 0FH 被冲掉，如图 3-5 所示。

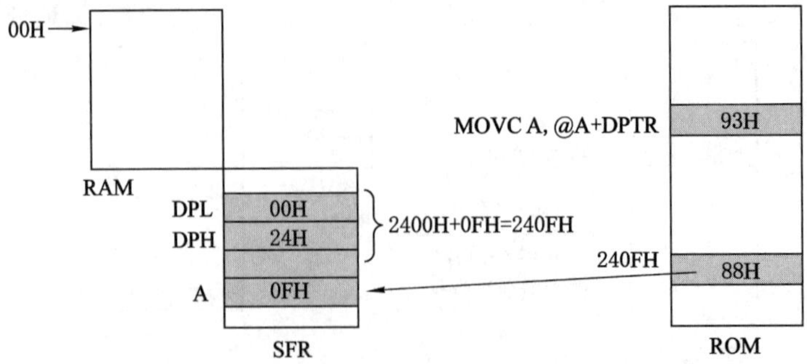

图 3-5　变址寻址指令执行过程示意图

另外两条变址寻址指令为：

MOVC A,@A+PC

JMP @A+DPTR

前一条指令的功能是将累加器的内容与 PC 的内容相加形成操作数地址，把该地址中的数据传送到累加器中。后一条指令的功能是将累加器的内容与 DPTR 的内容相加形成指令跳转地址，从而使程序转移到该地址运行。

3.2.6　相对寻址

相对寻址是以程序计数器 PC 的当前值（指读出该双字节或三字节的跳转指令后，PC 指向的下条指令的地址）为基准，加上指令中给出的相对偏移量 rel 形成目标地址的寻址方式。此种寻址方式的操作是修改 PC 的值，所以主要用于实现程序的分支转移。

在跳转指令中，相对偏移量 rel 给出相对于 PC 当前值的跳转范围，其值是一个带符号的 8 位二进制数，取值范围是 −128～+127，以补码形式置于操作码之后存放。执行跳转指令时，先取出该指令，PC 指向当前值。再把 rel 的值加到 PC 上以形成转移的目标地址，如图 3-6 所示。

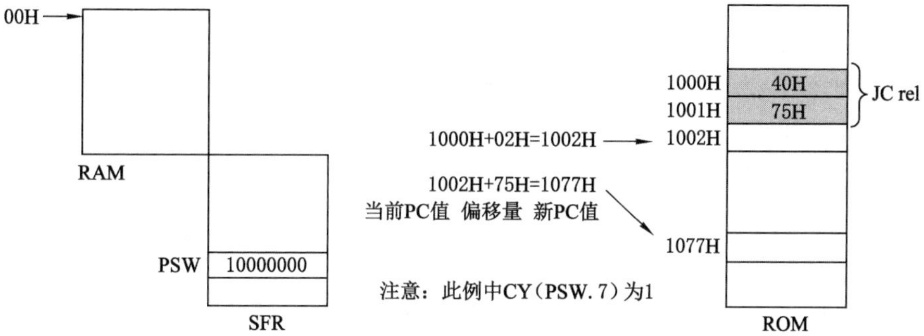

图 3-6　相对寻址指令执行过程示意图

在图 3-6 中，在程序存储器的 1000H 和 1001H 单元存放的内容分别为 40H 和 75H，且 (CY)=1。“40H”为指令 JC rel 的操作码，偏移量 rel=75H。CPU 取出该双字节指令后，PC 的当前值已是 1002H。所以，程序将转向(PC)+75H 单元，即目标地址为 1077H 单元。而 1000H 单元可以称作指令“JC　rel”的源地址。

3.2.7　位寻址

对位地址中的内容进行操作的寻址方式称为位寻址。采用位寻址指令的操作数是 8 位二进制数中的某一位，指令中给出的是位地址。位寻址方式实质属于位的直接寻址。位寻址所对应的空间包括片内 RAM20H～2FH 单元中的 128 可寻址位和特殊功能寄存器的可寻址位。

特殊功能寄存器的寻址位常用符号位地址表示。

例如：CLR ACC.0

　　MOV 30H,C

第一条指令的功能是将累加器 ACC 的 0 位清 0。第二条指令的功能是把位累加器(注:在指令中用“C”表示)的内容传送到片内 RAM 位地址为 30H 的位置。

3.3 数据传送指令

在 MCS-51 单片机中,数据传送是最基本和最主要的操作。数据传送操作可以在片内 RAM 和 SFR 内进行,也可以在累加器 A 和片外存储器之间进行。指令中须指定传送数据的源地址和目的地址,以便机器在执行指令时把源地址中的数传送到目的地址中去,且不改变源地址中的内容,所以数据传送类指令属“复制”性质,而不是“剪切”。数据传送指令的通用格式为:

MOV ＜目的操作数＞,＜源操作数＞

MCS-51 单片机指令系统中,数据传送指令类共 29 条,可分为内部数据传送指令、外部数据传送指令、堆栈指令和数据交换指令。

3.3.1 内部数据传送指令

这类指令的源操作数和目的操作地址都在单片机内部,可以是片内 RAM 的地址,也可以是特殊功能寄存器 SFR 的地址。

(1) 以累加器 A 为目的操作数的传送指令。

```
MOV  A,Rn        ; A← (Rn),n=0～7
MOV  A,@Ri       ; A ← ((Ri)),i=0,1
MOV  A,direct    ; A ← (direct)
MOV  A,#data     ; A ← #data
```

这组指令的功能是把源字节送入累加器中。源字节的寻址方式分别为直接寻址、寄存器间接寻址、寄存器寻址和立即寻址四种基本寻址方式。

【例 3-2】 假设(R0)=30H,片内 RAM 中(30H)=0F7H、(68H)=66H,给出执行每条指令后 A 的内容。

```
MOV   A,  R0      ;(A)=30H
MOV   A,  @R0     ;(A)=0F7H
MOV   A,  68H     ;(A)=66H
MOV   A,  #18     ;(A)=18
```

(2) 以 Rn 为目的操作数的指令。

```
MOV   Rn,A         ; Rn← (A),n=0～7
MOV   Rn,direct    ; Rn← (direct),n=0～7
MOV   Rn,#data     ; Rn← #data,n=0～7
```

这组指令的功能是把源字节送入寄存器 R0～R7 中的某一个寄存器中。源字节的寻址方式分别为立即寻址、直接寻址和寄存器寻址(由于目的字节为工作寄存器,所以源字节不能是工作寄存器及间接寻址方式寻址)。

(3) 以直接地址为目的操作数的指令。

```
MOV   direct,A     ; (direct) ← (A)
```

```
MOV   direct,Rn       ;(direct) ← (Rn),n=0~7
MOV   direct1,direct2 ;
MOV   direct,@Ri      ;(direct) ← ((Ri))
MOV   direct,#data    ;(direct) ← #data
```

这组指令的功能是把源字节送入 direct 中。源字节的寻址方式分别为立即寻址、直接寻址、寄存器间接寻址和寄存器寻址。

例如:若(R1)=50H,(50H)=18H,执行指令 MOV 40H,@R1 后,(40H)=18H。

(4) 以寄存器间接地址为目的操作数的指令。

```
MOV   @Ri,A          ;((Ri)) ←(A)
MOV   @Ri,direct     ;((Ri)) ←(direct)
MOV   @Ri,#data      ;((Ri))← #data
```

这组指令的功能是把源字节送入以 Ri 内容为地址的单元,源字节寻址方式为立即寻址、直接寻址和寄存器寻址(因目的字节采用寄存器间接寻址,故源字节不能是寄存器及间接寻址方式寻址)。

【例 3-3】 假设(A)=2FH,片内 RAM(36H)=0E6H,片外 RAM(36H)=78H,(R0)=30H,(R1)=32H,给出执行每条指令后的结果。

```
MOV    @R1,  A     ;(32H)=2FH
MOV    @R1,36H     ;(32H)=0E6H
MOV    @R0,#56     ;(30H)=38H
```

(5) 以 DPTR 为目的操作数的传送指令。

```
MOV   DPTR,#data16   ; DPTR ← #data16
```

该指令为 16 位数据传送指令,立即数的高 8 位送入 DPH,立即数的低 8 位送入 DPL。例如:执行指令 MOV DPTR,#1234H 后,(DPH)=12H,(DPL)=34H。

在使用上述指令编程时,以累加器 A 为目的寄存器的传送指令会影响 PSW 中的奇偶标志位,其余传送指令对所有标志位均无影响。

3.3.2　外部数据传送指令

3.3.2.1　片外 ROM 的字节传送指令

这类指令共有两条,均属于变址寻址指令,指令的格式为:

```
MOVC  A,@A+DBTR   ;A←(A+DPTR)
MOVC  A,@A+PC     ;PC←PC+1,A←(A+PC)
```

因这两条指令专门用于查表而又称为查表指令,通常 ROM 中可以存放两方面的内容:一是单片机执行的程序代码;二是一些固定不变的常数(如表格数据、字段代码等)。访问 ROM 实际上指的是读 ROM 中的常数。在 80C51 单片机中,读 ROM 中的常数采用变址寻址,并须经过累加器完成。

(1) 采用 DPTR 作为基址寄存器

该指令首先执行 16 位无符号数加法,将获得的基址与变址之和作为 16 位的程序存储器地址,然后将该地址单元的内容传送到累加器 A。指令执行后 DPTR 的内容不变,但累加器 A 原来的内容被破坏。

【例 3-4】 在程序存储器中有一平方表，从 2000H 单元开始存放，如表 3-1 所示，试通过查表指令查找出 6 的平方。

表 3-1 程序存储器中的平方表

地址	2000H	2001H	2002H	2003H	2004H	2005H	2006H	2007H	2008H	2009H
数据	0	1	4	9	16	25	36	49	64	81

解 表 3-1 中累加器 A 中的数恰好等于该数平方值的地址对表起始地址的偏移量。例如，5 的平方值为 25，25 的地址为 2005H，它对 2000H 的地址偏移量也为 5。因此，查表时作为地址寄存器用的 DPTR 或 PC 的当前值必须是 2000H。

采用 DPTR 作为基址寄存器的查表程序比较简单，查表范围大，也容易理解。只要预先使用一条 16 位数据传送指令，把表的首地址 2000H 送入 DPTR，然后进行查表就可以了。

相应的程序如下：

```
MOV   A,#6               ;设定备查的表项
MOV   DPTR,#2000H        ;设置 DPTR 为表始址
MOVC  A,@A+DPTR          ;将 A 的平方值查表后送 A
```

如果需要查找其他数的平方，只需要将累加器 A 的内容(变址)改一下即可。

(2) 以 PC 作为基址寄存器

取出该单字节指令后 PC 的内容增 1，以增 1 后的当前值去执行 16 位无符号数加法，将获得的基址与变址之和作为 16 位的程序存储器地址。然后将该地址单元的内容传送到累加器 A。指令执行后 PC 的内容不变，但累加器 A 原来的内容被破坏。

3.3.2.2 片外 RAM 的字节传送指令

这类指令可以实现片外 RAM 和累加器 A 之间的数据传送。相应指令如下：

```
MOVX  A,@Ri        ;A←(Ri)
MOVX  @Ri,A        ;A→(Ri)
MOVX  A,@DPTR      ;A←(DPTR)
MOVX  @DPTR,A      ;A→(DPTR)
```

前面两条指令用于访问片外 RAM 的低地址区，地址范围为 0000H～00FFH；后面两条指令可以访问片外 RAM 和 64 KB 地区，地址范围是 0000H～FFFFH。

【例 3-5】 已知片外 RAM 的 88H 单元中有一数 X，试编写一个能把 X 传送到片外 RAM 的 1818H 单元的程序。

解 片外 RAM 88H 单元中的数 X 是不能直接传送至片外 RAM 的 1818H 单元的，必须经过累加器 A 的传送。相应程序为：

```
ORG    0000H
MOV    R0,#88H          ;R0←88H
MOV    DPTR,#1818H      ;DPTR←1818H
MOVX   A,@R0            ;A←X
MOVX   @DPTR,A          ;X→1818H
SJMP   $                ;停机
```

3.3.3　堆栈操作指令

2.3.2.3 中介绍堆栈是在片内 RAM 中按“后进先出”的规则组织的一片存储区。此区的一端固定，称为栈底；另一端是活动的，称为栈顶。栈顶的位置（地址）由堆栈指针 SP 指示（即 SP 的内容是栈顶的地址）。51 单片机中，堆栈的生长方向是向上的（地址增大）。入栈操作时，先将 SP 的内容加 1，然后将指令指定的直接地址单元的内容存入 SP 指向的单元；出栈操作时，先将 SP 指向的单元内容传送到指令指定的直接地址单元，然后 SP 的内容减 1。系统复位时，SP 的内容为 07H。通常用户应在系统初始化时对 SP 重新设置。

堆栈操作指令助记符为 PUSH 和 POP。堆栈操作指令的特点是根据堆栈指示器 SP 中栈顶地址进行数据传送操作，这类指令共有以下两条：

PUSH direct；SP ←(SP)+1，(SP)←(direct)

POP direct；direct←((SP))，SP ←(SP)－1

这两条指令可以实现操作数入栈和出栈操作。前一条指令的功能是先将栈指针 SP 的内容加 1，然后将直接地址指出的操作数送入 SP 所指示的单元。后一条指令的功能是将 SP 所指示的单元的内容先送入指令中的直接地址单元，然后再将栈指针 SP 的内容减 1。

例如：

若(SP)＝07H，(40H)＝88H，执行指令 PUSH 40H 后，(SP)＝08H，(08H)＝88H。

若(SP)＝5FH，(5FH)＝90H，执行指令 POP 70H 后，(70H)＝90H，(SP)＝5EH。

3.3.4　数据交换指令

(1) 字节交换指令：

```
XCH   A,Rn         ;(A) ↔(Rn)
XCH   A,direct     ;(A) ↔(direct)
XCH   A,@Ri        ;(A) ↔((Ri))
```

(2) 半字节交换指令：

```
XCHD  A,@Ri        ;(A)0～3 ↔((Ri))0～3
SWAP  A            ;(A)0～3  ↔(A)4～7
```

前面三条指令的功能是字节数据交换，实现三种寻址操作数内容与 A 的内容互换。第 4 条指令 XCHD 的功能是间接寻址操作数的低半字节与 A 的低半字节内容互换。第 5 条指令 SWAP 的功能是累加器的高、低 4 位互换。

【例 3-6】 假设(A)＝12H，(R0)＝34H，内 RAM(34H)＝56H，分析每条指令执行结果。

```
XCH    A,@R0      ;(A)=56H
XCHD   A,@R0      ;(A)=16H
SWAP   A          ;(A)=21H
```

3.4 算术运算类指令

算术运算类指令可以完成加、减、乘、除及加 1 和减 1 等运算。这类指令多数以 A 为源操作数,同时又是以 A 为目的操作数。

3.4.1 加法指令

加法指令共有 13 条,由不带进位加法、带进位加法和加 1 指令三类组成。

(1) 不带进位加法指令

这组指令共有如下 4 条:

```
ADD    A,  Rn        ;A←A+Rn
ADD    A, direct     ;A←A+(direct)
ADD    A, @Ri        ;A←A+(Ri)
ADD    A, #data      ;A←A+data
```

指令功能是把源地址所指示的操作数和累加器 A 中的操作数相加,并把两数之和保留在累加器 A 中,这些指令的功能正如指令注释段符号所示。

在使用中应注意以下 5 个问题:

① 参加运算的两个操作数必须是 8 位二进制数,操作结果也是一个 8 位二进制数,且对 PSW 中所有标志位产生影响。

② 在加法运算中,如果位 7 有进位,则进位标志 CY 置 1,否则清 0。

③ 如果位 3 有进位,则辅助进位位 AC 置 1,否则清 0。

④ 如果两个带符号数相加,同号符号数相加,和变为异号数,则溢出标志位 OV 置 1,否则清 0。

⑤ 不论把这两个参加运算的操作数看作是无符号数还是带符号数,计算机总是按照带符号数法则运算,并产生 PSW 中的标志位。

【例 3-7】 设(A)=46H,(R2)=68H。执行指令:ADD A ,R2,分析执行结果及对各标志位的影响。

$$
\begin{array}{r}
01000110 \\
+)\,01101000 \\
\hline
10101110
\end{array}
$$

结果:(A)=0AEH

分析:(CY)=0;(OV)=1;(AC)=0;(P)=1。若将参与运算的两数视为无符号数,(A)=174,说明和数正确,没有超出 0～255,CY=0;若将参与运算的两数视为带符号数,(A)=-82,两个正数的和为负数,说明和数错误,发生溢出,OV=1。

因此,采用加法指令来编写带符号数的加法运算程序时,要想使累加器 A 中获得正确结果就必须检测 PSW 中 OV 标志位状态。若 OV=0,则 A 中结果正确;若 OV=1,则 A 中结果不正确。

(2) 带进位加法指令

带进位加法指令共有 4 条,主要用于多字节加法运算:

```
ADDC   A,Rn          ;A←A+Rn+CY
ADDC   A,direct      ;A←A+(direct)+CY
ADDC   A,# data      ;A←A+data+CY
ADDC   A,@Ri         ;A←(Ri)+CY
```

这组指令的功能是把源操作数与累加器 A 的内容相加再与进位标志 CY 的值相加，结果送入目的操作数 A 中。源操作数的寻址方式分别为立即寻址、直接寻址、寄存器间接寻址和寄存器寻址。

这组指令的操作影响程序状态字 PSW 中的 CY、AC、OV 和 P 标志。这里所加的进位标志 CY 的值是在该指令执行之前已经存在的进位标志的值，而不是执行该指令过程中产生的进位，比如这组指令执行之前(CY)＝0，则执行结果与不带进位标志 CY 的加法指令结果相同。

【例 3-8】 设片内 RAM 30H～32H 有 3 个单字节的无符号数，求和并将和的低字节送入 33H 单元，高字节送入 34H 单元。

```
MOV     A,30H
ADD     A,31H
MOV     33H,A
MOV     A,#00H
ADDC    A,#00H
MOV     34H,A
MOV     A,33H
ADD     A,32H
MOV     33H,A
MOV     A,34H
ADDC    A,#00H
MOV     34H,A
```

(3) 加 1 指令

加 1 指令又称为增量(INCrease)指令，共有如下 5 条：

```
INC   A          ;A←A+1
INC   Rn         ;Rn←Rn+1
INC   direct     ; direct←(direct)+1
INC   @(Ri)      ;(Ri)←(Ri)+1
INC   DPTR       ;DPTR←DPTR+1
```

前面 4 条指令是 8 位数加 1 指令，用于使源地址所规定的 RAM 单元中内容加 1。机器在执行加 1 指令时仍按 8 位带符号数相加，但与加法指令不同，只有第一条指令能对奇偶标志位 P 产生影响。第 5 条指令功能是对 DPTR 中的内容(通常为地址)加 1，是 MCS-51 唯一的一条 16 位算术运算指令。

【例 3-9】 设(A)＝7FH，(R0)＝35H，(35H)＝0FFH，(36H)＝9AH，(DPTR)＝68FFH。分析如下指令的执行过程和结果。

(1) INC　　A　　　　;A ←(A)+1　　　　　　(A)＝80H

```
(2) INC   R0      ;R0←(R0)+1          (R0)=36H
(3) INC   36H     ;36H←(36H)+1        (36H)=9BH
(4) INC   @R0     ;R0←((R0))+1        (35H)=00H
(5) INC   DPTR    ;DPTR←(DPTR)+1      (DPTR)=6900H
```

3.4.2 减法指令

在 MCS-51 指令中,减法指令共 8 条,分为带借位标志 CY 减法指令和减 1 指令两类。

(1) 带借位的减法指令

```
SUBB  A,Rn        ; A←(A)-(Rn)-CY,n=0~7
SUBB  A,direct    ; A←(A)-(direct)-CY
SUBB  A,@Ri       ; A←(A)-((Ri))-CY,i=0,1
SUBB  A,#data     ; A←(A)-#data-CY
```

这组指令的功能是把累加器 A 中操作数减去源地址所指的操作数以及指令执行前的 CY 值,并把结果保留在累加器 A 中。

在实际使用时对程序状态字 PSW 中标志位的影响情况如下:

① 借位标志 CY:差的位 7 需借位时,(CY)=1;否则,(CY)=0。

② 辅助借位标志 AC:差的位 3 需借位时,(AC)=1;否则,(AC)=0。

③ 溢出标志 OV:若位 6 有借位而位 7 无借位或位 7 有借位而位 6 无借位时,(OV)=1。

④ 如果要用此组指令完成不带借位的减法,只需先清 CY 为 0 即可。使用指令:

```
CLR  C     ;CY←0
```

在实际使用减法指令来编写带符号数减法运算程序时,要想在累加器 A 中获得正确的操作结果,也必须对减法指令执行后的 OV 标志位加以检测。若减法指令执行后 OV=0,则累加器 A 中结果正确;若 OV=1,则累加器 A 中结果产生了溢出。

(2) 减 1 指令

```
DEC   A        ;A←A-1
DEC   Rn       ;Rn←Rn-1
DEC   direct   ;direct←(direct)-1
DEC   @Ri      ;(Ri)←(Ri)-1
```

这组指令可以使指令中源地址所指 RAM 单元中内容减 1。与加 1 指令一样,MCS-51 单片机指令系统的减 1 指令也不影响 PSW 标志位状态,只是第一条减 1 指令对奇偶检验标志位 P 有影响。

【例 3-10】 已知:A=DFH,R1=40H,R7=19H,(30H)=00H,(40H)=FFH,试问机器分别执行如下指令后累加器 A 和 PSW 中各标志位状态如何?

① DEC A　　　② DEC R7

③ DEC 30H　　④ DEC @R1

解 根据减 1 指令功能,操作结果为:

① A=DEH,P=0　　② R7=18H,PSW 不变

③ (30H)=FFH,PSW 不变　　④ (40H)=FEH,PSW 不变

3.4.3　十进制调整指令

这是一条专用指令，是绝大多数微处理器都具有的指令，用于实现 BCD 运算。指令格式为：

DA　A　;若 AC=1 或 A3～A0>9，则 A←+06H

　　　　;若 CY=1 或 A7～A4>9，则 A←+60H

这条指令在使用中通常紧跟在加法指令之后，用于对执行加法后累加器 A 中的操作结果进行十进制调整。该指令的功能有两条：若在加法过程中低 4 位向高 4 位进位（即 AC=1）或累加器 A 中低 4 位大于 9，则累加器 A 做加 6 调整；若在加法过程中最高位有进位（即 CY=1）或累加器中 A 中高 4 位大于 9，则累加器 A 做加 60H 调整（即高 4 位做加 6 调整）。

十进制调整指令执行时仅对进位位 CY 产生影响。

(1) BCD 加法

如果两个 BCD 数相加的结果也是 BCD 数，则称该加法为 BCD 加法。普通的二进制加法指令对两个 BCD 加数相加，其结果不一定是一个 BCD 数，必须通过这条十进制调整指令才能调整为 BCD 数。

例如，BCD 码的加法运算 38+79。

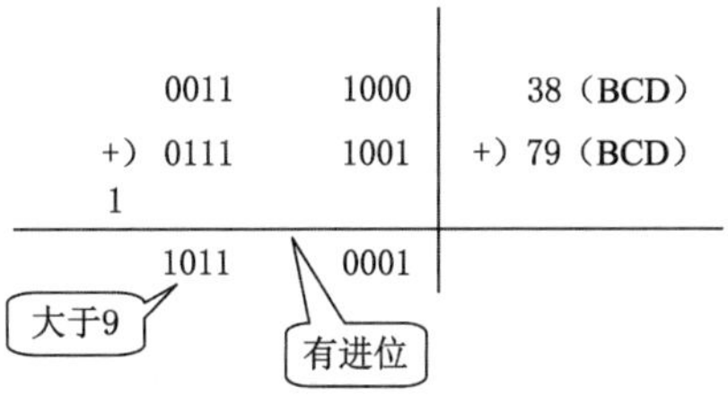

结果为 B1H，对应的十进制数是 178，显示结果出错。正确的结果应是 117。因此 BCD 码加法运算后必须进行调整。调整原则为：

当(A7～A4)>9 或 CY=1，则(A7～A4)←(A7～A4)+6

当(A3～A0)>9 或 AC=1，则(A3～A0)←(A3～A0)+6

上例中(A7～A4)>9，同时 AC=1，所以应进行如下调整：

```
       1011 0001
+)     0110 0110
-----------------
     1 0001 0111     (117 的 BCD 码)
```

注意：上述的 BCD 码调整过程是由硬件电路完成的，用户无须关注。用户只要在加法指令 ADD 或 ADDC 后，加上这条 DA A 指令即可完成上述调整。

(2) BCD 减法

如果两个 BCD 数相减的结果也是 BCD 数，则称该减法为 BCD 减法。BCD 减法可以通过对二进制减法结果进行减 6 调整来实现。但在 MCS-51 单片机指令系统中没有十进制减法调整指令，也不能像有些微处理器那样有减法标志。因此，MCS-51 单片机指令系统中的减法运算必须采用 BCD 补码运算法则，即“被减数减减数”变为“被减数加减数的补数”，然后对其和进行十进制加法调整来实现。具体步骤为：

① 求 BCD 减数的补数，即 9AH=减数。由于 MCS-51 是 8 位 CPU，故 BCD 减数由两

位 BCD 码组成,但两位 BCD 减数的模是 100,需要 9 位二进制,故只能用 9AH 代替两位 BCD 数的模 100。

② BCD 被减数加 BCD 减数的补数。

③ 对第 2 步中得到的两数之和进行十进制加法调整,便可得到正确的 BCD 减法的运算结果。

3.4.4 乘法和除法指令

MCS-51 单片机指令系统中有乘法、除法指令各一条。它们是两条执行时间最长的指令,执行时间为 4 个机器周期。

(1) 乘法指令

指令格式:MUL　AB　　　;A×B=BA 形成标志

指令功能是将累加器 A 和 B 寄存器中的两个无符号数相乘,积的高 8 位存入 B 寄存器中,低 8 位存入累加器 A 中。

本指令执行过程中将对 CY、OV 和 P 三个标志位产生影响。其中,CY 为 0;奇偶校验标志位 P 仍由累加器 A 中的 1 的奇偶性确定;OV 标志位用来表示积的大小,若积超过 255,则 OV=1,否则 OV=0。

【例 3-11】 设(A)=50H,(B)=0A0H。执行指令 MUL AB,分析执行结果及对各标志位的影响。

结果:(A)×(B)=3200H,则(B)=32H,(A)=00H。

标志位:OV=1(B 中存有运算结果的高 8 位),CY=0,P=0。

(2) 除法指令

指令格式:DIV　AB　　　;A÷B=A…B 形成标志

指令功能是将累加器 A 中的 8 位无符号数除以 B 寄存器中的 8 位无符号数,所得的商存放在累加器 A 中,余数存放在 B 寄存器中。

除法指令执行过程中对 CY 和 P 标志的影响和乘法时相同,只是溢出标志位 OV 不一样。在除法指令执行过程中,若 CPU 发现 B 寄存器中的除数为 0,则 OV 自动被置 1,表示除数为零的除法是没有意义的;其余情况下,OV 均被复位成 0 状态,表示除法操作是合理的。

【例 3-12】 设(A)=0FBH,(B)=12H。执行指令 DIV AB,分析执行结果及对各标志位的影响。

结果:(A)÷(B)=0FBH÷12H=0DH 余 11H,则(A)=0DH(商),(B)=11H(余数)

标志位:OV=0(除数有意义,即不为 0),CY=0,P=1。

3.5 逻辑运算指令

MCS-51 单片机指令系统中逻辑运算指令共 24 条。按操作数个数的不同可分为两类,即单操作数指令和双操作数指令。

3.5.1　单操作数指令

这类指令包括清零、取反、置位和循环移位指令。

(1) 累加器 A 清零指令

指令格式:CLR　A

指令功能:将累加器 A 清零。

(2) 累加器 A 取反指令

指令格式:CPL　A

指令功能:将累加器 A 中的内容逐位取反。

说明:该指令不影响 PSW 的任何标志位。

【例 3-13】 分析执行一列程序段的最终结果。

指　令	每条指令的执行结果
MOV　A ,#5DH	;(A)=5DH
CPL　A	;(A)=0A2H
CLR　A	;(A)=00H
最终结果	:(A)=00H

(3) 累加器 A 的循环左移指令

① 不带进位的循环左移指令

指令格式:RL　A

指令功能:将累加器 A 中的 8 位内容逐位循环左移 1 位,D7 位移至 D0,如图 3-7 所示。

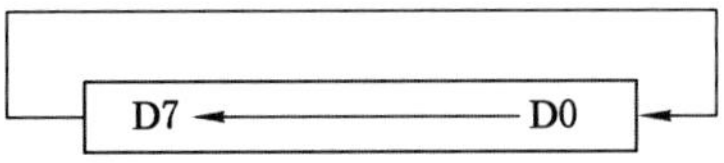

图 3-7　不带进位循环左移

② 带进位的循环左移指令。

指令格式:RLC　A

指令功能:将累加器 A 中的 8 位,连同 CY 位一起逐位循环左移 1 位,D7 位移至 CY 位,CY 位移至 D0,如图 3-8 所示。

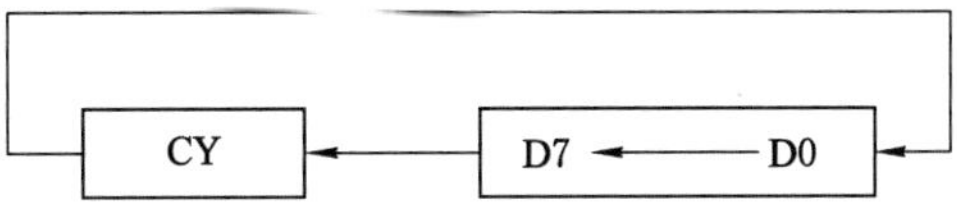

图 3-8　带进位循环左移

说明:该指令影响 PSW 的 CY 和 P 标志位。

(4) 累加器 A 的循环右移指令

① 不带进位的循环右移指令

指令格式:RR　A

指令功能:将累加器 A 中的 8 位内容逐位循环右移 1 位,D0 位移至 D7,如图 3-9 所示。

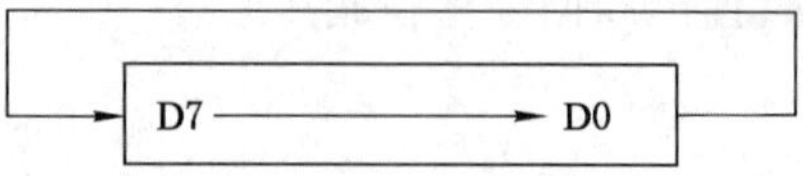

图 3-9　不带进位循环右移

② 带进位的循环右移指令。

指令格式:　RRC　A

指令功能:将累加器 A 中的 8 位内容,连同 CY 位一起逐位循环右移 1 位,CY 位移至 D7 位,D0 位移至 CY,如图 3-10 所示。

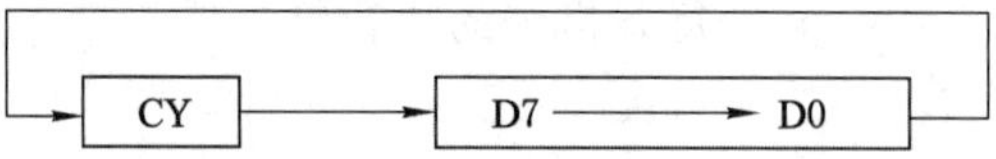

图 3-10　带进位循环右移

说明:该指令影响 PSW 的 CY 和 P 标志位。

【例 3-14】 设(A)＝11000101B,CY＝0。分析下列各指令独立执行后的结果及对 PSW 标志位的影响。

指令	指令的执行结果	对标志位的影响
(1) RL　A	;(A)＝ 10001011B	不影响标志位
(2) RLC　A	;(A)＝ 10001010B	CY＝1,P＝1
(3) RR　A	;(A)＝ 11100010B	不影响标志位
(4) RRC　A	;(A)＝ 01100010B	CY＝1,P＝1

3.5.2　双操作数的逻辑运算指令

双操作数逻辑运算指令包括逻辑与、逻辑或、逻辑异或指令。

(1) 逻辑“与”指令

指令格式:ANL　<目标操作数>,<源操作数>

指令功能:将目标操作数指明的内容和源操作数指明的内容按位进行逻辑“与”操作,结果送入目标操作数中。

【例 3-15】 设(A)＝95H,(30H)＝56H。执行下列各条指令后,结果如何? 标志位如何?

① ANL　A,30H

② ANL　30H,＃0FH

解

①
```
        A) ＝10010101B
·)   (30H)＝01010110B
─────────────────────
        (A)＝00010100B
     (A)＝14H,P＝0
```

②
```
      (30H)＝01010110B
·)    ＃0FH＝00001111B
─────────────────────
             00000110B
     (30H)＝06H ,P＝0
```

在②题中,将 30H 单元的高 4 位屏蔽掉,低 4 位保持不变。

(2) 逻辑“或”指令

指令格式:ORL　＜目标操作数＞,＜源操作数＞

指令功能:将目标操作数指明的内容和源操作数指明的内容按位进行逻辑“或”操作,结果送入目标操作数中。

【例 3-16】 设(A)=95H,(30H)=50H,执行下列各条指令后,结果如何?标志位如何?

① ORL　A,30H

② ORL　30H,#0FH

解

(A)=10010101B	(30H)=01010000B
① 逻辑+) 01010000B	② 逻辑+) 00001111B
(A)=11010101B	01011111B
(A)=0D5H,P=1	(30H)=5FH,P=0

在②题中,将 30H 单元的低 4 位置位,高 4 位保持不变。

(3) 逻辑“异或”指令

指令格式:XRL　＜目标操作数＞,＜源操作数＞

指令功能:将目标操作数指明的内容和源操作数指明的内容按位进位逻辑“异或”操作,结果送入目标操作数中。

【例 3-17】 设(A)=95H,(30H)=0F0H,执行下列各条指令后,结果如何?标志如何?

① XRL　A,30H

② XRL　30H,#50H

解

(A)=10010101B	(30H)=11110000B
① ⊕)(30H)=11110000B	② ⊕)#50H=01010000B
(A)=01100101B	10100000B
(A)=65H,P=0	(30H)=0A0H,P=0

在①题中,将累加器 A 的高 4 位取反,低 4 位保持不变。

3.6 控制转移指令

MCS-51 单片机指令系统中,控制转移指令共 17 条,它们分为无条件转移指令、条件转移指令、子程序调用和返回指令等四类。

3.6.1 无条件转移指令

无条件转移指令包括长转移指令、短转移指令、绝对转移指令和间接转移指令。

(1) 长转移指令

指令格式:LJMP　addr16

指令功能:将指令中提供的 16 位地址送入 PC。

长转移指令(64 KB 范围内转移指令)的功能是把指令码中的 addr16 送入程序计数器 PC,使机器执行下条指令时无条件转移到 addr16 处执行程序。由于 addr16 是一个 16 位二进制地址(地址范围为 0000H～FFFFH),因此长转移指令是一条可以在 64 KB 范围内转移的指令。为了使程序易编写,addr16 常采用符号地址(如 LOOP\LOOP1…)表示,只有在上机执行前才被汇编为 16 位二进制地址。长转移指令为三字节双周期指令。

(2) 短转移指令

指令格式:AJMP　addr11

注意:执行一条指令时,(PC)是下一条指令地址,因为在从程序存储器中取本指令时,PC 已经“PC 递增”。

指令功能:以指令中 11 位地址 addr11 修改 PC 中的低 11 位。

说明:

① 目标地址的获得:把下一条指令的地址(PC)的高 5 位与指令中 11 位地址并在一起,在 PC 中构成。

② 因为以目标地址修改了 PC,下一次取指将到该目标地址取之,实现程序转移。

③ 实际编程时,目标程序标号即目标地址,addr11 来自该地址低 11 位。汇编指令形式是:AJMP　<目标程序标号>。

④ 指令有局限,存在转移不到目标地址的现象。这种现象的判断和指出,由编译器完成,用户用不着介入。

(3) 相对转移指令

指令格式:SJMP rel ;PC ←(PC)＋ 2,PC ←(PC)＋ rel

其中第一字节为操作码,第二字节为相对偏移量 rel。rel 是一个带符号的偏移字节数(2 的补码),取值范围为＋127 ～－128(00H～7FH 对应表示 0 ～＋127,80H～FFH 对应表示－128～－1)。负数表示反向转移,正数表示正向转移。指令执行时先将 PC 的内容加 2,再加上相对地址 rel,就得到了转移目标地址。

在用汇编语言编写程序时,rel 可以是一个转移目标地址的标号,由汇编程序在汇编过程中自动计算偏移地址,并填入指令代码中。在手工汇编时,可用转移目标地址减转移指令所在的源地址,再减转移指令字节数 2 得到偏移字节数 rel。

例:若标号“NEWADD”表示转移目标地址 0123H,PC 的当前值为 0100H。执行指令 SJMP NEWADD 后,程序将转向 0123H 处执行(此时 rel＝0123H－(0100H＋2H)＝21H)。

(4) 散转指令

指令格式:JMP　@A＋DPTR

指令功能:将累加器 A 中的 8 位无符号数与 DPTR 的内容相加,形成转移目标地址送入 PC。下一次取值将转移到目标地址处进行。

转移目标地址在以 DPTR 内容为基址的 256 B 范围内,根据不同的 A 取值可实现多分支转移,即散转,故又称为散转指令。

3.6.2　条件转移指令

条件转移指令是当满足给定条件时,程序转移到目标地址去执行;条件不满足则顺序执行下一条指令。

条件转移指令分为累加器 A 判零转移、比较转移和循环转移三类。实际编程时汇编指令中往往没有 rel。对应机器码中的 rel 由编译器算出。rel 的意义和计算与前面的描述完全相同。

(1) 累加器判零转移指令

```
JZ   rel        ;若(A)= 0,则转移,否则顺序执行。
JNZ  rel        ;若(A)≠ 0,则转移,否则顺序执行。
```

不影响任何标志位。

【例 3-18】 片外 RAM 区域有一个数据块,首地址为 addr1,将其传送到片内 RAM 以 addr2 为首地址的连续单元。要求遇到传送的数据为 0 时停止。

参考程序:

```
START:MOV R0 ,#addr2          ;置片内 RAM 数据块的首地址
      MOV DPTR ,addr1         ;置片外 RAM 数据块的首地址
      MOV A ,#00H             ;累加器 A 清零
LOOP1:MOVX A ,@DPTR           ;将片外 RAM 的内容送入累加器 A
      JZ    LOOP2             ;(A)= 0, 转向 LOOP2
      MOV   @R0 ,A            ;(A)≠0,数据送到片内 RAM 区域
      INC   R0                ;修改片内 RAM 地址指针
      INC   DPTR              ;修改片外 RAM 地址指针
      SJMP  LOOP1             ;继续传送
LOOP2:RET                     ;停止传送并返回
```

(2) 比较转移指令

```
CJNE  A,#data,rel          ;若(A)≠data,则 PC ←(PC)+ rel
CJNE  A,direct,rel         ;若(A)≠(direct),则 PC ←(PC)+ rel
CJNE  Rn,#data,rel         ;若(Rn)≠data,则 PC ←(PC)+ rel
CJNE  @Ri,#data,rel        ;若((Ri))≠data,则 PC ←(PC)+ rel
```

这组指令的功能是对指定的目的字节和源字节进行比较,若它们的值不相等,则转移,转移的目标地址为当前的 PC 值加 3 后再加指令的第三字节偏移量 rel;若目的字节的内容大于源字节的内容,则进位标志清 0;若目的字节的内容小于源字节的内容,则进位标志置 1;若目的字节的内容等于源字节的内容,程序将继续往下执行。

(3) 减一不为零转移指令

```
DJNZ  Rn,rel    ;Rn 减 1 非 0 转标号处执行,为 0 则顺序执行。
```

指令功能:Rn←(Rn)-1,若(Rn)≠0,则 PC←(PC)+rel;否则(PC)不变。

```
DJNZ  direct,rel    ;direct 减 1 非 0 转标号处执行,为 0 则顺序执行。
```

指令功能:direct←(direct)-1,若(direct)≠0,则 PC←(PC)+rel;否则(PC)不变。

该类指令主要用于控制程序的循环。将 Rn 或 direct 设为循环计数器,并在程序中预先对它们设置初值(循环次数),程序循环一次,循环计数器减 1,直到循环计数器减为 0,结束循环。

【例 3-19】 设一组数据存放在以 addr1 为首地址的连续 n 个片内 RAM 单元中,要求

将该组数据送到以 addr2 为首地址的连续 n 个片内 RAM 单元中。

参考程序：

```
MOV R0 ,#addr2          ;设定目标数据区地址指针
MOV R1 ,#addr1          ;设定源数据区的地址指针
MOV R2 ,#n              ;用 R2 作数据块长度计数器
LOOP: MOV   A ,@R1      ;将源数据区中的数据 A 送到片内 RAM 区域
MOV @R0 ,A              ;将(A)送到目标数据区
INC R0                  ;修改地址指针,指向下一个目标数据单元。
INC R1                  ;修改地址指针,指向下一个源数据单元。
DJNZ  R2 ,LOOP          ;(R2)≠0,继续执行数据传送操作
RET                     ;(R2)=0,n 个数传送完毕,返回
```

3.7 子程序调用和返回指令

为简化程序设计，经常将功能完全相同或反复使用的程序单独编写成子程序，供主程序调用。主程序需要时通过调用指令，转移到子程序处执行子程序，子程序执行完毕再返回到主程序继续执行主程序。

3.7.1 调用指令

断点是一个地址，是子程序调用指令的下一条指令地址，或被中断指令地址。执行子程序调用指令时，断点＝下一条指令地址＝(PC)。

子程序调用指令应完成两项操作：① 在转移至子程序之前，CPU 将断点(PC)压入堆栈来实现保护；② 必须确保子程序入口地址的转移，即把子程序的入口地址送入 PC。

(1) 长调用指令。

实际汇编指令格式：

```
LCALL  label      ;调用子程序 label
```

指令功能：首先将下一条指令地址(PC)压入栈区保存起来；然后将符号地址 label 赋予 PC。由指令功能可见，本指令执行完毕，CPU 的下一次取指，取的是子程序的第一条指令了。

说明：长调用可在 64 KB ROM 空间任意调用子程序。

(2) 绝对调用指令。

实际汇编指令格式：

```
ACALL  label      ;调用子程序 label
```

指令功能：首先将下一条指令地址(PC)压入栈区保存起来，然后将符号地址 label 的低 11 位赋予 PC 的低 11 位。

ACALL 指令与 AJMP 指令修改 PC 的方法是相同的，关于 AJMP 指令的说明全部适合 ACALL 指令。

3.7.2　返回指令

返回指令应能完成恢复断点的操作，即将原压入栈的断点弹出送回 PC，保证 CPU 返回到断点处继续执行原程序。返回指令用在子程序或中断服务程序结束之处。

(1) 子程序返回指令

指令格式：RET

指令功能：将栈顶中的数码（断点）弹出到 PC。

说明：执行 RET 指令后，下一次取指将从断点处继续，回到主程序。

(2) 中断返回。

指令格式：RETI

指令功能：将栈顶中的数码（断点）弹出到 PC；将“优先级激活”触发器清 0，表示中断处理过程结束。

(3) 空操作指令

指令格式：NOP

指令功能：不执行任何实际操作。

说明：该指令机器码为 00000000B，1 个字节长度，执行时间为 1 个机器周期。

3.8　位操作指令

MCS-51 单片机中有一个功能很强、结构完整的位处理器，又称布尔处理器。布尔处理器在硬件上是一个完整的系统，由运算器 ALU（具有位运算功能）、位累加器 C（即 PSW 的 CY 位）、可位寻址的 RAM 及并行 I/O 口组成。

布尔处理器的位操作功能为很多逻辑电路的“硬件软化”提供了有效而简便的方法，充分体现了单片机的位处理能力。

MCS-51 单片机位操作指令共 17 条，包括位传送、位逻辑运算和控制转移三类。

3.8.1　位传送指令

指令格式：
```
MOV   C ,bit    ;CY ←(bit)
MOV   bit ,C    ;bit←(CY)
```

第一条指令的功能是将位地址 bit 中的内容传送到位累加器 C 中。第二条指令的功能是将累加器 C 中的内容传送到位地址 bit 所指的位单元中。两个任意位地址 bit 之间不能进行直接传送数据。

【例 3-20】 试编程实现将 00H 位中的内容和 7FH 位中的内容互换。

参考程序：

```
MOV   C ,00H      ;CY←(00H)
MOV   01H,C       ;将 00H 位的内容暂放在 01H 位中
MOV   C ,7FH      ;CY←(7FH)
MOV   00H ,C      ; 00H←(CY)
MOV   C ,01H      ;CY←(01H)
```

MOV　7FH ,C　　　;7FH←(CY)

3.8.2　位逻辑运算指令

位逻辑运算指令包括清零、置位、取反、位逻辑与和位逻辑或运算指令。

(1) 位清零指令

CLR　C　　　;将位累加器清 0

CLR　bit　　;位地址 bit 单元清 0

(2) 位置位指令

SETB　C　　;将位累加器置 1

SETB bi　　;位地址 bit 单元置 1

(3) 位取反指令

CPL　C　　　;将 CY 取反后再送回 CY 中

CPL　bit　　;将位地址 bit 单元的内容取反再送回 bit 单元

(4) 位逻辑"与"指令

ANL C,bit

ANL C,/bit

指令功能是将 CY 的内容和位地址 bit 单元的内容(或内容取反)进行逻辑"与"操作,结果送回 CY 位。

(5) 位逻辑"或"指令

ORL　C ,bit

ORL　C ,/bit

指令功能是将 CY 的内容和位地址 bit 的内容(或内容取反)进行逻辑"或",操作结果再送回 CY 位。

【例 3-21】 设(P1)＝5CH＝01011100B,(P2)＝63H＝01100011B。执行下列程序段后,结果如何?

MOV C ,P1.6　　　; (CY)＝1

ANL C ,P1.4　　　; (CY)＝ (CY)・(P1.4)＝1

ORL C ,/P2.0　　 ; (CY)＝ (CY)＋(/P2.0)＝1

MOV P2.7 ,C　　　; (P2.7)＝1

结果(P2)＝11100011B＝0E3H ,(CY)＝1

3.8.3　判位转移指令

判位转移指令的"位"指进位位 C 和位地址 bit。

3.8.3.1　判 C 转移指令

(1) (C)为 1 转移

实际汇编指令格式:

JC　＜目标程序标号＞　　;(CY)为 1 转标号处执行,否则顺序执行

指令功能:如果 CY 的内容为 1 则 PC←(PC)＋ rel;否则(PC)不变。

(2)(C)为 0 转移

实际汇编指令格式：

JNC　<目标程序标号>　　;(CY)为0转标号处执行，否则顺序执行

指令功能：如果C的内容为0，则 PC←(PC)+ rel；否则(PC)不变。

【例3-22】 片内RAM的M1和M2单元中各有一个8位无符号二进制数，试编程比较它们的大小，并把大数送到片内RAM的MAX单元。

参考程序：

```
MOV A ,M1             ;A←(M1)
CJNE A ,M2 ,LOOP1     ;若(A)≠(M2),转移到LOOP
SJMP EXIT
LOOP1: JNC LOOP2      ;CY=0 即(M1)>(M2)则转到LOOP
       MOV A ,M2      ;CY=1 即(M1)<(M2)则(A)←(M2)
LOOP2: MOV MAX ,A     ;大数送MAX单元
EXIT:  RET            ;返回
```

3.8.3.2　判bit转移指令

(1) (bit)为1转移

实际汇编指令格式：

JB　bit,<目标程序标号>　　;(bit)为1转标号处执行，否则顺序执行

指令功能：如果bit的内容为1，则 PC←(PC)+ rel；否则(PC)不变。

(2) (bit)为0转移

实际汇编指令格式：

JNB bit,<目标程序标号>　　;(bit)为0转标号处执行，否则顺序执行

指令功能：如果bit的内容为0，则 PC←(PC)+ rel；否则(PC)不变。

(3) (bit)为1清0转移

实际汇编指令格式：

JBC　bit,<目标程序标号>　　;(bit)为1，清0并转标号处执行，否则顺序执行

指令功能：如果bit的内容为1，则 bit←0、PC←(PC)+ rel；否则(PC)不变。

【例3-23】 编程实现下面条件等式的运算：

$$Y=\begin{cases}100 & (X>0)\\ 0 & (X=0)\\ -1 & (X<0)\end{cases}$$

解　设X存放在片内RAM的M1单元，Y存放在片内RAM的M2单元。

参考程序：

```
MOV R0 ,#M1
MOV R1 ,#M2
MOV A ,@R0              ;将X值送入A
JZ  ZERO                ;判A转移指令:(A)=0,转到ZERO
JB  ACC.7 ,NEG          ;判bit转移,ACC.7为A之最高位(符号位):(A)为
                        ;负转NEG
MOV @R1,#100            ;(A)>0,则(Y)=100
```

```
RET
NEG: MOV @R1 ,#0FFH      ;(Y)= -1的补码
RET
ZERO:MOV @R1 ,#00H       ;(Y)=0
RET
```

3.9 汇编语言程序设计

3.9.1 汇编语言构成

汇编语言是汇编语句的集合，是汇编语言程序设计基础。汇编语言语句包括指令性语句和指示性语句两类。

3.9.1.1 指令性语句

指令性语句是指采用指令助记符构成的汇编语言语句，它当然要符合汇编语言的语法规则。对 MCS-51 单片机而言，指令性语句是指 111 条指令的助记符语句。因此，指令性语句是进行汇编语言程序设计的基本语句。每条指令性语句都有与之相对应的机器码，并由机器在汇编时翻译成目标代码(即机器码)来执行。

3.9.1.2 指示性语句

指示性语句又称为伪指令语句，伪指令是用来指示与控制汇编过程的一些命令，形式上与一般指令相似，但并不产生机器代码。它仅起汇编命令作用，为汇编程序提供必要的控制。

标准的 80C51 汇编程序定义了许多伪指令，下面仅对一些常用的进行介绍。

(1) ORG

格式:ORG ＜表达式＞

该指令的功能是向汇编程序说明下面紧接的程序段或数据段存放的起始地址。表达式通常为 16 进制地址，也可以是已定义的标号地址。如：

```
ORG   8000H      ;表示紧接在后面的程序的机器码从地址8000H单元开始存放
START:MOV   A,#30H
        ……
```

在每一个汇编语言源程序的开始，都要设置一条 ORG 伪指令来指定该程序在存储器中存放的起始位置。若省略 ORG 伪指令，则该程序段从 0000H 单元开始存放。在一个源程序中，可以多次使用 ORG 伪指令规定不同程序段或数据段存放的起始地址，但要求地址值由小到大依序排列，不允许空间重叠。

(2) END

格式:END [表达式]

END 标志源代码的结束，编译器遇到 END 语句即停止编译，处于 END 之后的程序，汇编程序将不处理。若没有 END 语句，编译将报错。

(3) EQU (Equation)

格式:＜符号名＞ EQU ＜表达式＞

功能：伪指令 EQU 是把表达式值赋给符号名。

例如：X1 EQU　40H　　　;把数值 40H 赋值给 X1

　　MOV　A，X1　　　;A←(40H)。X1 当 40H 用

汇编语言程序中 X1 当 40H 用，因为编译后 X1 的值为 40H。

(4) BIT (Bit)

格式：＜符号名＞　BIT　＜位名或位地址＞

功能：伪指令 BIT 把一个位地址赋予符号名。

例如：SW1 BIT　P1.0　　;把位地址 P1.0 赋值给 SW1

　　FLG BIT　40H　　;把位地址 40H 赋值给 FLG

在汇编语言程序中 SW1 和 FLG 当作位地址用。因为编译后 SW1 的值为 P1.0 的位地址，FLG 的值为 40H 的位地址。

(5) DB (Define　byte)

格式：[标号：]　DB　＜表达式＞

功能：表达式是用逗号分隔的，不多于 8 个的若干字节项。DB 伪指令用于将这若干字节项从标号处开始存放；若无标号则紧挨着上行内容存放。此伪指令常用于在程序存储器中定义常量表。

例如：

```
ORG   1000H
TAB:DB   30H,31H,32H,33H
    DB   41H,42H,43H,44H
    DB   0ABH,'E','F';
String:DB 'MCS-51'
```

说明：冒号前是程序存储器地址；单引号括起来的内容表示字符或字符串的 ASCII 码。

由上程序段可知：

符号地址 TAB＝1000H，String＝100BH

部分程序存储器的内容为：

1000H：30H　31H　32H　33H　41H　42H　43H　44H

1008H：ABH　45H　46H

100BH：4DH　43H　53H　5F　35H　31H

(6) DW (Define Word)

格式：[标号：]　DW　＜表达式＞

功能：表达式是用逗号分隔的若干字项(2 字节)。DW 伪指令用于将这若干字项从标号处开始存放；若无标号则紧挨着上行内容存放。此伪指令常用于在程序存储器中定义常量表。

(7) DATA

格式：＜符号名＞　DATA　＜表达式＞

功能：DATA 伪指令用于给符号名赋以表达式值。

说明：DATA 与 EQU 的功能相似，区别在于 DATA 定义的符号名汇编后作为标号登记在符号表中，可以先使用后定义，而 EQU 定义的符号名不登记在符号表中，必须先定义

后使用。

(8) DS

格式:[标号:] DS <表达式>

功能:DS 伪指令用于告诉编译器从 DS 指定的地址单元开始,保留由表达式指定的若干字节空间作为备用空间。

例如:ORG 1000H

```
ORG 1000H
DS  0AH
DB  41H,42H,43H,44H
```

经上述定义后,从 1000H 单元开始保留 10 个字节的存储单元,从 100AH 单元开始连续存放 41H、42H、43H、44H。

3.9.2 汇编语言源程序的设计步骤

用汇编语言编写一个程序大致的设计步骤如下:

(1) 分析设计任务,明确设计的具体要求、确定数学模型。

在弄清设计任务书的基础上,设计者应把控制系统的计算任务或控制对象的物理过程抽象并归纳为数学模型。

(2) 确定适用于单片机的计算方法。

根据被控对象的实时过程和逻辑关系,须把数学模型演化为单片机可以识别的形式,并拟制出具体的算法和步骤。同一数学模型,往往有不同的算法,设计者应找出一种切合实际的最佳算法。

(3) 画出程序流程图。

程序流程图不仅可以体现程序的设计思想,而且可以将复杂的问题简化并达到提纲挈领的效果。

(4) 存储器分配。确定程序与数据区存放的空间。

(5) 按流程图编写汇编语言程序。

(6) 程序进行调试、修改、测试,最后确定源程序。

上机调试可以检验程序的正确性。因为所有的程序编写完成后都难免有错误,只有通过上机调试才能比较容易发现并纠正。

3.9.3 源程序的编辑与汇编

3.9.3.1 源程序的编辑

源程序的编写要依据 51 单片机汇编语言的基本规则,特别要用好常用的汇编命令(即伪指令)。例如下面的程序段:

```
ORG   0040H
MOV   A,#7FH
MOV   R1,#44H
END
```

这里的 ORG 和 END 是两条伪指令,其作用是告诉汇编程序此汇编源程序的起止位置。源程序应以“.ASM”扩展名存盘,以备汇编程序调用。

3.9.3.2　*源程序的汇编*

将汇编语言源程序转换为单片机能执行的机器码形式的目标程序的过程叫汇编。汇编常用的方法有两种，一是手工汇编，二是机器汇编。

手工汇编是指通过手工方式查指令编码表，逐个把助记符指令翻译成机器码，然后把得到的机器码程序(以十六进制形式)键入到单片机开发机中，并进行调试。由于手工汇编是按绝对地址进行定位的，所以，对于偏移量的计算和程序的修改非常不便。通常只在程序较小或开发条件有限时才使用。

机器汇编是在常用的个人计算机 PC 上，使用交叉汇编程序将汇编语言源程序转换为机器码形式的目标程序。此时汇编工作由计算机完成，生成的目标程序由 PC 机传送到开发机上，经调试无误后，再固化到单片机的程序存储器中。机器汇编与手工汇编相比具有极大的优势，所以是汇编工作的首选。

源程序经过机器汇编后，形成的若干文件中含有两个主要文件，一个是列表文件，另一个是目标码文件。因汇编软件的不同，文件的格式及信息会有一些不同，但主要信息如下：

列表文件主要信息为：

地址	目标码	汇编程序
ORG	0040H	
0040H	747F	MOV A,#7FH
0042H	7944	MOV R1,#44H
END		

目标码文件主要信息为：

首地址	末地址	目标码
0040H	0044H	747F7944

该目标码文件由 PC 机的串行口传送到开发板后，接下来的任务就是仿真调试了。

3.10　习题

1. 指令通常有哪三种表示形式？分别有什么特点？
2. MCS-51 指令按功能可以分为哪几类？每类指令的作用是什么？
3. MCS-51 共有哪 7 种寻址方式？各有什么特点？
4. 指出下列每条指令源操作数的寻址方式和功能。

①	②
MOV　A,#40H	MOV　A,40H
MOV　A,50H	MOV　R6,#66H
MOV　50H,#20H	MOV　66H,#45H
MOV　C,50H	MOV　66H,C
MOV　50H,20H	MOV　66H,R1

5. 写出下列指令的机器码，指出下列程序执行后的操作结果：

①	②
MOV　A,#60H	MOV　DPTR,#2003H
MOV　A,50H	MOV　A,#18H
MOV　@R0,A	MOV　20H,#38H

```
MOV  41H,R0                    MOV  R0,#20H
XCH  A,R0                      XCH  A,@R0
```

6. 写出能完成下列数据传送的指令。

① R1 中的内容传送到 R0；

② 片内 RAM20H 单元中的内容送到 30H 单元；

③ 片外 RAM20H 单元中的内容送到片内 RAM 的 20H 单元；

④ 片外 RAM2000H 单元中的内容送到片内 RAM 的 20H 单元；

⑤ 片外 ROM2000H 单元中的内容送到片内 RAM 的 20H 单元。

7. 试编出把片外 RAM 的 2050H 单元中的内容与 2060H 单元中的内容相互交换的程序。

第 4 章　C51 及 C51 程序设计

单片机应用系统日趋复杂，对程序的可读性、升级与维护以及模块化要求越来越高，对软件编程要求也越来越高，要求编程人员在短时间内编写出执行效率高、运行可靠的程序代码。C51 语言是近年来在 8051 单片机开发中普遍使用的程序设计语言，能直接对 8051 单片机硬件进行操作，既有高级语言的特点，又有汇编语言的特点，因此在 8051 单片机程序设计中得到广泛使用。

本章在标准 C 语言基础上介绍 C51 数据类型和存储类型、C51 的基本运算与流程控制语句、C51 语言数据类型、C51 函数以及 C51 程序设计的其他一些问题，为 C51 的程序设计打下基础。

4.1　C51 语言概述

在单片机应用系统的开发中，软件编程占有非常重要的地位。目前用于 MCS-51 系列单片机编程的 C 语言都采用 Keil C51，简称 C51。Keil C51 语言是在由美国国家标准协会 ANSI 制定的 C 语言基础上针对 51 系列单片机的硬件特点进行的扩展。相比于传统的汇编语言，C51 语言在功能、结构、可读性、可维护性上有明显的优势，易学易用，大大提高了工作效率进而缩短了项目开发周期。现在，C51 语言已经成为公认的高效简洁的 MCS-51 单片机使用的高级编程语言。

4.1.1　C51 的特点

(1) C 语言作为一种非常方便的语言得到了广泛的支持，最通用的是 Keil C51。

(2) C 语言程序本身不依赖机器硬件系统，基本上不做修改就可将程序从不同的单片机中移植过来。

(3) C 提供了很多数学函数并支持浮点运算，开发效率高，故可缩短开发时间，增加程序的可读性和可维护性。

4.1.2　针对性扩展

C51 编译器针对 MCS-51 单片机硬件在下列几方面对 ANSI C 进行了扩展。

(1) 扩展了专门访问 MCS-51 单片机硬件的数据类型。

(2) 存储类型按 MCS-51 单片机存储空间分类。

(3) 存储模式遵循存储空间选定编译器模式。

(4) 指针分为通用指针和存储器指针。

(5) 函数增加了中断函数和再入函数。

C51编程和汇编语言编程过程一样,单片机C语言源程序经过编辑、编译、连接后生成目标程序(.BIN和.HEX)文件,然后运行即可。调试MCS-51单片机C语言程序可用Keil C51编译器。

注意,使用C51编程可以取代烦琐的汇编语言编程,但仍需要了解MCS-51单片机的硬件结构。所以对于单片机系统的开发应采用汇编语言与C51混合编程的方法更为有效。

4.2 C51语言与标准C语言

4.2.1 C51语言与汇编语言的比较

C51与ASM-51相比,有如下优点:

(1) 对单片机的指令系统不要求了解,仅要求对8051的存储器结构有初步了解。

(2) 寄存器分配、不同存储器的寻址及数据类型等细节可由编译器管理。

(3) 程序有规范的结构,可分成不同的函数,这种方式可使程序结构化。

(4) 具有将可变的选择与特殊操作组合在一起的能力,改善了程序的可读性。

(5) 提供的库包含许多标准子程序,具有较强的数据处理能力。

(6) 由于具有方便的模块化编程技术,使已编好的程序可容易地移植。

4.2.2 C51语言与标准C语言区别

(1) 库函数不同。标准C语言中不适合于嵌入式控制器系统的库函数,被排除在C51语言之外,如字符屏幕和图形函数。有些库函数必须针对8051的硬件特点来做出相应的开发。例如,在标准C语言中,库函数printf和scanf常用于屏幕打印和接收字符,而在C51语言中,主要用于串行口数据的收发。

(2) 数据类型有一定区别。在C51语言中增加几种8051单片机的数据类型,在标准C语言的基础上又扩展了4种类型。例如,8051单片机包含位操作空间和丰富的位操作指令,因此,C51语言与标准C语言相比增加了位类型。

(3) C51语言的变量存储模式与标准C语言的变量存储模式数据不一样。标准C语言最初是为通用计算机设计的,在通用计算机中只有一个程序和数据统一寻址的内存空间,而C51语言中变量的存储模式与8051单片机的各种存储器区紧密相关。

(4) 数据存储类型不同。8051存储区可分为内部数据存储区、外部数据存储区以及程序存储区。内部数据存储区可分为3个不同的C51存储类型,即data、idata和bdata。外部数据存储区分为2个不同的C51存储类型,即xdata和pdata。程序存储区只能读不能写,可能在8051内部或者在外部,C51语言提供的code存储类型用来访问程序存储区。

(5) 标准C语言没有处理单片机中断的定义,而C51语言中有专门的中断函数。

(6) C51语言与标准C语言的输入/输出处理不一样。C51语言中输入/输出是通过8051单片机的串口来完成的,输入/输出指令执行前必须对串行口初始化。

(7) 头文件不同。C51语言头文件必须把8051单片机内部的外设硬件资源(如定时器、中断、I/O等)相应的特殊功能寄存器写入到头文件内,而标准C语言不用。

(8) 程序结构的差异。由于8051单片机的硬件资源有限,它的编译系统不允许太多的程序嵌套。其次，标准 C 语言所具备的递归特性不被 C51 语言支持。

但从数据运算操作、程序控制语句以及函数的使用上来说，C51 语言与标准 C 语言几乎没有什么明显差别。如果程序设计者具备了有关标准 C 语言的编程基础，只要注意 C51 语言与标准 C 语言的不同之处，并熟悉 8051 单片机的硬件结构，就能较快掌握 C51 语言编程。

4.3　C51 语法基础

4.3.1　标识符和关键字

标识符用来标识源程序中某个对象的名字，这些对象可以是语句、数据类型、函数、变量、数组等。标识符由字符串、数字和下划线等组成，在编写时应注意以下几点：

(1) 第一个字符必须是字母或下划线，不能用数字开头，如"1_a"是错误的。

(2) 在 C51 语言编译器中，只支持标识符的前 32 位为有效标识。

(3) C51 语言是区分大小写的一种高级语言，如"a_1"和"A_1"是两个完全不同的标识符。

(4) C51 语言中有些库函数的标识符是以下划线开头的，所以一般不要以下划线开头命名用户自定义标识符。

(5) 标识符在命名时应当简单，含义清晰，这样有助于阅读理解程序。

关键字则是编程语言保留的特殊标识符，它们具有固定的名称和含义，在程序编写中不允许将关键字另做他用。C51 关键字在原有的 ANSI C 标准 32 个关键字上拓展了符合 MCS-51 特点的关键字。

表 4-1　C51 关键字

关键字	用途	关键字	用途
auto	储存种类说明	static	储存种类说明
break	程序语句	struct	数据类型说明
case	程序语句	switch	程序语句
char	数据类型说明	typedef	数据类型说明
const	储存类型说明	union	数据类型说明
continue	程序语句	unsigned	数据类型说明
default	程序语句	void	数据类型说明
do	程序语句	volatile	数据类型说明
double	数据类型说明	while	程序语句
else	程序语句	bit	位标量说明
enum	数据类型说明	sbit	位标量说明
extern	储存种类说明	sfr	特殊功能寄存器声明
float	程序语句	sfr16	特殊功能寄存器声明

表4-1(续)

关键字	用途	关键字	用途
for	程序语句	date	储存类型说明
goto	程序语句	bdate	储存类型说明
if	程序语句	idate	储存类型说明
int	数据类型说明	pdate	储存类型说明
long	数据类型说明	xdate	储存类型说明
register	储存种类说明	code	储存类型说明
return	程序语句	interrupt	中断函数说明
short	数据类型说明	reentrant	再入函数说明
signed	数据类型说明	using	寄存器组定义
sizeof	运算符		

4.3.2 数据类型

C51 语言具有 ANSI C 的所有标准数据类型。其基本数据类型包括 char、int、short、long、float 和 double。对 C51 编译器来说，short 类型和 int 类型相同，double 类型和 float 类型相同。

表 4-2 C51 数据类型

基本数据类型	名称	长度	取值范围
unsigned char	无符号字符型	1 字节	0～255
signed char	有符号字符型	1 字节	－128～＋127
unsigned int	无符号整型	2 字节	0～65 535
signed int	有符号整型	2 字节	－32 768～＋32 767
unsigned long	无符号长整型	4 字节	0～4 294 967 295
signed long	有符号长整型	4 字节	－2 147 483 648～＋2 147 483 647
float	浮点型	4 字节	±1.175 494E－38～±3.402 823E＋38
bit	位型	1 位	0 或 1
sbit	特殊位型	1 位	0 或 1
sfr	8 位特殊功能寄存器型	1 字节	0～255
sfr16	16 位特殊功能寄存器型	2 字节	0～65 535

(1) char 字符类型

① char 类型的长度是 1 B，通常用于定义处理字符数据的变量或常量。

② unsigned char 类型用字节中所有的位表示数值，可以表达的数值范围是 0～255。

③ signed char 类型用字节中最高位表示数据的符号，0 表示正数，1 表示负数，负数用补码表示，能表示的数值范围是－128～＋127。

④ unsigned char 常用于处理 ASCII 字符或用于处理小于或等于 255 的整型数。

(2) int 整型

① int 整型长度为 2 B,用于存放一个双字节数据。

② signed int 表示的数值范围是－32 768～＋32 767,字节中最高位表示数据的符号,0 表示正数,1 表示负数。

③ unsigned int 表示的数值范围是 0～65 535。

(3) long 长整型

long 长整型长度为 4 B,用于存放一个四字节数据。

① 分有符号 long 长整型 signed long 和无符号 long 长整型 unsigned long,默认值为 signed long 类型。

② Signed int 表示的数值范围是－2 147 483 648～＋2 147 483 647,字节中最高位表示数据的符号,0 表示正数,1 表示负数。

③ unsigned long 表示的数值范围是 0～4 294 967 295。

(4) float 浮点型

float 浮点型在十进制中具有 7 位有效数字,是符合 IEEE－754 标准(32)的单精度浮点型数据,占用 4 B,具有 24 位精度。

(5) 指针型

指针型本身就是一个变量,在这个变量中存放着指向另一个数据的地址。这个指针变量要占据一定的内存单元,对不同的处理器长度也不尽相同,在 C51 中它的长度一般为 1～3 B。

(6) bit 位标量

① bit 位标量是 C51 编译器的一种扩充数据类型,利用它可定义一个位标量。它的值是一个二进制位,不是 0,就是 1,类似一些高级语言中的 boolean 型数据的 True 和 False。

② bit 还可访问 MCS-51 单片机片内 20H～2FH 范围内的位对象。C51 编译器提供了一个 bdata 存储器类型,允许将具有 bdata 类型的对象放入 MCS-51 单片机片内可位寻址区。

(7) sfr 特殊功能寄存器

sfr 是一种 C51 扩充数据类型,占用一个内存单元,值域为 0～255。利用它可以访问 MCS-51 单片机内部的所有特殊功能寄存器。

(8) sfr16　16 位特殊功能寄存器

① sfr16 也是一种 C51 扩充数据类型,用于定义存在于 MCS-51 单片机片内 RAM 的 16 位特殊功能寄存器,如定时器 T0 和 T1。

② sfr16 型数据占用 2 个内存单元,取值范围为 0～65 535。

(9) sbit 可寻址位

sbit 也是一种 C51 扩充数据类型,利用它可以访问芯片片内 RAM 中的可寻址位或特殊功能寄存器中的可寻址位。

定义方法有如下三种:

① sbit 位变量名＝位地址。将位的绝对地址赋给位变量,位地址必须位于 80H～FFH(特殊功能寄存器的位地址)之间。

② sbit 位变量名＝特殊功能寄存器名^位位置。当可寻址位位于特殊功能寄存器中

时，可采用这种方法。位置是一个 0～7 之间的常数。

③ sbit 位变量名＝字节地址^位位置。这种方法是以一个常数（字节地址）作为基地址，该常数必须在 80H～FFH（特殊功能寄存器的字节地址）之间。位位置是一个 0～7 之间的常数。

MCS-51 单片机中的特殊功能寄存器及可寻址位，已被预先定义放在文件 reg51.h 中，在程序的开头只需加上＃include＜reg51.h＞或＃include＜reg52.h＞即可。

sbit 和 bit 的区别：sbit 定义特殊功能寄存器中的可寻址位；bit 定义了一个普通的位变量，一个函数中可包含 bit 类型的参数，函数返回值也可为 bit 类型。

4.3.3 C51 运算符

(1) C51 的算术运算符

优先级：先乘除，后加减，先括号内，再括号外。

结合性：自左至右方向。

模运算即求余数，如 7％3，结果是 7 除以 3 所得余数 1。

表 4-3 算数运算符及其说明

符号	说明	举例（设 x＝10，y＝3）
＋	加法运算	Z＝x＋y；　//Z＝13
－	减法运算	Z＝x－y；　//Z＝7
*	乘法运算	Z＝x * y；　//Z＝30
/	除法运算	Z＝x / y；　//Z＝3
％	取余数运算	Z＝x ％ y；　//Z＝1
＋＋	自增 1	
－－	自减 1	

(2) C51 的关系运算符

优先级：表 4-4 中的关系运算符中前四个高，后两个“＝＝”和“！＝”级别低。

结合性：自左至右方向。

关系表达式的结果是逻辑值“真”或“假”，C51 中以“1”代表真，“0”代表假。

表 4-4 关系运算符及其说明

符号	说明	举例（设 a＝2，b＝3）
＞	大于	a＞b；　//返回值为 0
＜	小于	a＜b　//返回值为 1
＞＝	大于等于	a＞＝b；　//返回值为 0
＜＝	小于等于	a＜＝b；　//返回值为 1
＝＝	等于	a＝＝b；　//返回值为 0
！＝	不等于	a！＝b；　//返回值为 1

(3) C51 的位运算符

移位操作为补 0 移位。位运算符只能对整形数据和字符型数据运算，不能对实型数据运算。(如：char a＝0x0f；表达式 a＝～a 值为 0xf0；char a＝0x22；表达式 a≪2 值为 0x88，即 a 值左移两位，移位后空白位补 0)

表 4-5　位运算符及其说明

符号	说明	举例
&	按位逻辑与	0x19&0x4d＝0x09
|	按位逻辑或	0x19|0x4d＝0x5d
^	按位异或	0x19^0x4d＝0x54
～	按位取反	x＝0x0f，则～x＝0xf0
≪	按位左移(高位丢弃，低位补 0)	y＝0x3a，若 y≪2，则 y＝0xe8
≫	按位右移(高位补 0，低位丢弃)	w＝0x0f，若 w≫2，则 w＝0x03

(4) C51 的逻辑运算符

优先级：逻辑非“!”最高。

结合性：“&&”和“||”自左至右方向。“!”自右至左方向。

运算符的两边为关系表达式。逻辑表达式和关系表达式的值相同，以“0”代表假，以“1”代表真。

表 4-6　逻辑运算符及其说明

运算符	说明	距离(设 a＝2，b＝3)
&&	逻辑与	a&&b；　//返回值为 1
||	逻辑或	a||b；　　//返回值为 1
!	逻辑非	! a；　　//返回值为 0

(5) 自增、自减运算符

自增、自减运算符可以在变量的前面或后面使用。

表 4-7　自增、自减算符及其说明

运算符	说明	举例(设 x 初值为 4)
x＋＋	先用 x 的值，再让 x 加 1	y＝x＋＋；　//y 为 4，x 为 5
＋＋x	先让 x 加 1，再用 x 的值	y＝＋＋x；　//y 为 5，x 为 5
x－－	先用 x 的值，再让 x 减 1	y＝x－－；　　//y 为 4，x 为 3
－－x	先让 x 减 1，再用 x 的值	y＝－－x；　//y 为 3，x 为 3

(6) 赋值运算符

通过“＝”进行赋值，将“＝”右边的值赋给“＝”左边的变量(注：不是相等运算符)。

(7) 复合赋值运算符

C51 提供了十种复合赋值运算符：+=，-=，*=，/=，%=，<<=，>>=，&=，^=，|=。

采用复合赋值运算的目的是简化程序，提高 C51 程序的编译效率。例：a+=b 相当于 a=a+b。a>>=b 相当于 a=a>>b。

(8) 对指针操作的运算符

取地址运算符"&"、指针运算符"*"，注意 & 与 * 的用法意义如下：

① "&"与按位与运算符的差别。如果"&"为"与"运算，则 & 运算符的两边必须为变量或常量，如 a=c&b。"&"是取地址运算，如 a=&b。

② "*"与指针定义时指针前的"*"的差别。如 char *pt，这里的"*"只表示 pt 为指针变量，不代表间接寻址取内容的运算。而 c=*b，是将以 b 的内容为地址的单元内容送 c 变量。

C51 运算的优先级为：！(非)→算术运算→关系运算→&& 和||→赋值运算

4.4 C51 对 MCS-51 单片机的访问

4.4.1 存储类型

MCS-51 单片机的存储器分为片内数据存储器、特殊功能寄存器、片外数据存储器、片内程序存储器和片外程序存储器。在 C51 中访问这些存储器时，是通过定义不同存储类型的变量，以说明该变量所访问的存储器位置。

表 4-8 C51 的各种数据储存类型

存储器类型	描述
data	变量位于片内 RAM 低 128 B，直接寻址访问，速度快
bdata	变量位于片内 RAM 的可位寻址区(20H～2FH)，允许字节和位混合访问
idata	变量位于片内 RAM 256 B 空间，用 Ri 寄存器间接寻址访问
pdata	变量位于片外 RAM 低 256 B 空间，用 Ri 间接访问的
xdata	变量位于片外 RAM 64 KB 空间，用 DPTR 间接访问
code	变量位于程序存储器 ROM 64 KB 空间，基址变址寻址访问

4.4.2 存储模式

(1) SMALL 模式

SMALL 模式称为小编译模式，在 SMALL 模式下，编译时变量被默认在片内 RAM 中，存储器类型为 data。

(2) COMPACT 模式

COMPACT 模式称为紧凑编译模式，在 COMPACT 模式下，编译时变量被默认在片外 RAM 的低 256 B 空间，存储器类型为 pdata。

(3) LARGE 模式

LARGE 模式称为大编译模式，在 LARGE 模式下，编译时变量被默认在片外 RAM 的 64 B 空间，存储器类型为 xdata。

4.4.3　对特殊寄存器的访问

MCS-51 单片机片内有 21 个特殊功能寄存器(SFR)，分散在片内 RAM 区的 0x80～0xFF 地址范围内。对 SFR 的操作只能用直接寻址方式。为了能直接访问这些特殊功能寄存器，C51 提供了定义 SFR 的方法。这与 ANSI C 不兼容，只适用于 MCS-51 单片机。

(1) 用 sfr 数据类型访问特殊功能寄存器

用 sfr 定义特殊功能寄存器名的语法如下：

sfr　特殊功能寄存器名＝整型常量；

例如：

```
sfr PSW = 0xD0; /* 定义程序状态字 PSW，因 MCS-51 单片机的 PSW 地址为
                 D0H */
sfr TMOD=0x89;/* 定义定时/计数器方式控制寄存器 TMOD，因 MCS-51 单片机的
                 TMOD 地址为 89H */
sfr P1=0x90;   /* 定义 P1 口，因 MCS-51 单片机的 P1 口地址为 90H */
sfr SCON=0x98;/* 定义串口控制寄存器 SCON，因 MCS-51 单片机的 SCON 地址为
                 8H */
```

(2) 用 sbit 数据类型访问可位寻址的特殊功能寄存器中的位

MCS-51 单片机片内 21 个特殊功能寄存器(SFR)中有 11 个特殊功能寄存器是可位寻址的。访问这些可位寻址的特殊功能寄存器中的位的方法可由关键字 sbit 定义特殊功能寄存器位寻址数据类型来实现。

定义特殊功能寄存器位名的语法有下列三种：

① sbit 特殊功能寄存器位名＝特殊功能寄存器名^整型常量。其中，特殊功能寄存器名是已由 sfr 定义了的特殊功能寄存器名，整型常量是位可寻址特殊功能寄存器中的位(是一个 0～7 之间的常数)。

② sbit 特殊功能寄存器位名＝整型常量 1^整型常量 2。其中，整型常量 1 是指可位寻址特殊功能寄存器的字节地址(在 80H～FFH 之间)，整型常量 2 是指该寄存器中的位(是一个 0～7 之间的常数)。

③ sbit 特殊功能寄存器位名＝整型常量。其中，整型常量是可位寻址特殊功能寄存器的绝对位地址(位于 80H～FFH 之间)。

```
sfr PSW=0xD0;/* 首先定义程序状态字 PSW，因 MCS-51 单片机的 PSW 地址为
               D0H */
sbit OV=PSW^2;/* 在前面定义了 PSW 后，OV 位于 PSW 的第 2 位 */
sbit AC=0xD0^6;/* D0H 是程序状态字 PSW 的字节地址，辅助进位标志位 AC 位于
                 PSW 的第 6 位 */
sbit RS0=0xD0^3;/* 工作寄存器组控制位 RS0 位于 PSW 的第 3 位 */
sbit CY=0xD7;/* 进位标志位 CY 的绝对位地址为 D7H */
```

标准 SFR 在 reg51.h、reg52.h 等头文件中已经被定义，只要用文件包含做出声明即可

使用。

4.4.4 对存储器和并行口的访问

MCS-51 单片机片内有 128 B 的 RAM 区(00H～7FH),可扩展片外 64 KB 的 ROM 和 RAM,有 P0、P1、P2、P3 四个 8 位双向并行 I/O 口,每个端口可以按字节输入或输出,也可以按位输入或输出,四个口共 32 根口线。

使用 C51 编程时,片内/外存储器、片内 I/O 口与片外扩展 I/O 口可以统一在头文件中定义,也可以在程序中进行定义(一般在程序开始的位置)。C51 定义存储器、并行口方法如下。

(1) 对存储器使用绝对地址访问

C51 编译器提供了一组宏定义用来对 MCS-51 单片机的 CODE、DATA、PDATA 和 XDATA 空间进行绝对地址访问。

函数原型如下:

```
#define CBYTE ((unsigned char volatile *)0x50000L)
#define DBYTE ((unsigned char volatile *)0x40000L)
#define PBYTE ((unsigned char volatile *)0x30000L)
#define XBYTE ((unsigned char volatile *)0x20000L)
#define CWORD ((unsigned int volatile *)0x50000L)
#define DWORD ((unsigned int volatile *)0x40000L)
#define PWORD ((unsigned int volatile *)0x30000L)
#define XWORD ((unsigned int volatile *)0x20000L)
```

这些函数原型放在 absacc.h 文件中。

CBYTE 以字节形式对 CODE 区寻址,DBYTE 以字节形式对 DATA 区寻址,PBYTE 以字节形式对 PDATA 区寻址,XBYTE 以字节形式对 XDATA 区寻址,CWORD 以字形式对 CODE 区寻址,DWORD 以字形式对 DATA 区寻址,PWORD 以字形式对 PDATA 区寻址,XWORD 以字形式对 XDATA 区寻址。上述函数原型的定义中,关键字 volatile 确保本条指令不会因 C 编译器的优化而被省略,且要求每次直接读值。(unsigned int volatile *)0x20000L 是一个固定的指针,是不可变的,不是变量,L 表示是长整数。

可通过绝对地址对存储器进行直接访问,例如:

```
DBYTE[0x30]=0xff;             //给片内 0x30RAM 单元赋值
XWORD[0x1000]=0x1234;         //给片外 RAM 单元 0x1000 赋值 12H,1001H 单元
                              //赋值 34H。
```

(2) 对存储器使用指针访问

采用指针的方法,可实现在 C51 程序中对任意指定的存储器地址进行操作。

例如:

```
#define uchar unsigned char
#define uint unsigned int
void test_memory(void)
{
```

```
uchar idata ivar1;        /* 定义一个指向 idata 存储空间的变量 */
uchar xdata  * xdp;       /* 定义一个指向 XDATA 存储器空间的指针 */
char data  * dp;          /* 定义一个指向 DATA 存储器空间的指针 */
uchar idata  * idp;       /* 定义一个指向 IDATA 存储器空间的指针 */
xdp=0x1000;               /* XDATA 指针赋值,指向 XDATA 存储器地址 1000H 处 */
 * xdp=0x5A;              /* 将数据 5AH 送到 XDATA 区的 1000H 单元 */
dp=0x61;                  /* DATA 指针赋值,指向 DATA 存储器地址 61H 处 */
 * dp=0x23;               /* 将数据 23H 送到 DATA 区的 61H 单元 */
idp=&ivar1;               /* idp 指向 IDATA 区的变量 ivar1 */
 * idp=0x16;              /* 数据 16H 送到 IDATA 区的变量 ivar1 所在的地址单元中,
                          等价 ivar1=0x16 */
}
```

(3) C51 定义片内 I/O 口

单片机内部并行口可用关键字 sfr 定义,I/O 口定义格式举例:

```
sfr P0=0x80;  /* 定义 P0 口,地址 80H */
sfr P1=0x90;  /* 定义 P1 口,地址 90H */
```

(4) C51 定义外部并行口

对片外扩展的 I/O 口,则根据其硬件译码地址,将其看作片外数据存储器的一个单元,使用 # define 语句进行定义。也可用指针定义,指针的定义在 absacc.h 头文件中。

4.4.5　位地址访问

C51 编译器支持 bit 数据类型,在 C51 程序中可以使用 bit 数据类型对位地址进行操作。C51 对位变量的定义有 3 种方法。

(1) 用 bit 关键字定义 C51 位变量

例如:

```
bit lock;             /* 将 lock 定义为位变量 */
bit dirention;        /* 将 direction 定义为位变量 */
bit display;          /* 将 display 定义为位变量 */
```

注意:不能定义位变量指针,也不能定义位变量数组。

(2) 通过指定函数中参数为 bit 类变量

例如:

```
bit fun(bit a1,bit a2)
{
……
return(a1);
}
```

(3) 定义位寻址存储区的位变量

C51 编译器允许数据类型为 bdata 的变量放入片内 RAM 可位寻址区中。

例如:先定义变量的数据类型和存储类型,然后使用 sbit 定义位变量。

```
bdata int ibdata;                  /* ibdata 定义为 bdata 整型变量 */
bdata char carry[5];               /* carry 定义为 bdata 字符数组 */
sbit mybit0= ibdata^0;             /* mybit0 定义为 ibdata 的第 0 位 */
sbit mybit15= ibdata^15;           /* mybit15 定义为 ibdata 的第 15 位 */
sbit arrybit07= carry[0]^7;        /* arrybit07 定义为 carry[0]的第 7 位 */
sbit arrybit37= carry[3]^7;        /* arrybit37 定义为 carry[3]的第 7 位 */
arrybit37=0;                       /* carry[3]的第 7 位赋值为 0(位寻址) */
carry[0]='A';                      /* carry[0]赋值为'A'(字节寻址) */
```

位置(^操作符)后的最大值取决于指定的基本数据类型。对于 char 而言是 0～7;对于 int 而言是 0～15;对于 long 而言是 0～31。

4.4.6 中断函数

定义函数时后面用了:

```
void 函数名() interrupt n using m
{
  函数体语句
}
```

则把该函数定义成中断函数,m 为工作寄存器组组号,取值为 0～3,具体可参见第 2 章表 2-3。使用 using m 可切换工作寄存器组,如果省略不写,默认使用当前工作寄存器组(由 PSW 的 RS1、RS0 两位状态决定)。n 为中断号,对应的中断情况如下:

0——外部中断 0;

1——定时/计数器 T0;

2——外部中断 1;

3——定时/计数器 T1;

4——串行口中断;

5——定时/计数器 T2。

编写 MCS-51 中断函数需要注意如下几点:

(1) 中断函数不能进行参数传递。

(2) 中断函数没有返回值。

(3) 在任何情况下都不能直接调用中断函数。

(4) 如果在中断函数中调用了其他函数,则被调用函数所使用的寄存器必须与中断函数相同。

(5) C51 编译器对中断函数编译时会自动在程序开始和结束处加上相应的内容。

(6) C51 编译器从绝对地址 8n+3 处产生一个中断向量。

(7) 中断函数最好写在文件的尾部,并且禁止使用 extern 存储类型说明。

4.5 C51 结构化程序设计

在 C51 程序的结构上可把 C51 分为 3 类,即顺序、分支和循环结构。顺序结构是程序按照语句自上而下依次按顺序执行，是一种最基本、最简单的程序结构，在此不再赘述。

4.5.1　选择结构程序

通过 if 语句或 switch 语句都可以构成选择结构。它根据给出的条件进行判断，以决定执行某个分支的程序段。

(1) if 语句

if 语句用来判定所给定的条件是否满足，根据判定结果决定执行两种操作之一。if 语句的基本结构如下：

```
if (表达式)  {语句}
```

括号中的表达式成立时，程序执行大括号内的语句，否则程序跳过大括号中的语句部分，而直接执行下面的其他语句。

C51 提供 3 种形式的 if 语句：

形式 1：

```
if (表达式)  {语句}
```

例如：

```
if (x>y)  {max=x; min=y;}
```

即如果 x>y，则 x 赋给 max，y 赋给 min。如果 x>y 不成立，则不执行大括号中的赋值运算。

形式 2：

```
if (表达式)  {语句 1;}   else {语句 2;}
```

例如：

```
if (x>y)   max=x;
else       min=y;
```

本形式相当于双分支选择结构。

形式 3：

```
if (表达式 1) {语句 1;}
else  if (表达式 2) {语句 2;}
else  if (表达式 3) {语句 3;}
……
else  {语句 n;}
```

例如：

```
if (x>100) {y=1;}
else if (x>50) {y=2;}
else if (x>30) {y=3;}
else if (x>20) {y=4;}
else {y=5;}
```

本形式相当于串行多分支选择结构。

在 if 语句中又含有一个或多个 if 语句，这称为 if 语句的嵌套。应当注意 if 与 else 的对应关系，else 总是与它前面最近的一个 if 语句相对应。

(2) switch语句

if语句只有两个分支可选择，而switch语句是多分支选择语句。switch语句的一般形式如下：

```
switch （表达式1）
{
case 常量表达式1:{语句1;}break;
case 常量表达式2:{语句2;}break;
……
case 常量表达式n:{语句n;}break;
default:{语句n+1;}
}
```

上述switch语句说明如下。

① 每一case常量表达式须互不相同，否则将混乱。

② 各个case和default的出现顺序不影响程序执行的结果。

③ switch括号内表达式的值与某case后面的常量表达式的值相同时，就执行它后面的语句，遇到break语句则退出switch语句。若所有的case中的常量表达式的值都没有与switch语句表达式的值相匹配时，就执行default后面的语句。

④ 如果在case语句中遗忘了break语句，则程序执行了本行之后，不会按规定退出switch语句，而是将执行后续的case语句。在执行1个case分支后，使流程跳出switch结构，即中止switch语句的执行，可以用1条break语句完成。

⑤ switch语句的最后一个分支可以不加break语句，结束后直接退出switch结构。

4.5.2 循环结构程序

循环结构是程序中一种很重要的结构。它在给定条件成立时，反复执行某程序段，直到给定条件不成立后结束循环。许多实用程序都包含循环结构，熟练掌握和运用循环结构的程序设计是C51语言程序设计的基本要求。

实现循环结构的语句有以下3种：while语句、do-while语句和for语句。

(1) while语句

语法形式为：

```
while(表达式)
{
循环体语句;
}
```

表达式是while循环能否继续的条件，如果表达式为真，就重复执行循环体内的语句；反之，则终止循环体内的语句。

while循环结构的特点：循环条件测试在循环体开头，要想执行重复操作，首先必须进行循环条件的测试，如条件不成立，则循环体内的重复操作一次也不能执行。

例如：

```
while((P1&0x80)==0)
```

{}

while 中的条件语句对 51 单片机的 P1 口 P1.7 进行测试，如果 P1.7 为低电平(0)，则由于循环体无实际操作语句，故继续测试下去(等待)，一旦 P1.7 的电平变高(1)，则循环终止。

(2) do-while 语句

语法形式为：

```
do
{
循环体语句;
}
while(表达式);
```

do-while 语句特点是先执行内嵌的循环体语句，再计算表达式，如表达式的值为非 0，则继续执行循环体语句，直到表达式的值为 0 时结束循环。

由 do-while 构成的循环与 while 循环的重要区别是：while 循环的控制出现在循环体之前，只有当 while 后面表达式的值非 0 时，才可能执行循环体；在 do-while 构成的循环中，总是先执行一次循环体，然后再求表达式的值，因此无论表达式的值是 0 还是非 0，循环体至少要被执行一次。

和 while 循环一样，在 do-while 循环体中，要有能使 while 后表达式的值变为 0 的操作，否则，循环会无限制地进行下去。根据经验，do-while 循环用得并不多，大多数的循环用 while 来实现会很直观。

(3) for 语句

3 种循环常用的是 for 循环，不仅可用于循环次数已知的情况，也可用于循环次数不确定而只给出循环条件的情况，完全可替代 while 语句。

for 循环的一般格式为：

```
for(表达式 1;表达式 2;表达式 3)
{
循环体语句;
}
```

for 是关键字，括号中常含有 3 个表达式，各表达式间用“;”隔开。这 3 个表达式可以是任意形式的表达式，通常主要用于 for 循环控制。紧跟在 for()之后的循环体，在语法上要求是 1 条语句；若在循环体内需要多条语句，应用大括号括起来组成复合语句。

for 执行过程如下：

① 计算“表达式 1”，表达式 1 通常称为“初值设定表达式”。

② 计算“表达式 2”，表达式 2 通常称为“终值条件表达式”，若满足条件，转下一步，若不满足条件，则转步骤⑤。

③ 执行 1 次 for 循环体。

④ 计算“表达式 3”，“表达式 3”通常称为“更新表达式”转向步骤②。

⑤ 结束循环，执行 for 循环之后的语句。

下面对 for 语句的几个特例进行说明。

① for 语句中的小括号内的 3 个表达式全部为空。

例如：

```
for(;;)
{
循环体语句;
}
```

在小括号内只有两个分号，无表达式，这意味着没有设初值，无判断条件，循环变量为增值，它的作用相当于 while(1)，这将导致一个无限循环。一般在编程时，需要无限循环时，可采用这种形式的 for 循环语句。

② for 语句的 3 个表达式中，表达式 1 缺省。

例如：

```
for(;i<=100;i++)sum=sum+i;
```

即不对 i 设初值。

③ for 语句的 3 个表达式中，表达式 2 缺省。

例如：

```
for(i=1;;i++)sum=sum+i;
```

即不判断循环条件，认为表达式始终为真，循环将无休止地进行下去。

④ for 语句的 3 个表达式中，表达式 1、表达式 3 省略。

例如：

```
for(;i<=100;)
{
   sum=sum+i;
   i++;
}
```

⑤ 没有循环体的 for 语句。

例如：

```
int a=1000;
for(t=0;t<a;t++)
{;}
```

(4) break 语句、continue 语句和 goto 语句

在循环体执行中，如满足循环判定条件的情况下跳出代码段，可使用 break 语句或 continue 语句；如要从任意地方跳转到代码某地方，可使用 goto 语句。

① break 语句

循环结构中，可使用 break 语句跳出本层循环体，马上结束本层循环。

② continue 语句

作用及用法与 break 语句类似，区别：当前循环遇到 break，是直接结束循环，若遇上 continue，则是停止当前这一层循环，然后直接尝试下一层循环。可见，continue 并不结束整个循环，而仅仅是中断这一层循环，然后跳到循环条件处，继续下一层的循环。当然，如果跳到循环条件处，发现条件已不成立，那么循环也会结束。

③ goto 语句

是一无条件转移语句，当执行 goto 语句时，将程序指针跳转到 goto 给出的下一条代码。基本格式如下：

goto 标号

goto 语句在 C51 中经常用于无条件跳转某条必须执行的语句以及在死循环程序中退出循环。为方便阅读，也为了避免跳转时引发错误，在程序设计中要慎重使用 goto 语句。

4.6　程序设计实例

【例 4-1】　编程将片内 RAM 50H 单元开始 10 B 的内容初始化为 0～9，然后复制到 55H 开始的各单元中。

```
#include<absacc.h>
#include<reg51.h>
#define uchar unsigned char
void main(void)
{
    uchar data *dp1;      //50H 地址指针
    uchar data *dp2;      //5EH 地址指针
    uchar data i;
    dp1=0x50;
    dp2=0x5e;
    for(i=0;i<=9;i++) { *(dp1+i)=i; }
    for(i=0;i<10;i++) { *(dp2-i)=*(dp1+9-i); }
}
```

【例 4-2】　编程将片外 8000H 单元开始的 10 B 的内容移至 8100H 处。

```
#include<reg51.h>
#define uchar unsigned char
void main(void)
{
  uchar xdata *xdp1;
  uchar xdata *xdp2;
  uchar data i;
  xdp1=0x8000;
  xdp2=0x8100;
  for(i=0;i<=9;i++){*(xdp1+i)=10+i;}
  for(i=0;i<=9;i++){*(xdp2+i)=*(xdp1+i);}
}
```

【例 4-3】　编写程序统计 RAM 2000H～2000FH 16 个存储单元中有几个为 0，把统计个数存放在 2100H 单元中。

```
#include <reg51.h>
```

```
void main ()
{
  unsigned char xdata *p=0x2000;  //指针 p 指向 2000H 单元
  int n=0,i;
  for(i=0;i<16;i++)
  {
  if(*p==0) n++;                  //若该单元内容为零,则 n+1
  p++;                            //指针指向下一单元
  }
  p=0x2100;                       //指针 p 指向 2100H 单元
  *p=n;                           //把个数放在 2100H 单元中
}
```

【例 4-4】 编程将 8051 的内部数据存储器 20H 单元和 35H 单元的数据相乘,结果存到外部数据存储器中(任意位置)。单用 C 语言编程实现(需要先给 20H、35H 分别赋任意初值进行调试)。

```
#include<reg51.h>
void main()
{
  unsigned int xdata x;        //x 定义为片外 RAM 变量
  unsigned char *ptr,a,b;
  ptr=0x20;
  a=*ptr;                      //取片内 RAM 20H 单元值
  ptr=0x35;
  b=*ptr;                      //取片内 RAM 30H 单元值
  x=a*b;                       //将积送给 X
}
```

【例 4-5】 8051 的片内数据存储器 25H 单元中存放有一个 0～10 的整数,编程求其平方根(精确到 5 位有效数字),将平方根放到 30H 单元为首址的内存中。用 C 语言编程实现。

```
#include<reg51.h>
#include<math.h>
void main()
{
  char n;
  char *ptr;
  float *ptr2;
  float f;
  ptr=0x25;
  n=*ptr;          //n 为 25H 内存单元的值
```

```
  f=sqrt(n);
  ptr2=0x30;
  *ptr2=f;          //将平方根送入30H单元
}
```

【例4-6】 将片外RAM 10H～15H单元的内容传送到片内RAM 10H～15H单元。

```
#include<reg51.h>
void main()
{
  char n=6;              //共传输6个数据
  char *ptr1=0x10;       //片内RAM起始单元10H
  char xdata *ptr2;
  ptr2=0x10;             //片外RAM起始单元10H
  while (n--)
  {
    *ptr1++=*ptr2++;
  }
}
```

【例4-7】 片内RAM 20H、21H和22H、23H单元分别存放着两个无符号16位数据，将其中的大数置于24H和25H单元。

方法一：

```
#include<reg51.h>
void main()
{
  unsigned int *ptr;     //设置一个片内RAM指针
  unsigned int x,y,z;
  ptr=0x20;              //指向片内RAM 0x20单元
  x=*ptr;                //取第一个数
  ptr=0x22;              //指向片内RAM 0x22单元
  y=*ptr;                //取第二个数
  z=(x>y)? x:y;          //将两数中的较大者赋给z
  ptr=0x24;              //指向地址为0x24的目标单元
  *ptr=z;                //将大数存入目标单元
}
```

方法二：

```
#include<reg51.h>
#include<absacc.h>
void main()
```

```
{
  unsigned int x,y,z;
  x=DBYTE[0X20]*256+DBYTE[0X21];  //DBYTE 宏在 absacc.h 头文件中
                                   //定义
  y=DBYTE[0X22]*256+DBYTE[0X23];  //DBYTE 用来绝对访问片内 ram
                                   //中的数据
  z=(x>y)? x:y;                    //将两数中的较大者赋给 z
  DBYTE[0X24]=z/256;
  DBYTE[0X25]=z%256;
}
```

方法三：

```
#include<reg51.h>
unsigned int x _at_ 0x20;                //_at_指令可以对绝对地址进行访问
unsigned int y _at_ 0x22;
unsigned int z _at_ 0x24;
void main()
{
  z=(x>y)? x:y;
}
```

【例 4-8】 编写程序将 2000H～20FFH 的内容清零。

```
#include <reg51.h>
void main( )
{
  int i;
  unsigned char xdata *p=0x2000;  //指针指向 2000H 单元
  for(i=0;i<256;i++)
  {
     *p=0; p++;
  }                                //清零 2000H～20FFH 单元
}
```

【例 4-9】 如图 4-1 所示，单片机 P1 口的 P1.0 和 P1.1 各接一个开关 S_1、S_2。P1.4、P1.5、P1.6 和 P1.7 各接一只发光二极管。由 S_1 和 S_2 的不同状态来控制哪个发光二极管被点亮。

用单片机 P1.4、P1.5、P1.6 和 P1.7 来点亮 4 个发光二极管。电路如图 4-1 所示。

参考程序 1：用 while 语句和 switch 语句实现。

```
#include<reg51.h>
void main()
{     char a;
```

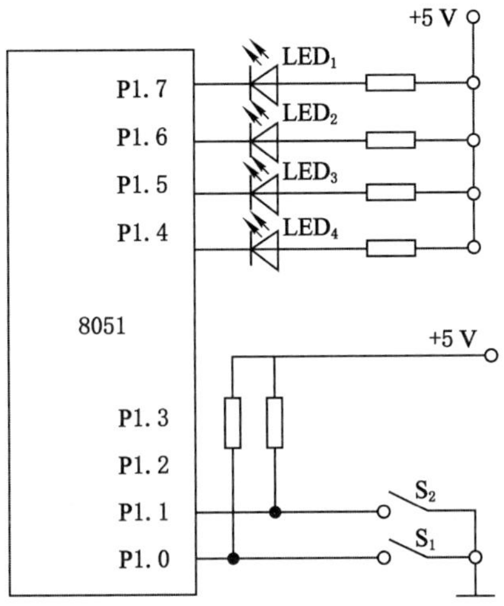

S_2	S_1	被点亮的二极管
0	0	LED_1
0	1	LED_2
1	0	LED_3
1	1	LED_4

图 4-1　发光二极管控制电路图

```
    while (1)//循环条件表达式的值始终为 1,无穷循环
    {    a=P1;
         a=a&0x03;  //屏蔽高 6 位
         switch (a)
         {    case 0:  P1=0x7F;  break;
              case 1:  P1=0xBF;  break;
              case 2:  P1=0xDF;  break;
              case 3:  P1=0xEF;
         }
    }
}
```

参考程序 2:用 for 语句和 switch 语句实现。

```
#include <reg51.h>
void main( )
{    char a;
     for ( ; ; )          //无循环条件,无限循环
     {    a=P1;           //读 P1 口的值
          a=a&0x03;       //屏蔽高 6 位
          switch (a)
          {
              case 0:  P1=0x7F;  break;
              case 1:  P1=0xBF;  break;
```

```
            case 2:  P1=0xDF;  break;
            case 3:  P1=0xEF;
        }
    }
}
```

4.7 习题

一、选择题

1. 在 C51 程序中常常把(　　)作为循环体,用于消耗 CPU 运行时间,产生延时效果,称为软件延时。

A. 赋值语句　　B. 表达式语句　　C. 循环语句　　D. 空语句

2. 下列选项中不能作为 if 语句中条件表达式的是(　　)。

A. ! a　　B. a+2　　C. &&　　D. 3

3. 以下选项中合法的 C51 变量名是(　　)。

A. xdata　　B. sbit　　C. start　　D. interrupt

4. C51 数据类型中关键字 sfr 用于定义(　　)。

A.指针变量　　B.字符型变量　　C.无符号变量　　D.特殊功能寄存器

5. 在 C51 的数据类型中,unsigned char 型的数据长度和值域为(　　)。

A. 单字节,−128～127　　B. 双字节,−32 768～32 767

C. 单字节,0～255　　D.双字节,0～65 535

6. C51 数据类型中关键字 bit 用于定义(　　)。

A.位变量　　B.字节变量　　C.无符号变量　　D.特殊功能寄存器

7. 已知 P1 口第 0 位的位地址为 0x90,将其定义为变量 P1_0 的正确命令是(　　)。

A. bit P1_0=0x90　　B. sbit P1_0=0x90

C.sfr P1_0=0x90　　D. sfr16 P1_0=0x90

8. 将 temp 定义为片外 RAM 区的无符号字符型变量的正确写法是(　　)。

A. unsigned char data temp　　B. signed char xdata temp

C. extern unsigned char data temp　　D. unsigned char xdata temp

9. 将 voltage 定义为片内 RAM 区的有符号字符型变量的正确写法是(　　)。

A. unsigned char data bmp　　B. signed char xdata bmp

C. signed char data bmp　　D. unsigned char xdata bmp

10. 语句 XWORD[0X1000]=0X2345;执行后,片外 RAM 1000H、1001H 单元的值分别为(　　)。

A. 23H,23H　　B. 23H,45H　　C.45H 45H　　D.45H 23H

二、简答题

1. C51 语言有哪些新增的数据类型?

2. C51 有哪些语句类型？使用每种类型的语句编写一个简单的程序。

3. C51 程序有哪些常用的头文件？怎么在程序中使用它们？

4. 使用 C51 编程语言实现将片内数据存储器中地址为 30H 和 40H 的单元的内容交换。

5. 举例说明利用 Keil μVision 4 与 Proteus 软件仿真一个单片机实验的全过程

6. 关于 Proteus 与 Keil μVision4 的联合仿真和联合调试，两者的区别是什么？

第5章 中断系统结构及管理

5.1 中断的引入与基本概念

5.1.1 中断概述

计算机具有实时处理能力，能对外界发生的事件进行及时处理，这是依靠它们的中断系统来实现的。CPU 在处理某一事件 A 时，发生了另一事件 B 请求 CPU 迅速去处理（中断发生）。CPU 暂时中断当前的工作 A，转去处理事件 B（中断响应和中断服务）。待 CPU 将事件 B 处理完毕后，再回到原来事件 A 被中断的地方继续处理事件 A（中断返回）。这一处理过程称为中断。如图 5-1 所示。

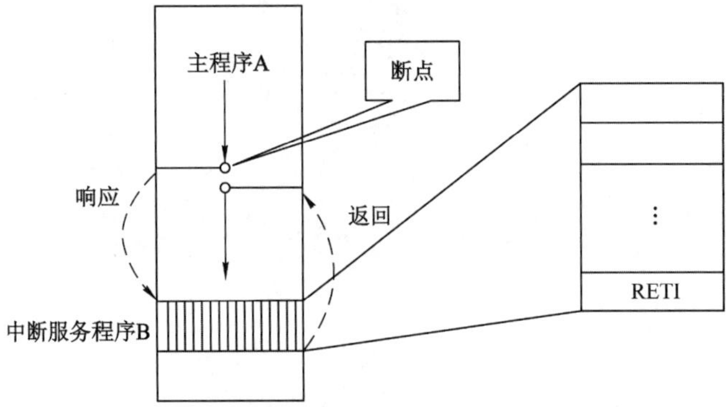

图 5-1　中断过程示意图

由上述内容可知，中断是指计算机暂时停止计算机源程序的执行转而为外部设备服务（执行中断服务程序），并在服务完成后自动返回源程序执行的过程。中断由中断源产生，中断源在需要时可以向 CPU 提出“中断请求”。“中断请求”一般是一种电信号，CPU 一旦对这个电信号进行监测和响应便可以自动转入该中断源的中断服务程序执行，并在执行完后自动返回源程序继续执行，而且中断源不同，中断服务程序的功能也不同。因此，中断又可以定义为 CPU 自动执行终端服务程序并返回源程序执行的过程。

随着计算机技术的发展，人们发现中断技术不仅解决了快速主机与慢速 I/O 设备的数据传送问题，而且还具有如下优点。

(1) 可以提高 CPU 的工作效率

CPU 执行主程序中安排的有关指令可以使外设与其并行工作，而且任何一个外设在工作完成后都可以通过中断得到满意服务，因此，CPU 在与外界交换信息时通过中断就可以避免不必要的等待和查询，从而大大提高 CPU 的工作效率。

(2) 可以提高实时数据的处理时效并提高系统的可靠性

单片机对实时数据的处理时效常常是被控系统的生命，是影响产品质量和系统安全的关键。CPU 有了中断功能，系统的失常和故障就都可以通过中断立刻通知 CPU，使它可以迅速采集实时数据和故障信息，并对系统做出应急处理。

5.1.2　中断系统的结构

80C51 单片机的中断系统有 5 个中断源，2 个优先级，可实现二级中断服务嵌套。由片内特殊功能寄存器中的中断允许寄存器 IE 控制 CPU 是否响应中断请求；由中断优先级寄存器 IP 安排各中断源的优先级；同一优先级内各中断同时提出中断请求时，由内部的查询逻辑确定其响应次序。

80C51 单片机的中断系统由中断请求标志位（在相关的特殊功能寄存器中）、中断允许寄存器 IE、中断优先级寄存器 IP 及内部硬件查询电路组成，如图 5-2 所示。图中反映出了 80C51 单片机中断系统的功能和控制情况。

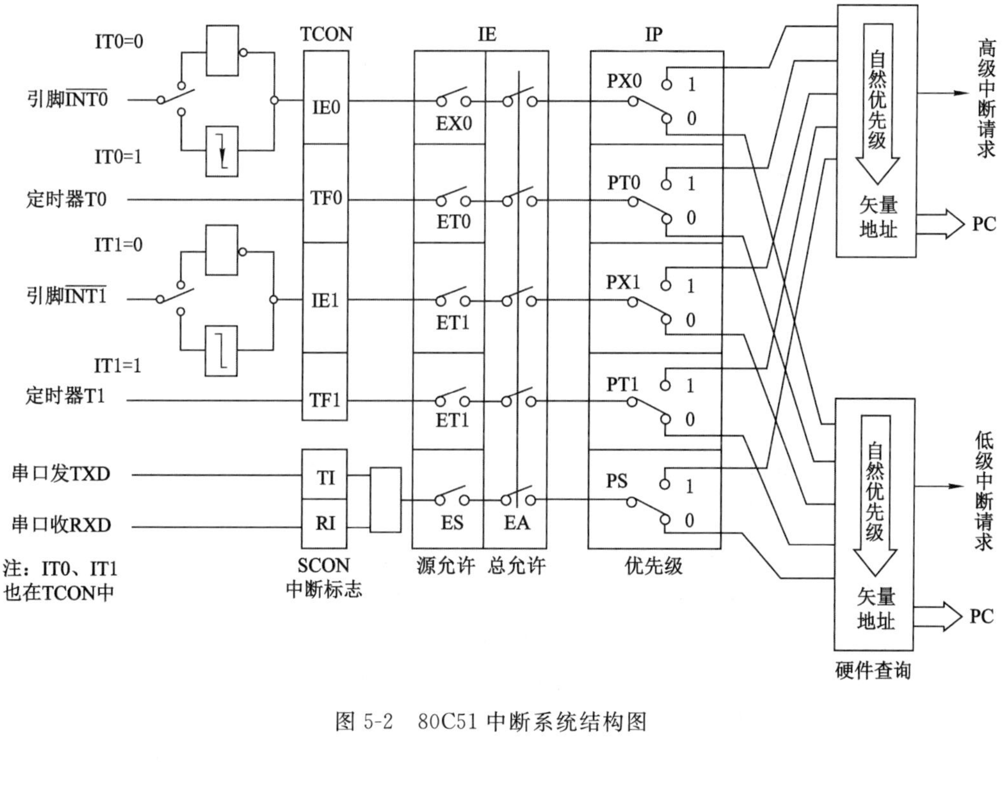

图 5-2　80C51 中断系统结构图

5.1.3　80C51 的中断源

中断源是指在计算机系统中向 CPU 发出中断请求的来源，中断可以人为设定，也可以是为响应突发性随机事件而设置。通常有 I/O 设备、实时控制系统中的随机参数和信息故障源等。80C51 单片机有 5 个中断源，分别为：

(1) INT0(P3.2)，外部中断 0 请求信号输入引脚。可由 IT0(TCON.0)选择其为低电平有效还是下降沿有效。当CPU检测到P3.2引脚上出现有效的中断信号时，中断标志IE0(TCON.1)置1，向CPU申请中断。

(2) INT1(P3.3)，外部中断1请求信号输入引脚。可由IT1(TCON.2)选择其为低电平有效还是下降沿有效。当CPU检测到P3.3引脚上出现有效的中断信号时，中断标志IE1(TCON.3)置1，向CPU申请中断。

(3) TF0(TCON.5)，定时/计数器T0溢出中断请求标志。当定时/计数器T0发生溢出时，置位TF0，并向CPU申请中断。

(4) TF1(TCON.7)，定时/计数器T1溢出中断请求标志。当定时/计数器T1发生溢出时，置位TF1，并向CPU申请中断。

(5) RI(SCON.0)或TI(SCON.1)，串行口中断请求标志。当串行口接收完一帧串行数据时置位RI或当串行口发送完一帧串行数据时置位TI，向CPU申请中断。

当某中断源的中断请求被CPU响应后，CPU将会把中断源的入口地址装入程序计数器PC中，中断服务程序即从此地址开始执行。此地址称为中断服务程序的入口地址，也称为中断矢量，在MCS-51单片机中各中断源与中断入口的对应关系见表5-1。

表5-1　MCS-51中断向量表

中断源	入口地址
外部中断0	0003H
定时器T0	000BH
外部中断1	0013H
定时器T1	001BH
串行口中断	0023H

5.1.4　中断嵌套

CPU有若干中断源，可以接收若干个中断源发出的中断请求，但在同一时间，CPU只能响应若干个中断源中的一个中断请求。CPU为了避免在同一瞬间因响应若干个中断源的中断请求而带来的混乱，必须给每个中断源的中断请求赋一个特定的中断优先级，中断优先级反映每个中断源的中断请求被CPU响应的优先程度，也是分析中断嵌套的基础。

与子程序类似，中断是允许嵌套的。若CPU此时的中断是开放的，在某一时刻，CPU因响应某一中断请求而正在执行它的中断服务程序时，那它必然可以把正在执行的中断服务程序暂停下来转而响应和处理中断优先权更高中断源的请求，等到处理完后再转回继续执行原来的中断服务程序，这就是中断嵌套，因此中断嵌套的先决条件是中断服务程序开头应设置一条开中断指令(因为CPU会因响应中断而自动关闭中断)，其次才是要有中断优先权更高中断源的中断请求存在。两者都是实现中断嵌套的必要条件，缺一不可。

图5-3为中断嵌套示意图。中断嵌套过程可以归纳如下：

(1) CPU执行安排在主程序开头的开中断指令后，若来了一个B中断请求，CPU便可响应B中断从而进入B中断服务程序执行。

(2) CPU执行设置在B中断服务程序开头的一条开中断指令后使CPU中断再次开

放，若此时又来了优先级更高的 A 中断请求，则 CPU 响应 A 中断从而进入 A 中断服务程序执行。

(3) CPU 执行到 A 中断服务程序末尾的一条中断返回指令 RETI 后自动返回，执行 B 中断服务程序。

(4) CPU 执行到 B 中断服务程序末尾的一条中断返回指令 RETI 后，又可返回执行主程序。至此，CPU 便已完成一次嵌套深度为 2 的中断嵌套。

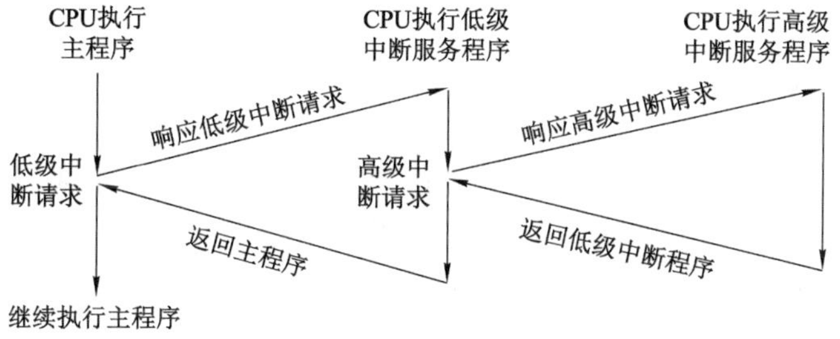

图 5-3　中断嵌套示意图

5.2　跟中断有关的寄存器

MCS-51 中断系统在 4 个特殊功能寄存器控制下工作。这 4 个特殊功能寄存器是定时/计数器控制寄存器(TCON)、串行口控制寄存器(SCON)、中断允许控制寄存器(IE)和中断优先级控制寄存器(IP)。通过对这 4 个特殊功能寄存器的各位进行置位或复位操作，可实现各种中断控制功能。

5.2.1　中断允许控制寄存器(IE)

MCS-51 对中断源的开放或屏蔽是由中断允许寄存器 IE 控制的，IE 的字节地址为 0A8H，可以按位寻址，当单片机复位时，IE 被清 0。

通过对 IE 的各位置 1 或清 0 操作，实现开放或屏蔽某个中断，其格式如表 5-2 所示。

表 5-2　中断控制格式

位地址	AFH	AEH	ADH	ACH	ABH	AAH	A9G	A8H
位定义	EA			ES	ET1	EX1	ET0	EX0

EA：总中断允许控制位。当 EA＝0 时，屏蔽所有的中断；当 EA＝1 时，开放所有的中断。

ES：串行口中断允许控制位。当 ES＝0 时，屏蔽串行口中断；当 ES＝1 且 EA＝1 时，开放串行口中断。

ET1：定时/计数器 T1 的中断允许控制位。当 ET1＝0 时，屏蔽 T1 的溢出中断；当 ET1＝1 且 EA＝1 时，开放 T1 的溢出中断。

EX1:外部中断 1 的中断允许控制位。当 EX1=0 时,屏蔽外部中断 1 的中断;当 EX1=1 且 EA=1 时,开放外部中断 1 的中断。

ET0:定时/计数器 T0 的中断允许控制位。功能与 ET1 相同。

EX0:外部中断 0 的中断允许控制位。功能与 EX1 相同。

MCS-51 复位以后,IE 被清 0,所有的中断请求被禁止。由用户程序对 IE 相应的位置 1 或清 0,即可允许或禁止各中断源的中断申请。改变 IE 的内容,既可由位操作指令来实现(即 SETB bit;CLR bit),也可用字节操作指令实现(即 MOV IE,# data;ORL IE,# data;MOV IE,A 等)。

5.2.2 中断请求控制

在中断系统中,应用哪种中断,采用哪种触发方式,要由定时/计数器的控制寄存器 TCON 和串行口控制寄存器 SCON 的相应位进行规定。TCON 和 SCON 都属于特殊功能寄存器,字节地址分别为 88H 和 98H,可进行位寻址。

(1) TCON 中的中断请求标志位

TCON 为定时/计数器控制寄存器,其字节地址为 88H,可位寻址,位地址范围为 88H~8FH。这个寄存器有两个作用,即除了控制定时/计数器 T0 和 T1 的溢出中断外,还控制外部中断的触发方式和锁存外部中断请求标志位。TCON 中的各位定义如表 5-3 所示。

表 5-3 TCON 中各位的定义

位地址	8FH	8EH	8DH	8CH	8BH	8AH	89H	88H
位定义	TF1	TR1	TF0	TR0	IE1	IT1	IE0	IT0

IT0(TCON.0):外部中断 INT0 触发方式控制位。当 IT0=0 时,INT0 为电平触发方式。CPU 在每个机器周期的 S5P2 取样 INT0 引脚电平,当取样到低电平时,置 IE0=1 表示 INT0 向 CPU 请求中断;取样到高电平时,将 IE0 清 0。必须注意,在电平触发方式下,CPU 响应中断时,不能自动清除 IE0 标志。也就是说,IE0 状态完全由 INT0 状态决定。所以,在中断返回前必须撤除 INT0 引脚的低电平。当 IT0=1 时,INT0 为边沿触发方式(下降沿有效)。在边沿触发方式下,CPU 响应中断时,能由硬件自动清除 IE0 标志。注意,为保证 CPU 能检测到负跳变,INT0 的高、低电平时间至少应保持 1 个机器周期。

IE0(TCON.1):外部中断 INT0 中断请求标志位。IE0=1 时,表示 INT0 向 CPU 请求中断。

IT1(TCON.2):外部中断 INT1 触发方式控制位。其操作功能与 IT0 类同。

IE1(TCON.3):外部中断 INT1 中断请求标志位。IE1=1 时,表示 INT1 向 CPU 请求中断。

TF0(TCON.5):定时/计数器 T0 溢出中断请求标志位。在 T0 启动后就开始由初值加 1 计数,直至最高位产生溢出由硬件置位 TF0,向 CPU 请求中断。CPU 响应中断时,TF0 由硬件自动清 0。

TF1(TCON.7):定时/计数器 T1 溢出中断请求标志位。其操作功能与 TF0 类同。

(2) SCON 的中断标志

SCON 是串行口控制寄存器,与中断有关的是它的低两位 TI 和 RI,定义如图 5-4 所示。

	D7	D6	D5	D4	D3	D2	D1	D0	
SCON	—	—	—	—	—	—	TI	RI	98H
位地址	—	—	—	—	—	—	99H	98H	

图 5-4　SCON 中各位的定义

RI(SCON.0)：串行口接收中断标志位。当允许串行口接收数据时，每接收完一个串行帧，由硬件置位 RI。RI 必须由软件清除。

TI(SCON.1)：串行口发送中断标志位。当 CPU 将一个发送数据写入串行口发送缓冲器时，就启动了发送过程。每发送完一个串行帧，由硬件置 TI。TI 必须由软件清除。

CPU 响应中断时，不能自动清除 TI，TI 必须由软件清除。单片机复位后，TCON 和 SCON 各位清 0。另外，所有能产生中断的标志位均可由软件置 1 或清 0，由此可以获得与硬件使之置 1 或清 0 同样的效果。

5.2.3　中断优先级结构

80C51 单片机有两个中断优先级，即可实现二级中断服务嵌套。每个中断源的中断优先级都是由中断优先级寄存器 IP 中相应位的状态来规定的。IP 的状态由软件设定，某位设定为 1，则相应的中断源为高优先级中断；某位设定为 0，则相应的中断源为低优先级中断。单片机复位时，IP 各位清 0，各中断源同为低优先级中断。IP 寄存器(字节地址为 B8H)各位的定义如图 5-5 所示。

	D7	D6	D5	D4	D3	D2	D1	D0	
IP	—	—	—	PS	PT1	PX1	PT0	PX0	B8H
位地址	—	—	—	BCH	BBH	BAH	B9H	B8H	

图 5-5　IP 寄存器中各位的定义

PX0(IP.0)：外部中断 INT0 中断优先级设定位。

PT0(IP.1)：定时/计数器 T0 中断优先级设定位。

PX1(IP.2)：外部中断 INT1 中断优先级设定位。

PT1(IP.3)：定时/计数器 T1 中断优先级设定位。

PS(IP.4)：串行口中断优先级设定位。

同一优先级中的中断申请不止一个时，则有中断优先权排队问题。同一优先级的中断优先权排队，由中断系统硬件确定的自然优先级形成，其排列表 5-4 所示。

表 5-4　同一优先级的中断优先级排列

中断源	自然优先级
外部中断	高级 ↓ 低级
定时/计数器 T0 溢出中断	
外部中断 1	
定时/计数器 T1 溢出中断	
串行口中断	

以上所述可归纳为下面 3 条基本规则：

(1) 正在进行的中断过程不能被新的同级或低优先级的中断请求所中断，一直到该中断服务程序结束，返回了主程序且执行了主程序中的一条指令后，CPU 才响应新的中断请求。

(2) 正在进行的低优先级中断服务程序能被高优先级中断请求所中断，实现两级中断嵌套。

(3) CPU 同时接收到几个中断请求时，首先响应优先级最高的中断请求。

5.3 中断响应过程

中断响应过程分四个阶段，即中断采样、中断查询、中断响应及中断返回。

5.3.1 中断采样

所谓采样，就是在每个机器周期的 S5P2 期间(图 5-6)对 INT0 和 INT1 引脚进行检测，根据检测的结果设置相应中断标志位 IE0 或 IE1 的状态。对于电平触发方式的外部中断请求，当采样信号为高电平时，说明没有中断请求，IE0 或 IE1 为 0；当采样信号为低电平时，说明有中断请求，则置位 IE0 或 IE1。注意中断请求信号的有效电平持续时间至少要保持一个机器周期才能被采样到。

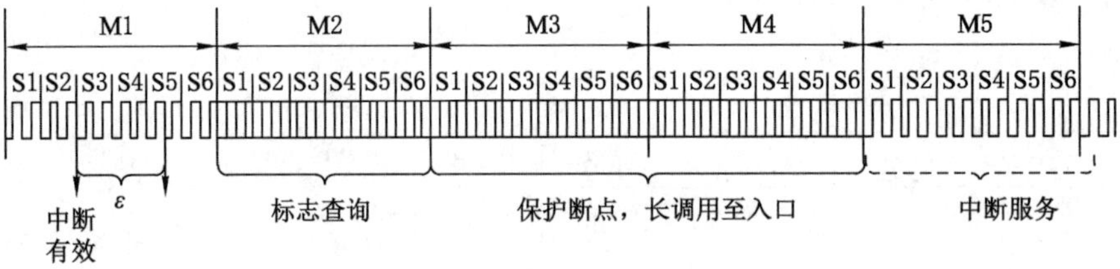

图 5-6　中断响应过程及时序

对于脉冲触发方式的外部中断请求，若在两个相邻的机器周期采样到下降沿(由高电平到低电平)信号，则中断请求有效，则置位 IE0 或 IE1；否则 IE0 或 IE1 为 0。注意：对于这种上升沿或下降沿中断触发方式，高电平和低电平的持续时间至少要保持 1 个机器周期。

5.3.2 中断查询

单片机程序执行过程中，在每个机器周期的最后一个状态(S6)期间，都要按先后顺序对各个中断标志位进行查询，以确定是否有中断请求发生。若查询到某个中断标志位为 1，将在接下来的机器周期 S1 期间按优先级进行中断处理。中断系统通过硬件自动将相应的中断矢量地址(中断入口地址，见表 5-1)送入 PC 中，以便程序进入中断服务程序。

中断查询由硬件自动完成，查询顺序为：

IE0→TF0→ IE1→TF1→RI→TI

5.3.3　中断响应

（1）中断响应条件

CPU 响应中断的三个条件是：

① 中断源有中断请求。

② 此中断源的中断允许位为 1。

③ CPU 开中断（即 EA＝1）。

同时满足这三个条件时，CPU 才有可能响应中断。若遇到下列任一情况，中断响应会被搁置：

① CPU 正在处理同级或高优先级中断。

② 当前查询的机器周期不是所执行指令的最后一个机器周期。即在完成所执行指令前，不会响应中断，从而保证指令在执行过程中不被打断。

③ 正在执行的指令为 RET、RETI 或任何访问 IE 或 IP 寄存器的指令。即只有在这些指令后面至少再执行一条指令时才能接受中断请求。

若由于上述条件的阻碍中断未能得到响应，当条件消失时该中断标志却已不再有效，那么该中断将不被响应。就是说，中断标志曾经有效，但未获响应，查询过程在下个机器周期将重新进行。

（2）中断响应时间

80C51 的中断响应时间（从标志置 1 到进入相应的中断服务）至少要 3 个完整的机器周期。中断控制系统对各中断标志进行查询需要 1 个机器周期。如果响应条件具备，CPU 执行中断系统提供的相应向量地址的硬件长调用指令，这个过程要占用 2 个机器周期。另外，如果中断响应过程受阻，就要增加等待时间。若同级或高级中断正在进行，所需要的附加等待时间取决于正在执行的中断服务程序的长短，等待的时间不确定。若没有同级或高级中断正在进行，所需要的附加等待时间在 3～5 个机器周期。这是因为：

① 如果查询周期不是正在执行指令的最后机器周期，附加等待时间不会超 3 个机器周期（因执行时间最长的指令 MUL 和 DIV 也只有 4 个机器周期）。

② 如果查询周期恰逢 RET、RETI 或访问 IE、IP 指令，而这类指令之后又跟着 MUL 或 DIV 指令，则由此引起的附加等待时间不会超过 5 个机器周期（1 个机器周期完成正在进行的指令再加上 MUL 或 DIV 的 4 个机器周期）。所以，对于没有嵌套的单级中断，响应时间为 3～8 个机器周期。

（3）中断响应的过程

CPU 响应中断的过程如下：

① 将相应的优先级状态触发器置 1（以阻断后来的同级或低级的中断请求）。

② 执行一条硬件 LCALL 指令，即把程序计数器 PC 的内容压入堆栈保存，再将相应的中断服务程序的入口地址送入 PC。

③ 执行中断服务程序。

中断响应过程的前两步是由中断系统内部自动完成的，而中断服务程序则要由用户编写程序来完成。编写中断服务程序时应注意：

① 由于 80C51 单片机的两个相邻中断源中断服务程序入口地址相距只有 8 个单元，一

般的中断服务程序是不够存放的,通常是在相应的中断服务程序入口地址单元放一条长转移指令 LJMP,这样可以使中断服务程序能灵活地安排在 64 KB 程序存储器的任何地方。若在 2 KB 范围内转移,则可用 AJMP 指令。

② 硬件 LCALL 指令,只是将 PC 内的断点地址压入堆栈保护,而对其他寄存器(如程序状态字寄存器 PSW、累加器 A 等)的内容并不做保护处理。所以,在中断服务程序中,首先用软件保护现场,在中断服务之后、中断返回前恢复现场,以防止中断返回后丢失原寄存器的内容。中断处理过程如图 5-7 所示。

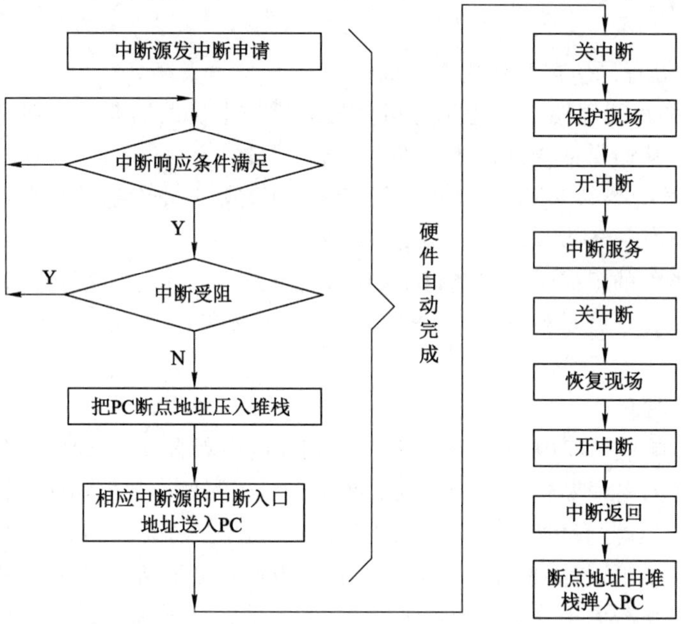

图 5-7　中断处理流程

(4) 现场保护

中断的现场保护主要是在中断时刻单片机的存储单元中的数据和状态的存储。中断的恢复是恢复单片机在被中断前存储单元中的数据和状态。保护现场就是在程序进入中断服务程序入口之前,将相关寄存器的内容、标志位状态等压入堆栈保存,避免在运行中断服务程序时,破坏这些数据或状态,保证中断返回后,主程序能够正常运行。例如 ACC、PSW、DPTR 等特殊功能寄存器中的数据,都有可能在中断服务程序中被改变,在中断服务程序执行完毕返回主程序时无法恢复其原值。为了避免这种情况的发生,需要在执行中断服务程序之前,先把 ACC、PSW、DPTR,R0～R7 等特殊功能寄存器中的数据压入堆栈保存起来,在中断服务程序执行完毕返回主程序时再将其恢复。C51 编程无须关心该问题,C51 编译器会自动完成现场保护和恢复。

5.3.4　中断返回

中断服务程序的最后一条指令必须是中断返回指令 RETI。RETI 指令能使 CPU 结束中断服务程序的执行,返回到曾经被中断过的程序处,继续执行主程序。RETI 指令的功能是：

（1）将中断响应时压入堆栈保存的断点地址从栈顶弹出送回 PC，CPU 从原来中断的地方继续执行程序。

（2）将相应中断优先级状态触发器清 0，通知中断系统，中断服务程序已执行完毕。

注意，不能用 RET 指令代替 RETI 指令，因为用 RET 指令虽然也能控制 PC 返回到原来中断的地方，但 RET 指令没有清零中断优先级状态触发器的功能，中断控制系统会认为中断仍在进行，其后果是与此同级的中断请求将不被响应。所以中断服务程序结束时必须使用 RETI 指令。

若用户在中断服务程序中进行了入栈操作，则在 RETI 指令执行前应进行相应的出栈操作，使栈顶指针 SP 与保护断点后的值相同，即在中断服务程序中 PUSH 指令与 POP 指令必须成对使用，否则不能正确返回断点。

5.4　中断请求的撤除

CPU 响应某中断请求后，在中断返回前应撤除该中断请求，否则会引起再次中断。中断请求的撤除主要包括定时/计数器中断请求的撤除、串行口中断请求的撤除、外部中断请求的撤除。

5.4.1　定时/计数器中断请求的撤除

中断请求被响应后，硬件会自动清 TF0 或 TF1。

5.4.2　串行口中断请求的撤除

所有串行口中断请求的撤除只能用软件清除

TI=0 ；清 TI 标志位

RI=0 ；清 RI 标志位

5.4.3　外部中断请求的撤除

对于外部中断请求的撤除，主要包括两种情况：

（1）边沿触发方式，中断请求的撤除是自动的。

（2）电平方式外部中断请求的撤除。对电平方式外部中断标志的撤除是自动的，但中断请求信号的低电平可能继续存在，如果外部中断源不能及时撤除它在 INT0 或 INT1 引脚上的低电平，在以后机器周期采样时，又会把已清 0 的 IE0 或 IE1 重新置 1，在硬件上 CPU 对 INT0 和 INT1 引脚的信号不能控制，所以这个问题要通过硬件，再配合软件来解决。

5.5　中断 C 语言编程

C51 的中断函数格式如下：

void 函数名()interrupt 中断号 using 工作组

```
{
中断服务程序内容
}
```

在用 C 语言完成中断的编写时，需要注意：

(1) 中断函数不能返回任何值，所以最前面用 void，后面紧跟函数名。

(2) 中断函数不带任何参数，所以函数名后面的小括号内为空。

(3) 中断号是指单片机中中断源的序号，这个序号是编译器识别不同中断的唯一符号，因此在写中断服务程序时务必要写正确。

(4) 最后面的"using 工作组"是指这个中断函数使用单片机内存中 4 组工作寄存器中的哪一组，C51 编译器在编译程序时会自动分配工作组，因此 using 工作组通常省略不写。

5.6 中断应用实例

5.6.1 应用实例 1

电路如图 5-8 所示，K1 按键接在外部中断 0 引脚上，要求将外部中断 0 设置为电平触发。程序启动时，8 只 LED 全亮。当按键按下产生中断时，让低 4 位的 LED 与高 4 位的 LED 交替闪烁 5 次，然后从中断返回，控制 8 只 LED 再次全亮。

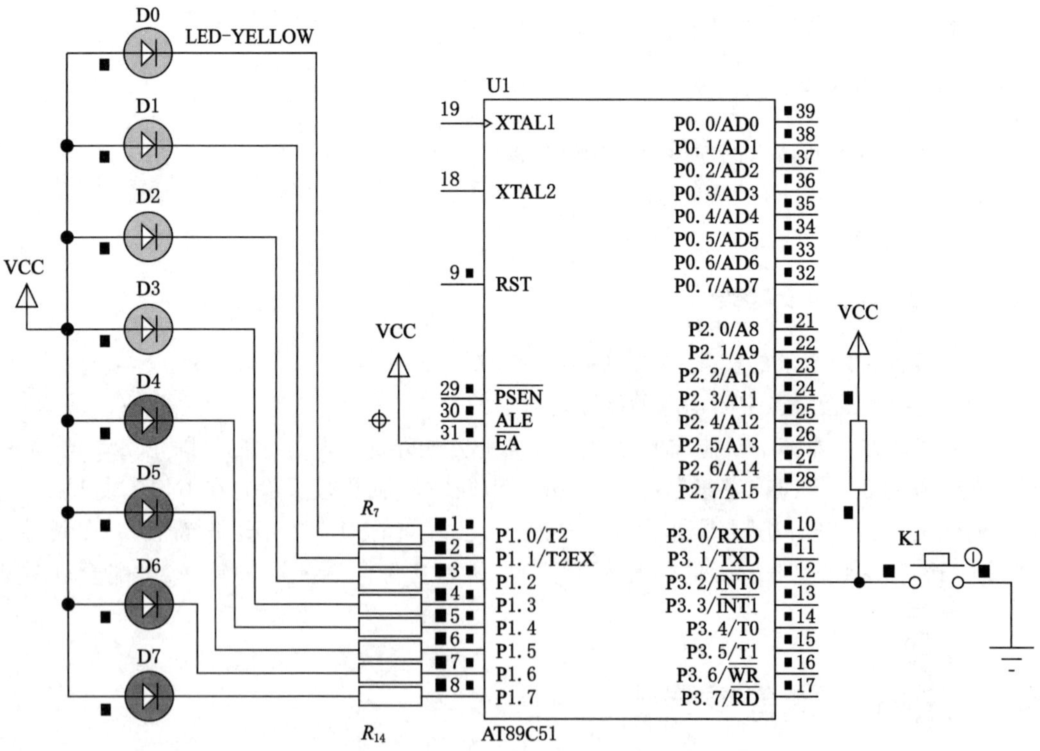

图 5-8 单一外中断的应用电路

参考程序如下：

程序清单 5-1

```
#include <reg51.h>
#define uchar unsigned char
void delayms(unsigned int i)          //延时函数 delayms( ),i 为形式参数,不能赋初值
  {
       unsigned int j;
       for(;i>0;i--)
       for(j=0;j<333;j++) ;           //晶振为 12 MHz,j 选择与晶振频率有关
  }
void main( )                          //主函数
  {
     EA=1;                            //总中断允许
     EX0=1;                           //允许外部中断 0 中断
     IT0=1;                           //选择外部中断 0 为跳沿触发方式
     while(1)                         //循环
       { P1=0;}                       // P1 口的 8 只 LED 全亮
  }
void int0( ) interrupt 0 using 0      //外中断 0 的中断服务函数
  {
     uchar m;
     EX0=0;                           //禁止外部中断 0 中断
      for(m=0;m<5;m++)                //交替闪烁 5 次
      {
      P1=0x0f;                        //低 4 位 LED 灭,高 4 位 LED 亮
      delayms(400) ;                  //延时
      P1=0xf0;                        //高 4 位 LED 灭,低 4 位 LED 亮
      delayms(400);                   //延时
      }
      EX0=1;                          //中断返回前,打开外部中断 0 中断
  }
```

5.6.2　应用实例 2

电路示意图如图 5-9 所示，K1、K2 按键分别接在外部中断 0、外部中断 1 引脚上，要求设置两个外中断的优先级相同。K1 和 K2 都未按下时，8 只 LED 呈流水灯显示；仅 K2 按下时，上下各 4 只 LED 交替闪烁 10 次，然后再回到流水灯显示。仅 K2 按下时，P1 口的 8 只 LED 全部闪烁 10 次，然后再回到流水灯显示。

具体程序见程序清单 5-2。

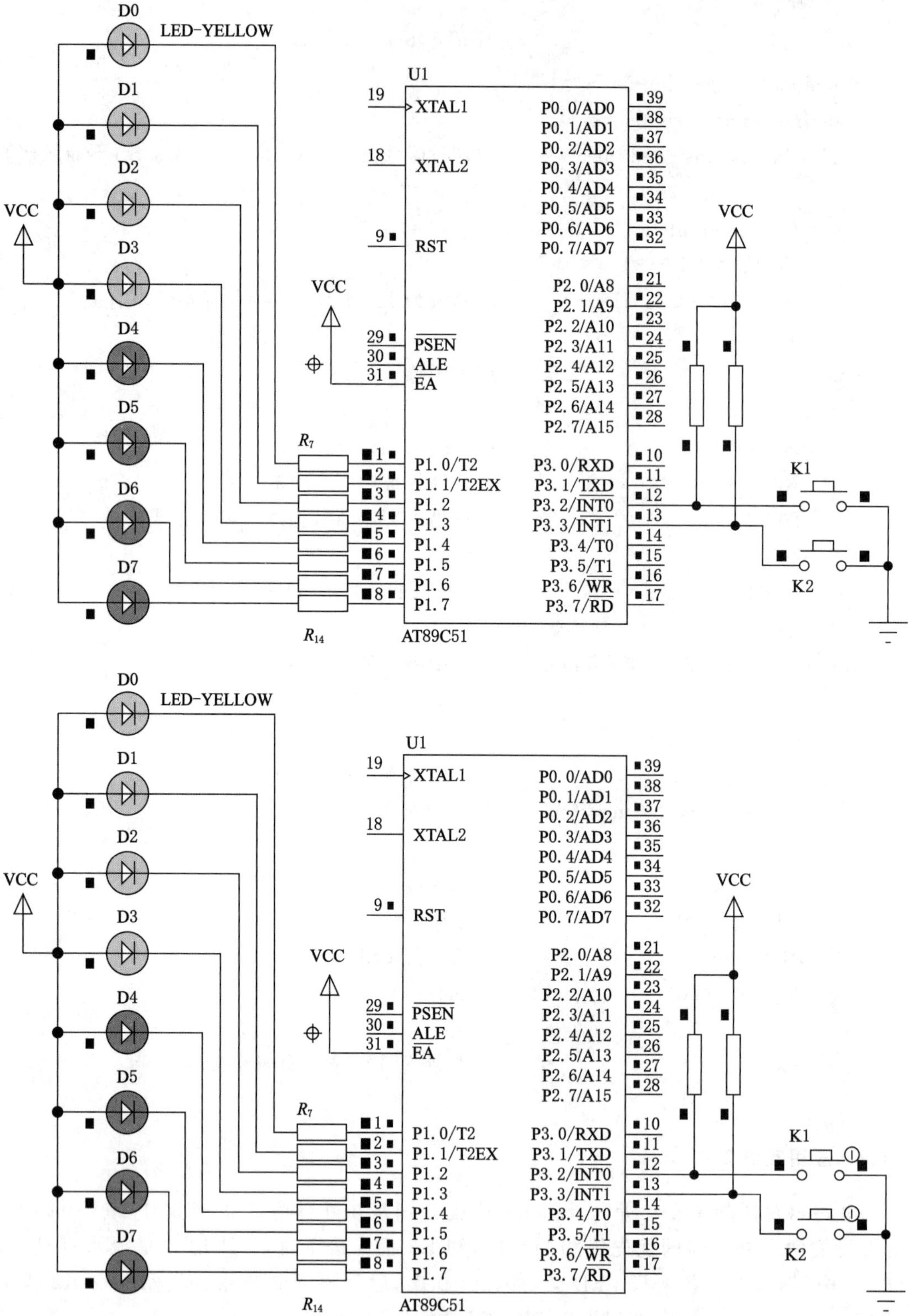

图 5-9　单一外中断的应用电路示意图

程序清单 5-2

```
#include <reg51.h>
#define uchar unsigned char
void delayms(unsigned int i)//延时函数
{
    uchar j;
    for(;i>0;i--)
    for(j=0;j<125;j++);
}
void main( )
{
    uchar display[9]={0xff,0xfe,0xfd,0xfb,0xf7,0xef,0xdf,0xbf,0x7f};
                    //流水灯显示数据数组
    unsigned int a;
    EA=1; EX0=1; EX1=1; //中断允许
    IT0=1; //选择外部中断 0 为跳沿触发方式
    IT1=1; //选择外部中断 1 为跳沿触发方式
    IP=0; //两个外部中断均为低优先级
    for(;;)
        {
        for(a=0;a<9;a++)
            {
            delayms (500); //延时
            P1=display[a];//将已经定义的流水灯显示数据送到 P1 口
            }
        }
}
void int0_isr(void) interrupt 0 using 1//外中断 0 的中断服务函数
    {
        uchar n;
        for(n=0;n<10;n++)//高、低 4 位显示 10 次
        {
          P1=0x0f; //低 4 位 LED 灭,高 4 位 LED 亮
          delayms (500);//延时
          P1=0xf0;     //高 4 位 LED 灭,低 4 位 LED 亮
          delayms (500);//延时
        }
    }
void int1_isr (void) interrupt 2 using 2//外中断 1 中断服务函数
```

```
{
    uchar m;
    for(m=0;m<10;m++)    //闪烁显示 10 次
    {
        P1=0xff;         //全灭
        delayms(500);    //延时
        P1=0;            //全亮
        delayms(500);    //延时
    }
}
```

5.6.3 工程实例——交通灯的设计

用单片机设计一个十字路口交通灯模拟控制系统，如图 5-10 所示。要求东西、南北两个方向都通行 20 s，警告 3 s，禁止 20 s，同时要考虑到东西、南北两个方向出现异常情况，出现异常情况时该方向通行 60 s。

(1) 交通灯正常运行时可分为 4 个状态：

① 状态 1，东西方向绿灯，南北方向红灯 20 s；

② 状态 2，东西方向黄灯，南北方向红灯 3 s；

③ 状态 3，南北方向绿灯，东西方向红灯 20 s；

④ 状态 4，南北方向黄灯，东西方向红灯 3 s。

(2) 异常状态：

① 东西发生异常时，东西通行，南北禁止，东西方向绿灯闪，南北方向红灯闪 60 s；

② 南北发生异常时，南北通行，东西禁止，南北方向绿灯闪，东西方向红灯闪 60 s。

(3) 程序内容：

① 主程序中实现交通灯正常运行过程；

② 两种异常用外中断 0 和外中断 1 管理，外接开关模拟异常发生；

③ 在中断服务程序中实现异常处理，在主程序中开放外中断 0 和外中断 1，设置为边沿触发方式。

500 ms 信号由定时计数器 0，选择方式 1，定时 50 ms，循环 10 次产生，定时计数器 0 采用查询方式。完整程序见程序清单 5-3。

程序清单 5-3

```
#include <reg51.h>
void delay1s(unsigned  char  k);
void main(void)
{
  SP=0X60;
  TMOD=0x01;                 //初始化
  IE=0x85;
  TCON=0x05;
```

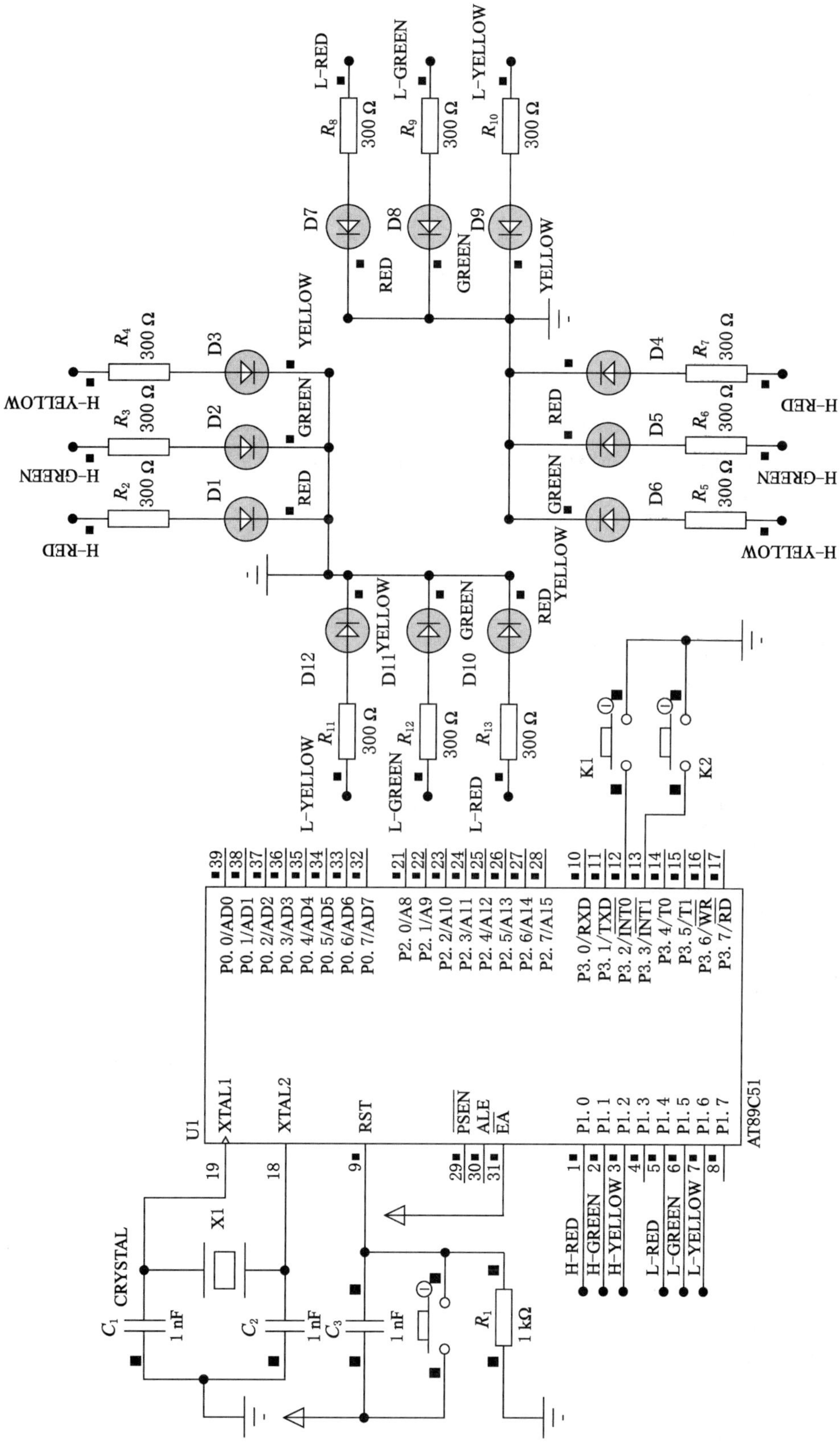

图5-10　十字路口交通灯模拟控制系统

```
while(1)
  {
    P1=0x21;//状态 1,东西方向绿灯,南北方向红灯 20 s
    delay1s(40);
    P1=0x41;//状态 2,东西方向黄灯,南北方向红灯 3 s
    delay1s(6);
    P1-0x12;//状态 3,南北方向绿灯,东西方向红灯 20 s
    delay1s(40);
    P1=0x14;//状态 4,南北方向黄灯,东西方向红灯 3 s
    delay1s(6);
  }
}
//东西方向异常,东西方向绿灯闪,南北方向红灯闪 60 s
void int_0(void) interrupt 0
{
    unsigned char i1,i2;
    i1=P1;
    for(i2=0;i2<60;i2++)
    {
    P1=0x21;
    delay1s(1);
    P1=0x00;
    delay1s(1);
    }
    P1=i1;
}
//南北方向异常,南北方向绿灯闪,东西方向红灯闪 60 s
void int_1(void) interrupt 2
{
    unsigned char j1,j2;
    j1=P1;
    for(j2=0;j2<60;j2++)
    {
    P1=0x12;
    delay1s(1);
    P1=0x00;
    delay1s(1);
    }
    P1=j1;
```

```
}
//延时 500 ms 函数
void delay1s(unsigned char m)
{
    unsigned char k1,k2;
    TH0=0x3C;TL0=0xB0;
    TR0=1;
    for (k1=0;k1<m;k1++)
        {
        for (k2=0;k2<10;k2++)
            {
            while(! TF0);
            TF0=0;
            TH0=0x3C;TL0=0xB0;
            }
        }
}
```

5.7　习题

一、选择题

1. 外部中断 0 允许中断的语句为(　　)。

A. RI=1　　B. TR0=1　　C. IT0=1　　D. EX0=1

2. 按照中断源自然优先级顺序,优先级别最低的是(　　)。

A. 外部中断/INT1　B. 外部中断/INT0　C. 定时器 0　D.串口中断

3. 当 CPU 响应定时器 T1 中断请求后,PC 自动装入的地址(T1 的中断向量)是(　　)。

A.0003H　　B. 000BH　　C. 0013H　　D. 001BH

4. 为了使 P3.2 引脚出现的外部中断请求信号能得到 CPU 的响应,必须满足的条件是(　　)。

A.ET0=1　　B. EX0=1　　C. EA=1;EX0=1　　D. EA=1;ET0=1

5. 下列关于中断服务函数的描述中,不正确的是(　　)。

A. 中断服务函数是 void 型函数　　B. 中断服务函数是无参函数

C. 中断服务函数是无须定义的函数　　D. 中断服务函数只能是由系统调用的函数

6. 80C51 单片机外部中断/INT0 和/INT1 的触发方式选择位是(　　)。

A. TR0 和 TR1　B. IE0 和 IE1　C. IT0 和 IT1　D. TF0 和 TF1

7. 80C51 单片机定时器 T0 的溢出标志 TF0,当计数满,CPU 响应中断后,(　　)。

A. 由硬件清 0　B. 由软件清 0　C. 软硬件均可清 0　D. 随机状态

8. 若定时器 T0,/INT1 设为高优先级,其余为低优先级,则 5 个中断源同时提出中断请求,则 CPU 响应中断时,PC 里自动装入的地址为(　　)。

A. 0003H　　B. 000BH　　C. 0013H　　D. 001BH

9. 下列关于 C51 中断服务函数定义格式的描述中,不正确的是(　　)。

A. n 是与中断源对应的中断号,取值为 0～4

B. interrupt 是 C51 的关键字,不能作为变量名

C. using 也是 C51 的关键字,不能省略

D. using m,其中 m 是工作寄存器组的组号,省略时由 PSW 的 RS0、RS1 决定

10. 下列关于 TR/RX 的描述中,不正确的是(　　)。

A. 51 单片机的内部发送控制器和接收控制器都可对串行数据进行收发控制

B. 若待接收数据被送入"接收缓冲器 SBUF"后,接收控制器可使 RI 硬件置位

C. 若"发送缓冲器 SBUF"的数据被发送出去,发送控制器可使 TI 硬件置位

D. 系统响应中断后,RI 和 TI 都被硬件自动清 0,无须软件方式干预

二、简答题

1. 什么是中断?

2. AT89C51 单片机有几个中断源? 有几级中断优先级? 各中断源中断标志是怎样产生的? 又是如何清除的?

3. 写出 AT89C51 单片机 5 个中断源的入口地址、C51 语言编程的中断号、中断请求标志名称、位地址和所在的特殊功能寄存器。

4. 在 AT89C51 单片机中,哪些中断标志可以在响应后自动撤除? 哪些需要用户撤除? 如何撤除?

5. 外部中断 1 所对应的中断入口地址是多少? C51 语言编程的中断号是多少?

第 6 章　定时/计数器

在控制系统中，会有一些定时或延时控制的要求，如定时输出、定时检测、定时扫描等；也会有计数功能的要求，如对外部事件进行计数。

所谓计数就是对外部输入脉冲的计数；所谓定时也是通过对脉冲进行计数完成的，这里计数的是 MCS-51 内部产生的标准脉冲，通过对脉冲个数进行计数实现定时。所以，定时器和计数器本质上是一致的，在以后的叙述中将定时/计数器笼统称为定时器。

MCS-51 系列单片机的硬件上集成有 16 位的可编程定时/计数器。MCS-51 子系列单片机有 2 个定时/计数器，即定时/计数器 0 和 1；简称 T0 和 T1。它们都有定时和计数的功能，可用于定时控制、延时、对外部事件计数等场合。

6.1　定时/计数器的结构

6.1.1　定时/计数器的结构

MCS-51 单片机的定时/计数器结构如图 6-1 所示。定时/计数器实质上是一个 16 位的加 1 计数器，由高 8 位和低 8 位两个寄存器组成，如 T0 由 TH0 和 TL0 组成，T1 由 TH1 和 TL1 组成。与定时器相关的寄存器 TMOD 用于控制和确定各定时/计数器的功能和工作模式；寄存器 TCON 用于控制定时/计数器 T0、T1 启动和停止计数，同时包含定时/计数器的状态。它们属于特殊功能寄存器。这些寄存器的内容靠软件设置。系统复位时，寄存器的所有位都被清零。

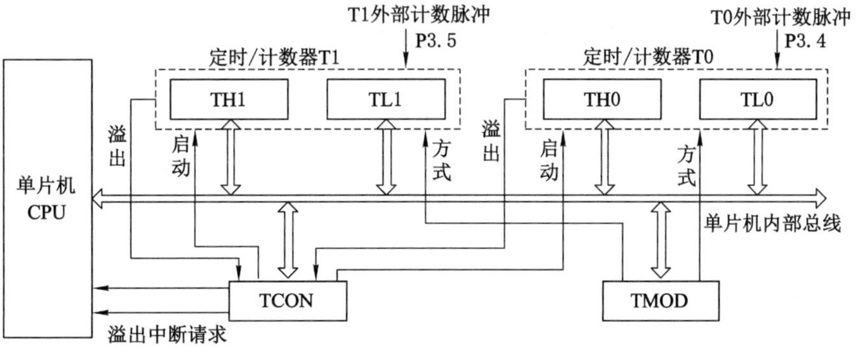

图 6-1　定时/计数器的结构

定时/计数器 T0 和 T1 都是加法计数器，每输入一个脉冲，计数器加 1，当加到计数器为全1时，再输入一个脉冲，就使计数器发生溢出。溢出时，计数器回0，并置位TCON中的TF0或TF1，以表示定时时间已到或计数值已满，向CPU发出中断申请。

6.1.2 定时/计数器的工作原理

作为定时/计数器的加1计数器，其输入的计数脉冲有两个来源，一个是由系统的时钟振荡器输出脉冲经12分频后送来，另一个是由T0或T1引脚(即引脚P3.4和P3.5的第二功能)输入的外部脉冲源。如图6-2所示，每来一个脉冲，计数器加1。当加到计数器为全1时，再输入一个脉冲，就使计数器溢出回零，且计数器的溢出使TCON中TF0或TF1置1，向CPU发出中断请求(定时/计数器中断允许时)。如果定时/计数器工作于定时模式，则表示定时时间已到；如果定时/计数器工作于计数模式，则表示计数值已满。可见，由溢出时计数器的值减去计数初值才是加1计数器的计数值。

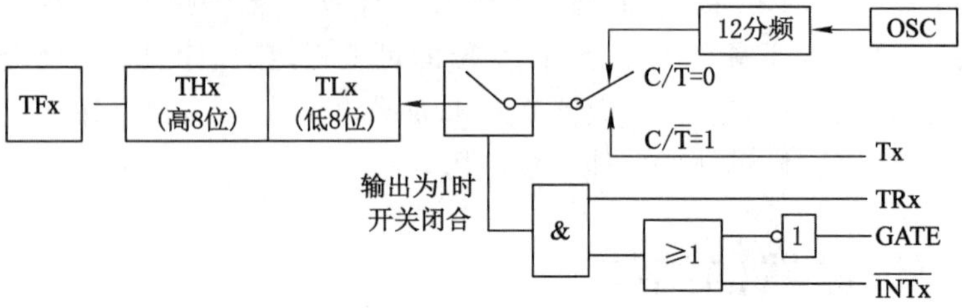

图6-2 定时器工作原理

(1) 定时器的定时功能

如图6-2所示，当寄存器TMOD的位C/$\overline{T}$=0时，图中右边的单刀双掷开关与12分频器的输出接通，此时定时器实现的是定时功能。设置为定时器模式时，加1计数器是对内部机器周期计数(1个机器周期等于12个振荡周期，即计数频率为晶振频率的1/12)。计数值乘以机器周期就是定时时间。

(2) 定时器的计数功能

如图6-2所示，当寄存器TMOD的位C/$\overline{T}$=1时，图中右边的单刀双掷开关与Tx(x=0或者1)引脚接通，此时定时器实现的就是计数功能。设置为计数器模式时，外部事件计数脉冲由T0(P3.4)或T1(P3.5)引脚输入到计数器。在每个机器周期的S5P2期间取样T0、T1引脚电平。当某周期取样到一高电平，而下一周期又取样到一低电平时，则计数器加1，更新的计数值在下一个机器周期的S3P1期间装入计数器。由于检测一个从1到0的下降沿需要2个机器周期，因此要求被取样的电平至少要维持一个机器周期，所以最高计数频率为晶振频率的1/24。当晶振频率为12 MHz时，最高计数频率不超过1/2 MHz，即计数脉冲的周期要大于2 μs。

6.2 控制寄存器

MCS-51单片机定时/计数器的工作由两个特殊功能寄存器控制，其中TMOD用于设置其工作方式，TCON用于控制其启动和中断申请。

6.2.1　定时器控制寄存器(TCON)

TCON 的低 4 位用于控制外部中断,在第 5 章中已经介绍。TCON 的高 4 位用于控制定时/计数器的启动和中断申请。字节地址为 88H,位地址为 88H～8FH。其格式如图 6-3 所示。

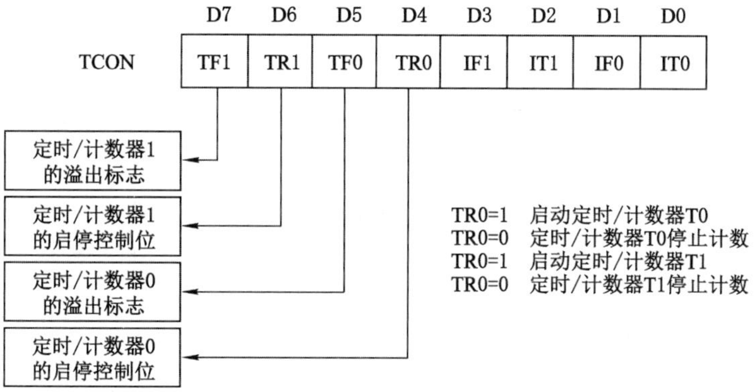

图 6-3　TCON 的格式

TF1(TCON.7):定时/计数器 T1 溢出中断请求标志位。定时/计数器 T1 计数溢出时由硬件自动置 TF1 为 1。CPU 响应中断后 TF1 由硬件自动清 0。T1 工作时,CPU 可随时查询 TF1 的状态。所以,TF1 可用作查询测试的标志。TF1 也可以用软件置 1 或清 0,同硬件置 1 或清 0 的效果一样。

TR1(TCON.6):定时/计数器 T1 运行控制位。TR1 置 1 时,定时/计数器 T1 开始工作;TR1 置 0 时,定时/计数器 T1 停止工作。TR1 由软件置 1 或清 0。所以,用软件可控制定时/计数器的启动与停止。

TF0(TCON.5):定时/计数器 T0 溢出中断请求标志位,其功能与 TF1 类同。

TR0(TCON.4):定时/计数器 T0 运行控制位,其功能与 TR1 类同。

6.2.2　定时器工作方式控制寄存器(TMOD)

工作方式寄存器 TMOD 用于设置定时/计数器的工作方式,低 4 位用于 T0,高 4 位用于 T1。字节地址为 89H,该寄存器不能进行位寻址,只能用字节传送类指令设置其内容。其各位定义如图 6-4 所示。

GATE:门控位。GATE=0 时,只要用软件使 TCON 中的 TR0 或 TR1 为 1,就可以启动定时/计数器工作;GATA=1 时,要用软件使 TR0 或 TR1 为 1,同时外部中断引脚$\overline{INT0}$或$\overline{INT1}$也为高电平时,才能启动定时/计数器工作。即此时定时器的启动,加上了$\overline{INT0}$或$\overline{INT1}$引脚为高电平这一条件。

$C/\overline{T}$:定时/计数模式选择位。$C/\overline{T}=0$ 为定时模式;$C/\overline{T}=1$ 为计数模式。

M1M0:工作方式设置位。定时/计数器有 4 种工作方式,由 M1M0 进行设置。如表 6-1所示。

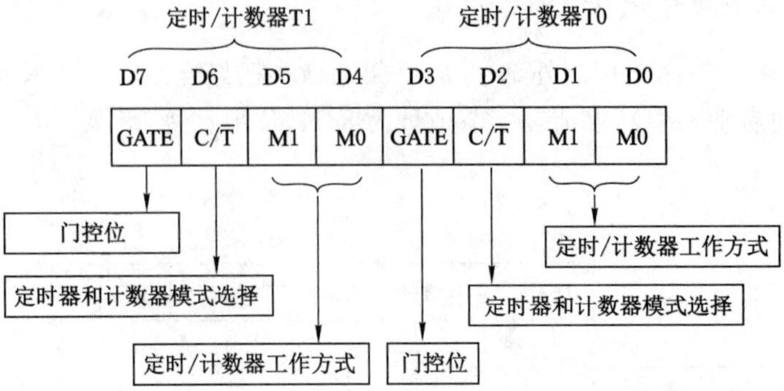

图 6-4　TMOD 中各位的定义

表 6-1　M1、M0 控制的 4 种工作方式

M1M0	工作方式	说明
00	方式 0	13 位定时/计数器
01	方式 1	16 位定时/计数器
10	方式 2	8 位自动重装定时/计数器
11	方式 3	T0 分成两个独立的 8 位定时/计数器；T1 此方式停止计数

6.3　定时/计数器的工作方式

MCS-51 单片机定时/计数器 T0 有 4 种工作方式(方式 0、1、2、3)，T1 有 3 种工作方式(方式 0、1、2)。前 3 种工作方式，T0 和 T1 除了所使用的寄存器、有关控制位、标志位不同外，其他操作完全相同。为了简化叙述，下面以定时/计数器 T0 为例进行介绍。

6.3.1　方式 0

当 TMOD 的 M1M0 为 00 时，定时/计数器 T0 工作于方式 0，图 6-5 所示为定时器在方式 0 时的逻辑电路结构。

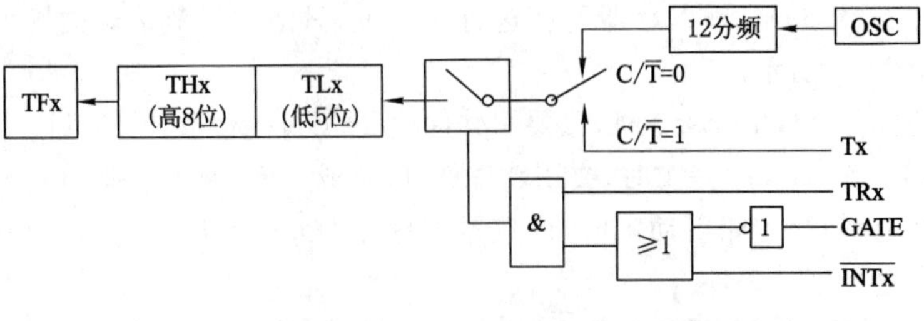

图 6-5　定时/计数器 T0 方式 0 的逻辑电路结构

方式 0 为 13 位计数，由 TL0 的低 5 位(高 3 位未用)和 TH0 的 8 位组成。TL0 的低 5

位溢出时向 TH0 进位，TH0 溢出时，置位 TCON 中的 TF0 标志，向 CPU 发出中断请求。

$C/\overline{T}=0$ 时为定时模式，且有 $N=t/T_{cy}$，式中 t 为定时时间，N 为计数个数，T_{cy} 为时钟周期。通常，在定时/计数器的应用中要根据计数个数求出送入 TH1、TL1 和 TH0、TL0 中的计数初值。计数初值的计算公式为：

$$x=2^{13}-n$$

式中，x 为计数初值，计数个数为 1 时，初值 x 为 8 191；计数个数为 8 192 时，初值 x 为 0。即初值在 8 191～0 范围时，计数范围为 1～8192。另外，定时器的初值还可以采用计数个数直接取补法获得。

$C/\overline{T}=1$ 时为计数模式，计数脉冲是 T0 引脚上的外部脉冲。

门控位 GATE 具有特殊的作用。当 GATE=0 时，经反相后使或门输出为 1，此时仅由 TR0 控制与门的开启，与门输出 1 时，控制开关接通，计数开始；当 GATE=1 时，由 $\overline{\text{INT0}}$ 控制或门的输出，此时与门的开启由 $\overline{\text{INT0}}$ 和 TR0 共同控制。当 TR0=1 时，$\overline{\text{INT0}}$ 引脚的高电平启动计数，$\overline{\text{INT0}}$ 引脚的低电平停止计数。这种方式可以用来测量 $\overline{\text{INT0}}$ 引脚上正脉冲的宽度。

工作方式 0 的相关计算参数整理如下。

① 最大计数量：

$$n_{max}=2^{13}=8\ 192$$

② 已知要求的计数量 n，则计数器的初值为：

$$x=2^{13}-n=8\ 192-n$$

③ 最大定时时间：

$$t_{max}=2^{13}\times\frac{12}{f_{osc}}=8\ 192\times\frac{12}{f_{osc}}$$

④ 已知要求的定时时间 t，则定时器的初值为：

$$x=2^{13}-t\times\frac{f_{osc}}{12}=8\ 192-t\times\frac{f_{osc}}{12}$$

⑤ 求得初值后，应将 x 的第五位和高八位分别分配到 TL0 和 TH0：

(TL0)=000x4x3x2x1x0B

(TH0)=x12x11x10x9x8x7x6x5

【例 6-1】 设定时器 T0 选择工作方式 0，定时状态，如图 6-6 所示。编程实现在 P1.0 上输出一个周期为 2 ms 的方波，$f_{osc}=12$ MHz。

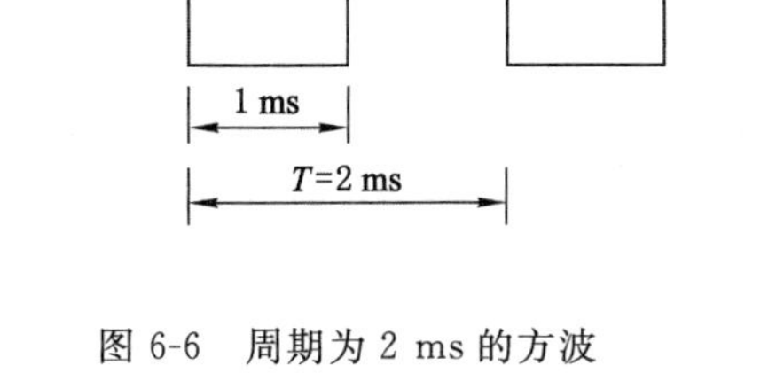

图 6-6　周期为 2 ms 的方波

解 方波的周期用 T0 来确定，让 T0 每隔 1 ms 计数溢出 1 次，即 TF0＝1；查询到 TF0＝1，则 CPU 对 P1.0 取反。

(1) 计算最大定时时间

$$t_{max}=2^{13}\times\frac{12}{f_{osc}}=8\ 192\times\frac{12}{12\times10^{6}}\text{s}=8.192\ \text{ms}$$

(2) 计算计数器的初值：

$$x=2^{13}-t\times\frac{f_{osc}}{12}=8\ 192-1\times10^{-3}\times\frac{12\times10^{6}}{12}=7\ 192$$

(3) 将 x 化为 16 进制，即 x＝1C18H＝1,1100,0001,1000B。取高八位数据放入 TH0，则 TH0＝11100000B＝E0H，低五位数据放入 TL0，则 TL0＝11000B＝18H。

(4) 确定工作方式。定时器 T0 为工作方式 0：M1M0＝00；定时工作状态，C/T＝0；GATE＝0，不受 INT0 控制，定时器 T1 不用，所以对应寄存器位全部取“0”值。故 TMOD＝00H。

(5) 程序设计。采用查询 TF0 的状态来控制 P1.0 的输出，同时要重新装入初值。

C51 参考程序如下：

```
#include <reg51.h>          //头文件 reg51.h
sbit P1_0=P1^0;             //定义特殊功能寄存器 P1 的位变量 P1_0
void main(void)             //主程序
{
    TMOD=0x00;              //设置 T0 为方式 1
    TR0=1;                  //接通 T0
    while(1)                //无限循环
    {
    TH0=0xE0;               //置 T0 高 8 位初值
    TL0=0x18;               //置 T0 低 8 位初值
    do
    {
    }while(! TF0);          //判 TF0 是否为 1，为 1 则 T0 溢出，往下
                            //执行，否则原地循环
    P1_0=~P1_0;             // P1.0 状态求反
    TF0=0;                  //TF0 标志清零
    }
}
```

【例 6-2】 将例 6-1 中的程序改为中断法实现。

解 由例 6-1 分析可知：TH0＝E0H，TL0＝18H，TMOD 初始化为 00H。定时器 0 的中断服务程序入口地址为 000BH，则将例 6-1 改为中断法编程。

C51 参考程序如下：

```
#include<reg51.h>
sbit P1_0=P1^0;
```

```
void main ()
{
    TMOD=0x00;                  //定时器 T0 为方式 1
    TH0=0x0E0;
    TL0=0x18;                   //设置定时器初值
    EA=1;                       //开总中断
    ET0=1;                      //开定时器 T0 中断
    TR0=1;                      //启动定时器 T0
    while(1)
    {;}                         //等待 50 ms 时间到
}
   void timer0() interrupt 1    //T0 中断服务函数
   {
   TH0=0x4c;                    //重新赋初值
   TL0=0x00;
   P1_0= ~P1_0;
   }
```

应说明的是，方式 0 采用 13 位计数器是为了与早期的产品兼容，计数初值的高 8 位和低 5 位的确定比较麻烦，所以在实际应用中常用方式 1。

6.3.2　方式 1

当 M1M0 为 01 时，定时/计数器工作于方式 1。其电路结构和操作方法与方式 0 基本相同，它们的差别仅在于计数的位数不同，如图 6-5 所示。

方式 1 的计数位数为 16 位，由 TL0 作为低 8 位、TH0 作为高 8 位，组成了 16 位加 1 计数器。计数个数与计数初值的关系为：

$$x=2^{16}-n$$

当计数个数为 1 时，初值 x 为 65 535；计数个数为 65 536 时，初值 x 为 0。即初值在 65 535～0 范围时，计数范围为 1～65 536。

工作方式 1 的相关计算参数整理如下。

（1）最大计数量：

$$n_{max}=2^{16}=65\ 536$$

（2）已知要求的计数量 n，则计数器的初值为：

$$x=2^{16}-n=65\ 536-n$$

（3）最大定时时间：

$$t_{max}=2^{16}\times\frac{12}{f_{osc}}=65\ 536\times\frac{12}{f_{osc}}$$

（4）已知要求的定时时间 t，则定时器的初值为：

$$x=2^{16}-t\times\frac{f_{osc}}{12}=65\ 536-t\times\frac{f_{osc}}{12}$$

(5) 求得初值后,应将 x 分配到 TL0 和 TH0:

(TL0)=x7x6x5x4x3x2x1x0B

(TH0)=x15x14x13x12x11x10x9x8B

【例 6-3】 T0 工作于定时方式 1,定时时间 $T_d=2$ ms,系统主频 $f_{osc}=12$ MHz,允许中断,对 T0 进行初始化编程。

解 由于 T0 工作于定时方式,从而 $C/\overline{T}=0$,GATE=0。

T0 工作于方式 1,所以 M1M0=01。T1 不用,TMOD=00000001B=01H。系统主频 $f_{osc}=12$ MHz 时,机器周期 $T_{cy}=12/f_{osc}=1\ \mu s$。

计数初值 $x=216-2\ 000/1=65\ 536-2\ 000=63\ 536=0F830H$。

C51 语言初始化程序如下:

```
TMOD=0x01 ;                       //设置 T0 为定时方式 1
TH0=63536≫8;                      //用移位运算来得到 63 536 的高 8 位
TL0=63536&0xff ;                  //用与运算来得到 63 536 的低 8 位
TR0=1;
ET0=1;
EA=1;
```

【例 6-4】 设单片机晶振频率 $f_{osc}=12$ MHz,使用定时器 T1 以方式 1 产生周期为 2 ms 的连续方波,并由 P1.0 输出(用查询方式完成)。

解 本例同例 6-1,基本定时时间为 1 ms。

计算计数初值:

$$x=2^{16}-t\times\frac{f_{osc}}{12}=65\ 536-1\times10^{-3}\times\frac{12\times10^{6}}{12}=64\ 536$$

转换为二进制数:$x=11111100\ 0001\ 1000B$,故:

(TL1)=0001 1000B=18H

(TH1)=1111 1100B=0FCH

按照图 6-7 所示的 TMOD 寄存器各位的定义,将 TMOD 寄存器初始化。

GATE	$C/\overline{T}$	M1	M0	GATE	C/T	M1	M0

图 6-7 TMOD 工作方式控制

具体为:GATE=0;实现定时功能:$C/\overline{T}=0$;定时器 T1 工作在方式 1:M1M0=01;定时器 T0 不用,相关位设置为 0,故 TMOD 初始化为 10H。

C51 参考程序如下:

```
#include <reg51.h>           //头文件 reg51.h
sbit P1_0=P1^0;              //定义特殊功能寄存器 P1 的位变量 P1_0
void main(void)              //主程序
{
    TMOD=0x10;               //设置 T1 为方式 1
    TR1=1;                   //接通 T1
```

```
    while(1)                //无限循环
    {
    TH1=0xFC;               //置 T1 高 8 位初值
    TL1=0x18;               //置 T1 低 8 位初值
    do
    {
    }
    while(! TF1);           //判 TF1 是否为 1,为 1 则 T0 溢出,程序往下执行,
                            //否则原地循环
    P1_0=~P1_0;             // P1.0 状态求反
    TF1=0;                  //TF1 标志清零
    }
}
```

6.3.3　方式 2

当 M1 M0 为 10 时,定时/计数器工作于方式 2,其逻辑结构如图 6-8 所示。

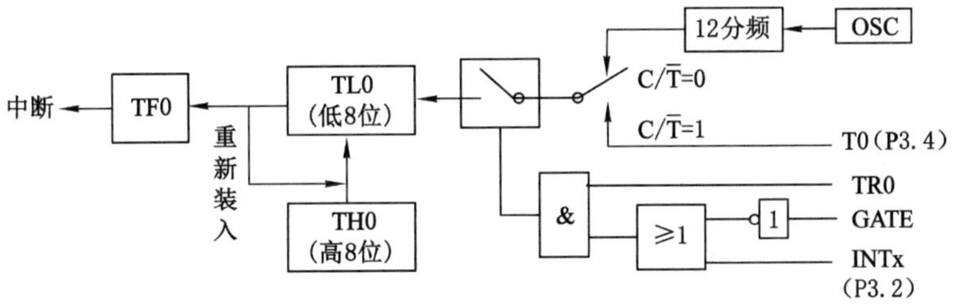

图 6-8　定时/计数器 T0 方式 2 的逻辑结构图

方式 2 为自动重装初值的 8 位计数方式。TH0 为 8 位初值寄存器,当 TL0 计满溢出时,由硬件使 TF0 置 1,向 CPU 发出中断请求,并将 TH0 中的计数初值自动送入 TL0。TL0 从初值重新进行加 1 计数。周而复始,直至 TR0=0 才会停止。计数个数与计数初值的关系为:

$$x=2^8-n$$

可见,计数个数为 1 时,初值 x 为 255;计数个数为 256 时,初值 x 为 0。即初值在 255~0 范围时,计数范围为 1~256。由于工作方式 2 省去了用户软件中重装常数的程序,所以特别适合用作较精确的脉冲信号发生器。

工作方式 0 和工作方式 1 在运行程序时,都需要重置计时器初值,这样从定时器溢出发出溢出标志到重装完定时器初值再次开始计数,会产生一段时间间隔,导致定时时间增加了若干微秒,造成定时不够精确。

为了减小这种定时误差,单片机中设置了工作方式 2(自动重装初值),则可避免上述因素,省去程序中重装初值的指令,实现精确定时。但是工作方式 2 的缺点是只有 8 位计数器,定时时间受到很大限制。

工作方式 2 的相关计算参数整理如下。

最大计数量：

$$n_{max}=2^8=256$$

已知要求的计数量 n，则计数器的初值为：

$$x=2^8-n=256-n$$

最大定时时间：

$$t_{max}=2^8\times\frac{12}{f_{osc}}=256\times\frac{12}{f_{osc}}$$

已知要求的定时时间 t，则定时器的初值为：

$$x=2^8-t\times\frac{f_{osc}}{12}=256-t\times\frac{f_{osc}}{12}$$

求得初值后，应将 x 分配到 TL0 和 TH0：

(TL0)＝x7x6x5x4x3x2x1x0B

(TH0)＝x7x6x5x4x3x2x1x0B

【例 6-5】 定时/计数器 T1 工作于计数方式，计数脉冲个数 $n=100$，允许中断，分别使用：① 工作方式 1；② 工作方式 2。进行初始化编程。

解 ① 由于 T1 工作于计数方式，从而 GATE＝0，$C/\overline{T}=1$，T1 工作于方式 1，则 M1M0＝01。T0 不用，TMOD 的低 4 位取 0000，则 TMOD＝01010000B＝50H，计数器位数 $n=16$。计数器初值 $x=2^{16}-100=65\ 536-100=65\ 436=$0FF9CH。

C51 初始化程序如下：

```
TMOD=0x50 ;              //设置 T1 工作计数方式 1
TH1=0xff ;               //加 1 计数器高 8 位 TH1 赋初值 FFH
TL1=0x9c ;               //加 1 计数器低 8 位 TL1 赋初值 9CH
TR1=1 ;                  //打开 T1 启动开关
ET1=1 ;                  //T1 开中断
EA=1 ;                   //CPU 开中断
```

② T1 工作于方式 2，所以 M1M0＝ 10。TMOD＝60H，n＝8。

计数器初值 $x=2^8-100=256-100=156$，由于方式 2 是 8 位重装方式，所以计数初值 156 存放在计数器 TL1 中，8 位重装值 156 存放在 TH1 中。

C51 初始化程序如下：

```
TMOD=0x60;               //设置 T1 工作计数方式 l
TH1=156;                 //高 8 位重装寄存器 TH1 赋初值 156
TL1=156;                 //低 8 位加 1 计数寄存器 TL1 赋初值 156
TR1=1;                   //打开 TI 启动开关
ET1=1;                   //TI 开中断
EA=1;                    //CPU 开中断
```

6.3.4 方式 3

方式 3 只适用于定时/计数器 T0，定时器 T1 处于方式 3 时相当于 TR1＝0，停止计数。

当 T0 的方式字段中的 M1M0 为 11 时，T0 被设置为方式 3，其逻辑结构如图 6-9 所示。

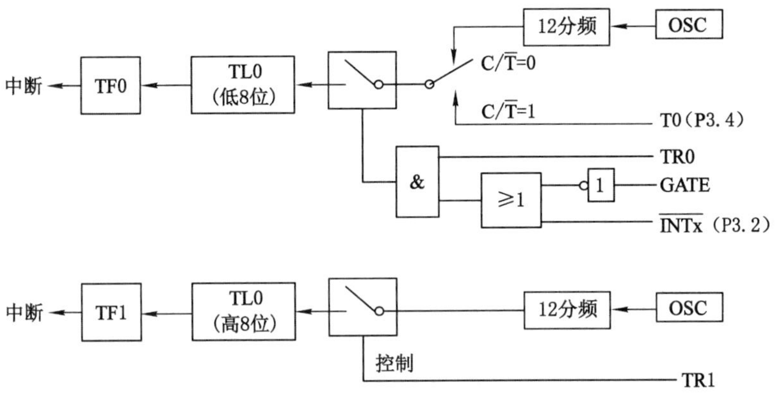

图 6-9　定时/计数器 T0 方式 3 的逻辑结构图

方式 3 时，T0 分为两个独立的 8 位计数器 TL0 和 TH0，TL0 使用 T0 的所有控制位：C/$\overline{T}$、GATE、TR0、TF0 和 INT0。当 TL0 计数溢出时，由硬件使 TF0 置 1，向 CPU 发出中断请求。而 TH0 固定为定时方式(不能进行外部计数)，并且借用了 T1 的控制位 TR1、TF1。因此，TH0 的启、停受 TR1 控制，TH0 的溢出将置位 TF1。

T0 工作在方式 3 时，因 T1 的控制位 C/$\overline{T}$、M1M0 并未交出，原则上 T1 仍可按方式 0、1、2 工作，只是不能使用运行控制位 TR1 和溢出标志位 TF1，也不能发出中断请求信号。方式设定后，T1 将自动运行，如果要停止工作，只需将其定义为方式 3 即可。

在单片机的串行通信应用中，T1 常作为串行口波特率发生器，且工作于方式 2。这时将 T0 设置成方式 3，可以使单片机的定时/计数器资源得到充分利用。

6.4　定时/计数器的初始化

MCS-51 系列单片机的定时/计数器的初始化一般包括以下几个步骤：

(1) 对 TMOD 寄存器赋值，以确定定时器的工作模式。

(2) 置定时/计数器初值，直接将初值写入寄存器的 TH0、TL0 或 TH1、TL1。

(3) 根据需要，对寄存器 IE 置初值，开放定时器中断。

(4) 对 TCON 寄存器中的 TR0 或 TR1 置位，启动定时/计数器。置位以后，计数器即按规定的工作模式和初值进行计数或开始定时。在初始化过程中，要置入定时/计数器的初值，这时要做一些计算。由于计数器是加法计数，并在溢出时申请中断，因此不能直接输入所需的计数值，而是要从计数最大值倒退回去一个计数值才是应置入的初值。设计数器的最大值为 m(在不同的工作模式中，m 可以为 2^{13}、2^{16} 或 2^{8})，则置入的初值 x 可这样来计算：

计数方式时：$x=m-$计数值；

定时方式时：$(m-x)\cdot t=$定时值，所以定时方式下初值 $x=m-$定时值$/t$。

其中 t 为计数周期，它是单片机的机器周期。当机器周期为 1 μs 时，工作在模式 0 时，最大定时值为：

$2^{13}\times 1\ \mu s=8\ 192\times 1\ \mu s=8.192\ ms$；

若工作在模式1,则最大定时值为:

$2^{16}\times 1\ \mu s=65\ 536\times 1\ \mu s=65.536\ ms$。

6.5 应用实例

定时器是单片机应用系统中的重要组成部件,其工作模式的灵活应用对提高编程技巧、减轻CPU负担和简化外围电路有很大益处。本节将通过应用实例,说明定时器的使用方法。

【例6-6】 要求利用定时器T0使P1.7口控制的发光二极管进行秒闪烁(单片机输出低电平控制发光二极管点亮)。系统主频 $f_{osc}=12$ MHz。编程实现该功能。

分析 发光二极管D8进行秒闪烁,即每秒一亮一灭,亮500 ms,灭500 ms。在系统主频 $f_{osc}=12$ MHz条件下,定时器0工作方式1,最大定时时间为65.536 ms,取定时器0定时50 ms,溢出10次实现500 ms定时。

由于T0工作于定时方式,故 $C/\overline{T}=0$,CATE=0。

T0工作方式1,所以M1M0=01。T1不用,TMOD=00000001=01H。

系统主频 $f_{osc}=12$ MHz时,机器周期 $T_{cy}=12/f_{osc}=12/12=1\ \mu s$。

定时50 ms的初值:$x=2^{16}-50\ 000=15\ 536=$3CB0H,因此:TH0=3CH,TL0=B0H

C51程序如下:

程序清单6-1

```
#include < reg51. h >
#include < intrins. h >
#define uchar unsigned char
sbit Signal=P1^7;
uchar counter;
void main( )
{
  TMOD=0x01 ;                          //T0工作方式1
  TH0=0x3C;                            //设置T0的初值
  TL0=0xB0;
  ET0=1;                               //T0中断允许
  EA=1;                                //总中断允许
  TR0=1;                               //启动T0定时
  Signal=1;
  counter=10;                          //计数10次溢出的变量赋初值
  while( 1 );                          //等待中断
}
void  Timer0_isr( void ) interrupt 1   //T0的中断号是1
{
```

```
    TH0=0x3C ;                                //重新赋初值
    TL0=0xB0 ;
    counter --;                               //溢出次数计数
    if( counter== 0 )
      {Signal=~ Signal ; counter=10;}         //10 次溢出后,控制 LED 翻转
}
```

【例 6-8】 电路如图 6-10 所示。51 单片机的 P1 口上接有 8 只 LED,采用 T0 方式 1 的定时中断方式,使 P1 口外接的 8 只 LED 从上到下每 50 ms 闪亮一次。

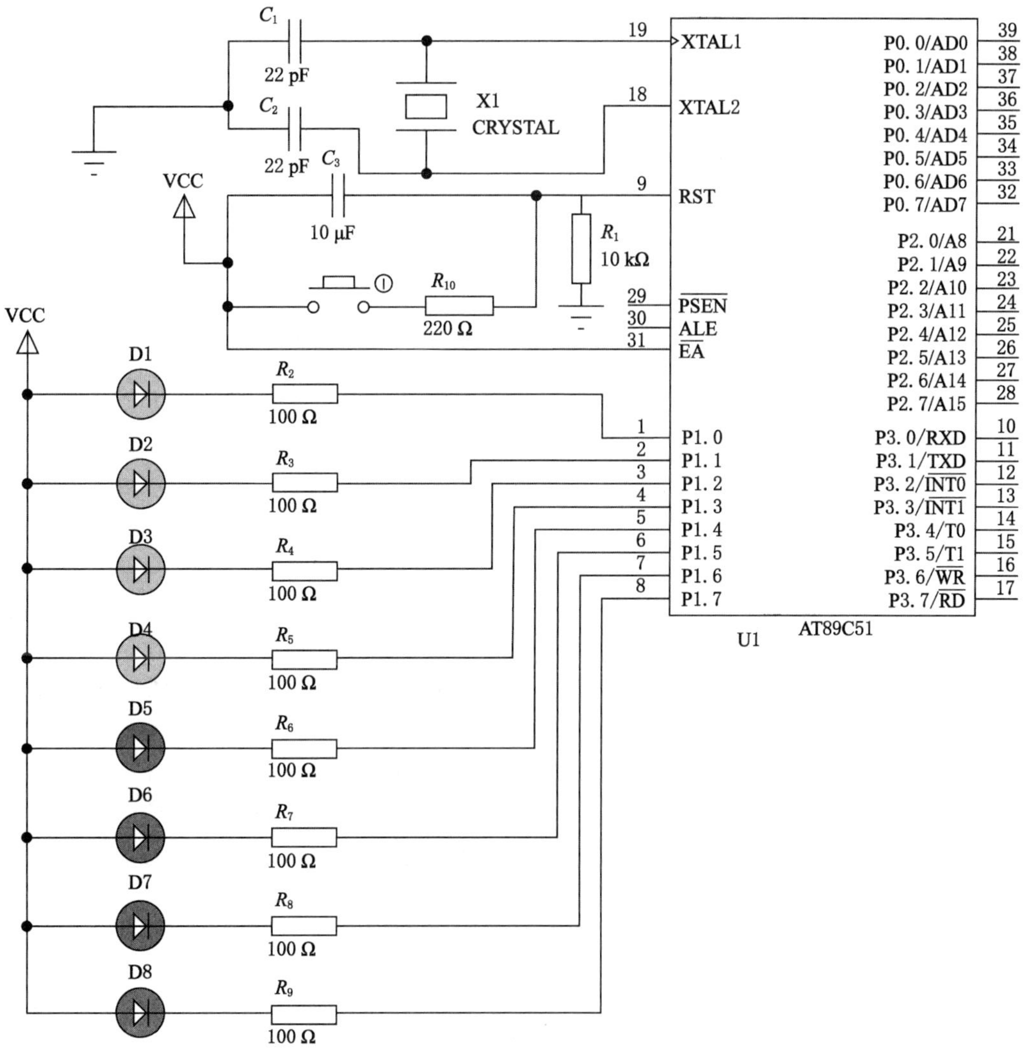

图 6-10　8 只发光二极管的定时流水控制电路

(1) 中断方式实现参考程序。定时器可采用中断方式来实现,C51 程序如下:

程序清单 6-2

```
#include<reg51.h>
unsigned char dis[]={0xfe,0xfd,0xfb,0xf7,0xef,0xdf,0xbf,0x7f};           (1)
unsigned char i=0;                    //初始化
void main ()
{
    TMOD=0x01;                        //定时器 T0 为方式 1
    TH0=0x4C; TL0=0x00;               //设置定时器初值
    EA=1;                             //开总中断
    ET0=1;                            //开定时器 T0 中断
    TR0=1;                            //启动定时器 T0
    P1=dis[i];
    while(1)
    {;}                               //等待 50 ms 时间到
}
void timer0() interrupt 1             //T0 中断服务函数                  (2)
{
    TH0=0x4C;                         //重新赋初值
    TL0=0x00;
    i++;                              //执行操作
    if(i==8)i=0;
    P1=dis[i];
}
```

程序清单 6-2(1):0xfe,0xfd,0xfb,0xf7,0xef,0xdf,0xbf,0x7f 为显示代码,每次只有一盏 LED 灯点亮。显示代码可以采用数组查表来获取,也可以采用赋初值,然后左移右移方法实现。

程序清单 6-2(2):中断服务程序中必须手动恢复定时器时间初值,以进行下一次的定时。

(2) 查询方式实现参考程序。当定时时间到,中断请求标志 TF0/TF1 自动置 1ed44QQ,程序中可通过查询此标志是否为 1,来判断定时时间是否到。查询方式一般用在任务简单、对实时性要求比较低的场合。

程序清单 6-3

```
#include <reg51.h>                    //头文件 reg51.h
unsigned char dis[]={0xfe,0xfd,0xfb,0xf7,0xef,0xdf,0xbf,0x7f};
void main(void)                       //主程序
{
    unsigned char i=0;
    P1=dis[i];
    TH0=0x4C;
```

```
    TL0=0x00;
    TMOD=0x01;                      //赋 50 ms 初值并设 T0 为方式 1
    TR0=1;                          //开启 T0
    while(1)                        //无限循环
    {
    if(TF0)                         //判 TF0 是否为 1,
      {
        TF0=0;
        TH0=0x4C;
        TL0=0x00;
        i++;
        if(i==8)i=0;
        P1=dis[i];
      }
    }
}
```

【例 6-9】 电路如图 6-11 所示。用 2 位数码管显示计时时间，最小计时单位为“百毫秒”，计时范围 0.1～9.9 s。当第 1 次按一下计时功能键时，秒表开始计时并显示；第 2 次按一下计时功能键时，停止计时，将计时的时间值送到数码管显示；如果计时到 9.9 s，将重新开始从 0 计时；第 3 次按一下计时功能键，秒表清 0。再次按一下计时功能键，则重复上述计时过程。

本秒表应用定时器模式，计时范围 0.1～9.9 s。此外还涉及如何编写控制 LED 数码管显示的程序。

参考程序如下：

程序清单 6-4

```
#include<reg51.h>                   //包含 51 单片机寄存器定义的头文件
unsigned char code discode1[]={0xbf,0x86,0xdb,0xcf,0xe6,0xed,0xfd,0x87,0xff,
0xef};                              //数码管显示 0～9 的段码表，带小数点
unsigned char code discode2[]={0x3f,0x06,0x5b,0x4f,0x66,0x6d,0x7d,0x07,0x7f,
0x6f};                              //数码管显示 0～9 的段码表，不带小数点
unsigned char timer=0;              //记录中断次数
unsigned char second;               //储存秒
unsigned char key=0;                //记录按键次数
main()                              //主函数
{
  TMOD=0x01;                        //定时器 T0 方式 1 定时
  ET0=1;                            //允许定时器 T0 中断
  EA=1;                             //总中断允许
  second=0;                         //设初始值
```

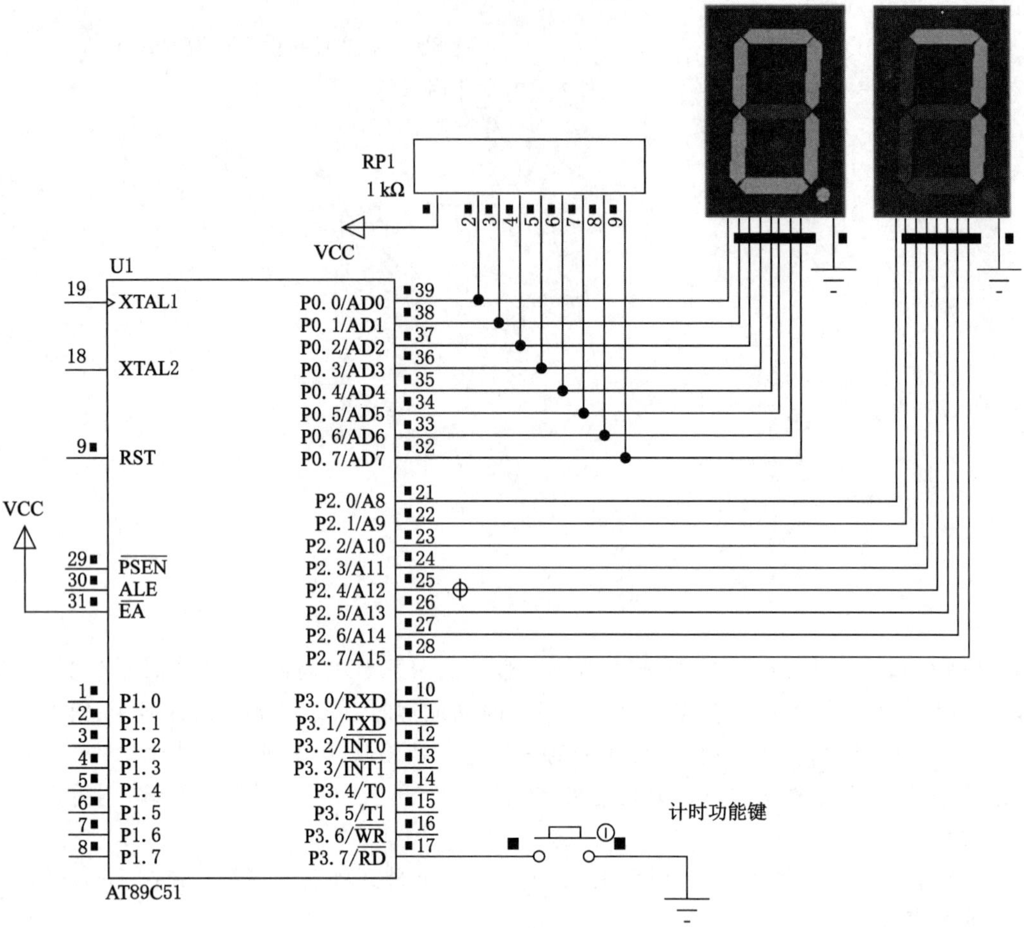

图 6-11　秒表显示电路示意图

```
P0=discode1[second/10];         //显示秒位 0
P2=discode2[second%10];         //显示 0.1 s 位 0
while(1)                        //循环
{
  if((P3&0x80)==0x00)           //当按键被按下时
  {
    key++;                      //按键次数加 1
    switch(key)                 //根据按键次数分三种情况
    {
    case 1:                     //第一次按下为启动秒表计时
          TH0=0xEE;             //向 TH0 写入初值的高 8 位
          TL0=0x00;             //向 TL0 写入初值的低 8 位,定时 5 ms
          TR0=1;                //启动定时器 T0
          break;
```

```
        case 2:                      //按下两次暂定秒表
            TR0=0;                   //关闭定时器 T0
            break;
        case 3: second=0;            //按下 3 次秒表清 0
            key=0; //按键次数清
            P0=discode1[second/10];       //显示秒位 0
            P2=discode2[second%10];       //显示 0.1s 位 0
            break;
          }
while((P3&0x80)==0x00);              //如果按键时间过长在此循环
        }
      }
}
void int_T0() interrupt 1   using 0  //定时器 T0 中断函数
{
    TR0=0;                           //停止计时,执行以下操作(会带来计时误差)
    TH0=0xEE;                        //向 TH0 写入初值的高 8 位
    TL0=0x00;                        //向 TL0 写入初值的低 8 位,定时 5 ms
    timer++;                         //记录中断次数
    if (timer==20)                   //中断 20 次,共计时 20 * 5 ms=100 ms=0.1 s
  {
    timer=0;                         //中断次数清 0
    second++;                        //加 0.1 s
    P0=discode1[second/10];          //根据计时,即时显示秒位
    P2=discode2[second%10];          //根据计时,即时显示 0.1 s 位
    if(second==99)                   //当计时到 9.9 s 时
    {
        TR0=0;                       //停止计时
        second=0;                    //秒数清 0
        key=2;                       //按键数置 2,当再次按下按键时,
                                     //key++,即 key=3,秒表清 0 复原
    }
      else                           //计时不到 9.9 s 时
        {
        TR0=1;                       //启动定时器继续计时
        }
  }
}
```

6.6 习题

一、单选题

1. 设 80C51 外部晶振频率为 12 MHz,若用定时器 T0 的工作方式 1 产生 1 ms 的定时,则 T0 计数初值应为(　　)。

A. 0XF060　　B. 0XF448　　C. 0XF830　　D.0XFC18

2. 51 单片机的定时器 T1 用作计数方式时,(　　)。

A. 外部计数脉冲由 T1(P3.5)引脚输入

B. 外部计数脉冲由 T0(P3.4)引脚输入

C. 外部计数脉冲由内部时钟频率提供

D. 外部计数脉冲由 P0 口任意引脚引入

3. 80C51 的定时器 T1 用作定时方式 1 时,工作方式的初始化编程语句为(　　)。

A. TCON=0X01　　B. TCOX=0X05　　C. TMOD=0X10　　D. TMOD=0X50

4. 使用 80C51 的 T0 时,若要工作在"计数器方式",应使 TMOD 中的(　　)。

A. GATE=1　　B. $C/\overline{T}$=1　　C. GATE 位清 0　　D. $C/\overline{T}$=0

5. 启动定时器 T0 开始工作的指令是使 TCON 中的(　　)。

A. TF0=1　　B. TR0=1　　C. TF0=0　　D. TF1=0

6. 80C51 对外部事件进行计数时,T1 采用方式 2,要求每计满 10 次产生溢出标志,则 TH1、TL1 的初值为(　　)。

A. FFH,F6H　　B. F6H,F6H　　C. F0H,F0H　　D. FFH,F0H

7. 采用 80C51 的定时器 T0 定时方式 2,则应该(　　)。

A. 启动前先向 TH0 置初值,TL0 置 0,以后每次重新计数前都要重新置初值

B. 启动前先向 TH0、TL0 置初值,以后每次重新计数前都要重新置初值

C. 启动前先向 TH0、TL0 置不同的初值,以后不再置初值

D. 启动前先向 TH0、TL0 置相同的初值,以后不再置初值

8. 80C51 单片机定时器 T1 的溢出标志为 TF1,当计数满产生溢出时,如果不用中断方式而用查询方式,则(　　)。

A. 应由硬件清 0　　B. 应由软件清 0　　C. 应由软件置位　　D. 可不处理

9. 80C51 单片机定时器 T0 的溢出标志为 TF0,当计满产生溢出时,其值为(　　)。

A. 0　　B. 1　　C. 0XFF　　D. 计数值

10. 80C51 单片机的定时/计数器在工作方式 1 时的最大计数值为(　　)。

A. 8 192　　B. 256　　C. 1　　D. 65 536

二、简答题

1. 80C51 单片机内部有几个定时/计数器? 它们由哪些功能寄存器组成? 怎样实现定时功能和计数功能?

2. 定时/计数器 T0 有几种工作方式? 各自的特点是什么?

3. 定时/计数器的四种工作方式各自的计数范围是多少？如果要计 100 个单位，不同的方式初值应为多少？

三、综合题

1. 设振荡频率为 6 MHz，如果用定时/计数器 T0 产生周期为 10 ms 的方波，可以选择哪几种方式？

2. 已知系统晶振频率 $f_{osc}=12$ MHz，若使用 51 单片机的定时器 0 以工作方式 2 实现 100 μs 的定时，时间初值、方式控制字分别为多少？编制相应的初始化程序（采用中断方式）。

3. 8051 系统中，已知系统晶振频率 $f_{osc}=12$ MHz，用定时/计数器 T0 实现从 P1.0 产生周期为 2 ms 的方波。要求分别用汇编语言和 C 语言进行编程。

4. 8051 系统中，已知系统晶振频率 $f_{osc}=12$ MHz，用定时/计数器 T1 实现从 P1.1 产生高电平宽度为 10 ms、低电平宽度为 20 ms 的矩形波。

第7章　串行通信及其接口

7.1　基本概念

通信是指人与人、人与自然、设备与设备之间通过某种行为或媒介进行的信息交流与传递。通信的核心在于信息的传输，其目的是将信息从一端传递到另一端，无论采用何种方法或媒介，只要能够实现信息的准确传递，都可以称为通信，通信的英文名称为communication。通信已成为计算机中不可或缺的一部分。按每次传送的数据位数，通信可分为并行通信和串行通信两种方式。并行通信是指数据的各位同时进行传输，如图7-1(a)所示，8位数据采用8根线同时传输。并行通信的特点是速度快、效率高，但传输多少位数据就需要多少根传输线，当传输数据位数多、传输距离远时，就会导致通信线路成本提高，因此并行通信适合于短距离传输。串行通信是将数据的各位一位一位地依次传送，如图7-1(b)所示。当传输距离较远时，可显著减少传输线，但串行通信传输速度慢、效率低，不适合高速通信，适合于计算机之间、计算机与外部设备之间的远距离通信。

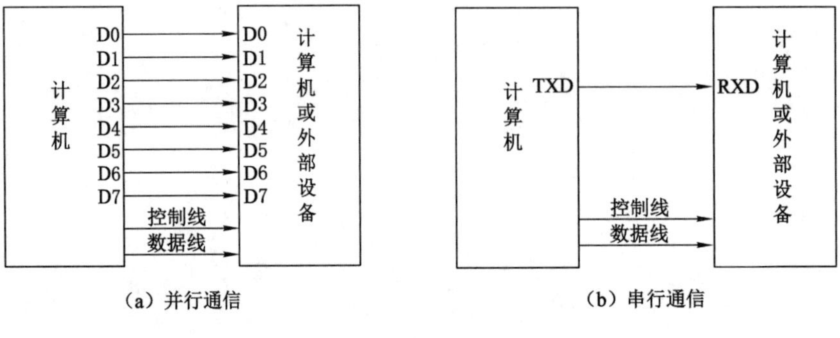

图7-1　计算机通信

根据数据传送方向，串行通信可分为单工、半双工和全双工三种形式，如图7-2所示。在单工方式下，发送器和接收器之间只有一根传输线，并且数据只能按一个固定的方向传输。在半双工方式下，一根传输线可以双向传输，但某个时刻只能是单向的，收发开关一般用软件方式切换。在全双工方式下，两个设备之间具有两根传输线，每一端都有发送器和接收器，可以同时发送和接收，即数据可以在两个方向上同时传送。在实际应用中，尽管多数串行通信接口电路具有全双工功能，但是一般情况下，还是工作在半双工方式下，这是其用法简单实用所致。

串行通信的数据是按位进行传送的，每秒传送的二进制数码的位数称为波特率。单位是

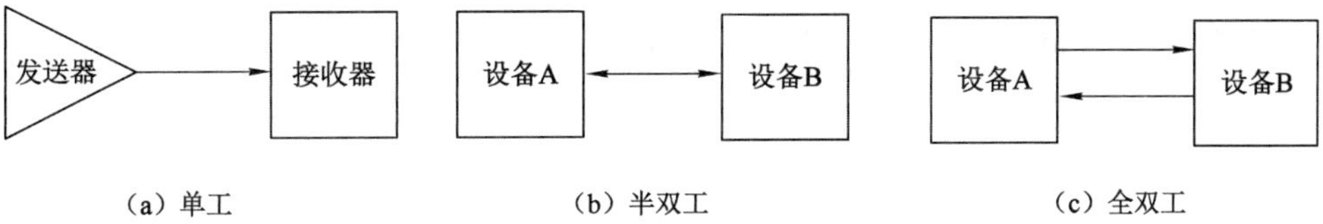

图 7-2　串行通信的几种方式

bps(bit per second),即位/秒(bit/s)。设数据传送速率为 120 字符/s,每个字符(帧)包括 10 个数据位,则波特率为:10×120=1 200 bps,每位传送的时间为:Td=1/1 200=0.833 s。

波特率是衡量串行数据传送速率的指标,国际上规定了标准波特率系列,作为推荐使用的波特率,此系列为 110、300、600、1 200、1 800、2 400、4 800、9 600、19 200、115 200 bps 等。通信时,接收端和发送端的波特率必须一致。

按照串行数据的时钟控制方式,串行通信又可分为异步通信和同步通信两种方式。

(1) 异步通信:以字符(或字节)为单位组成数据帧进行的传送称为异步通信,如图 7-3 所示。异步通信是按照帧进行传送的,从起始位开始至停止位结束的一串数据称为一帧。由于通信中每一帧数据都要配上一个起始位和一个停止位,使传送速度降低 1/4～1/5,两个字符之间还可以加上空闲位。为提高传输速度,可以将起始位、停止位、空闲位全部去除,连续传送,由此引出同步通信概念。

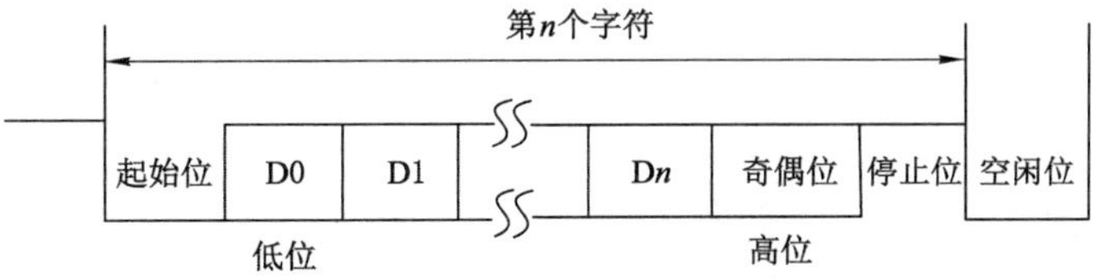

图 7-3　异步串行通信

(2) 同步通信:数据以块为单位连续进行的传送称为同步通信。在发送一块数据时,首先通过 1～2 个同步字符保证发送和接收端设备的同步,然后连续发送整块数据,发送过程中,不再需要发送端和接收端的同步信号,如图 7-4 所示。同步串行通信的通信速度快,可工作在几十～几百波特,但要求精确的同步时钟来控制发送端和接收端之间的同步。因为发送端和接收端的一点小小的时钟差异,在长时间的通信中将产生累积误差,直至通信失败,所以同步通信的硬件较为复杂。

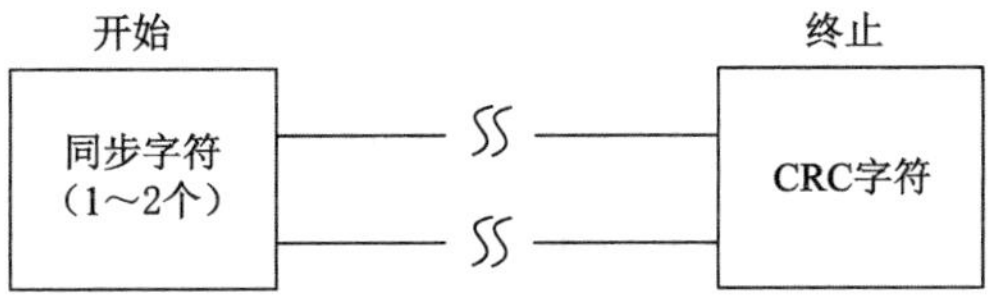

图 7-4　同步串行通信

7.2 MCS-51 串行口的内部结构

7.2.1 特点

MCS-51 单片机内部有一个可编程的全双工异步串行通信接口（UART：Universal Asynchronous Receiver/Transmitter），可以作为通用异步接收/发送器，也可以作为同步移位寄存器。

7.2.2 结构

如图 7-5 所示，51 单片机内部有两个缓冲器 SBUF（分别为接收 SBUF、发送 SBUF）、一个接收移位寄存器、一个发送控制器、一个接收控制器、一个串口控制寄存器 SCON 等。

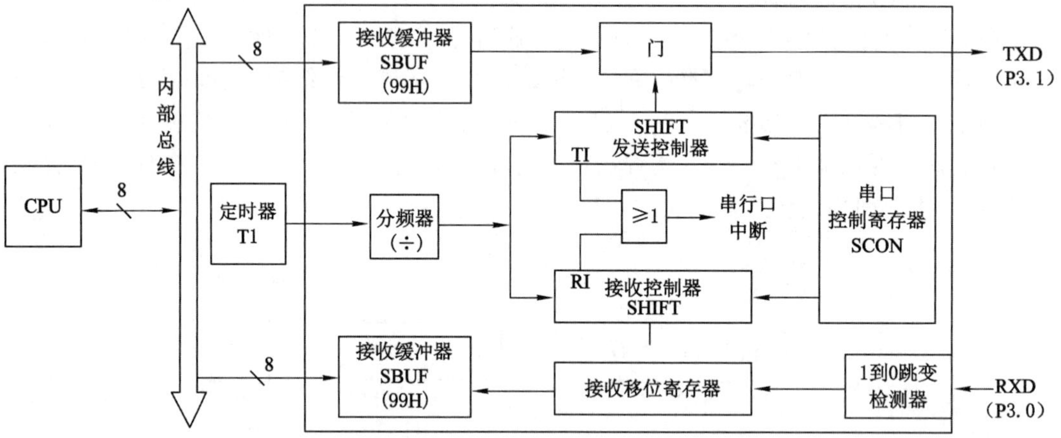

图 7-5　MCS-51 单片机串行通信内部结构框图

发送时，数据从内部总线送入发送缓冲器 SBUF，在定时器 T1 和门电路的配合下，串行数据从 TXD(P3.1)引脚输出。发送控制器的作用是将并行数据转换为串行数据，并自动加上起始位、可编程位和停止位。发送完毕后，将发送中断请求标志 TI 自动置 1，通知 CPU 已将发送 SBUF 中的数据输出到了 TXD 引脚。

接收时，RXD(P3.0)引脚上检测到 1 到 0 的跳变，说明起始位到来，开启接收。串行数据进入接收移位寄存器后，变成并行数据送入接收缓冲器。接收控制器的作用是使 RXD 引脚上的串行数据变为并行数据，并自动滤掉起始位、可编程位和停止位，接收结束后，使接收中断请求标志 RI 自动置 1，通知 CPU 已将接收的数据存入接收 SBUF。

从发送和接收过程可以看出，发送的数据从发送 SBUF 直接送出，接收的数据则经过移位寄存器后到达接收 SBUF，接收端还可以通过移位寄存器接收下一帧数据。由此可见，发送端为单缓冲结构，接收端为双缓冲结构，这样可避免在第 2 帧接收数据到来时，CPU 因未及时将第 1 帧数据读走而引起两帧数据重叠的错误。定时器 T1 是波特率发生器，产生用于在收发过程中控制节拍的通信时钟（仅限于方式 1、3）。

串口的两个数据缓冲器 SBUF 在物理上是独立的，两个 SBUF 共用一个地址 99H（参见表 2-3），并不冲突，可通过指令区别是对哪个 SBUF 进行操作。例如：

MOV SBUF,A ;(1)

MOV A,SBUF ;(2)

指令(1)表示将累加器 A 的值传给发送缓冲器 SBUF，指令执行后串口通过 TXD 引脚串行发送出去。SBUF 为目标操作数，它是发送 SBUF。

指令(2)表示将接收缓冲器 SBUF 的内容传送给累加器 A。SBUF 中的内容是 RXD 引脚接收到的串行数据，SBUF 为源操作数，它是接收 SBUF。

从这两条指令可以看出，指令不同，对应的 SBUF 也不同。

7.3　控制寄存器 SCON、PCON

7.3.1　电源控制寄存器 PCON

如图 7-6 所示，PCON(Power Control Register)寄存器用于设置波特率档位，其最高位 SMOD 是波特率控制位，当 SMOD=1 时，波特率提高一倍。其余位未定义，PCON 不可位寻址。

	D7	D6	D5	D4	D3	D2	D1	D0
PCON	SMOD							

图 7-6　PCON 寄存器

串口方式 1、3 波特率是可变的，它是以 T1 的溢出脉冲经过分频后送到收发控制器中，结构如图 7-7 所示。从图中可以看出，当 SMOD=1 时，波特率没有进行 2 分频，所以波特率提高一倍。其内部还有一个 16 分频器，用以实现同步。

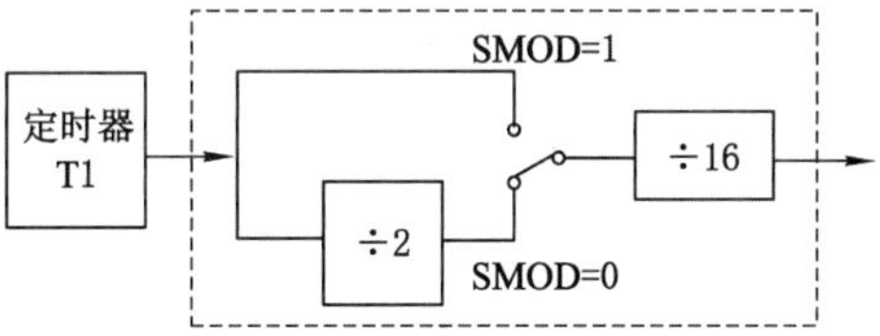

图 7-7　波特率信号的分频单元结构(方式 1、3)

7.3.2　串行口控制寄存器 SCON

如图 7-8 所示，SCON 用于定义串行口工作方式，控制串行通信的参数，标记串行通信的中断状态。其字节地址为 98H，各位位地址为 98H～9FH，可进行位操作。

RI：接收中断请求标志。方式 0 中接收到第 8 位数据结束时由硬件置位；在其他方式中，接收到停止位的中间位时由硬件置位。当 RI=1 时申请中断，要求 CPU 取走数据。但

		D7	D6	D5	D4	D3	D2	D1	D0
SCON	位地址	9FH	9EH	9DH	9CH	9BH	9AH	99H	98H
		SM0	SM1	SM2	REN	TB8	RB8	TI	RI

图 7-8　SCON 寄存器

在方式 1 中，当 SM2=1 时，若未接收到有效的停止位，则不会对 RI 置 1。在任何方式中，该位都必须由软件清 0。在系统复位时，SCON=0X00。

TI：发送中断请求标志。在方式 0 中，发送完第 8 位数据时由硬件置位；在其他方式中，接收到停止位的开始时由硬件置位。当 TI=1 时申请中断，CPU 响应中断后，发送下一帧数据。在任何方式中，该位都必须由软件清 0。

RB8：是方式 2 和 3 中接收到的第 9 位数据。在方式 1 中，若 SM2=0，RB8 是接收到的停止位。在方式 0 中，不使用 RB8。

TB8：是方式 2 和 3 中要发送的第 9 位数据。由软件来置位或清 0。

REN：允许接收位。由软件置位或清 0，使串口允许接收或禁止接收。

SM0，SM1：串行接口操作方式选择位。两个选择位对应四种工作方式，参见表 7-1。

表 7-1　串行接口方式选择

SM0	SM1	方式	功能说明	波特率
0	0	0	移位寄存器方式	$f_{osc}/12$
0	1	1	10 位 UART	可变
1	0	2	11 位 UART	$f_{osc}/64$ 或 $f_{osc}/32$
1	1	3	11 位 UART	可变

SM2：允许方式 2 和 3 的多机通信位。在方式 2 和 3 中，若 SM2=1，且接收到的第 9 位数据(RB8)为 0，则接收中断请求标志 RI 不会被激活；仅当 RB8=1 时，才会将 RI 置 1。若 SM2=0，无论 RB8 为何值，接收完一帧数据都使 RI 置 1。在方式 1 中，SM2=1，则只有收到有效的停止位才会激活 RI；在方式 0 中，SM2 必须为 0。

其中方式 0 为移位寄存器方式，用于 I/O 口扩展用；方式 1 为 10 位 UART；方式 2、3 都是 11 位 UART，具体在 7.4 节中详述。

对于波特率，四种工作方式也有所不同。其中：

方式 2：当 SMOD=1 时，波特率 $=f_{osc}/32$；当 SMOD=0 时，波特率 $=f_{osc}/64$。

方式 1、3：波特率是可变的，它跟系统时钟频率和定时器 T1 有关。

$$\text{波特率}=\frac{2^{SMOD}}{32}\,\frac{f_{osc}}{12(2^m-x)} \tag{7-1}$$

式中　f_{osc}——系统时钟频率；

SMOD——PCON 寄存器中的最高位，为 1 或 0；

m=13、16、8，分别对应于定时器 T1 的方式 0～3；

x——定时器 T1 的计数初值，参见第 6 章。

在实际应用系统中，一般波特率是给定值，故而需要在编程时对定时器的计数初值、工作方式等进行初始化设定。

【例7-1】 若51单片机串口工作在方式1，9 600波特率，系统时钟频率 $f_{osc}=11.059\ 2$ MHz，定时器T1工作在方式2，SMOD=1，计算定时器T1的时间初值。

解 因为T1工作在方式2，所以m=8。代入公式(7-1)，得：

$$9\ 600=\frac{2^1}{32}\times\frac{11.059\ 2\times10^6}{12(2^8-x)}$$

$$x=2^8-\frac{2^1}{32}\times\frac{11.059\ 2\times10^6}{12\times9\ 600}=250=0XFA$$

所以，定时器T1的时间初值为0XFA。若SMOD=0，则时间初值为：

$$x=2^8-\frac{2^0}{32}\times\frac{11.059\ 2\times10^6}{12\times9\ 600}=253=0XFD$$

7.4 串口工作方式及其应用实例

7.4.1 方式0(移位寄存器输入输出方式)

当SCON寄存器中的SM0 SM1=00时，串口工作在方式0，为移位寄存器方式，可外接移位寄存器，也可外界同步设备/输出设备。方式0不是异步串行通信，而是用于串并转换扩展I/O口。方式0工作时，SM2必须为0。

(1) 方式0发送：串行数据通过RXD引脚输出，TXD引脚输出移位脉冲。当有一个数据写入发送缓冲器SBUF就开始发送。在此期间，发送控制器送出移位信号，使发送移位寄存器的内容右移一位，直到最高位(D7)移出后，停止发送数据和移位脉冲。完成了一帧数据的发送，硬件将TI置1，申请中断。若中断响应，则从0023H单元开始执行串口中断服务程序。

(2) 方式0接收：RXD端为数据输入端，TXD为同步脉冲信号输出端，接收器以振荡频率的1/12的波特率接收RXD端输入的数据信息。当设置为方式0，且满足REN=1和RI=0条件时，就启动一次接收过程。

方式0可以外接8位串入并出移位寄存器(如74LS164)作为输出口，也可外接8位并入串出移位寄存器(如74LS165)作为输入口，如图7-8所示。

74LS164的引脚(14个引脚)及内部结构如图7-9所示，其中A、B为两路数据输入端，经与门后接D触发器的输入端D；CP为移位时钟输入端；$\overline{MR}$为低电平时可使D触发器清0(复位)；Q0～Q7为数据输出端。14引脚为GND。

74LS164的移位过程通过D触发器实现。具体为：每出现一次时钟脉冲信号，前级D触发器锁存的电平便会被后级锁存起来。如此经过8个时钟脉冲后，最先接收到的数据位将被最高位D触发器锁存，到达Q7端。其次接收到的数据位将被次高位D触发器锁存，并到达Q6端，以此类推。换言之，逐位输入的串行数据将同时出现在Q0～Q7端，从而实现了串行数据转为并行数据的功能。

74SLS165是一个并入串出的8位移位寄存器，功能和74LS164相反，共有16根引脚，

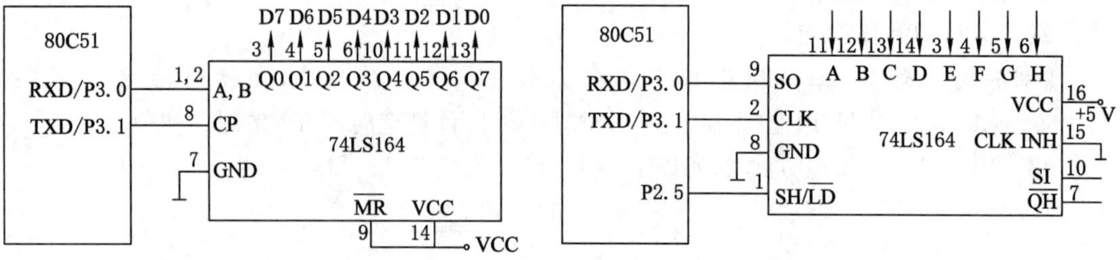

(a) 外接移位寄存器输出（74LS164）　　(b) 外接移位寄存器输入（74LS164）

图 7-8　MCS-51 外接移位寄存器

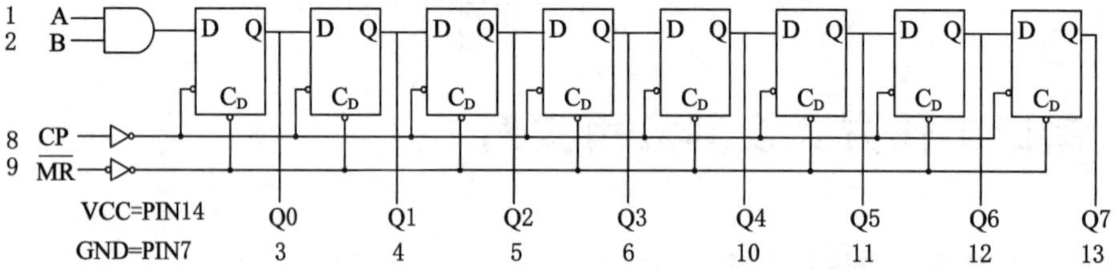

图 7-9　74LS164 逻辑结构图

其中 A～H 为 8 位并行数据输入端；SO 为输出端，$\overline{\text{QH}}$为 SO 互补输出端；CLK 为移位时钟输入端，CLK INH 为时钟禁止端，当时钟禁止端 CLK INH 为低电平时，允许时钟输入；SI 为串行输入端，扩展多个 74LS165 的首尾连接端；SH/$\overline{\text{LD}}$为移位置位控制端。当 SH/$\overline{\text{LD}}$=0 时，A～H 被置入寄存器，而与时钟（CLK，CLK INH）及串行数据（SI）均无关；当 SH/$\overline{\text{LD}}$=1，并行置数功能被禁止。需要注意的是串行输出的顺序：最先读出 H，最后读出 A。

基于以上分析，可以很容易地理解图 7-8 中的电路原理图。

图 7-8(a)中，74LS164 的输入端 A、B 接在单片机的 RXD 引脚上，单片机内部的数据经由 RXD 输出到 A、B 引脚，74LS164 将其变为 8 位并行信号从 Q0～Q7 引脚输出；单片机的 TXD 向 74LS164 提供时钟脉冲信号；$\overline{\text{MR}}$无须控制，直接接高电平。

图 7-8(b)中，外部 8 位并行数据通过 A～H 送入 74LS164，变成串行信号经由 SO 输入到单片机的 RXD 引脚；SH/$\overline{\text{LD}}$信号由单片机的一个 I/O 引脚控制，图 7-8(b)示例为 P2.5 引脚。单片机的 TXD 引脚向 74LS164 提供时钟脉冲信号；74LS164 的 CLK INH 直接接地。

如果实际系统需要扩展多个 I/O 口，也可以采用多片 74LS164 或 74LS164 首尾相连的方法扩展。图 7-10 中，用了两个 74LS164 芯片，可扩展出 2 个 8 位 I/O 口。其中 1＃74LS164 的 Q7 端接到 2＃74LS164 的 Q0 引脚上，因此，数据经由 1＃芯片的 Q7 依次移到了 2＃芯片的 Q7 端，达到了扩展的目的。

【例 7-2】 根据图 7-11 所示电路，通过 51 单片机串口方式 0 依次输出流水灯数据，控制八个 LED 灯 D0～D7 轮流点亮，每次只能亮一盏灯，从 D0 开始亮起，请编程实现。

程序清单 7-1

```
#include <reg51.h>
```

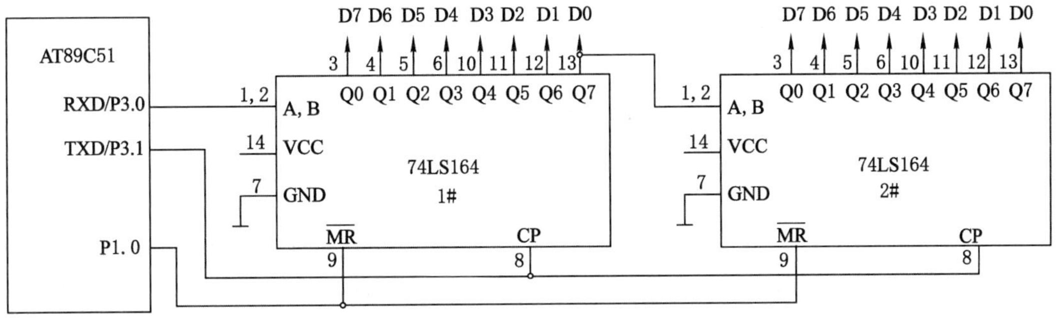

图 7-10　两片 74LS164 扩展 2 个 I/O

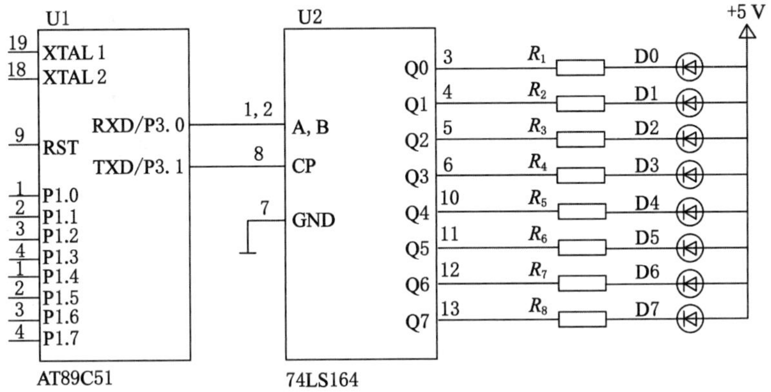

图 7-11　例 7-2 电路图

```
#include <intrins.h>
void delayms(unsigned char ms)        //延时函数
{
unsigned char i;
while(ms--)
  {
  for (i=0;i<120;i++);   //1 ms 延时(fosc=12 MHz)
  }
}
void main( )
{
  unsigned char LED=0X7F;
  SCON=0X00; //方式 0                                    (1)
  while(1)
    {
    SBUF=LED;                                           (2)
```

```
        LED=_cror_(LED,1);                                    (3)
        do{ } while(! TI);                                    (4)
        delayms(200);
        }
}
```

程序清单 7-1(1):SCON=0X00,串口初始化,表示串口工作在方式 0。

程序清单 7-1(2):因为 LED=0x7f=0111111B,所以此处 SBUF=0111111B,串行数据发送时先发送低位数据,后发送高位数据,所以 SBUF 中的最高位 0 最后发出去,出现在 D0 引脚上,使得 D7~D0=11111110,即 D0 先亮。

程序清单 7-1(3):输出码循环右移。

程序清单 7-1(4):判断一帧数据是否发送完毕。若 TI=1 表示发送完毕,则(! TI)=0,跳出循环发下一帧;如果 TI=0,则(! TI)=1,表示还没有发送完毕,继续等待。

仿真结果如图 7-12 所示,8 盏 LED 灯轮流点亮,与题目要求相符。由例程可知,方式 0 是用来扩展 I/O 口的而不是进行串行通信的,这是扩展 I/O 口的一种常用方法。还有很多扩展 I/O 口的方法,例如采用 8255 扩展芯片等,请学习者自行查阅相关资料。

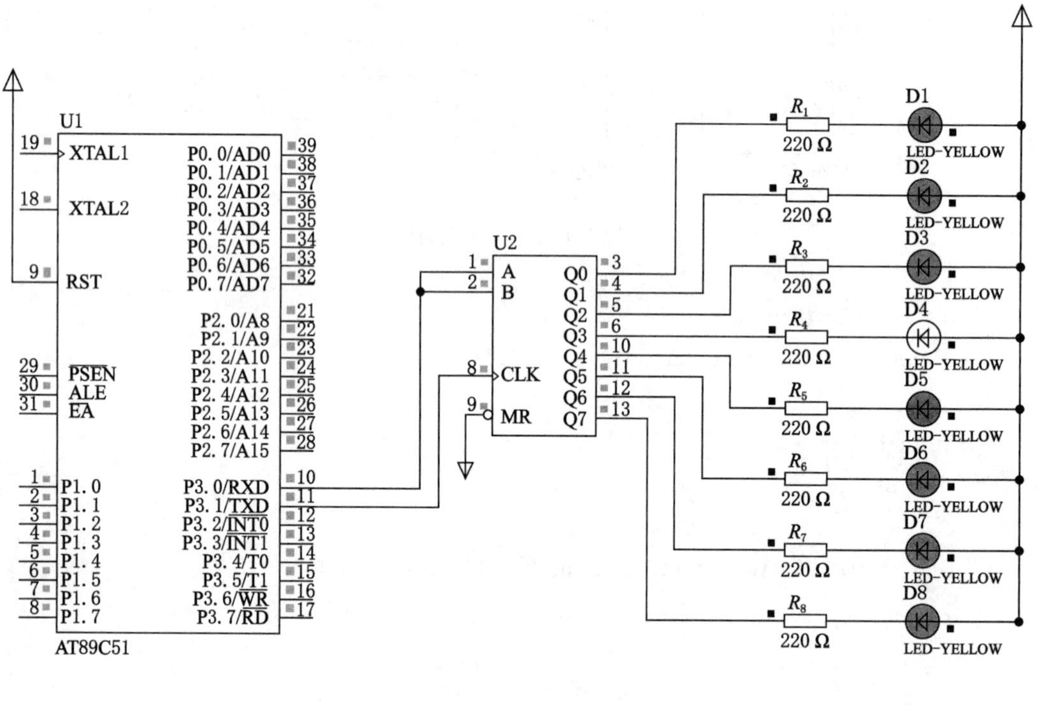

图 7-12 Proteus 仿真结果

【例 7-3】 根据图 7-13 所示电路,通过 51 单片机串口方式 0 输入数据,将 8 位拨码开关的状态通过 74LS165 输入至 51 单片机,并将其送到八个 LED 灯显示,请编程实现。

程序清单 7-2

```
#include <reg51.h>
```

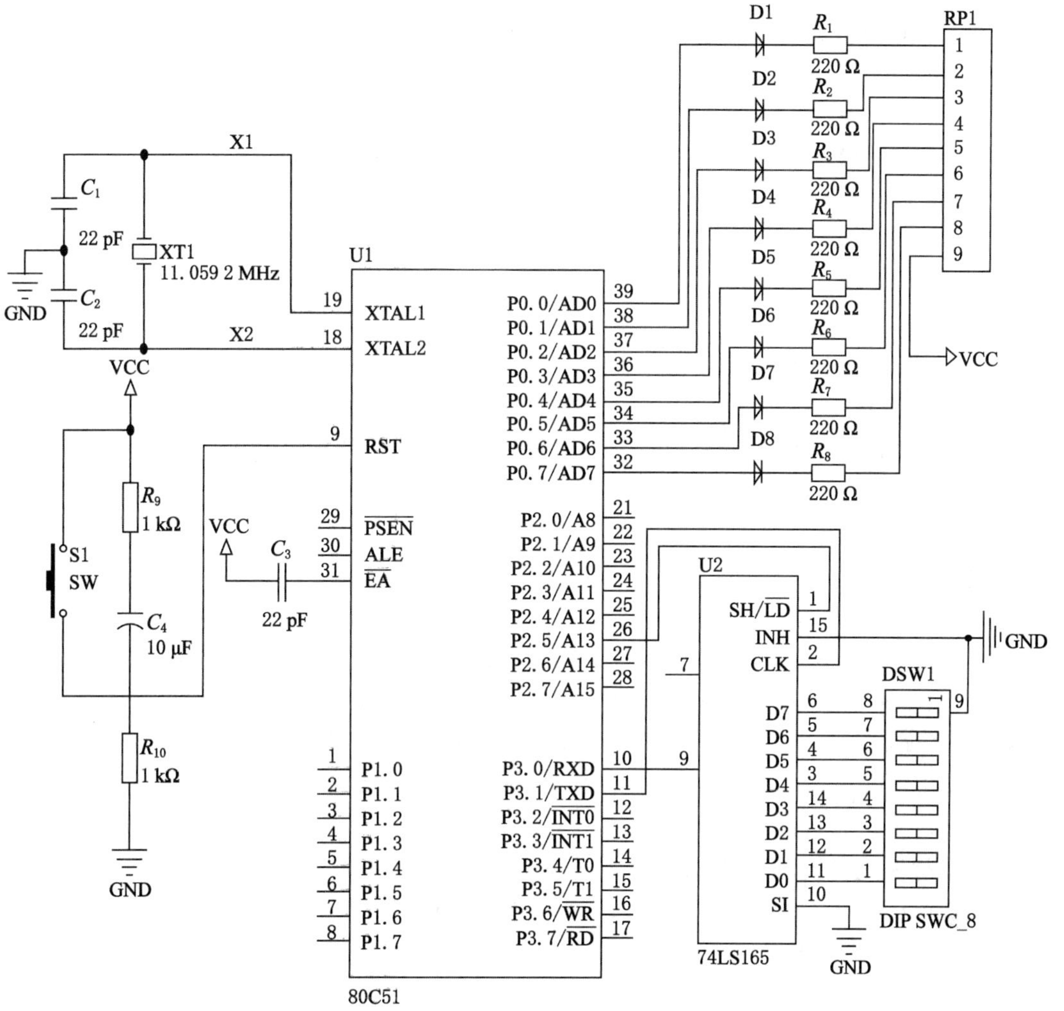

图 7-13　例 7-3 原理图

```
#define LED P0
sbit SH_LD=P2^5;                        //对应 74LS165 数据载入位 SH/LD
void delayms(unsigned char ms)          //延时函数
{
  unsigned char i;
  while(ms--)
  {
    for (i=0;i<120;i++);  //1 ms 延时(fosc=12 MHz)
  }
}
void main()
```

```
{
    SCON=0x10;                  //初始化                                    (1)
    while(1)
    {
      SH_LD=0;                  //控制位设为低电平开始读取按键输入          (2)
      delayms(20);              //延时一段时间确保读取完成
      SH_LD=1;                  //控制端设为高电平将数据写入串口寄存器
                                                                            (3)
      while(! RI);              //等待直到寄存器接收完成                    (4)
      LED=SBUF;                 //使用 SBUF 数据驱动 LED 灯                 (5)
      RI=0;                     //允许串口接收下一组数据                    (6)
      delayms(20);              //延时一段时间等待按键输入
    }
}
```

程序清单 7-2(1):SCON=0X10=00010000,其中的 1 是使 REN=1,允许串行接收。

程序清单 7-2(2):SH_LD=0,读取拨码开关数据;然后延时 20 ms,等待存入完成。

程序清单 7-2(3):SH_LD=1,将数据写入接收 SBUF。一定要在串口复位前将 SH/LD 设为高电平,使得在串口开始接收前发送 74LS165 寄存器内数据。如果先进行串口复位,串口寄存器因为通信线路上无信号导致串口寄存器全部被写 0,寄存器误以为数据接收完成使得 RI 位置 1,无法接收数据载入位设为高电平时发送的数据。

程序清单 7-2(4):判读 RI 是否为 1,RI=1 表示数据已经接收完毕。

程序清单 7-2(5):单片机将 SBUF 数据发送到 P0 口点亮 LED 灯。

程序清单 7-2(6):RI 软件清 0,允许下一次串口接收。

方法 2:采用中断方式实现

程序清单 7-3

```
#include <reg51.h>
#define LED P0
sbit SH_LD=P2^5;          //对应 74LS165 数据载入位 SH/LD
void delayms(unsigned char ms)       //延时函数
{
  unsigned char   i;
  while(ms--)
  {
     for (i=0;i<120;i++);
  }
}

  void init( )       //串口初始化函数
  {
```

```
    SCON=0x10;      //串口方式 0,允许接收
    EA=1;
    ES=1;
  }

  void DateGet( ) interrupt 4        //串口接收中断
  {
    SH_LD=0;              //控制位设为低电平,将按键数据存入 74LS165      (1)
    delayms(50);          //延时一会等待存入完成
    LED=SBUF;             //将拨码开关状态送入 LED 端口                  (2)
    SH_LD=1;              //数据载入位设为高电平,将 74LS165 寄存器数据
                          //写入串口寄存器                               (3)
    RI=0;                 //复位串口开始接收 74LS165 寄存器数据
}
void main( )
{
  init( );                //串口初始化
  SH_LD=1;                //控制位设为高电平,将 74LS165 寄存器初始数据
                          //写入串口寄存器
  while(1)
  {                       //等待串口寄存器接收完成,接收完成后进入中断
    while(! RI);
  }
}
```

图 7-14 为上述两种程序的 Proteus 仿真结果。从图中可以看出,拨码开关 2(B)、4(D)、6(F)、8(H)四个开关处于导通状态,分别对应 D7、D5、D3、D1 四个 LED 灯点亮。可知程序正确无误。需要注意的是串行输出的顺序:最先读出 H,最后读出 A。

7.4.2　方式 1(波特率可变的 10 位异步通信方式)

方式 1 是 10 位的异步串行通信接口方式,一帧数据 10 位,包括一个起始位,8 个数据位,一个停止位,如图 7-15 所示。当 SM0 SM1=10 时,串行口工作在方式 3。发送时,8 位数据低位在先、高位在后。数据由 RXD 端发送,由 TXD 端接收。波特速率是可变的,可参见公式(7-1)。

(1) 方式 1 发送:CPU 执行任何一条以 SBUF 为目标寄存器的指令就启动发送。先把起始位输出到 TXD,然后把移位寄存器的输出位送到 TXD。接着发出第一个移位脉冲,使数据右移一位,并从左端补 0。此后,数据将逐位从 TXD 引脚送出,而其左端不断补入 0。当发送完毕时,置位 TI=1。

(2) 方式 1 接收:串行接口以方式 1 输入时,当检测到 RXD 引脚上有由 1 到 0 的跳变时开始接收过程,并复位内部 16 分频计数器,以实现同步。计数器的 16 个状态把 1 位时

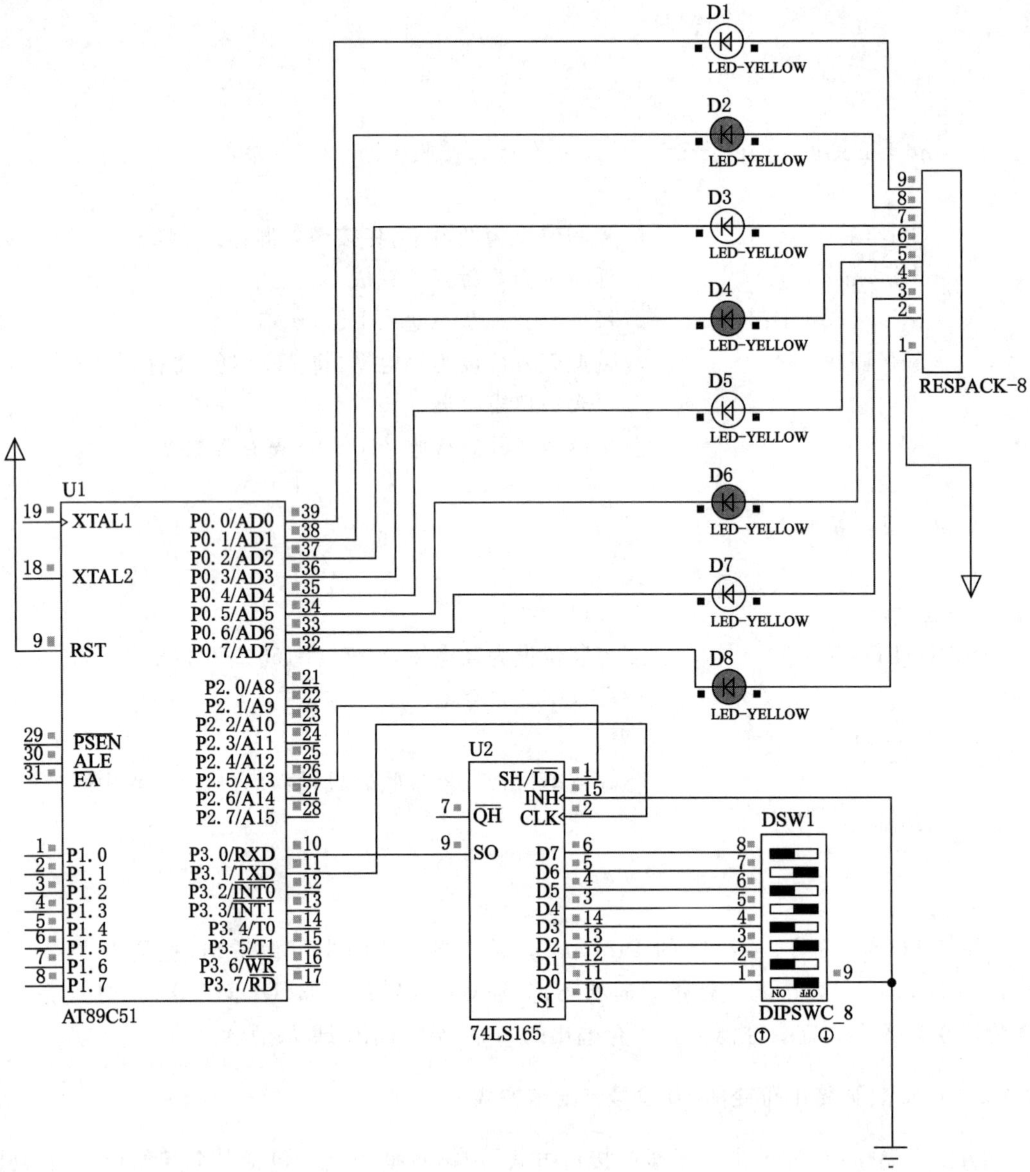

图 7-14　PROTEUS 仿真结果

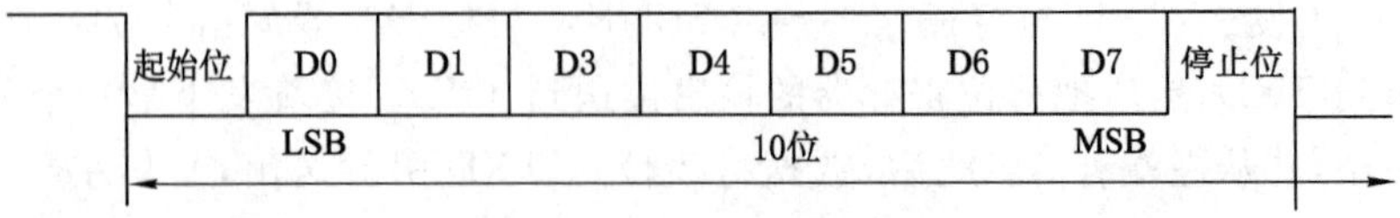

图 7-15　方式 1 帧数据格式

间等分成 16 份，在第 7、第 8、第 9 三个状态时采样 RXD 引脚，因此每位数值被采样 3 次，当 3 个中至少两个是相同时，值才被确认接收，这样可排除噪声干扰。如果检测到的起始位不为 0，则复位接收电路，并重新寻找另一个从 1 到 0 的跳变。在起始位到达移位寄存器的最左边时，它使控制电路进行最后一次移位。在产生最后一次移位脉冲时若同时满足下列两个条件，则保存接收数据。否则，将丢失接收的帧。两个条件是：① RI＝0；② 接收到的停止位为 1 或 SM2＝0 时，停止位进入 RB8，8 位数据进入 SBUF，且置位中断标志 RI。

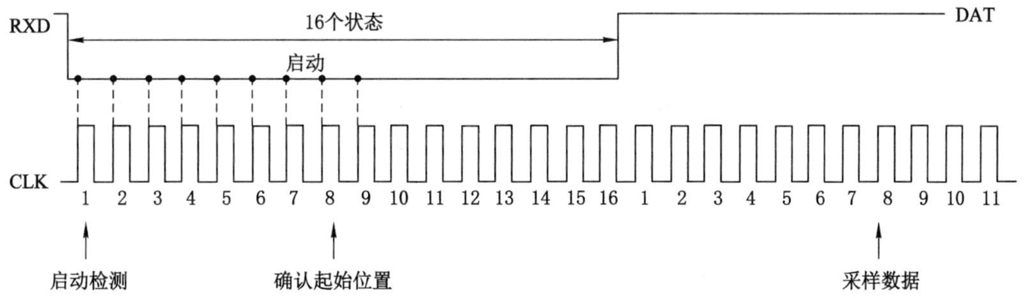

图 7-16　位检测器检测时间

【例 7-4】 两个单片机之间的串口通信在实际应用系统中也经常用到。例如图 7-17 所示系统，甲、乙两机以方式 1 进行串行通信。图中，系统晶振频率为 11.059 2 MHz。两机的通信速率为 2 400 bps。甲机向乙机循环发送流水灯数据，初值为 0XFE，并根据乙机返回值决定是否发送下一个数据。若返回值与发送值相同，则继续发下一帧；若返回值与发送值不相同，说明有错误，则重新发送。乙机接收数据后直接返回接收值。程序中设定 SMOD＝0。

分析　因为串口工作在方式 1，SMOD＝0，允许接收，因此 SCON＝010100000＝0X50，PCON＝0。

方式 1 的波特率可变，与定时器 T1 有关，本例程中令 T1 工作在方式 2，因此 TMOD＝0010000B＝0X20，则时间初值为：

$$x=2^8-\frac{2^0}{32}\times\frac{11.059\ 2\times10^6}{12\times9\ 600}=256-12=244=0XF4$$

因此 TH1＝TL1＝0XF4。

说明：由于定时器方式 2 具有自动重装时间初值的优点，定时精度高，故一般以方式 2 为准，表 7-2 给出 f_{osc}＝11.059 2 MHz、定时器 T1 工作在方式 2 时不同波特率所对应的时间初值。

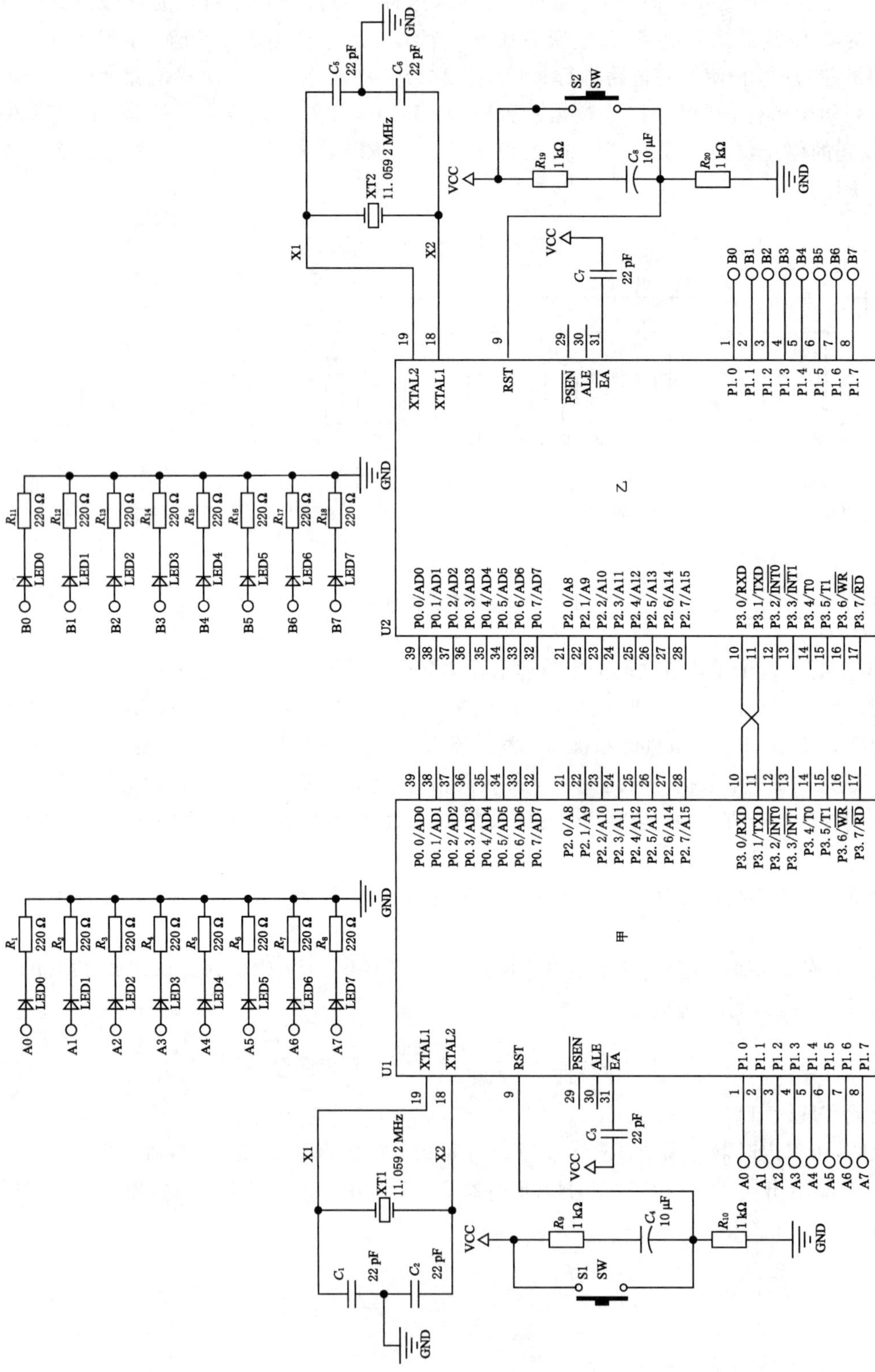

图7-17　甲、乙机串口方式1通信

表 7-2　定时器 1 方式 2 波特率对应的时间初值

序号	波特率	SMOD	x
1	62 500	1	0XFF
2	19 200	1	0XFD
3	9 600	0	0XFD
4	4 800	0	0XFA
5	2 400	0	0XF4
6	1 200	0	0XE8

甲机编程步骤：首先进行串口初始化和定时器初始化；发送数据，等待 TI＝1，然后将 TI 清 0；发送完毕后转为接收，直到 RI＝1，表示接收完毕，将 RI 清 0；最后将数据送到 P1 口 LED 灯点亮。如图 7-18(a)所示。

乙机编程步骤：首先进行串口初始化和定时器初始化；接收数据，RI＝1 表示数据接收完毕，将 RI 清 0；将数据回传给甲机，等待发送完毕后将 TI 清 0，最后将数据发送至 P1 口 LED 灯点亮。如图 7-18(b)所示。

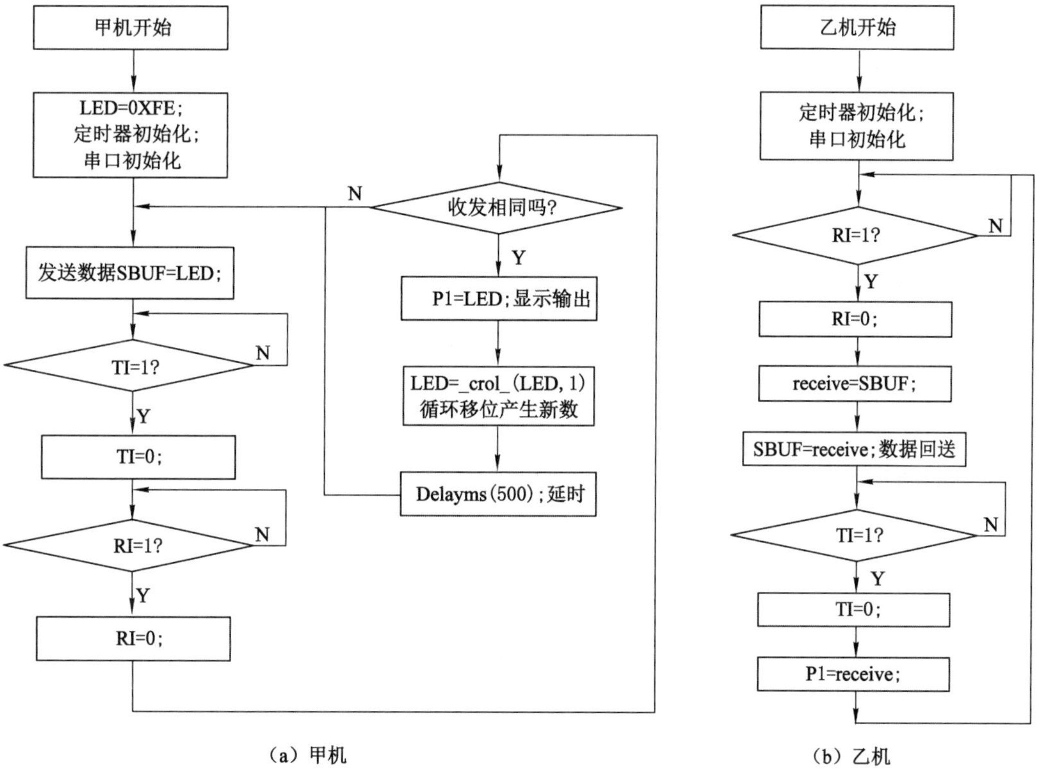

图 7-18　程序流程图

程序清单 7-4　甲机程序

```
#include <reg51.h>
#include<intrins.h>
void delayms(unsigned int ms)
{
    unsigned char i;
    while(ms--)
    {
    for(i=0;i<120;i++) ;
    }
}
void main( )
{
unsigned char LED=0XFE;
TMOD=0X20;                     //定时器初始化(波特率),00100000B,
                               //T1 工作在方式 2
TH1=0XF4;                      //赋 T1 时间初值
TL1=0XF4;
PCON=0;                        //串口初始化
SCON=0X50;                     // 01010000,串口方式 1,允许接收
TR1=1;                         //启动定时器 T1
while(1)
{
  SBUF=LED;                    //发送数据
  while(TI==0);                //等待发送结束
  TI=0;                        //清 TI 标志
  while(RI==0);                //等待接收结束
  RI=0;                        //清 RI 标志
  if(SBUF==LED)
    {
    P1=LED;
    LED=_crol_(LED,1);         //如果接收=发送,移位产生新数
    delayms(500);
    }
}
}
```

程序清单 7-5　乙机程序

```
#include <reg51.h>
void delayms(unsigned int ms)
  {
    unsigned char i;
    while(ms--)
    {
    for(i=0;i<120;i++) ;
    }
  }
void main()
{
unsigned char receive;
TMOD=0X20;    //定时器初始化(用于设置波特率)
TH1=0XF4;
TL1=0XF4;
PCON=0;       //串口初始化
SCON=0X50;
TR1=1;        //启动定时器 T1
while(1)
{
  while(RI==1)
  {
    RI=0;               //清 RI 标志位
    receive=SBUF;       //获得接收值
    SBUF=receive;
    while(TI==0);       //等待发送结束
    TI=0;               //清 TI 标志位
    P1= receive;        //送至 P1 口显示
    delayms(500);
  }
}
}
```

图 7-19 所示为甲乙机串口方式 1 通信 Proteus 仿真结果。

7.4.3　方式 2(11 位异步通信,波特率固定)

串行口方式 2 被定义为 11 位的异步串行通信接口。一帧数据 11 位,包括一个起始位,8 个数据位,一个编程位,一个停止位,如图 7-20 所示。当 SM0 SM1=10 时,工作在方式 2。

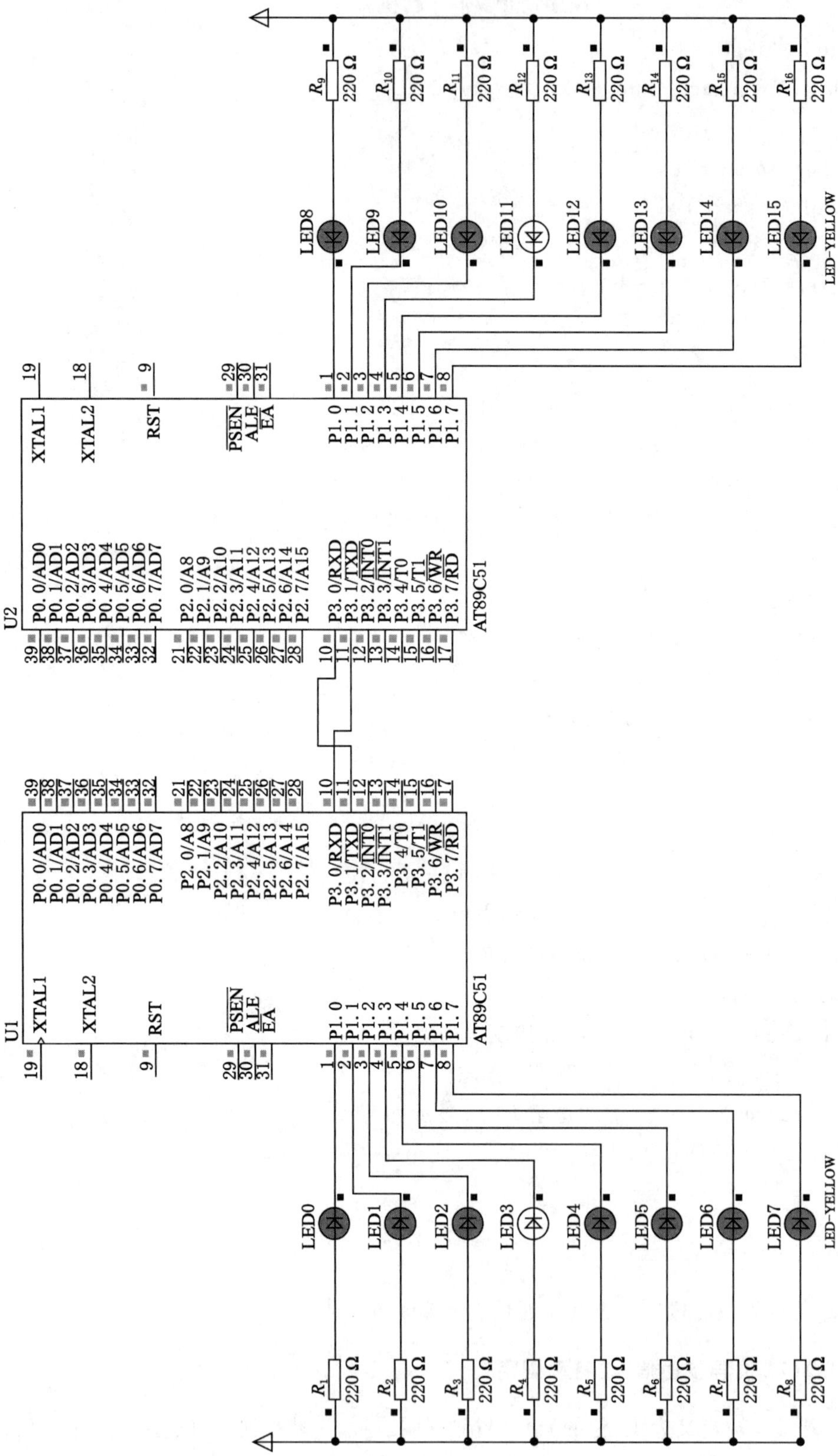

图7-19　甲乙机串口方式1通信Proteus仿真结果

方式 2 的波特率为 $f_{osc}/32$ 或 $f_{osc}/64$。

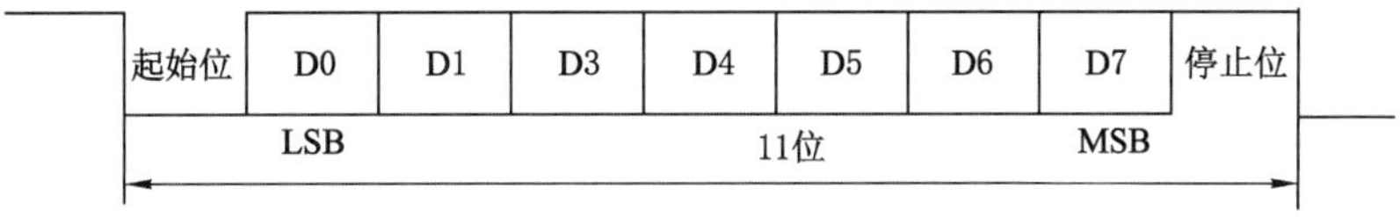

图 7-20　方式 2 帧数据格式

（1）方式 2、方式 3 发送：发送过程是以执行一条以 SBUF 作为目标操作数的指令来启动的（例如，MOV SBUF，# A），由“写 SBUF”的信号使 8 位数据装入 SBUF，同时还把 TB8 装到发送移位寄存器的第 9 位，并通知发送器要求进行一次发送。发送开始，把一个起始位 0 送到 TXD 端。经过一位时间后，数据由移位寄存器送到 TXD 端，通过第 1 位数据，出现 1 个移位脉冲，在第一次移位时，把一个停止位 1 由控制器的停止位送入移位寄存器的第 9 位。此后，每次移位时，把 0 送入第 9 位。因此，当 TB8 的内容移到移位寄存器的输出位置时，其左边是停止位 1，再往左全部为 0。这种状态由零检测器检测到后，就通知发送控制器做最后一次移位，然后置 TI=1，请求中断。第 9 位数据（即 SCON 中 TB8 的值）由软件置 1 或清 0，可以作为数据的奇偶校验位，也可以作为多机通信中的地址、数据标志位。如果把 TB8 作为奇偶校验位，可以在发送中断服务程序中，在写入 SBUF 之前，将数据的奇偶位写入 TB8。

（2）方式 2、方式 3 接收：数据从 RXD 引脚输入，接收过程由 RXD 引脚检测到 1 到 0 的负跳变开始。其余接收过程与方式 1 类似。数据装入接收缓冲器和 RB8，并置位 RI=1，只在产生最后移位脉冲，并满足两个条件时才可。否则，接收到的数据就会丢失，而且中断标志 RI 不置 1。两个条件是：① RI=0，SM2=0；② 接收到的第 9 位数据为 1 时，才会进行。

请注意与方式 1 的区别，在方式 2、方式 3 中装入 RB8 的是第 9 位数据，而不是停止位（方式 1 中装的是停止位）。所接收的停止位的值可用于多机处理（多机通信中的地址/数据标志位），也可作奇偶校验位。

（3）奇偶校验位

上面提到编程位可以使用奇偶校验进行传送，那么什么是奇偶校验呢？

所谓偶校验，是指发送的 8 位数据中 1 的个数为偶数时，TB8=0；为奇数时，TB8=1。奇校验就是发送的 8 位数据中 1 的个数为奇数时，TB8=0；为偶数时，TB8=1。如表 7-3 所示。

表 7-3　奇偶校验含义

	数据中 1 的个数	TB8
偶校验	偶数个	0
	奇数个	1
奇校验	偶数个	1
	奇数个	0

由于PSW中的奇偶标志P可表达累加器A中“1”的个数的奇偶性,即:A中若有奇数个1,则P=1;偶数个1,则P=0。因此若用P和TB8、RB8作为发送与接收的判据,则必须使用偶校验。

① 发送参考程序如下:

```
void check_even_trans(unsigned char data)
{
ACC=data;          //将数据首先传送给累加器 A
TB8=P;             //P 为 1 还是为 0,由 data 数据中 1 的个数决定。
SBUF=data;         //将 data 数据经串口 TXD 引脚发送
while(! TI);       //等待发送结束
TI=0;              //TI 复位
}
```

② 接收参考程序如下:

```
void check_even_receive( )
{
unsigned char data;
while(! RI);       //等待接收完毕
RI=0;              //RI 清 0
data=SBUF;         //读取串口数据
ACC=data;          //数据传送给累加器 A
if(P=RB8)          //判断 P 的值和 RB8 的值是否一致,也就是判断接收到的
                   //数据是否正确
check_flag=0;      //如果 P=RB8,说明接收正确,置 check_flag 标志为 0
else
check_flag= 1 ;    //否则,说明接收错误,置 check_flag 标志为 1
}
```

学习者也可以根据偶校验方法自行编写奇校验的程序代码。

【例 7-5】 将实例7-4修改为两个51单片机方式2进行通信,甲机采用偶校验,f_{osc}=11.059 2 MHz,波特率为345 600 bps,甲机循环发送左移流水灯数据,初值为0XFE,并根据乙机返回值决定发送新数或重新发送当前数,具体为:乙机接收后先进行偶校验,若结果无误,在向甲机返回的接收值中使可编程位为0;若有误,则使编程位为1。甲机根据返回值中的可编程位做出发送新数据或重发当前数据的抉择。令SMOD=1。

分析 串口工作在方式2,允许接收,因此:SCON=100100000=0X90。方式2的波特率为345 600 bps,计算可知:

$$\frac{2^{SMOD}\times f_{osc}}{64}=345\ 600$$

SMOD=1

因此PCON=10000000B=0X80

程序清单 7-6　甲机程序

```
#include <reg51.h>
#include<intrins.h>
void delayms(unsigned int ms)
{
unsigned char i;
while(ms--)
    {
    for(i=0;i<120;i++) ;
    }
}
void main( )
{
unsigned char LED=0XFE;
PCON=0X80;                    //串口初始化
SCON=0X90;                    // 10010000,串口方式 2,允许接收
while(1)
{
  ACC=LED;                                                    (1)
  TB8=P;
  SBUF=LED;                   //发送数据
  while(TI==0);               //等待发送结束
  TI=0;                       //清 TI 标志
  while(RI==0);               //等待接收结束
  RI=0;                       //清 RI 标志
  if(RB8==0)                                                  (2)
  {
    P1=LED;
    LED=_crol_(LED,1);        //如果接收=发送,移位产生新数
    delayms(500);
  }
}
}
```

程序清单 7-6(1):进行偶校验。

程序清单 7-6(2):若甲机接收的乙机返回数据中可编程位为 0,说明乙机接收正确,可发送新数,否则重新发送。

程序清单 7-7　乙机程序

```
//乙机程序
#include <reg51.h>
void delayms(unsigned int ms)
{
  unsigned char i;
  while(ms--)
  {
    for(i=0;i<120;i++) ;
  }
}
void main( )
{
unsigned char receive;
PCON=0X80;                        //串口初始化,波特率增加一倍
SCON=0X90;                        //串口方式 2
while(1)
{
  while(RI==1)
  {
    RI=0;                         //清 RI 标志位
    receive=SBUF;                 //获得接收值
    ACC=receive;                                                    (1)
    if(P==RB8)                                                      (2)
        TB8=0;
    else
        TB8=1;
    SBUF= receive;                                                  (3)
    while(TI==0);                 //等待发送结束
    TI=0;                         //清 TI 标志位
    P1= receive;                  //送去 P1 口显示
  }
}
}
```

程序清单 7-7(1):乙机将接收到的数据先送给累加器 A,以便获得 A 中 1 的个数。

程序清单 7-7(2):进行偶校验判断接收数据是否正确。若正确,则 TB8=0;否则 TB8=1。

程序清单 7-7(3):将数据回传给甲机,可编程位为 0 或 1。

图 7-21 所示为 Proteus 仿真结果。

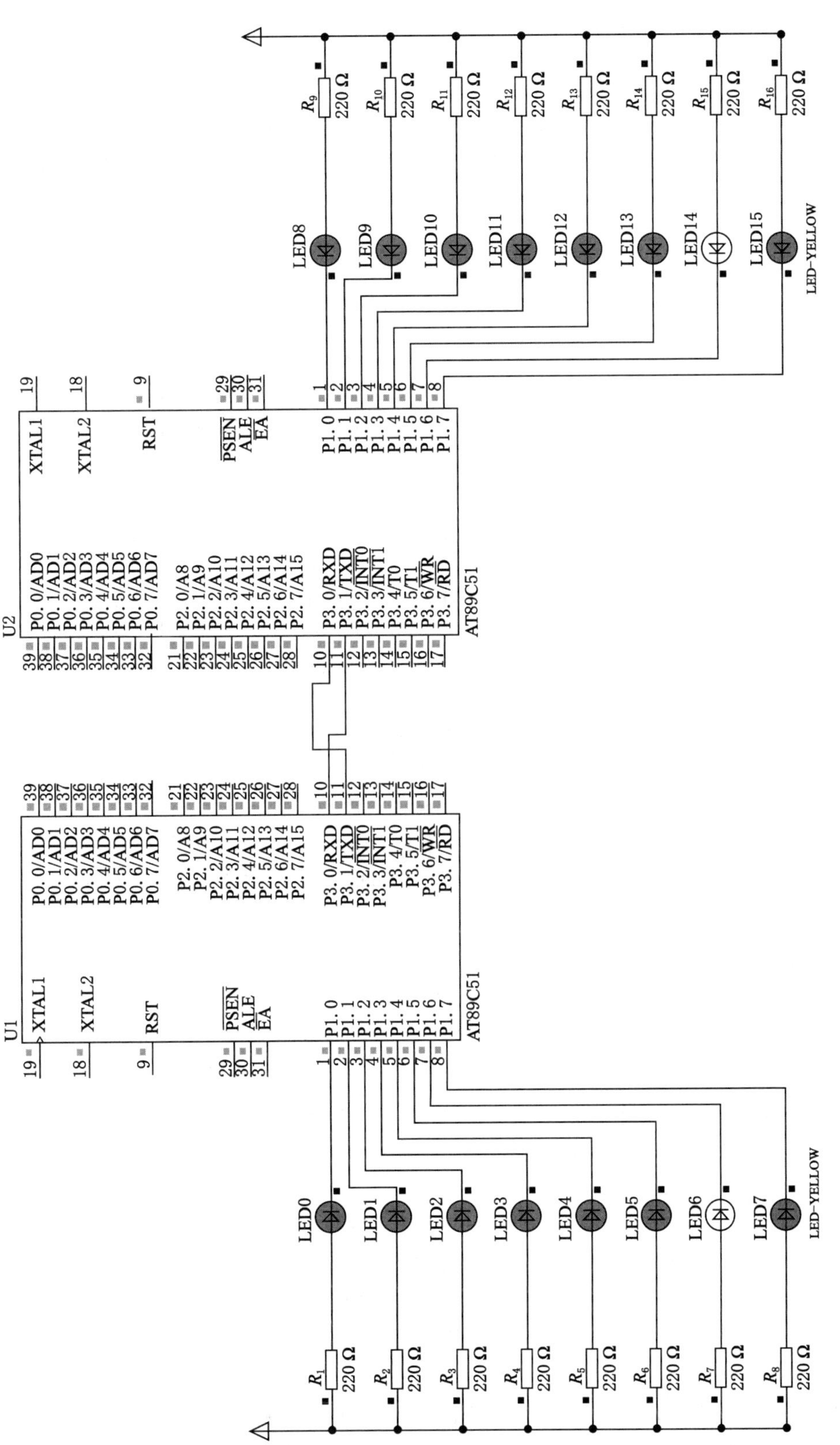

图7-21　Proteus仿真结果

7.4.4 方式3(11位异步通信,波特率固定)

当SCON寄存器的SM0 SM1=11时,串口工作在方式3。方式3和方式2的工作原理相似,帧格式相同,也是11位,中间有9位数据位。唯一的区别是波特率不同,方式2的波特率为$f_{osc}/32$或$f_{osc}/64$,而方式3的波特率与方式1的波特率相同,即是可变的,与T1的溢出率有关。方式1和方式3的波特率为:

$$波特率=\frac{2^{SMOD}}{32}\frac{f_{osc}}{12(2^m-x)}$$

其中SMOD是PCON寄存器中的最高位,为1或0;f_{osc}是系统时钟频率;$m=13,16,8$,分别对应于定时器T1的方式0~3;x为定时器T1的时间初值。

方式3主要用于错误校验或多机通信系统的场合,图7-22所示为多机通信结构图。系统中包含一个80C51主机和若干个从机。每个从机都有独立地址,如00H,01H,02H,…。从机初始化时设为方式2或方式3。

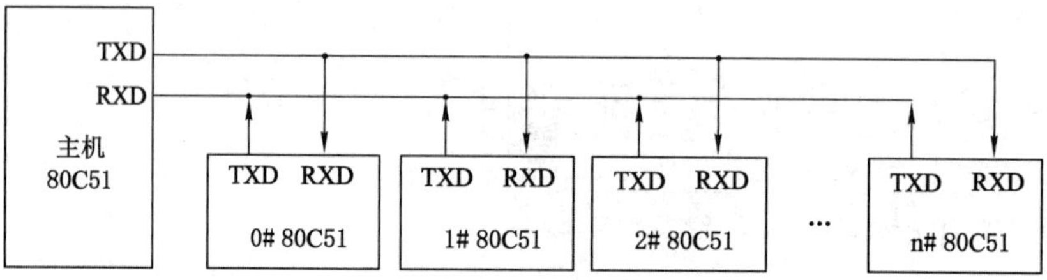

图7-22 多机通信结构图

主从机通信时,要先发地址,再发命令或数据。具体方法如下:

(1) 设置各从机通信位SM2=1,REN=1允许接收,开放串口中断。

(2) 主机与某个从机通信前,要先将目标从机的地址发给所有从机,然后再发命令或数据。

(3) 主机发出的地址信息的第9位为1,发出数据或命令信息的第9位为0。

当主机向所有从机发地址信息,从机收到的第9位数据为1时,所有从机都可激活中断请求标志RI。在各自的中断服务程序中,判断是否与本机地址相同,若相同则使本机的SM2=0;若不相同,则SM2=1。接着主机发送数据或命令信息,各从机接收到的RB8都为0,此时只有目标从机由于SM2=0可激活RI,转入中断服务程序,接收主机的数据或命令,其他从机因为SM2=1不能激活RI,所接收的数据或命令信息被丢弃,从而实现主从通信。方式2、方式3中,SM2的作用如下:

若SM2=0,无论RB8为何值,接收完一帧数据都使RI置1(接收数据);

若SM2=1,仅当RB8=1时,接收完一帧数据才使RI置1(接收地址);

若SM2=1,RB8=0,接收完一帧数据都不能使RI置1(地址不符的不能接收数据)。

【例7-6】 如图7-23所示,主从串行通信系统中有1个主机,2个从机。系统f_{osc}=11.059 2 MHz,串口工作在方式3,波特率为9 600 bps,SMOD=0。K1、K2为从机通信选择键。按下K1,主机和1#从机通信;按下K2,主机和2#从机通信。每按一次,主机发送一个流水灯数据,从机接收到后在P1口的LED灯上显示出来。

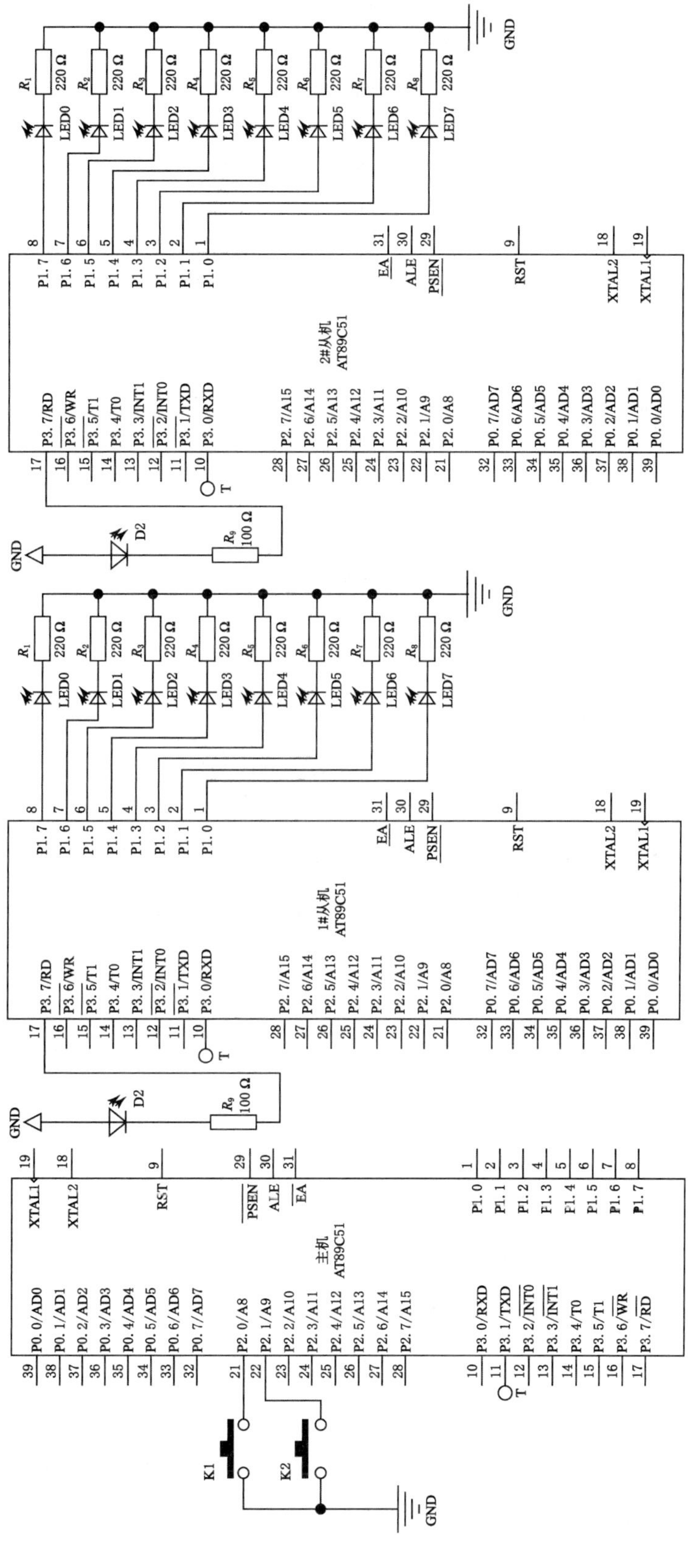

图7-23　主从机通信电路原理图

分析

主机：串口工作在方式 3，只发送不接收，所以 SM0 SM1＝11，SCON＝11000000＝0XC0；由于 SMOD＝0，所以 PCON＝0；定时器 T1 工作在方式 2，因此 TMOD＝0X20，TH1＝TL1＝0XFD。主程序中，扫描按键，如果是按键 K1，则先发 1＃从机地址，然后再发数据(0～99)；如果是按键 K2，则先发 2＃从机地址，然后再发数据(0～99)。

从机：串口工作在方式 3，允许接收，所以 SM0 SM1＝11，SCON＝11010000＝0XD0；由于 SMOD＝0，所以 PCON＝0；定时器 T1 工作在方式 2，因此 TMOD＝0X20，TH1＝TL1＝0XFD。初始化后，等待中断。在中断服务程序中，首先判断是否是本机地址，如果是就将 SM2 置 0，等待接收数据，接收到数据后，送到 P1 口显示。用 P3.7 引脚上 LED 灯的亮灭表示哪个从机在和主机通信。

流程图如图 7-24 所示。

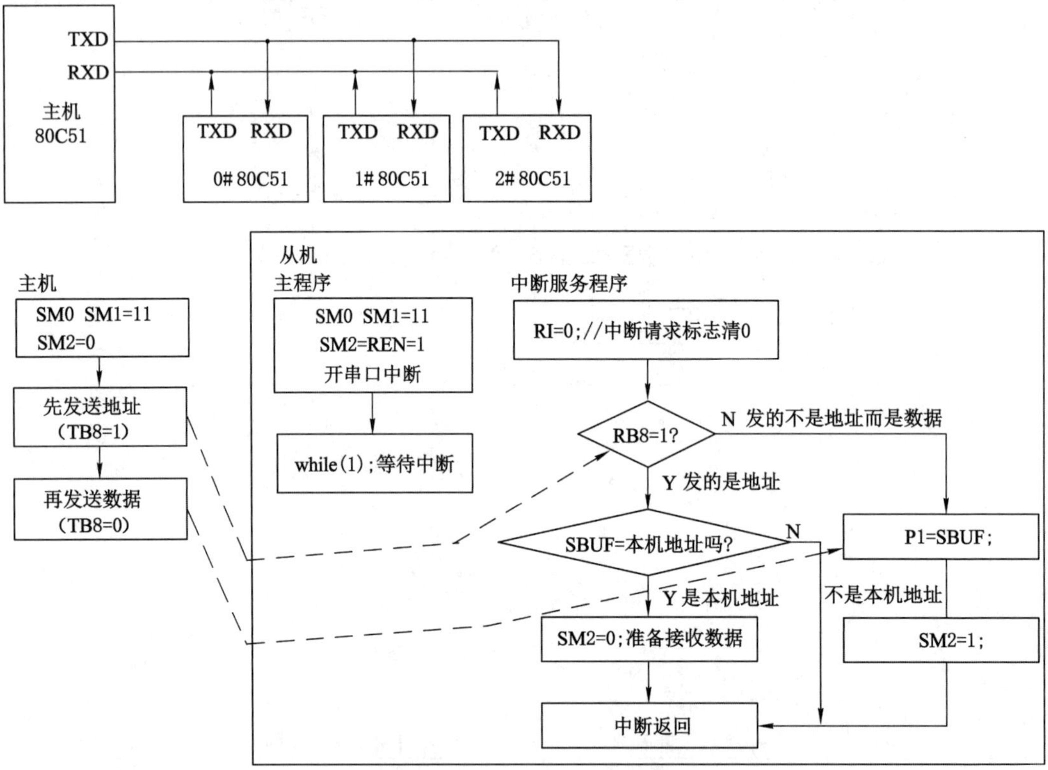

图 7-24　方式 3 主从通信流程

程序清单 7-8　主机程序

```
#include<reg51.h>
#define uchar unsigned char
#define Slave1_Addr 1
#define Slave2_Addr 2
uchar Slave1_display=0;
```

```
uchar Slave2_display=0;

//串口初始化函数
void Serial_Init( )
{
  SCON=0XC0;              //0XC0=110 00000,串口方式 3,SM2=0        (1)
  TMOD=0X20;              //0X20=0010 0000,定时器方式 2
  TL1=TH1=0XFD;           //置时间初值
  TR1=1;                  //启动定时器
}
//发送函数
void Slave_Transmit(uchar slave_number)     // 参数 slave_number 为从机地址
{
  TB8=1;                                    //表示发送的是地址
  SBUF=slave_number;                                                  (2)
  while(TI==0); //等待发送结束
  TI=0;
  TB8=0;                                    //表示发送的是数据        (3)
  switch(slave_number)
  {
    case 1:
      {
        SBUF= Slave1_display;                                         (4)
        Slave1_display++;
        if(Slave1_display>99) Slave1_display=0;
        break;
      }
    case 2:
      {
        SBUF=Slave2_display;                                          (5)
        Slave2_display++;
        if(Slave2_display>99) Slave2_display=0;
        break;
      }
    default:break;
  }
    while(TI==0);
    TI=0;
}

//主函数
```

```
void main(void)
{
Serial_Init( );
while(1)
  {
      P2=0XFF;                //P2 口两个按键为准双向口,先写 1 再读出
      while(P2==0XFF);                                                    (6)
      switch(P2)
      {
        case 0XFE: {PT1:if(P2==0XFF) Slave_Transmit(Slave1_Addr);         (7)
        else goto PT1;break;}
        case 0XFD: {PT2:if(P2==0XFF) Slave_Transmit(Slave2_Addr);
        else goto PT2;break;}
      }
  }
}
```

程序清单 7-8(1):主机串口初始化,SCON=0XC0,方式 3,SM2=0,设置 T1 的时间初值和工作方式。

程序清单 7-8(2):设置 TB8=1,发送从机地址,此处 slave_number 为从机地址。slave_number =1,是 1#从机;slave_number=2,是 2#从机。slave_number 的值由按键后根据键值提取。

程序清单 7-8(3):将 TB8 设置为 0,下面将发送数据。

程序清单 7-8(4):发送数据,此处 Slave1_display 是 1#从机的数据,为 0~9。若大于 9,则 Slave1_display 复位,从 0 开始。

程序清单 7-8(5):发送数据,此处 Slave2_display 是 1#从机的数据,为 0~9。同 Slave1_display。

程序清单 7-8(6):判断是否有键按下。

程序清单 7-8(7):再判断是哪个按键,如果为 0XFE 表明是 K1 按键,如果为 0XFD 表明是 K2 按键。直到键释放,将键所对应的值写入 slave_number 变量。即 K1 按下时,slave_number=1;K2 按下时,slave_number=2。根据键值决定跟几号从机进行通信。

程序清单 7-9　1#从机程序

```
#include<reg51.h>
#define uchar unsigned char
#define Slave1_Addr 1
sbit LED_D1=P3^7;
void Serial_Init( )
{
  SCON=0XF0;              //0XF0=1111 0000,主机串口方式 3                      (1)
  TMOD=0X20;              //0X20=0010 0000,定时器方式 2
  TL1=TH1=0XFD;           //置 T1 时间初值
```

```
    TR1=1;                   //启动定时器
    EA=1;ES=1;               //开中断
}

    //主函数
    void main( )
    {
      Serial_Init( );
      while(1);
    }

    //中断服务函数
void receive(void) interrupt 4
    {
      RI=0;                  //RI 清 0                                    (2)
      if(RB8==1)             //若 RI=1,表示现在接收到的是地址               (3)
      {
        if(SBUF== Slave1_Addr) //判断和本机地址是否相同?若相同就将 SM2 清 0
          {
            SM2=0;              //只有目标从机(SM2=0)可激活 RI,转入中断服务
                                //程序,接收主机的数据或命令
            LED_D1=! LED_D1;                                              (4)
            }
      return;                                                            (5)
        }
        P1=SBUF;                                                         (6)
        SM2=1;                                                           (7)
}
```

程序清单 7-9(1):从机初始化,此处 SCON=0XF0,与主机不同,从机要求 SM2 先置 1。定时器 T1 的时间初值和波特率与主机相同,且从机工作在中断方式,因此首先开中断。

程序清单 7-9(2):接收完毕进中断,首先将 RI 清 0,以便接收下一帧。

程序清单 7-9(3):若接收到的 RB8=1 说明收到的是地址。然后与本机地址相比,若相同,则将 SM2 清 0,准备接收数据。如果 RB8≠1,则说明接收到的是数据(前提是 SM2=0),将数据发往 P1 口 LED 灯显示。说明:SM2=0、RB8=0 时,从机接收数据完毕后再次进中断。若 SM2=1、RB8=0,则不能进中断,所以当主机第二次发数据的时候,另一个从机就无法进它自己的中断。

程序清单 7-9(4):P3.7 口所接的 LED 灯状态取反,状态表明当前和主机通信状态。

程序清单 7-9(5):return 是指中断返回。

程序清单 7-9(6):将接收到的数据送往 P1 口 LED 灯显示。

程序清单 7-9(7):将 SM2 置 1,准备下次通信。

程序清单 7-10　2#从机程序

```
#include<reg51.h>
#define uchar unsigned char
#define Slave2_Addr 2
sbit LED_D2=P3^7;
void Serial_Init( )
{
  SCON=0XF0;                    //0XF0=11110000,主机串口方式 3
  TMOD=0X20;                    //0X20=0010 0000,定时器方式 2
  TL1=TH1=0XFD;                 //置 T1 时间初值
  TR1=1;                        //启动定时器
  EA=1;ES=1;                    //开中断
}

void main( )
{
    Serial_Init( );
    while(1);
}

  //中断服务函数
void receive(void)   interrupt 4
{
      RI=0;          //RI 清 0
      if(RB8==1)   //如果 RI=1,表示现在接收到的是地址
      {
        if(SBUF== Slave2_Addr) //判断和本机地址是否相同,若相同就将 SM2 清 0
        {
          SM2=0;        //只有目标从机(SM2=0)可激活 RI,转入中断服
                        //务程序接收主机的数据或命令
          LED_D2=! LED_D2;
        }
      return;
      }
      P1=SBUF;
      SM2=1;
}
```

2#从机程序与1#从机类似,不再赘述。

图 7-25 所示为 Proteus 仿真结果,经验证,通信完全正确,程序到此设计完毕。在开发

板上也进行了实验验证，结果与仿真一致，达到了题目要求的效果。如果你已先学完数码管显示器或 LCD 的知识，也可以将 LED 灯换成数码管或 LCD 显示，更为直观。

到此，串口的四种工作方式讲述完毕，大家可以将每个实例在 Proteus 上仿真或在开发板上跑一遍代码，仔细体会四种工作方式的不同。

除此以外，串口的方式 1 还经常被用来进行项目调试，在需要调试的代码处增加一条串口发送语句，发送关键的数据到计算机中，用以检验前面代码的功能正确与否。

7.5　RS232C、RS485 接口及通信实例

7.5.1　RS232C 串行接口

RS232C 是目前最常用的串行接口标准，用来实现计算机与计算机之间、计算机和外设之间的数据通信。RS232C 最大传输速率为 19 200 bps，规定的数据传输速率为 50、75、100、150、300、600、1 200、2 400、4 800、9 600 和 19 200 bps，最大传输距离为 15 m。RS232C 属单端信号传送，存在共地噪声和不能抑制的共模干扰等问题，因此一般用于短距离通信。图 7-26所示设备带有 2 个 RS232C 接口。

RS232C 接口是 1970 年由美国电子工业协会(EIA)联合贝尔系统、调制解调器厂家及计算机终端生产厂家共同制定的用于串行通信的标准。它的全名是“数据终端设备(DTE)和数据通信设备(DCE)之间串行二进制数据交换接口技术标准”。一个完整的 RS232C 接口有 22 根线，采用标准的 25 芯连接器，它对连接器每个引脚的信号内容加以规定，还对各种信号的电平加以规定。随着设备的不断改进，出现了代替 DB25 的 DB9 接口。通常在计算机通信中使用的就是 9 芯连接器，引脚定义如图 7-27 所示。实际应用中，大多数微型计算机应用系统或智能单元之间只需要使用其中的 3～5 根信号线即可工作。

9 针引脚中，2、3 脚分别为 RXD、TXD，5 脚为 GND，其余引脚为流控引脚，详细含义见表 7-4。对 MCS-51 单片机来说，利用 RXD、TXD 以及一根地线，就可以构成符合 RS232C 接口标准的全双工串行通信口。

表 7-4　RS232C 接口引脚定义及含义

引脚号	引脚名称	含义
1	DCD	载波检测
2	RXD	接收字符
3	TXD	发送字符
4	DTR	数据终端准备好
5	GND	信号地
6	DSR	数据准备好
7	RTS	请求发送
8	CTS	允许发送
9	RI	振铃提示

用 RS232C 总线连接系统时，有近程通信和远程通信之分。近程通信指的是传输距离小于

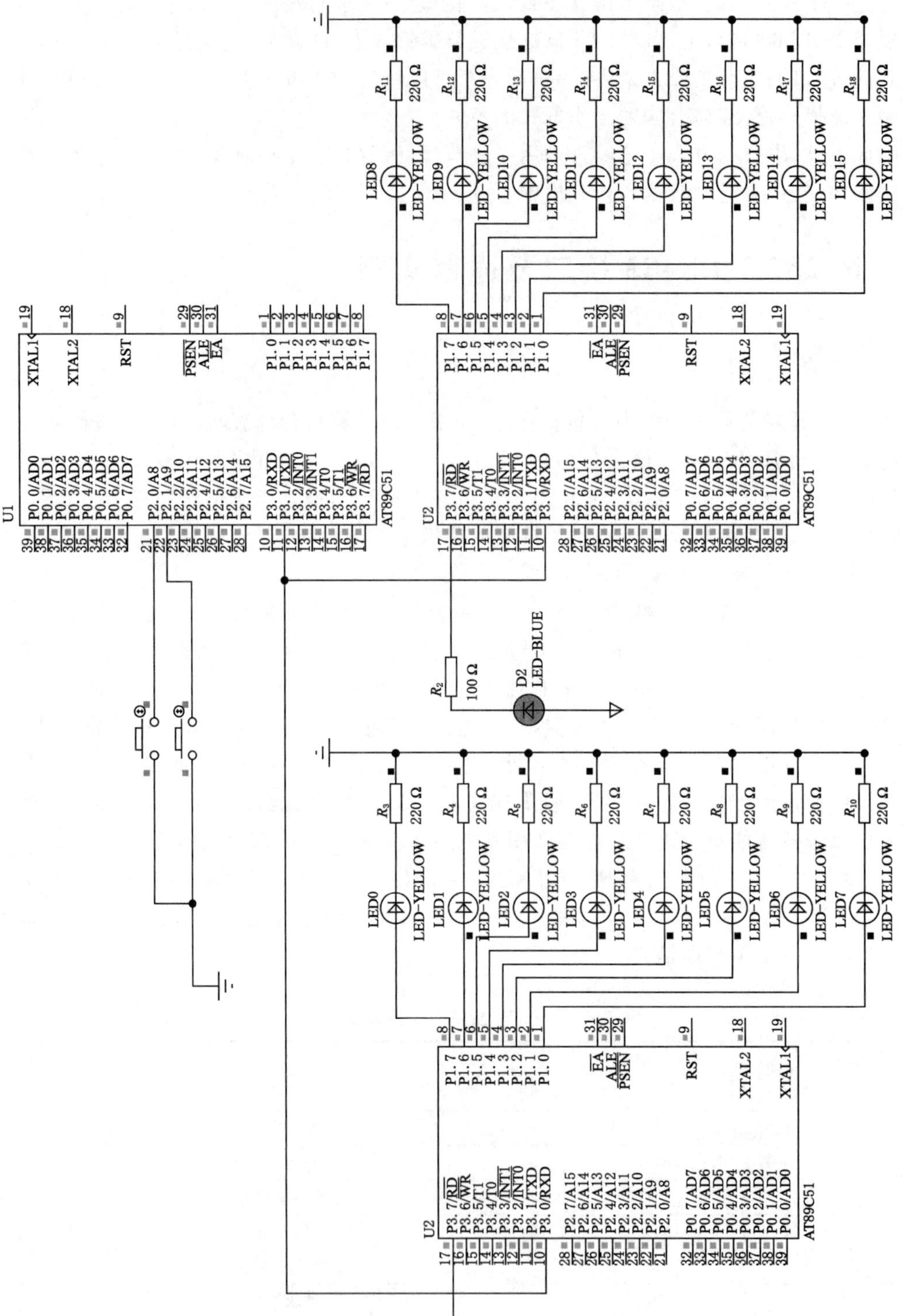

图7-25 PROTEUS仿真结果

图 7-26　带 RS232C 接口的仪器

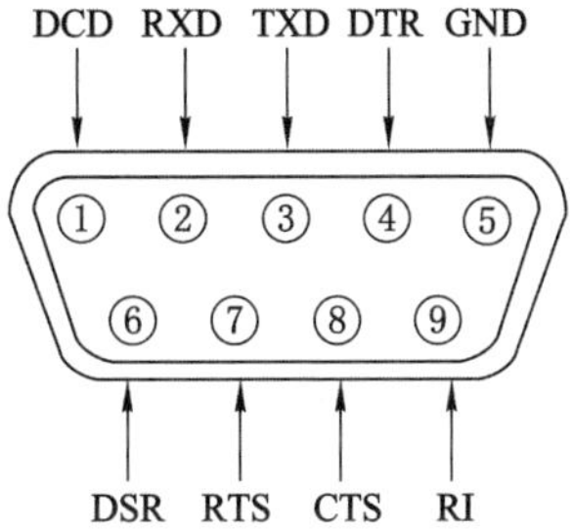

图 7-27　DB9 引脚定义

15 m 的通信，设备之间可以直接用电缆相连，15 m 以上的长距离通常需要采用调制解调器。

在 RS232C 标准中定义了逻辑 1 和逻辑 0 电压级数，以及标准的传输速率和连接器类型。RS232C 为负逻辑电平，与 TTL 电平不同，如表 7-5 所示。

表 7-5　RS232C 电平与 TTL 电平

	RS232	TTL
逻辑 1	－3～－15 V	2.6～5 V
逻辑 0	3～15 V	0～0.4 V

由于 MCS-51 采用 TTL 电平，若其通过 RS232C 接口与计算机或外部设备通信，必须进行电平转换。

目前，TTL 和 RS232C 最常用的转换芯片是 MAX232，它是美芯(MAXIM)公司专为 RS232C 标准串口设计的具有 16 根引脚的单电源电平转换芯片，使用＋5 V 单电源供电。MAX232 具有两路转换通道，如图 7-28 所示。其中 10、11 引脚为两路 TTL 信号输入端，经过内部反相器转换，经由 14、7 引脚输出 RS232C 电平信号；反之，13、8 引脚为两路 RS232C 电平信号输入端，经过反相器后，经由 12、9 引脚输出 TTL 电平信号。引脚 1(C1＋)和 3(C1－)、4(C2＋)和 5(C2－)和 2 脚(V＋)、6 脚(V－)共六个引脚产生＋10 V 和－10 V 电源，提供给 RS232 串口电平的需要，外接电容器应选择电解电容。15 脚为 GND，16 脚 VCC(＋5 V)。由于 RS232C 电平较高，在接通时产生的瞬时电涌非常高，很有可能击毁 MAX232，所以在使用中应尽量避免热插拔。

TTL 与 RS232C 的转换电路如图 7-29 所示。51 单片机的 TXD(P3.1)脚与 MAX232 11 脚相连，RXD(P3.0)脚与 MAX232 的 12 脚相连；MAX232 的 14 引脚接 DB9 的 2 脚 RXD，13

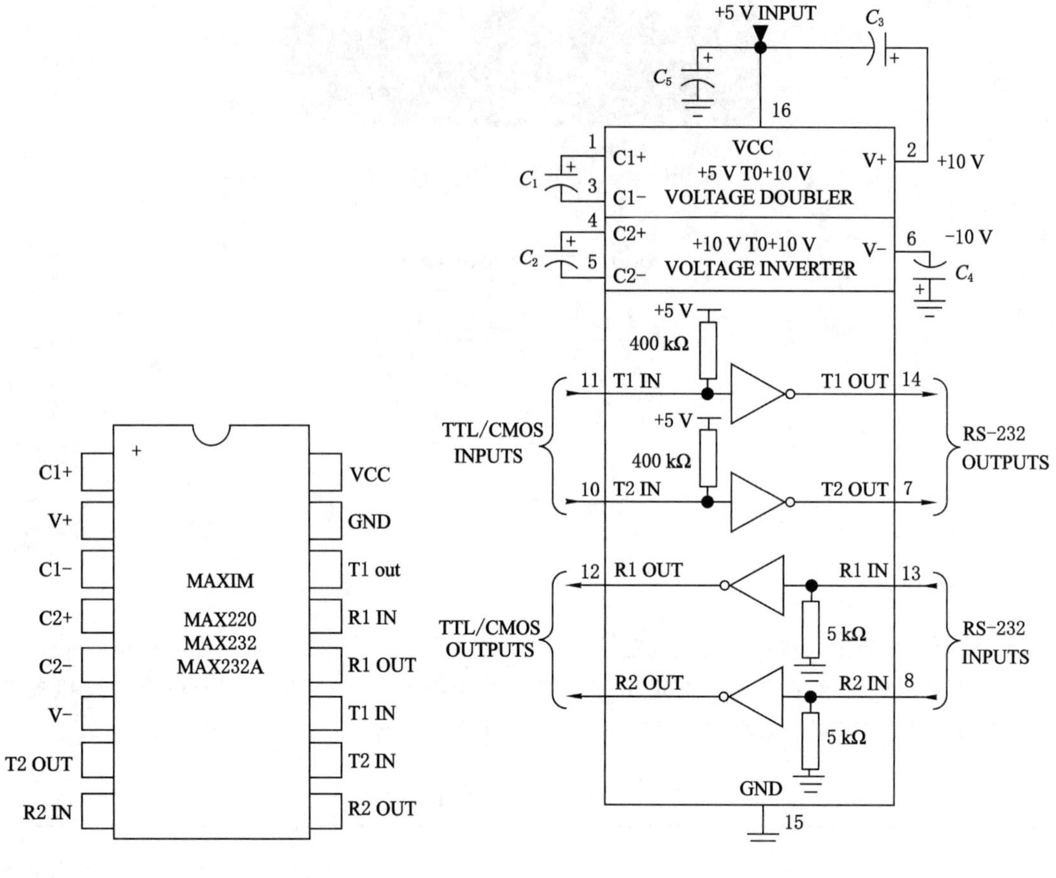

(a) MAX232外形引脚图　　　　　　　　(b) 内部结构图

图 7-28　MAX232 芯片外形及内部结构

脚接 DB9 的 3 脚 TXD。1 和 3、4 和 5 引脚之间外接 104 电容(0.1 μF)。

7.5.2　RS422 和 RS485 串行接口

RS232C 虽然应用广泛,但因为推出较早,在现代通信系统中存在以下缺点:数据传输速率慢,传输距离短,接口处各信号容易产生串扰。鉴于此,EIA 制定了新的标准 RS422A,该标准除了与 RS232C 兼容外,在提高传输速率、增加传输距离、改善电气性能等方面有了很大改进。

RS422A 标准接口总线采用双端电气接口形式,其标准是双绞线传送信号。它通过传输线驱动器,把逻辑电平变换成电位差,完成发送端的信息传送;在终端,通过传输线接收器,把电位差转换成逻辑电平,实现接收端的信息接收。RS422A 比 RS232C 传输距离长,速度快,传输速率最高可达 10 Mbps,在此速率下,电缆允许长度为 120 m。若采用较低传速率,如 9 600 bps,最大距离可达 1 200 m。

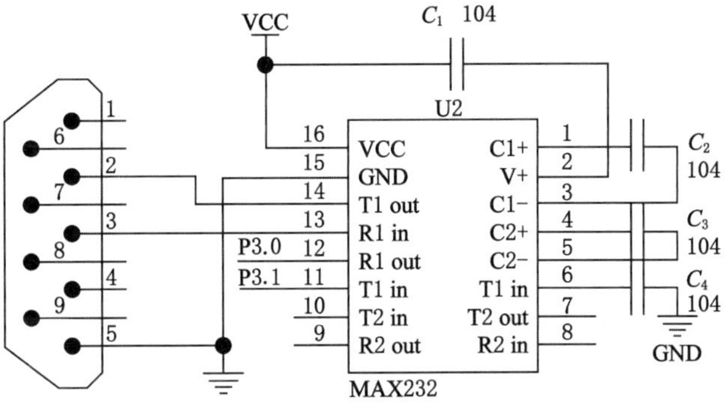

图 7-29　TTL 与 RS232C 的转换电路

RS485 是 RS422A 的变型，RS422A 为全双工，可同时发送和接收；RS485 则为半双工，在某一时刻，一个发送，另一个接收。RS485 是一种多发送器的电路标准，它扩展了 RS422A 的性能，允许双线总线上一个发送器驱动 32 个负载。RS485 标准定义一个基于单对平衡线的多点、双向、半双工通信链路，是一种极为经济并具有相当高的噪声抑制、传输速率、传输距离和宽共模范围的通信平台。

RS485 采用差分信号负逻辑，逻辑“1”以两线间的电压差为＋(2～6)V 表示；逻辑“0”以两线间的电压差为－(2～6)V 表示。接口信号电平比 RS232C 降低了，就不易损坏接口电路的芯片，且该电平与 TTL 电平兼容，可方便地与 TTL 电路连接。

RS485 在传输过程中可以采用增加中继的方法对信号进行放大，最多可以加 8 个中继，理论上 RS485 的最大传输距离可以达到 10.8 km，也可以采用光纤为传播介质，单模光纤可达 50 km 的传播距离。RS485 接口是采用平衡驱动器和差分接收器的组合，抗共模干扰能力增强，即抗噪声干扰性好，而 RS232C 抗干扰能力差。RS485 多采用屏蔽双绞线传输，而 RS232C 为普通导线传输。

在 RS485 通信网络中一般采用的是主从通信方式，即一个主机带多个从机，接线方式为总线式拓扑结构，在同一总线上最多可以挂接 32 个节点，不支持环形或星形网络，最好采用一条总线将各个节点串接起来，从总线到每个节点的引线长度应尽量短，以便使引线中的反射信号对总线信号的影响最低。RS232C 接口可以实现点对点的通信方式，但不能实现联网功能。两者之间可以通过 RS232/RS485 转换电路将串口 RS232C 信号转换成 RS485 信号。

最小型 RS485 由两条信号线组成，每条连接电路必须有接地参考点，电缆能支持含 32 个发送/接收器对。为了避免地电流，每个设备一定要接地。电缆应包括连至每个设备电缆地的第三信号参考线。若用屏蔽电缆，屏蔽电缆应接到电缆设备的机壳。

RS485 接口可接成半双工和全双工两种通信方式。半双工芯片有 SN75176、SN75276、MAX485、MAX1487、MAX3082、MAX1482 等，全双工芯片有 SN75179、SN75180、MAX488～491 等。下面以 MAX485 芯片为例简要介绍 51 单片机的 TTL 信号转换为 485 信号的方法，如图 7-30 所示。MAX485 内部由一个驱动器和一个收发器组成。

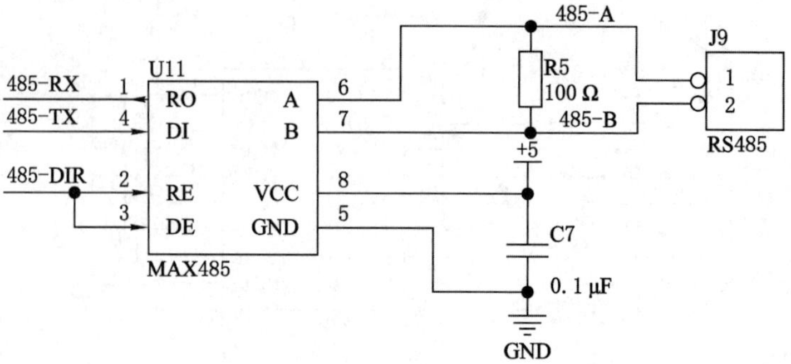

图 7-30　MAX485 与 TTL 转换电路

MAX485 芯片的结构和引脚非常简单，内部含有一个驱动器和接收器，+5 V 单电源供电。RO 和 DI 端分别为接收器的输出和驱动器的输入端，与 51 单片机连接时只需分别与单片机的 RXD 和 TXD 相连即可。$\overline{RE}$和 DE 端分别为接收和发送的使能端，当$\overline{RE}=0$时，器件处于接收状态；当 DE=1 时，器件处于发送状态。因为 MAX485 工作在半双工状态，所以只需用单片机的一个管脚控制这两个引脚即可。A 端和 B 端分别为接收和发送的差分信号端，当 A 的电平高于 B 时，代表发送的数据为 1；当 A 的电平低于 B 端时，代表发送的数据为 0。同时将 A 和 B 端之间加匹配电阻，一般可选 100 Ω 的电阻。在实际电路设计中为了抗干扰，还可以考虑采用高速光耦，如 6N137、6N136 等芯片，也可以优化普通光耦电路参数的设计，使之能工作在最佳状态。

7.5.3　USB 转串口

USB(Universal Serial Bus)一般称为通用串行总线。它拥有复杂的通信协议，支持热插拔，并能以非常快的速度传输数据。USB 是一个外部总线标准，用于规范电脑与外部设备的连接和通信。USB 使用四种数据传输方式：控制传输、中断传输、批量传输及等时传输。

图 7-31 所示为 A、B、mini 三种 USB 接口的引脚定义，1 和 4 脚分别为电源和地，2、3 脚分别为数据线 DATA+、DATA-。USB 接口是目前计算机的标准配置。计算机上 RS232C 的接口已经基本取消了，单片机的串口与计算机的 USB 口之间进行通信必须要进行接口转换，较常用的转换芯片为 CH340、CH341、PL2303 等芯片。

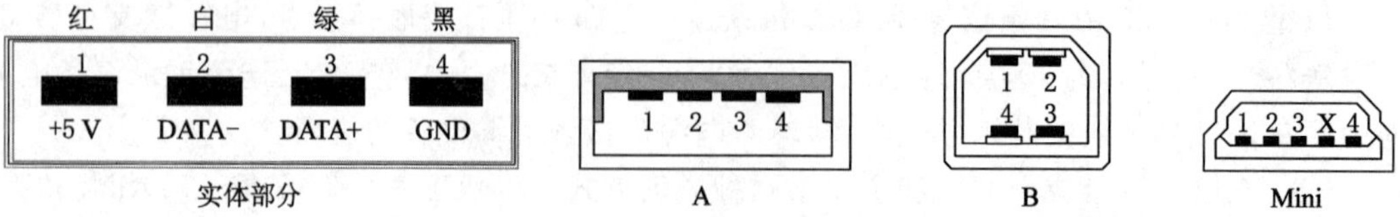

图 7-31　USB 接口定义

本书以 CH340 芯片为例，简单介绍 USB 转串口的转换电路，图 7-32 为 CH340T/R/G

芯片引脚图，表 7-6 所示为 CH340T/R 芯片部分引脚的定义及功能。

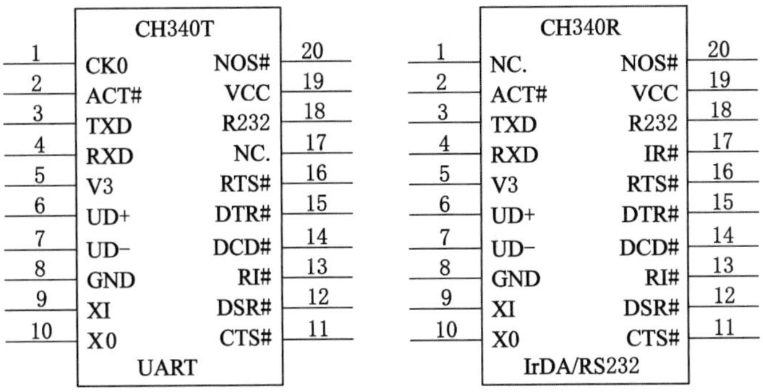

图 7-32　CH340 转换芯片引脚图

表 7-6　CH340T/R 芯片引脚定义及功能(部分)

引脚号	名称	功能	解释
3	TXD	输出	串行数据输出(CH340R 型号为反相输出)
4	RXD	输入	串行数据输入，内置可控的上拉和下拉电阻
6	UD+	USB 信号	直接连到 USB 总线的 D+数据线
7	UD−	USB 信号	直接连到 USB 总线的 D−数据线
9	XI	输入	晶体振荡的输入端，需要外接晶体及振荡电路
10	XO	输出	晶体振荡的反相输出端，需要外接晶体及振荡电路

图 7-33 中，CH340 的 TXD 脚接 51 单片机的 RXD 脚，RXD 脚接 51 单片机的 TXD 脚，这样一发一收才能进行通信。另外，在 TXD 脚处接二极管是为了防止 USB 给目标芯片进行供电。CH340 芯片内置了 USB 上拉电阻，UD+和 UD−引脚应该直接连接到 USB 总线上，因此图中 CH340 的 UD+、UD−分别接 USB 的 D−、D+(2、3)引脚。

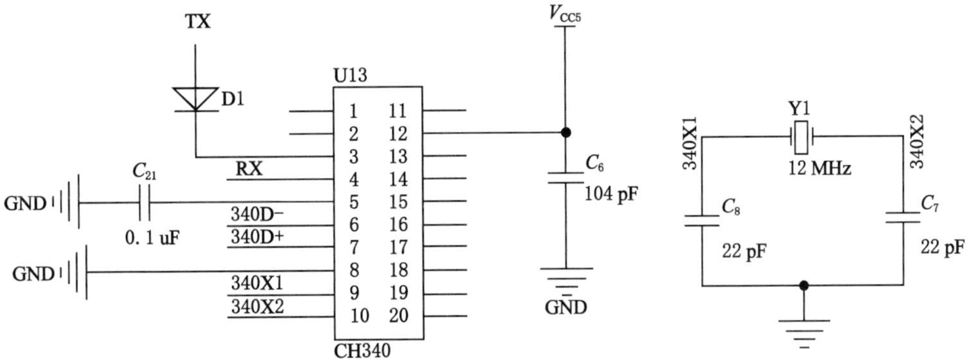

图 7-33　MCS-51 单片机的 USB 转换电路

7.5.4 串口通信实例

【例 7-7】 编程实现 MCS-51 单片机与计算机之间的通信。单片机和计算机之间通过 USB 转串口模块连接。波特率:9 600,f_{osc}=11.059 2 MHz,每隔 1 s,单片机向计算机发送 hello the world!

程序 1:串口中断实现。

程序清单 7-11

```
#include <reg51.h>
#include <stdio.h>                                                    (1)
#define uchar unsigned char
#define uint unsigned int

void delayms(uint ms)
{
uchar i;
while(ms--)
    {
    for (i=0;i<120;i++);
    }
}
void main(void)
{
SCON=0x40;        //串口工作在方式 1,8 位的异步串行通信
PCON=0x00;        //T1 时间常数为(1*10^6)/((128-X)*16)=9600,X=253=FD
TMOD=0x20;        //T1 方式 2
TL1=0xfd;         //9 600 波特率
TH1=0xfd;
TR1=1;
EA=1;             //开总中断
ES=1;             //开串口中断
TI=1;             //TI 置 1,立刻进中断
while(1);
}
//串口中断服务函数
void serial(void) interrupt 4                                         (2)
{
printf("Hello the world! \r\n");//发送字符
delayms(1000);
}
```

程序清单 7-11(1):stdio.h 为标准输入输出头文件,后面使用的 printf 函数在此头文件中定义。

程序清单 7-11(2):每隔 1 000 ms 进一次中断,即每隔 1 s 打印"Hello the world!"。

串口中断实现的 Proteus 仿真结果如图 7-34 所示。

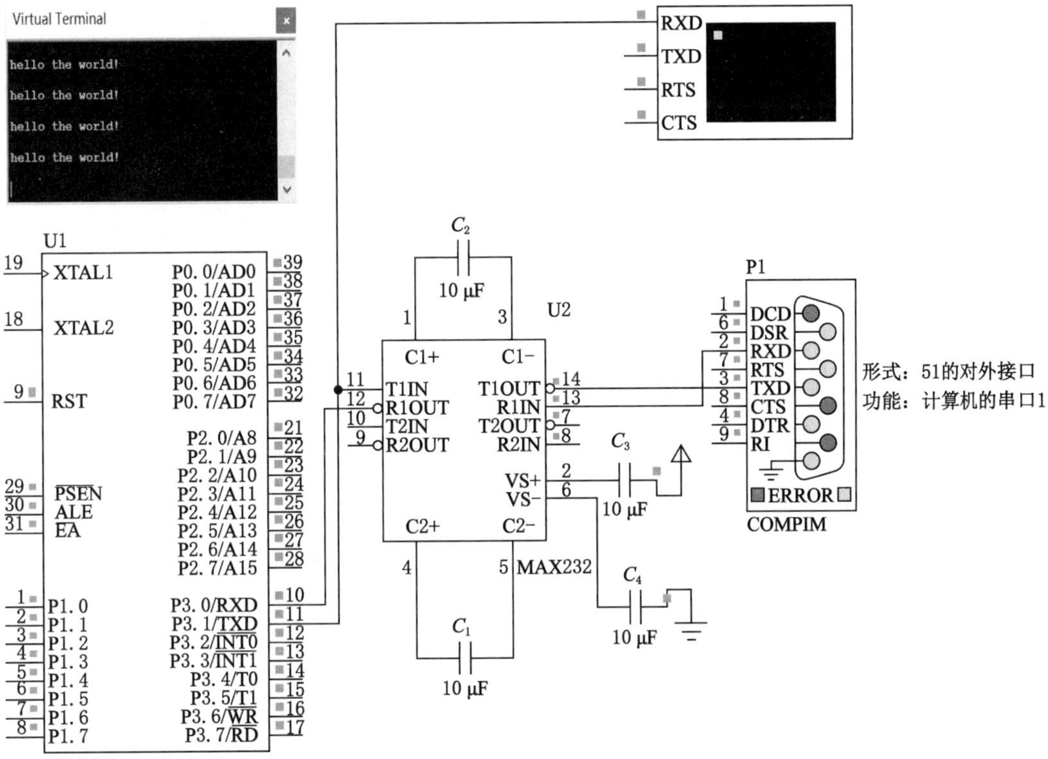

图 7-34　串口中断实现的 Proteus 仿真结果

程序 2:定时器中断实现

程序清单 7-12　定时器中断实现

```
#include <reg52.h>
#include <stdio.h>

#define uchar unsigned char
#define uint unsigned int
uint counter=0;                //计数器

void main(void)
{
  SCON=0x40;                   //串口工作在方式 1,8 位的异步串行通信
```

```
    PCON=0x00;                //SMOD=0
    TMOD=0x21;                //T0 方式 1,T1 方式 2
    TH0=(65536-50000)/256;//T0:50 ms 基础定时
    TL0=(65536-50000)%256;
    TL1=0xfd;                 //9 600 波特率,fosc=11.059 2 MHz
    TH1=0xfd;
    EA=1;                     //开总中断
    ET0=1;                    //开 T0 中断
    TR1=1;                    //启动 T1
    TR0=1;                    //启动 T0
    TI=1;                     //启动 T1 中断
    while(1);
}

//定时器 0 中断服务函数
void timer0(void) interrupt 1
{
TH0=(65536-50000)/256;
TL0=(65536-50000)%256;
counter=counter++;
if(counter==20)               //20 * 50 ms=1 000 ms=1 s
    {
    counter=0;
    printf(" hello the world! \r\n");
    }
}
```

程序 3:查询方式实现

程序清单 7-13

```
#include <reg52.h>
#include <stdio.h>                                          (1)
#define uchar unsigned char
#define uint unsigned int
void delayms(uchar ms)
{
uchar i;
while(ms--)
    {
    for (i=0;i<120;i++);
```

```
    }
}
void main()
{
TMOD=0x20;          //T0 方式 1,T1 方式 2
TL1=0xfd;           //9 600 波特率,fosc=11.059 2 MHz
TH1=0xfd;
SCON=0x40;          //串口工作在方式 1,8 位的异步串行通信
PCON=0x00;          //T1 的时间初值为 1*106/((128-X)*16)=9600,
                    //X=253=FDH
TI=1;
TR1=1;
while(1)
{
  if(TI==1)
     {
        printf("hello the world! \r\n");                        (2)
        delayms(1000);          //延时 1 s
     }
  }
}
```

7.6　习题

一、单选题

1. 从串口接收缓冲器中将数据读入到变量 temp 中的 C51 语句是(　　)。

A. temp=SCON;　B. temp=TCON;　C. temp=DPTR;　D. temp=SBUF;

2.全双工通信的特点是,收发双方(　　)。

A. 角色固定不能互换　　B. 角色可换但需切换

C. 互不影响双向通信　　D. 相互影响互相制约

3.80C51 的串行口接收数据的正确次序是下述的哪种顺序(　　)。

(1) 接收完一帧数据后,硬件自动将 SCON 的 RI 置 1;

(2) 用软件将 RI 清 0;

(3) 接收到的数据由 SBUF 读出;

(4) 置 SCON 的 REN 为 1,外部数据由 RXD(P3.0)输入。

A. 1—2—3—4　B. 4—1—2—3　C. 4—3—1—2　D. 3—4—1—2

4. 在用接口传送信息时,如果用一帧来表示一个字符,且每帧中有一个起始位、一个停

止位和若干个数据位，该传送属于(　　)。

A. 异步串行传送　B. 异步并行传送　C. 同步串行传送　D. 同步并行传送

5. 80C51 有关串行口内部结构的描述中，不正确的是(　　)。

A. 51 内部有一个可编程的全双工串行通信接口

B. 51 的串口接口可以作为通用异步接收/发送器，也可以作为同步移位寄存器

C. 串行口中设有接收控制寄存器 SCON

D. 通过设置串行口通信的波特率可改变串行口通信速率

6. 80C51 有关串行口数据缓冲器的描述中，不正确的是(　　)。

A. 串行口中有两个数据缓冲器 SBUF

B. 两个数据缓冲器在物理上是相互独立的，具有不同的地址

C. 发送 SBUF 只能写入数据，不能读出数据

D. 接收 SBUF 只能读出数据，不能写入数据

7. 80C51 串行口发送控制器的作用描述中，不正确的是(　　)。

A. 作用 1 是将待发送的并行数据转为串行数据

B. 作用 2 是在串行数据上自动添加起始位、可编程位和停止位

C. 作用 3 是在数据转换结束后使中断请求标志 TI 自动置 1

D. 作用 4 是在中断被响应后使中断请求标志位 TI 自动清 0

8. 下列关于 80C51 串行口接收控制器的作用描述中，不正确的是(　　)。

A. 作用 1 是将来自 RXD 引脚的串行数据转为并行数据

B. 作用 2 自动过滤掉串行数据中的起始位、可编程位和停止位

C. 作用 3 是在接收完成后使中断请求标志位 RI 自动置 1

D. 作用 4 是在中断被响应后使中断请求标志位 RI 自动清 0

9. 与串行口方式 1 相比，串行口方式 2 发生的下列变化中，错误的是(　　)。

A. 通信时钟波特率是固定不变的，其值等于晶振频率

B. 数据帧由 11 位组成，包括 1 位起始位+8 位数据位+1 位可编程位+1 位停止位

C. 发送结束后，TI 可以自动置 1，但接收结束后 RI 的状态要由 SM2 和 RB8 共同决定

D. 可实现异步通信过程中的奇偶校验

10. 下列关于方式 3 的描述中，错误的是(　　)。

A. 方式 3 的波特率是可变的，可以通过软件设定为不同速率

B. 数据帧由 11 位组成，包括 1 位起始位+8 位数据位+1 位可编程位+1 位停止位

C. 方式 3 主要用于进行错误校验或主从式系统通信的场合

D. 发送和接收过程结束后 TI 和 RI 都可硬件自动置 1

11. 下列关于串行主从式通信系统的描述中，错误的是(　　)。

A. 主从式通信系统由一个主机和若干个从机组成

B. 每个从机都要有相同的通信地址

C. 从机的 RXD 端并联主机的 TXD 端，从机的 TXD 端并联主机的 RXD 端

D. 从机之间不能直接传递信息，只能通过主机间接实现

12. 下列关于多机串行异步通信的工作原理描述中，错误的是(　　)。

A. 多机异步通信系统中各机初始化时都应设置相同的波特率

B. 各从机都应设置为串行口方式2或3，SM2＝REN＝1，并禁止串口中断

C. 主机先发送一条包含TB8＝1的地址信息，所有从机都能在中断响应中对此地址进行查证，但只有目标从机将SM2改为0

D. 主机随后发送包含TB8＝0的数据或命令信息，此时只有目标从机能响应中断，并接收此条信息

13. 假设异步串行通信按方式1每分钟传输6 000个字符，则其波特率为(　　)。

A. 800　　B. 900　　C. 1 000　　D. 1 100

14. 采用串口方式1的通信系统中，已知 f_{osc}＝6 MHz，波特率为2 400，SMOD＝1，则定时器T1在方式2时的时间初值X为(　　)。

A. 0XE6　　B. 0XF3　　C. 0X1FE6　　D. 0XFFE6

15. 串行通信的指标是波特率，而波特率的量纲是(　　)。

A. 字符/秒　　B. 位/秒　　C. 帧/秒　　D. 帧/分

16. 51单片机串行口方式2要发送的第9位数据应送入SCON存器的(　　)中。

A. RB8　　B. TB8　　C. RI　　D. TI

17. 在进行点对点通信时，通信距离为500 m，则优先采用下面哪种通信方式(　　)。

A. 串行口直接相连　　B. 并行通信

C. RS232　　D. RS485

二、简答题

1. 串行通信与并行通信的含义及优缺点?

2. 什么是波特率?

3. 51单片机串行通信各种工作方式下的数据格式和波特率是什么?

4. 51单片机串行口的初始化如何设置?

5. 串行口通信时可以使用查询方式，也可以使用中断方式，怎样编程?

6. 51单片机的串行口如何转换成RS232C接口，又如何转换成USB接口?

7. 什么是485接口，与RS232C有什么区别?

三、综合题

1. 若51单片机的外接晶体振荡器为11.059 2 MHz，串行口工作于方式1，波特率为9 600 b/s，写出用T1作为波特率发生器的方式控制字和计数初值。

2. 用两个80C51单片机设计一个串行通信系统，编程实现两个单片机以方式1进行通信。已知 f_{osc}＝12 MHz，波特率9 600 bps，甲机循环发送0～9，乙机接收后发送到LED灯显示。

第 8 章　MCS-51 系统扩展技术

8.1　概述

MCS-51 系列单片机简单灵活、结构紧凑，对于简单的应用场合，MCS-51 的最小系统就能满足功能上的要求(例如一片 80C51 或 80C52 等)；对于复杂的应用场合，需要较大的存储容量和较多的 I/O 口情况下，MCS-51 自身的 ROM 和 I/O 接口数量有限，因此需要在最小应用系统基础上，增加一些外围功能部件而进行性能扩充，以构成功能强、规模较大的系统，这种技术称为系统扩展技术。

所谓系统扩展一般说来有如下两项主要任务：一是把系统所需的外设与单片机连接起来，使单片机系统能与外界进行信息交换。如通过按键、开关、A/D 转换器等外部设备向单片机送入数据、命令等信息，去控制单片机的运行；通过显示器、发光二极管、打印机、继电器、音响设备等把单片机处理的结果送出去，向人们提供信息或对外界设备提供控制信号，这项任务实际上就是单片机的接口设计。二是扩大单片机的容量。由于芯片结构、引脚等关系，单片机片内 ROM、RAM 等功能部件的数量不可能很多，在使用中有时会感到不够，因此需要在片外进行扩展，以满足实际系统的需要。

随着半导体技术的发展，与 MCS-51 兼容的 51 增强型系列单片机功能变得越来越强大，内部集成了较大容量的 ROM、RAM，且内部增加了 A/D、D/A、IIC、PWM 等功能模块，在进行实际应用系统设计时，可以选择满足系统要求的 51 增强型芯片，因此本章对 ROM、RAM 的扩展技术不做介绍；I/O 口数量的扩展技术方法很多，如第 7 章串行口方式 0 采用 74LS164、74LS165 进行 I/O 口扩展，后面章节中还会介绍到其他扩展方法，因此本书不单独列章节进行论述。本章重点讨论单片机的接口设计部分。

8.2　显示器技术

显示器是最常用的输出设备，特别是 LED 数码管、字符型液晶显示器、LED 点阵显示器等。由于结构简单、价格便宜、接口容易，得到了广泛的应用，尤其在单片机系统中大量使用。

8.2.1　LED 数码管接口技术

LED 数码管显示器是单片机应用产品中常用的输出设备，它由七个或八个条状发光二极管芯片按一定顺序排列而成的，可实现 0～9 或部分字母的显示。市面上常见的有 1～4 位数码管模块，外观如图 8-1 所示。

（a）一位数码管　　（b）两位数码管　　（c）四位数码管

图 8-1　数码管形式及外形结构

数码管有共阴极和共阳极两种类型。共阴极数码管是指所有发光二极管的阴极接在一起，并且接地（GND），形成一个共阴极公共端（COM 端）；共阳极数码管是指所有发光二极管的阳极接在一起，接 VCC 电源，形成一个共阳极公共端（COM 端），分别如图 8-2（a）、（b）所示。带小数点的数码管称为八段数码管，不带小数点的称为七段数码管。八个笔画段分别称 a、b、c、d、e、f、g、dp，如图 8-2（c）所示，其中 dp 为小数点位，正常显示数字或字母的时候应该灭，由图 8-2（c）可以看出，一个数码管模块共有 10 个引脚，3、8 引脚为公共端。

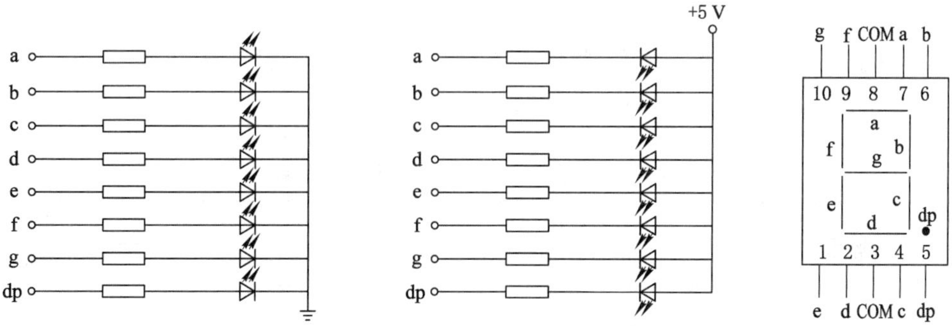

（a）共阴极数码管　　（b）共阳极数码管　　（c）引脚配置

图 8-2　数码管的电路结构

共阴极或共阳极数码管的八个笔画段通常由单片机的 I/O 口来控制，I/O 口通过输出高低电平，可使相应笔画段亮或灭。例如，八位 I/O 口 P1.7…P1.0 分别接 dp、g、f、e、d、c、b、a，若要显示数字 1，则共阴极数码管的控制代码应为 0000 0110B（06H），即 b、c 引脚为高电平时，对应 b、c 笔画段亮，如图 8-3（a）所示；反之，共阳极数码管的控制代码为 11111001B（F9H），如表 8-1 所示。若要显示字母 E，则共阳极数码管的控制代码应为 1000 0110B（86H），即 dp、b、c 三个引脚为高电平时，对应 dp、b、c 笔画段不亮，其余引脚都为低电平，对应笔画段亮，如图 8-3（b）所示；反之，共阴极数码管的控制代码为 01111001B（79H）。控制代码 06H、F9H、79H、86H 称为段选码或字段码。

（a）数字1的点亮笔画　　（b）字母E的点亮笔画

图 8-3　数字 1 和字母 E

表 8-1　数字 1 和字母 E 的段选码

P1.7	P1.6	P1.5	P1.4	P1.3	P1.2	P1.1	P1.0	共阴极	段选码	共阳极	段选码
dp	g	f	e	d	c	b	a				
0	0	0	0	0	1	1	0	1	06H		
1	1	1	1	1	0	0	1			1	F9H
0	1	1	1	1	0	0	1	E	79H		
1	0	0	0	0	1	1	0			E	86H

根据上述工作原理，可得到更多数字和字母的共阴极和共阳极数码管的段选码，如表 8-2所示，使用时可根据实际情况自行推导，也可参阅此表。

表 8-2　共阴极和共阳极数码管的段选码

显示字符	共阴极段选码	共阳极段选码	显示字符	共阴极段选码	共阳极段选码
0	3FH	C0H	b	7CH	83H
1	06H	F9H	C	39H	C6H
2	5BH	A4H	d	5EH	A1H
3	4FH	B0H	E	79H	86H
4	66H	99H	e	7BH	84H
5	6DH	92H	F	71H	8EH
6	7DH	82H	H	76H	89H
7	07H	F8H	P	73H	82H
8	7FH	80H	U	3EH	C1H
9	6FH	90H	y	6EH	91H
A	77H	88H	灭	00H	FFH

8.2.2　显示方式

（1）静态显示

从上面分析可以看出，一个数码管需要一个 8 位 I/O 口控制，两个数码管就需要两个

I/O 口控制，即有几个数码管就需要几个单独的 I/O 口，这种显示方式称为静态显示方式。但是，当有 4 个以上数码管时，51 单片机的 I/O 口不够用。静态显示最大的优点就是字符显示灵活，可同时显示不同的内容，编码方便，占用 CPU 时间少。但是这种显示方式占用硬件多，一般用于显示位数较小的场合；当位数较多时，一般采用动态显示方式。

如果单片机 I/O 口线较多，静态显示可按图 8-4 所示硬件连接，图中有 N 位数码管，所有数码管 COM 公共端连在一起，段选线由单片机的其他 N 个 I/O 口控制。由于 MCS-51 单片机只有 4 个 8 位 I/O 口，口线较少，当接 3 个以上数码管时，静态显示方式显然不合适了，需要扩展 I/O 口。常用的 I/O 口扩展方法之一是通过 74LS164 移位寄存器在片外扩展 I/O 口，如图 8-5 所示的 6 位数码管接口电路。也可通过 8255A 扩展芯片、74LS138 译码器、74HC573 锁存器等都可以实现 I/O 口的扩展。

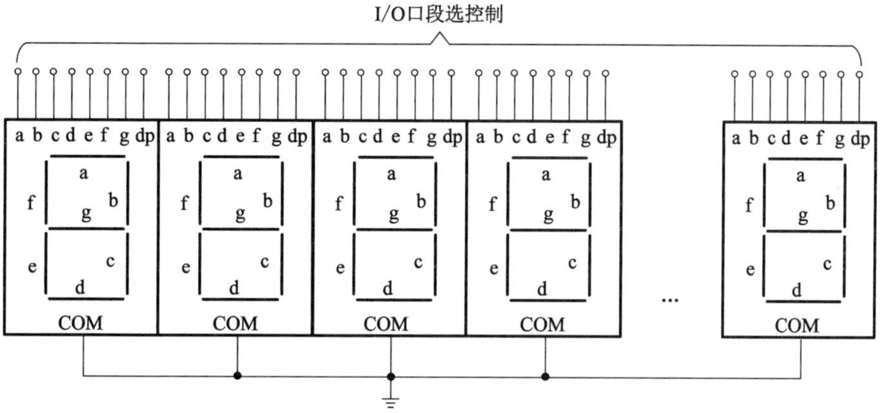

图 8-4　N 位数码管静态显示电路原理图

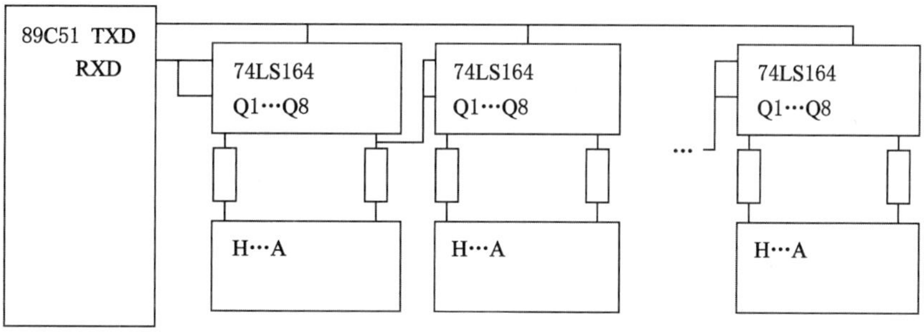

图 8-5　74LS164 扩展 6 位数码管静态显示电路原理图

(2) 动态显示

为克服静态显示占用 I/O 口线较多的弊端，可以采用动态显示方式。所谓动态显示方式就是一位一位地轮流点亮各位显示器，对于每一位显示器来说，每隔一段时间点亮一次，如果每位显示器的显示都能保证一定的时间，且循环扫描周期足够短，利用人眼视觉暂留的效果，就可以在各位显示器上看到连续而稳定的字符。一般显示器切换时间在 1.5～3 ms

之间。

具体硬件连接方法为：将各位 LED 段选线接在一起，由一个 I/O 口控制，将各位显示器的公共端分别引出，由另一个 I/O 口控制，这样只需 2 个 8 位 I/O 口便可构成一个多位的显示电路，如图 8-6 所示。由于各位 LED 的段选线是接在一起的，因此每个瞬间，如想让 N 位 LED 同时显示，只能显示相同的字符，要想让各位显示不同字符，必须采用循环扫描的方式，即每一个瞬间只让一位 LED 显示，其他几位熄灭，然后循环改变显示位置，使各个显示器轮流显示一遍。

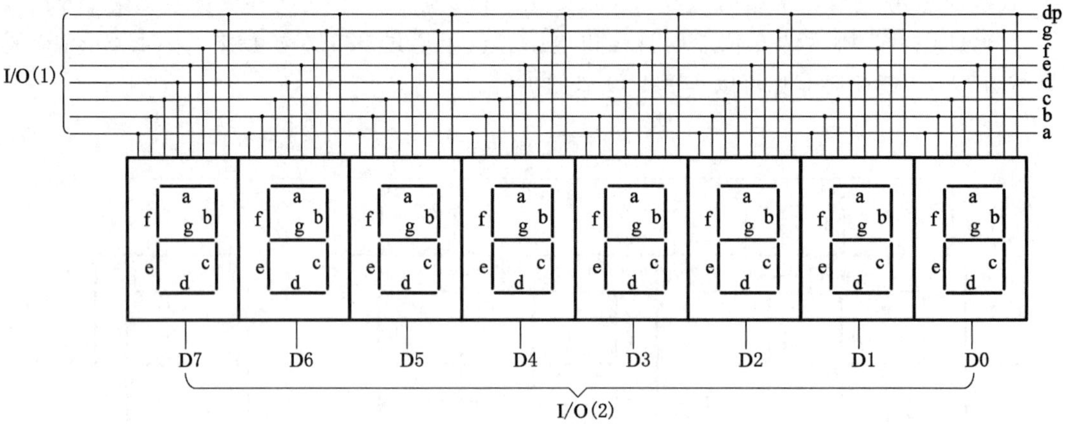

图 8-6　八位数码管动态显示电路原理图

8.2.2　八位数码管应用实例

【例 8-1】　如图 8-7 所示，用两片 74HC573D 锁存器进行 8 位数码管的显示控制，U5 锁存器的输出接数码管的 a～dp 笔画段，U6 锁存器的输出接数码管的八个公共端。要求采用动态显示法编程实现数码管的稳定显示，显示内容：12345678。

74HC573D 是一款高速 CMOS 器件，内部包含八路 D 型透明锁存器，如图 8-8(a)所示。每个锁存器具有独立的 D 型输入，以及适用于面向总线应用的三态输出。所有锁存器共用一个锁存使能(LE)端和一个输出使能($\overline{OE}$)端。74HC573D 引脚解释如下：

VCC，GND：电源，地；

1D～8D：锁存器的输入；

1Q～8Q：锁存器的输出；

$\overline{OE}$：输出允许。$\overline{OE}$=0，允许输出。

LE：锁存允许。LE=0 时，信号锁存；LE=1 时，输出随着输入变化而变化。

从图 8-8(b)可以看出，当$\overline{OE}$=0、LE=1 时，输出随着输入的变化而变化，即 Q 随着 D 的变化而变化；当$\overline{OE}$=0、LE=0 时，信号保持上一状态不变，信号被锁存，即 $Q=Q_0$。有效利用这两种组合，就可以实现信号先输出再锁存，把信号稳定在输出端不变。

由图 8-7 可知，U5 和 U6 的输入端都接在了单片机的 P0 口。因此，需要通过 P0 口先后输出段选码和位选码，然后锁存在 74HC573D 的输出端。U5 输出段选码，U6 输出位选码，输出端信号稳定后，就可以使数码管稳定显示了。

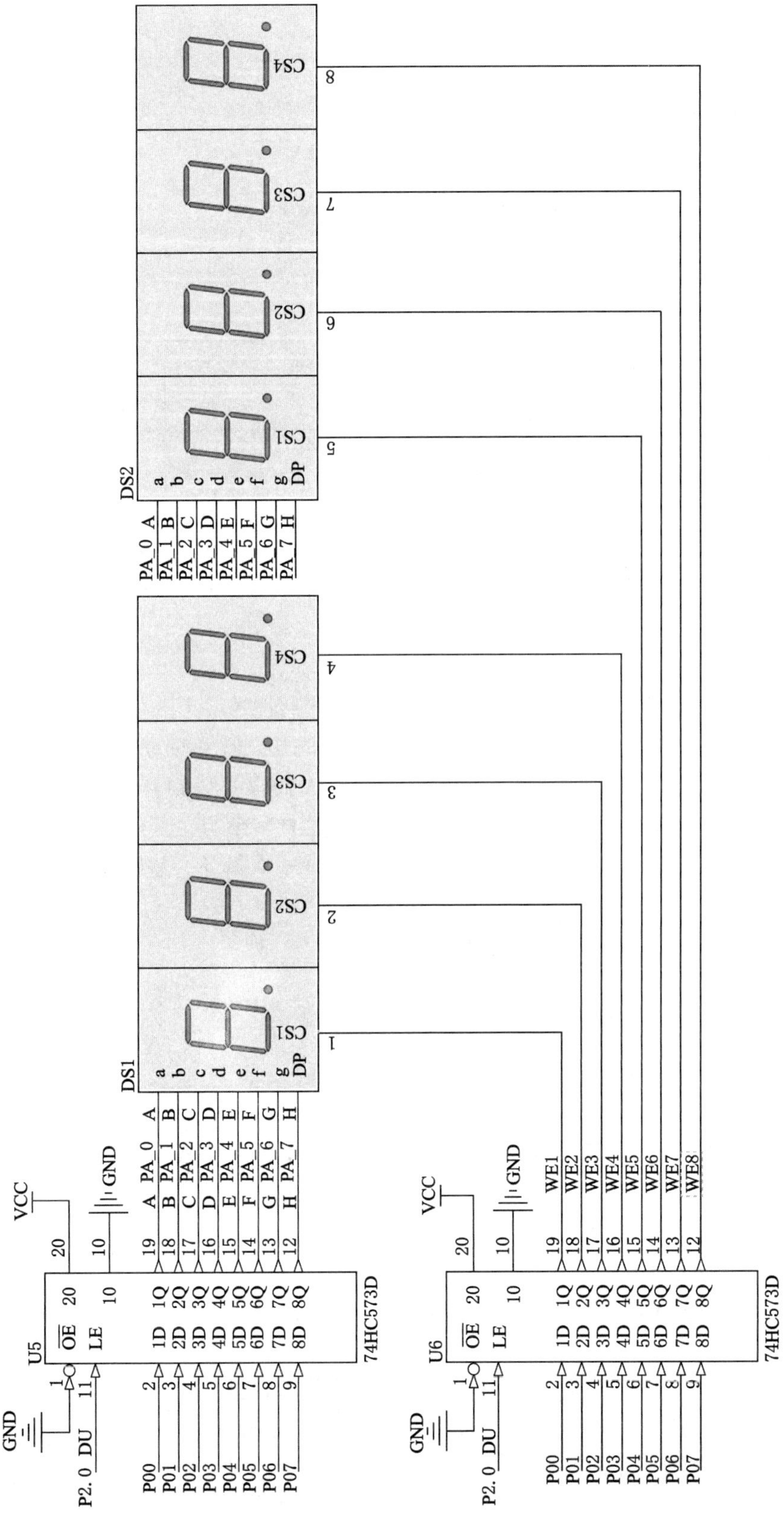

图8-7　八位共阴极数码管控制电路

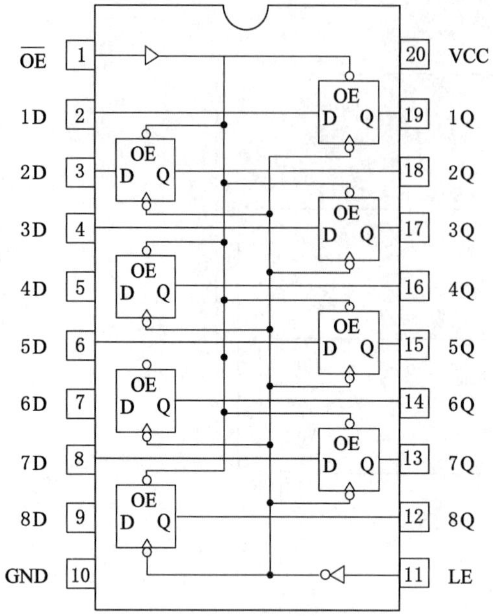

(a) 引脚及内部结构

$\overline{OE}$	LE	D	Q
L	H	H	H
L	H	L	L
L	L	L	Q_0
H	X	X	Z

(b) 锁存原理

图 8-8　74HC573 锁存器的引脚、内部结构与锁存原理

图 8-9 所示为程序流程图，首先进行定时器初始化，然后设置一个 8 位循环计数用变量 i，只要 i<8，说明一组 8 位仍未显示完，则先使锁存器的 U5 和 U6 的锁存引脚置 1，开放 U5 和 U6；取段选码送 P0 口，然后使 U5 的 LE 锁存引脚置 0，将段选码锁存；下一步取位选码送 P0 口，再将 U6 的 LE 锁存引脚置 0，将位选码锁存。这样就使得位选码和段选码稳定地出现在段选线和位选线上了，延时 1.5 ms；最后 i++，形成一次循环。然后重复进行下一组循环。

程序清单 8-1

```
#include <reg52.h>
#define uint unsigned int
#define uchar unsigned char
/*1—9,0 共阴极段选码*/
uchar code SegTable[]={0x06,0x5b,0x4f,0x66,0x6d,0x7d,0x07,0x7f,0x6f};   (1)
uchar code BitTable[]= {0xFE,0xFD,0xFB,0xF7,0xEF,0xDF,0xBF,0x7F};
                                 //位选码                                (2)
/*位选线端口定义*/
sbit SegSelect=P2^0;             //段选线
sbit BitSelect=P2^1;             //位选线
uchar ConCode;                   //用于存放共阴极的控制代码
uchar counter=0;                 //计数器
uchar i;
```

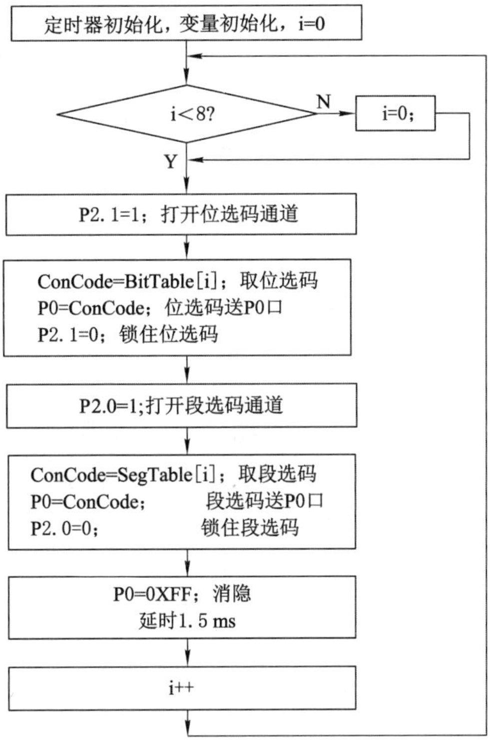

图 8-9　程序流程图

```
/＊函数声明 ＊/
void Timer0_init()；

/＊主函数＊/
void main()
{
    Timer0_init()；
    while(1)
    {
    for (i=0;i<8;i++)
      {
        BitSelect=1；            //位选通
        ConCode=BitTable[i]；    //取位选码
        P0=ConCode；             //位选码送 P0 口
        BitSelect=0；            //位选码锁存
        SegSelect=1；            //段选通
        ConCode=SegTable[i]；    //取段选码
        P0=ConCode；             //段选码送 P0 口
        SegSelect=0；            //段选码锁存
```

```
            P0=0XFF;            //段选和位选后,输出 0XFF 用于消隐
            TR0=1;              //启动定时器                                      (3)
            while(TF0==0);      //等待 1.50 ms 定时时间到,人眼视觉分辨时间         (4)
            TR0=0;              //关闭定时器
            }
        }
    }
    /*定时器 T0 初始化,方式 1,开中断*/
    void Timer0_init()
    {
        TMOD=0x01;    //00000001,T0 方式 1,16 位定时器
        TH0=(65536-1500)/256;     //设置时间初值,定时时间 1.5 ms,fosc=12 MHz
        TL0=(65536-1500)%256;
        EA=1;                     //开总中断
        ET0=1;                    //开定时器 T0 中断
    }
    /*定时器 0 中断程序,1.5ms 定时*/
    void timer0( ) interrupt 1
    {
        TH0=(65536-1500)/256;     //恢复时间初值
        TL0=(65536-1500)%256;
    }
```

程序清单 8-1(1):1～8 段选码表。code 是定义存放在 FLASH 中的常量,单片机的 RAM 有限,所以尽量把不变的数组都存在 ROM 中。8051 单片机片内共有 4K 字节的 ROM。

程序清单 8-1(2):位选码表。动态显示方式中每一位数码管轮流显示,本例中 8 位数码管的 COM 端由 P0 口控制,这 8 个 COM 端口线称为位选线。对于共阴极数码管,COM 端为低电平时才能工作,因此动态显示时,点亮位的 COM 端应为低电平,其余位的 COM 端为高电平。例如当最低位显示其余位不显示时,位选线上的控制代码应为 11111110B,0 表示最低位 COM 端为低电平。这种控制代码称为位选码。0xFE、0xFD、0xFB、0xF7、0xEF、0xDF、0xBF、0x7F 八个位选码分别是从最高位(左)至最低位(右)依次点亮的代码。

图 8-10　开发板调试结果显示

程序清单 8-1(3)～(4):本例程序中使用定时器实现点亮时间的定时,程序中选用 T0 定时器 1,定时时间为 1.5 ms,这也是人眼视觉暂留的较佳时间,超过 3 ms 显示将不稳定。TF0 中断请求标志由硬件自动置位和复位,因此不需要手动清 0。

图 8-10 所示为开发板上调试显示的结果。图 8-11 所示为 Proteus 仿真结果,稳定显示 12345678,程序正确无误。

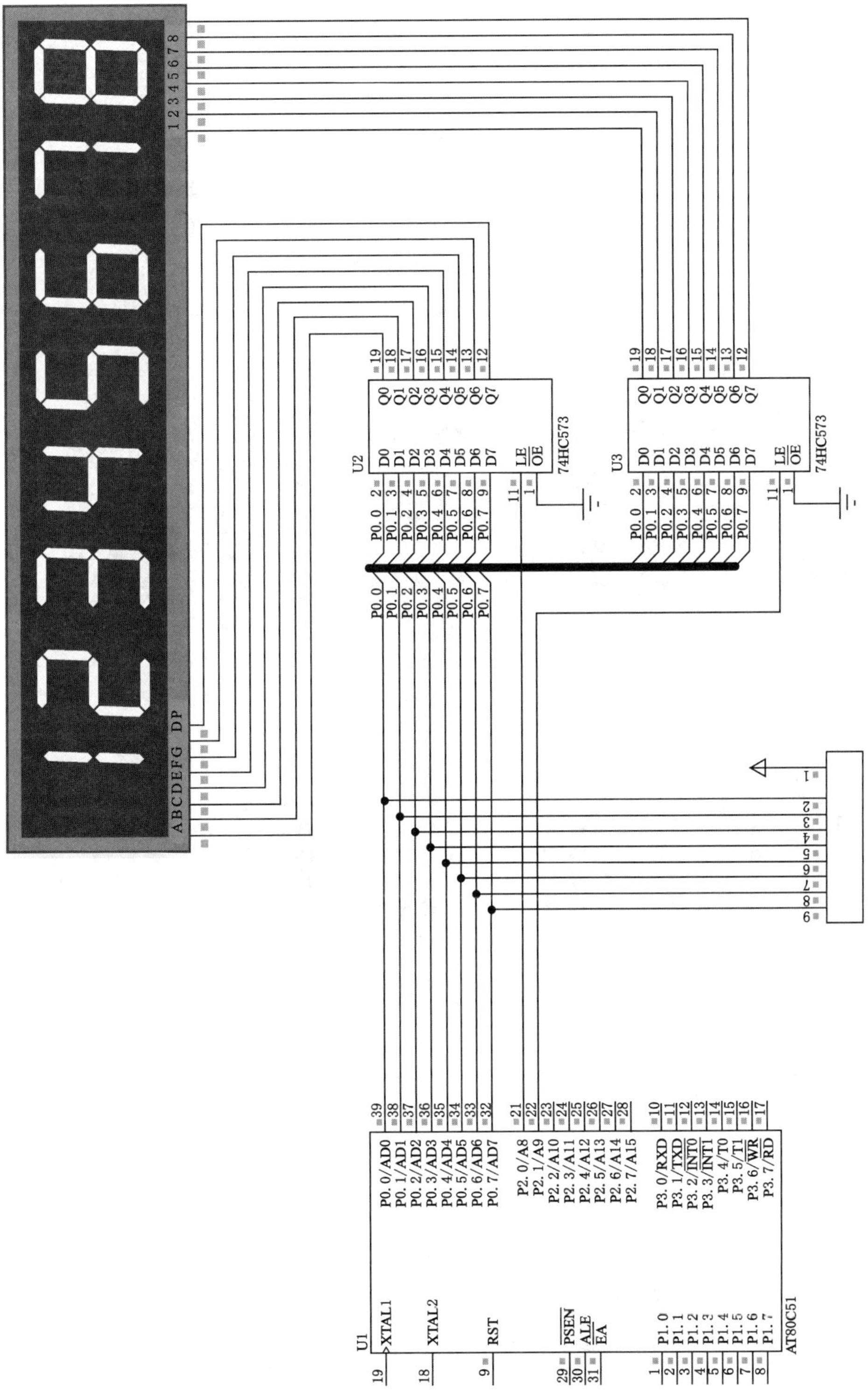

图8-11　Proteus仿真结果

8.2.3 LCD1602 液晶显示器

液晶显示模块与数码管相比，更为专业和漂亮。液晶显示屏以其功耗低、显示内容丰富、使用方便等诸多优点在仪器仪表、电子设备、家用电器等应用系统中得到越来越广泛的应用，使这些电子设备的人机界面变得越来越直观形象。

8.2.3.1 TC1602A 液晶显示模块

字符型液晶是一种用 5×7 或 5×10 点阵图形来显示字符的液晶显示器，显示面积为 64.5×18.2 mm^2。根据显示的内容可分为 1 行 16 字、2 行 16 字、2 行 20 字等，最为常见的是 2 行 16 字，1602 就是这样一种液晶模块。如图 8-12 所示，TC1602A 液晶显示器 1 行可显示 16 个字母(5×7 点阵)，共两行。图 8-13 所示为 5×7 点阵显示原理，图中显示 welcom 英文。

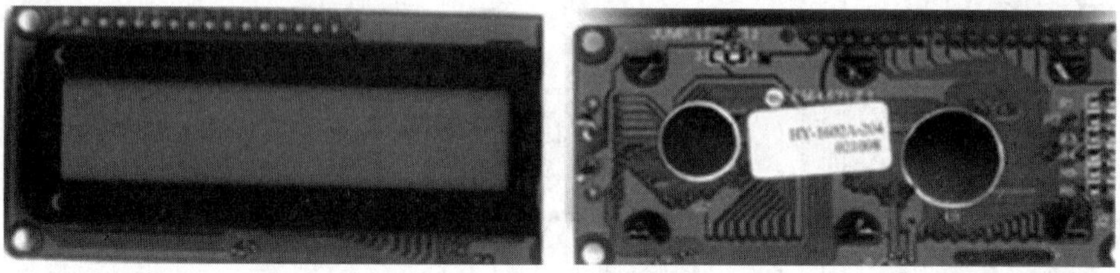

(a) 正面　　(b) 背面

图 8-12　TC1602A 液晶模块外形结构

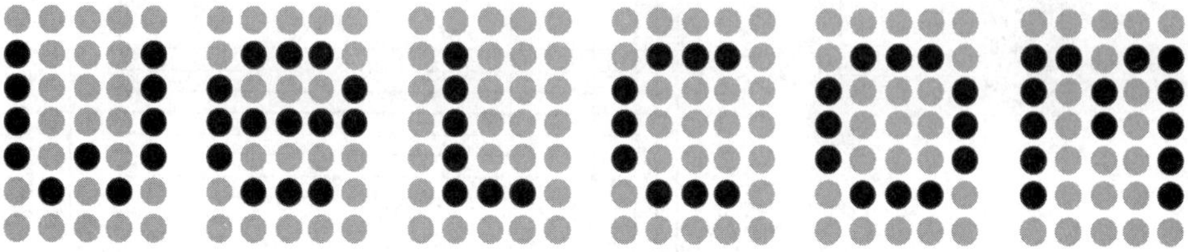

图 8-13　显示原理(5×7 点阵)

TC1602A 液晶显示器为单+5 V 电源供电，内部结构如图 8-14 所示。内部包括 LCD 控制器、LCD 驱动器和 LCD 显示器三部分，具体如下。

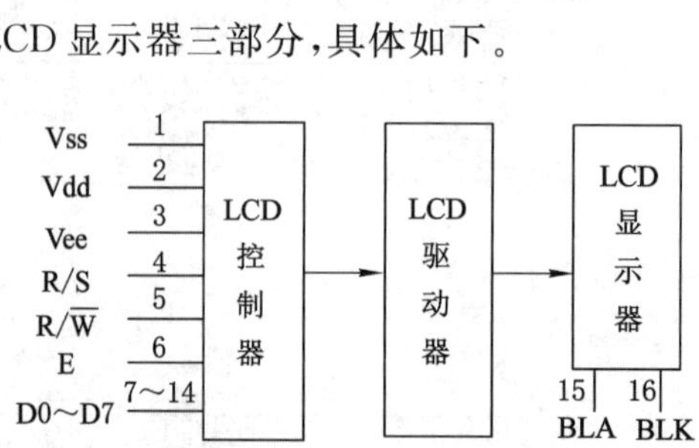

图 8-14　TC1602A 内部结构

(1) 具有字符发生器 ROM(CG ROM:Character—Generator ROM),可显示 192 种字符(160 个 5×7 点阵字符和 32 个 5×10 点阵字符),包括常用键盘符号、阿拉伯数字、大小写英文字母、日文假名等,只能读出不能写入。内部字符集如表 8-5 所示。

表 8-5　内部字符集

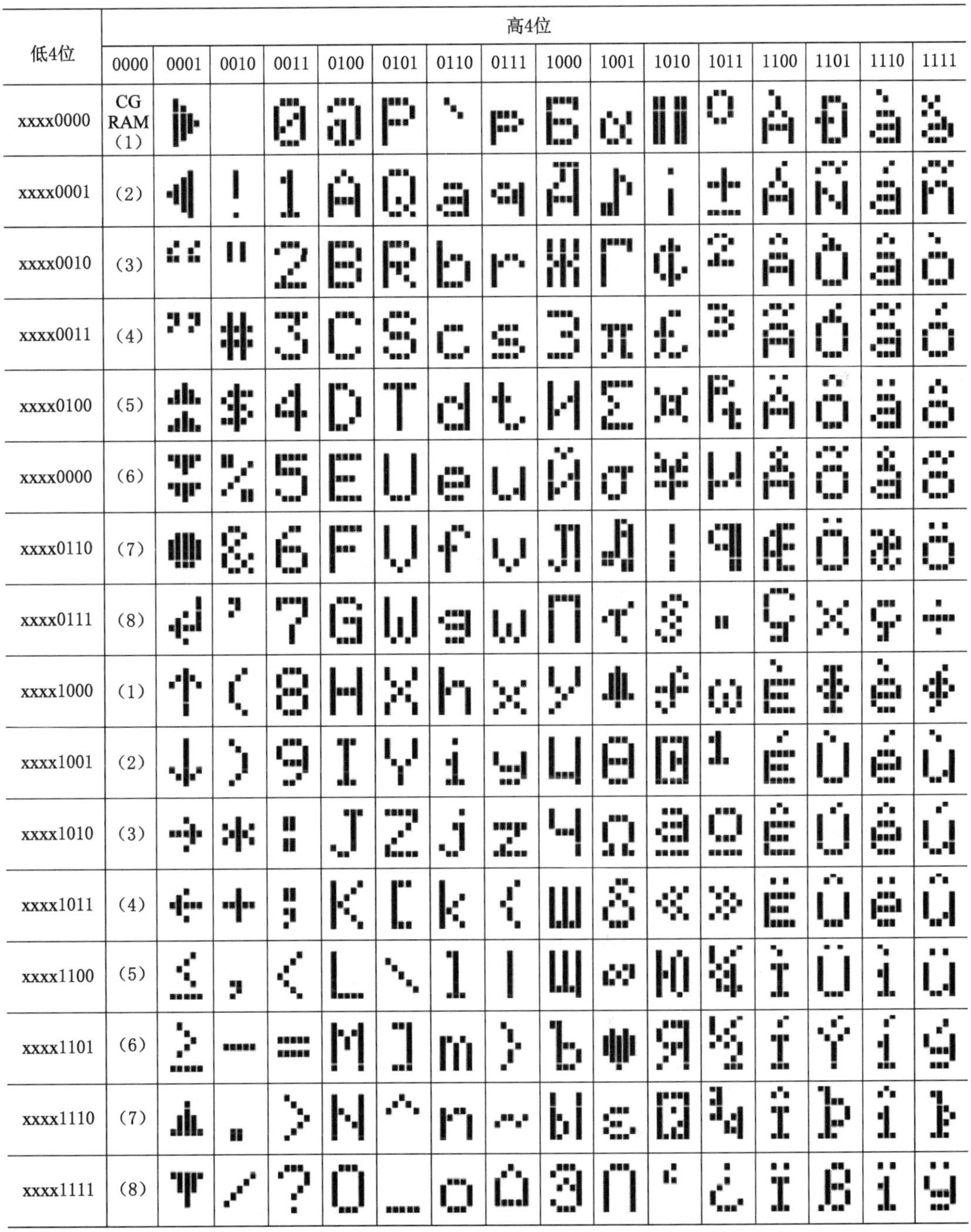

(2) 具有 64 B 的自定义字符 RAM(CG RAM:Character-Generator RAM),可供使用者定义 8 个 5×8 点阵字符或 4 个 5×11 点阵特殊造型的字符。

(3) 具有 64 B 的数据显示 RAM(DD RAM:Data-Display RAM),供显示编程时使用,用以存放要显示的数据,使用时只要将标准的 ASCII 码放入 DDRAM,内部控制器就会自动将数据传送到显示器上,并显示出该 ASCII 码对应的字符。

(4) 具有一个指令寄存器 IR(Instruction Register),负责存储单片机写给 LCD 的指令码,当引脚 RS=0、RW=0、E 为下降沿时,D0～D7 引脚上的数据便会存入到 IR 寄存器中。

(5) 具有一个数据寄存器 DR(Data Register),负责存储单片机写到 CGRAM 或 DDRAM 的数据,可视为一个数据缓冲区。当 RS=1、RW=1、E 为下降沿时,读取数据。当 RS=1、RW=0、E 为下降沿时,存入数据。

(6) 具有一个地址计数器 AC(Address Counter),负责计数写入/读出 CGRAM 或 DDRAM 的数据地址,AC 依照 MCU 对 LCD 的设置而自动修改它本身的内容。

(7) 具有一个忙标志信号 BF(Busy Flag),当 BF=1 时,表示 LCD 处于忙状态,不接收单片机送来的数据或指令;当 BF=0 时,接收外部数据或指令。因此,在写数据或写指令前,必须先判断 BF 是否为 0。

8.2.3.2　TC1602A 液晶显示模块引脚

TC1602A 液晶显示模块共有 16 个引脚,1、2 引脚为电源引脚,3 引脚为对比度调整引脚,RS、RW、E 为控制引脚;D0～D7 为数据线,15、16 引脚为背光电源,如图 8-15 所示。

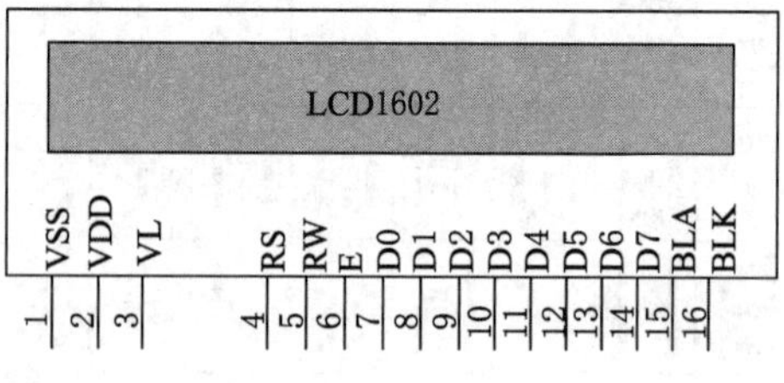

图 8-15　TC1602A 引脚

第 1 脚:VSS 为电源地。

第 2 脚:VDD 接+5 V 电源。

第 3 脚:VL 为液晶显示器对比度调整端。接正电源时对比度最弱,接地电源时对比度最高,对比度过高时产生"鬼影",使用时可通过一个 10 kΩ 的电位器调整对比度。

第 4 脚:RS 为寄存器选择引脚。高电平时选择数据寄存器,低电平时选择指令寄存器。

第 5 脚:RW 为读/写信号引脚。高电平时进行读操作,低电平时进行写操作。当 RS 和 RW 同为低电平时可以写入指令或显示地址。

第 6 脚:E 为使能端。当 E 由高电平跳变为低电平时,液晶模块执行指令(命令)。配合 RS 和 RW 引脚分别为写指令或写数据。RS、RW、E 这三个引脚的控制的功能见表 8-6。

第 7～14 脚:D0～D7 为 8 位双向数据线。

第 15 脚:BLA 为背光电源正极(+5V)输入引脚。

第 16 脚:BLK 为背光电源负极引脚,接 GND。

表 8-6 控制引脚的功能

E	RS	RW	作用
1—0(下降沿)	0	0	写指令或显示地址
1	0	1	读忙信号
1—0(下降沿)	1	0	写数据

8.2.3.3 控制指令

TC1602A 液晶模块内部控制器共有 11 条控制指令,其中 9 条针对 IR 指令寄存器,2 条针对 DR 数据寄存器,如表 8-7 所示。LCD 的读写操作、屏幕和光标的操作都是通过指令编程来实现的。

表 8-7 控制指令

序号	指令	RS	R/W	D7	D6	D5	D4	D3	D2	D1	D0
1	清屏	0	0	0	0	0	0	0	0	0	1
2	光标返回	0	0	0	0	0	0	0	0	1	*
3	置输入模式	0	0	0	0	0	0	0	1	I/D	S
4	显示开/关控制	0	0					1	D	C	B
5	光标或字符移位	0	0		0	0	1	S/C	R/L	*	*
6	功能设置	0	0	0	0	1	DL	N	F	*	*
7	CG RAM 地址设置	0	0	0	1	CG RAM 字符发生存储器地址					
8	DD RAM 地址设置	0	0	1	DD RAM 显示数据存储器地址						
9	读忙标志或地址	0	1	BF	AC 计数器地址						
10	写数到 CGRAM 或 DDRAM	1	0	要写的数据内容							
11	读 CGRAM 或 DDRAM 数据	1	1	读出的数据内容							

指令 1:清屏。指令码为 01H,清屏指令使 DD RAM 的内容全部被清除,地址计数器 AC=0,光标复位到地址 00H 位置。

指令 2:光标返回,光标返回到地址 00H 位置,即光标和光标所在的字符回到屏幕左上角,但 DD RAM 内容不变,AC=0。

指令 3:置输入模式。I/D:光标移动方向。I/D=1,数据读/写操作后,AC 自动加 1;I/D=0,数据读/写操作后,AC 自动减 1。S:屏幕上所有文字是否左移或者右移。S=1,数据写入 DD RAM,显示将全部左移(I/D=1)或全部右移(I/D=0),此时光标看上去不动,仅仅是显示内容移动;S=0,显示不移动,光标左移(I/D=1)或右移(I/D=0),如表 8-8 所示。

表 8-8 I/D 和 S 功能

	I/D=1	I/D=0	作用	指令 3 常用代码
S=1	显示全部左移	显示全部右移	光标不动,显示内容移动	00000110B=06H I/D=1,S=0,光标左移, 显示不移动
S=0	光标左移	光标右移	显示不移动	

指令 4：显示开/关控制。

D：控制整体显示的开与关，高电平表示开显示，低电平表示关显示。

C：控制光标的开与关，高电平表示有光标，低电平表示无光标。

B：控制光标是否闪烁，高电平表示闪烁，低电平表示不闪烁。

指令 5：光标或字符移位。

S/C：高电平时移动显示的文字，低电平时移动光标。

R/L＝高向左，低向右。

00：光标左移一个字符位，AC 自动减 1。

01：光标右移一个字符位，AC 自动加 1。

10：光标和画面一起左移一个字符位。

11：光标和画面一起右移一个字符位。

指令 5 和指令 3 容易混淆。指令 3 是指写入一个字符光标移动方向和屏幕上字符移动控制；而指令 5 是单纯的控制光标和屏幕显示指令。

指令 6：功能设置。常设置为 38H，即 8 位总线，双行显示，5×7 点阵。

DL：高电平时为 8 位总线，低电平时为 4 位总线；

N：低电平时为单行显示，高电平时双行显示(1)；

F：低电平时显示 5×7 的点阵字符(0)，高电平时显示 5×10 的点阵字符。

指令 7：CG RAM 地址设置。该指令设置 CG RAM 的地址指针，将字符发生存储器地址送入 AC 中，此后，就可以将用户自定义的显示字符数据写入 CG RAM 或从 CG RAM 中读出。

指令 8：DD RAM 地址设置。该指令设置 DD RAM 地址指针。若是一行显示，地址码 D6～D0＝00H～4FH 有效；若是两行显示，首行地址码 00H～27H 有效，第二行地址码 40H～67H 有效。此后，就可以将显示字符码写入 DD RAM 或从 DD RAM 中读出。

指令 9：读忙标志或地址。该指令读取 BF 和 AC 的值。

BF：忙标志位。BF＝1，忙；BF＝0，不忙。后 7 位是 AC 地址计数器的值。当 BF＝0 时，送到 D6～D0 的数据有效。

指令 10：写数据到 CG RAM 或 DD RAM。该指令根据最近设置的地址性质，将数据写入到 CG RAM 或 DD RAM 中。实际上，数据被直接写入 DR，再由内部操作写入地址指针所指的 CG RAM 或 DD RAM。该指令的最高位为 1，表示写操作。

指令 11：读 CG RAM 或 DD RAM 数据。该指令根据设置的地址性质，从 CG RAM 或 DD RAM 读数据到数据总线 D7～D0 上。

综上所述，TC1602A 中最常用的几条指令代码及其作用汇总如下：

0X01(指令 1)：清屏

0X06(指令 3)：光标右移，文字不移动

0X0C(指令 4)：开显示，不显示光标

0X0F(指令 4)：开显示，显示光标，光标闪烁

0X0E(指令 4)：开显示，显示光标，光标不闪烁

0X08(指令 4)：只开显示

0X38(指令 6)：16×2 显示，5×7 点阵，8 位数据接口

8.2.3.4　1602LCD 的 RAM 地址映射及标准字库表

TC1602A 液晶显示模块有 16×2 个显示位，每一位对应一个 RAM 单元（显示缓冲区），地址分别为：第一行 00H～0FH，第二行 40H～4FH，如表 8-9 所示。图中，10H～27H 和 50H～67H 也属于显示缓冲区范围，但写入的显示代码需要运用移屏指令将其移动到可显示区域才能正常显示。

表 8-9　地址映射表

第 1 行地址	00	01	02	03	04	05	06	07	08	09	0A	0B	0C	0D	0E	0F	10	…	27
第 2 行地址	40	41	42	43	44	45	46	47	48	49	4A	4B	4C	4D	4E	4F	50	…	67

单片机向 1602 对应 RAM 地址写入显示代码便可显示相应的字符。例如，第二行左起第一个位置地址是 40H，若想此处显示字母“W”，就需要把“W”的 ASCII 码送到地址 40H 中。那么是否直接将“W”的 ASCII 码写入 40H 就可以将字符或光标定位在第二行第一个字符的位置呢？显然，这样不行，因为写入显示地址时要求最高位 D7 为高电平 1（如表 8-6 指令 8），所以实际写入的地址应该是 11000000B(C0H)，可以采用“或运算”计算得到，也可以采用加法运算得到。

01000000B | 10000000B＝11000000B＝C0H。

由上可知，字母“W”将写入地址 C0H 中。

8.2.3.5　TC1602A 的初始化过程

TC1602A 液晶显示器首先要进行初始化，然后才能工作，一般初始化过程如下。

(1) 写指令 38H：显示模式设置（指令 6：8 位总线、两行显示、5×7 点阵）。

(2) 写指令 0CH 或 0FH：显示开及光标设置（指令 4）。

(3) 写指令 06H：显示光标移动设置（指令 3）。

(4) 写指令 01H：清屏（指令 1）。

说明：每次写指令、读/写数据操作均需要检测忙信号。

8.2.4　LCD1602 应用实例

【例 8-2】　图 8-16 所示为 TC1602A 液晶显示器与单片机的接口电路，其中 RS 接 51 单片机 P1.0 引脚，RW 接 51 单片机 P1.1 引脚，E 接 51 单片机 P2.5 引脚。请编写程序，显示内容如下：

第一行：Temp：28 ℃

第二行：Air humidity：50％

分析

① 首先对 1602 进行初始化，可构造一个初始化函数 lcd_init()。所谓初始化就是向 1602 写入指令，例如指令 1、3、5、6 等。因此，考虑程序中构造一个写指令函数 lcd_writecmd(uchar cmd)，形参 cmd 为指令代码，调用写指令函数只需将指令代码代入即可。

② 每次写指令之前都要对 1602 进行“忙判断”，因此可考虑在程序中构造一个“忙判断”函数 bit lcd_busytest( )，以供写指令之前调用，返回值即是 BF 的值，若 BF＝1，忙；BF＝0，不忙。

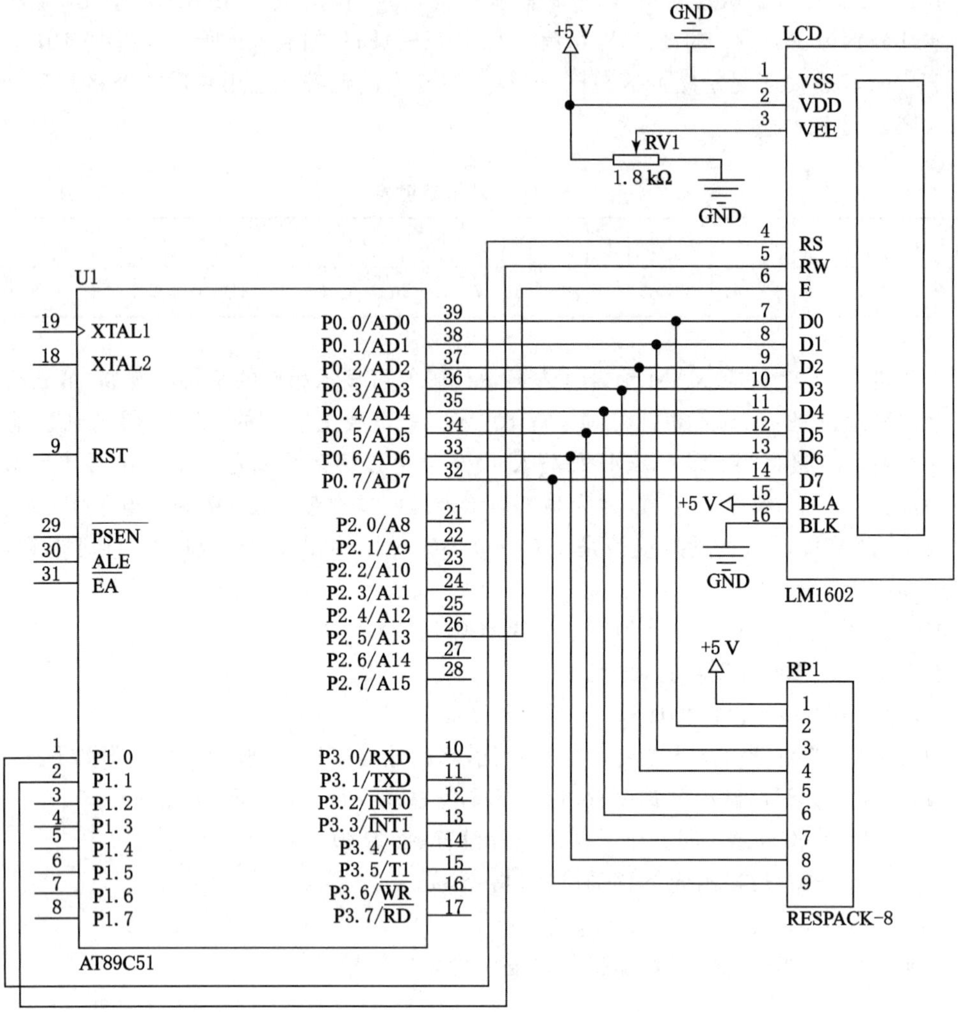

图 8-16　TC1602A 液晶显示器与单片机接口电路

③ 显示位置需要定位，因此可考虑构造一个定位函数 lcd_pos(uchar pos)，形参 pos 是实际地址，在函数体中将其最高位置 1(与 0X80 或运算即可)。

④ 将待显示内容送入合适的位置就可以显示出相应的字符串。因此，可考虑在程序中构造一个写数据函数 void lcd_writedat(uchar dat)，形参 dat 就是待显示的字符。

⑤ 两行显示数据(字符串)可事先分别存放在两个数组中 FirstLine[]={"Time:2021－03－29"}和 SecondLine[ ]={"welcome to china"}。在显示时从数组中逐个提取即可。需要注意的是，字符串结尾符"\0"，编译器在编译的时候自动在字符串的结尾添加，表示字符串结束，其值为 0。因此程序中只要判断数组的最后一个元素是否为结尾符"\0"就能知道一行是否显示完毕。

值得注意的是，每次写指令或写数据都要判断液晶显示器是否忙，若忙继续等待，不忙才可以写指令或写数据。程序流程如图 8-17 所示，首先初始化，然后进行第一行地址定位，从数组中逐个取第一行字符进行显示；判断第一行是否显示完毕，如果显示完毕，则定位到第二行，取第二行显示字符，逐个送去显示。

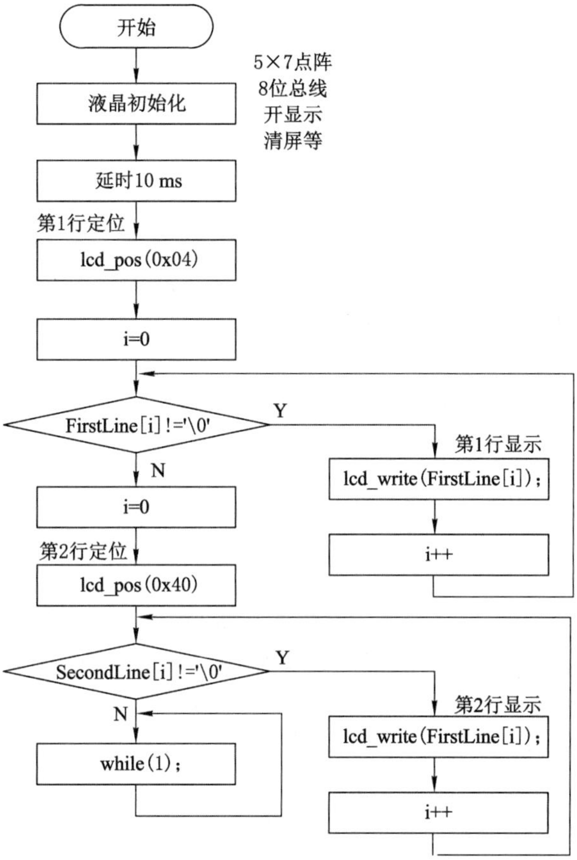

图 8-17　程序流程图

程序清单 8-2

```
#includc <reg52.h>
#include <intrins.h>
#define unit unsigned int
#define uchar unsigned char
sbit  RS=P1^0;          //寄存器选择
sbit  RW=P1^1;          //读写
sbit  E=P2^5;           //使能端
uchar code FirstLine[]={"Temp:28"};                //显示温度值 28°C
uchar code SecondLine[]={"air humidity:50%"};      //显示湿度值
```

```
void delayms(uchar ms) ;        //延时函数,ms×1ms
void delay_7us( );              //7μs 延时函数
void lcd_writecmd(uchar cmd);       //写指令函数
void lcd_writedat(uchar dat);       //写数据函数
void lcd_pos(uchar pos);
void lcd_init();
bit lcd_busytest();
void main( )
{
    uchar i;
    lcd_init();         // 液晶初始化
    delayms(10);
    lcd_pos(0x00);      //第一行定位:第一个字符位置
    i=0;
    while(FirstLine[i] != '\0')  //判断第一行字符串是否发送完毕
    {
        lcd_writedat(FirstLine[i]);
        i++;
    }
    lcd_pos(0x07);              //定位:温度符号℃的上标圆圈
    lcd_writedat(0xdf);         //温度符号℃的上标圆圈的代码                (1)
    lcd_pos(0x08);              //定位:字符 C
    lcd_writedat('C');          //字符 C 的代码

    lcd_pos(0x40);              //第二行定位:第一个字符位置
    i=0;
    while(SecondLine[i] != '\0')
    {
        lcd_writedat(SecondLine[i]);  //显示第二行
        i++;
    }
    while(1);
}

/*************延时函数******************/
void delayms(uchar ms)
{
    uchar i;
    while(ms--)
```

```
    {
        for(i=0; i< 120; i++);
    }
}

/**************"忙判断"函数*********************/
bit lcd_busytest()
{
    bit result;
    E=1;
    RS=0;
    RW=1;
    delay_7us();
    result=(bit)(P0 & 0x80);    //提取 BF 的值,强制转换为 bit 类型              (2)
    E=0;
    return (result);
}

/****************写指令函数******************/
void lcd_writecmd(uchar cmd)
{
    while(lcd_busytest());    //进行忙判断
    E=0;
    RS=0;
    RW=0;
    _nop_();                                                                    (3)
    _nop_();
    P0=cmd;
    delay_7us();
    E=1;            //产生下降沿:先高再低
    delay_7us();
    E=0;
}

/***************定位函数*********************/
void lcd_pos(uchar pos)
{
    lcd_writecmd(pos | 0x80);
}
```

```
/***********写数据函数***************/
void lcd_writedat(uchar dat)
{
    while(lcd_busytest()); //判断BF=1还是BF=0,判断是否忙
    E=0;
    RS=1;
    RW=0;
    P0=dat;
    delay_7us();
    E=1;                    //产生下降沿:先高再低
    delay_7us();
    E=0;
}

/***********LCD初始化函数*******************/
void lcd_init()
{
    lcd_writecmd(0x38);//两行,8位总线,5×7
    delayms(1);
    lcd_writecmd(0x0F);//开显示,有光标
    delayms(1);
    lcd_writecmd(0x06);//显示光标移动
    delayms(1);
    lcd_writecmd(0x01);//清屏
    delayms(1);
}

/*************7μs延时函数***************/
void delay_7us( )
{
    _nop_();_nop_();_nop_();_nop_();_nop_();_nop_();_nop_();
}
```

程序清单 8-2(1):温度单位"°C"中的"°"符号的代码为 0xdf。

程序清单 8-2(2):做"与运算"提取最高位 BF 的值,强制类型转换为 bit 类型,返回值为 1 表示忙,为 0 表示不忙。

程序清单 8-2(3):_nop_等同于 51 单片机汇编指令 nop,为一条空指令,没有任何含义,仅占用一个机器周期时间,此处用 7 个_nop_,若 $f_{osc}=12$ MHz,则此处等于做了 7 μs 延时。

图 8-18 所示为程序 Proteus 仿真结果,进行了开发板实验验证,程序完全正确。

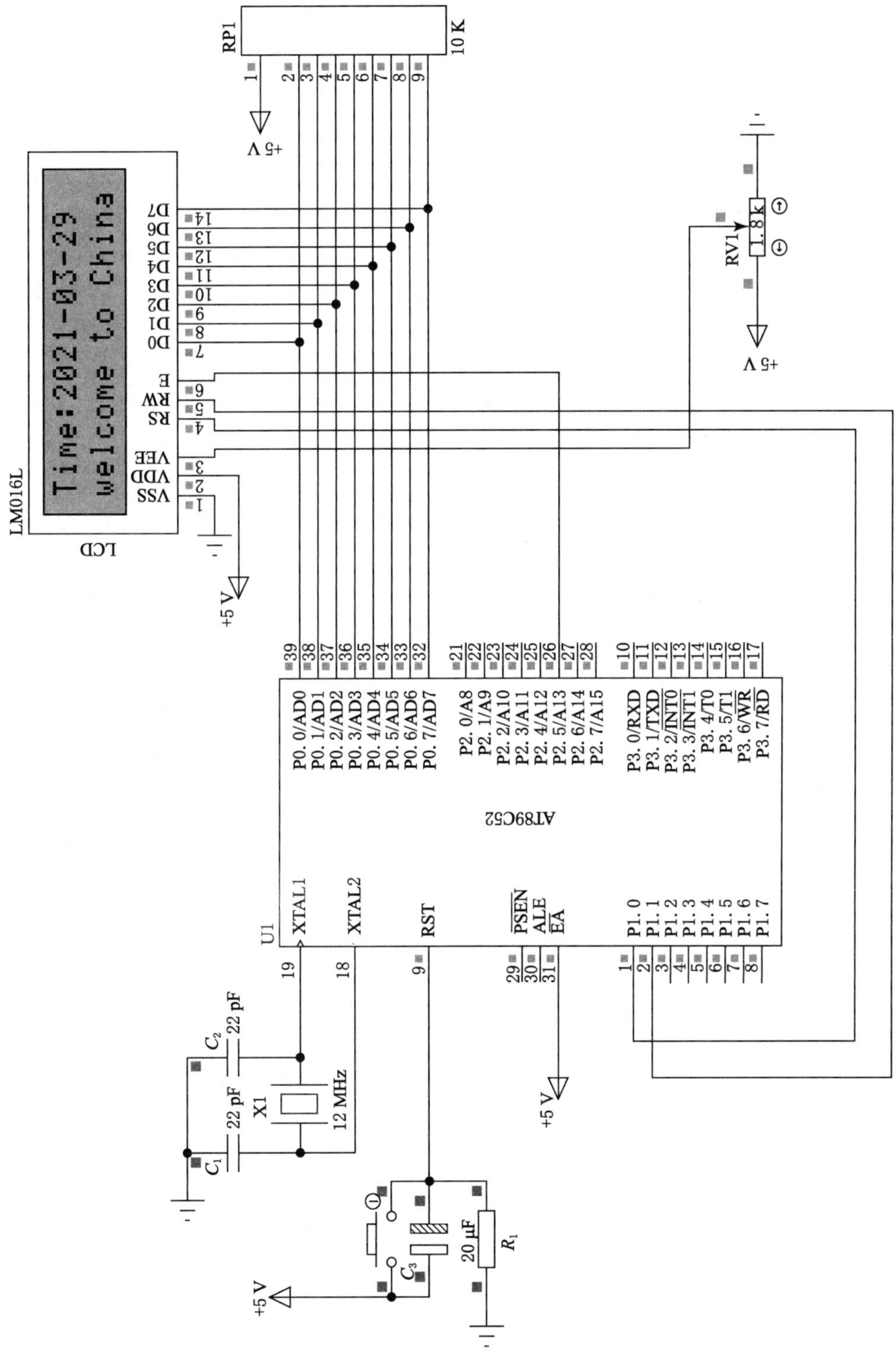

图8-18　Proteus仿真结果

8.3 键盘接口

8.3.1 概述

键盘主要用于用户输入信息，是控制系统最常用的输入设备。在需要人工干预的单片机应用系统中，键盘成为人机交互的必要手段，因此必须配置适当的键盘输入设备。用于计算机系统的键盘有两类：一类是编码键盘，即键盘上闭合键的识别由专用硬件实现。另一类是非编码键盘，即键盘上输入及闭合键的识别由软件来完成。在单片机系统中广泛使用机械式非编码键盘，非编码键盘分为独立式键盘和矩阵式键盘。从计算机对键盘管理的角度看，若要确认从键盘输入的信息，则必须解决如下问题。

(1) 按键确认：判定是否有键按下。

(2) 去抖动：键在按下和松开时都存在抖动问题，不能将抖动误认为多次按键，可采用软件方法去抖，也可采用硬件方法去抖。按下按键时产生的抖动信号如图 8-19 所示，图中 t_1 和 t_3 分别为键的闭合和断开过程中的抖动期(呈现一串负脉冲)，抖动时间长短与开关的机械特性有关，一般为 5～10 ms 之间，t_2 为稳定闭合期，其时间由操作员的按键动作确定，一般为十分之几秒至几秒。t_0 和 t_4 为断开期。

软件去抖是用软件实现去抖，具体方法为：当单片机第一次识别到低电平后延时一段时间，再次识别按键是否为低电平，若仍为低电平，则确认是按键按下。延时的时间一般为 10～12 ms。

硬件去抖动电路如图 8-20 所示。两个与非门构成一个 RS 触发器，RS 触发器的特征表如表 8-10 所示。当按键开关打到 A 触点时，触发器的 R 端为低电平 0，S 端为高电平 1，触发器输出端 Q 为 1，LED 灯亮；当按键开关打到 B 触点时，触发器的 R 端为低电平 1，S 端为高电平 0，触发器输出端 Q 为 0，LED 灯灭；当按键开关悬空不接时，触发器的 R 端为低电平 1，S 端为高电平 1，触发器输出端 Q 保持为上个状态不变。当按键按下出现抖动时，RS＝11，会保持上一个状态不变，因此抖动也就消除了。

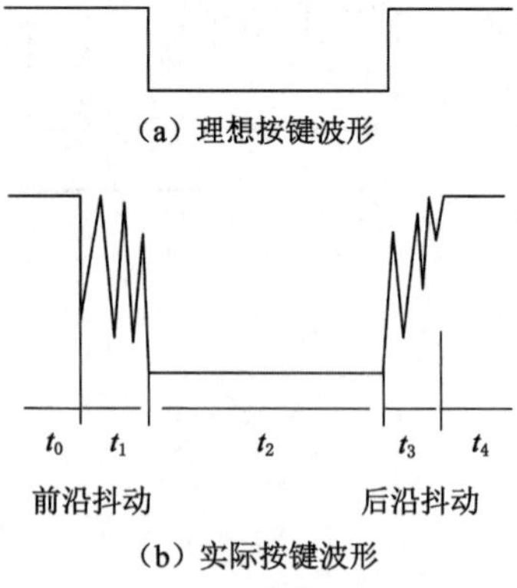

图 8-19 按键时产生的抖动信号

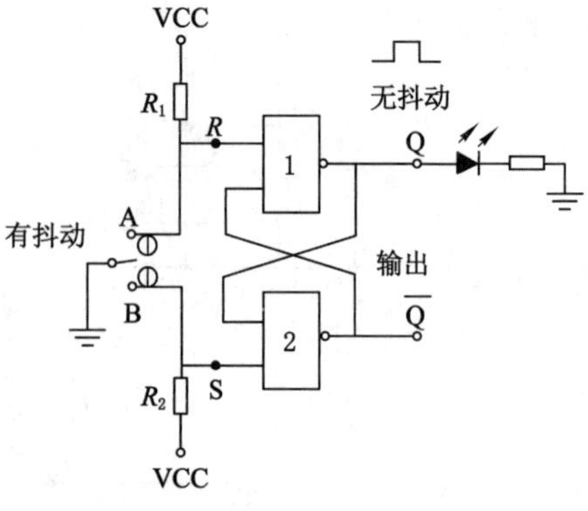

图 8-20 硬件去抖动电路

表 8-10　RS 触发器特征表

R	S	Q
0	1	1
1	0	0
1	1	保持上个状态
0	0	不稳,禁止

(3) 持续按键处理:对于在规定时间内未释放的按键可以认为是一次有效按键,也可以认为是多次有效按键,或直到按键松开才认为是一次有效按键,这主要取决于系统对键盘输入的要求。

(4) 多键处理:当同时按下多个键时,可以将先扫描到的键作为唯一有效按键,也可以根据系统需求将其解释为复合按键。

8.3.2　独立按键键盘

在系统中按键数目少且空闲 I/O 接口数目较多的情况下,每个按键可以独立占用一条 I/O接口线,称这种键盘接口方式为独立按键键盘,如图 8-21 所示。图中电阻 *R* 为上拉电阻,确保无按键时 I/O 接口为高电平。通过判断数据线的电平值即可判断是否有键按下。

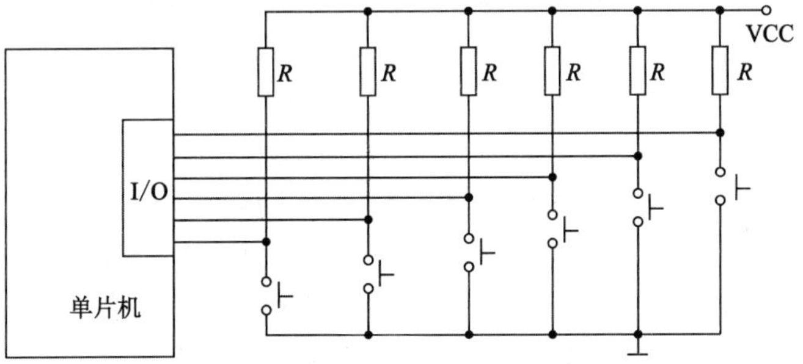

图 8-21　独立按键键盘接口电路

8.3.3　行列式键盘

若每个按键都占用一条 I/O 接口线,当按键数目较多时,就要使用大量的 I/O 接口线,为了减少键盘与单片机接口时所占用 I/O 接口线的数目,通常设置两组互不连接的行线和列线,在行线与列线的交叉处设置一个按键开关,如图 8-22 所示。无按键按下时,行线与列线不连接;有键按下时,行线与列线接通。

在这种行列式无编码键盘中,对按键的识别由软件完成,通常有两种方法:一是传统的行扫描法;二是速度较快的线反转法。本节主要讨论行扫描法。

行扫描法采用步进方式,这里以 3×3 行列式键盘为例说明其工作原理。3×3 行列式键盘的结构如图 8-23 所示。图中列线通过上拉电阻接+5 V 电源,当键盘上没有键闭合时,所有的行线和列线断开,列线 Y0～Y2 都呈高电平。当键盘上某键闭合时,则该键所对应的列线与行线短路。上拉电阻的主要作用是确保在没有按键按下时,列线能够维持在一个稳定的电平状态。当行线被置为低电平时,如果列线没有上拉电阻,列线的电平状态将不确定,可能导致误读。因此在实际应用中,通常建议在列线上加上拉电阻,以确保键盘的稳定性和可靠性。即使在推挽输出的情况下,增加上拉电阻也不会对性能产生负面影响,反而可以增强抗干扰能力。

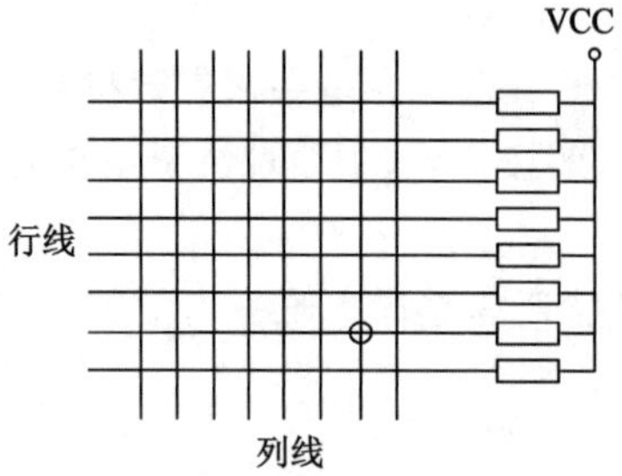

图 8-22　8×8 行列式键盘电路

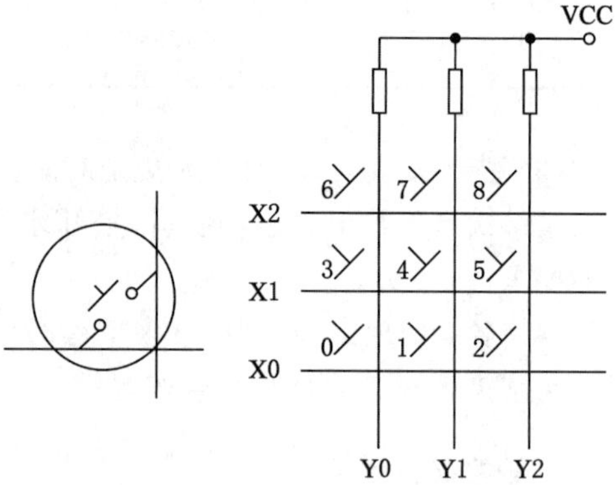

图 8-23　3×3 行列式键盘的结构图

以 4 号键为例,当 4 号键闭合时,行线 X1 和列线 Y1 短路,此时 Y1 的电平由行线 X1 的电平决定。如果把列线接到单片机的输入口、行线接到单片机的输出口,则在程序的控制下,使行线 X0 为低电平,X1 和 X2 都为高电平,则为低电平的列线与 X0 交叉处的键处于闭合状态;否则 X0 这一行上没有键处于闭合状态,以此类推,最后使行线 X2 为低电平,其余的行线为高电平,检查 X2 这一行上是否有键闭合。这种逐行逐列地检查键盘状态的过程称为对键盘的一次扫描。CPU 对键盘的扫描可以采用程序控制的随机方式,CPU 空闲时扫描键盘;也可以采取定时控制方式,每隔一定的时间,CPU 对键盘进行一次扫描;还可以采用中断方式,每当键盘上有键闭合时,向 CPU 请求中断,CPU 响应键盘输入中断,对键盘扫描,以识别哪一个键处于闭合状态,并对键盘输入信息做出相应的处理。CPU 对键盘上闭合键键号的确定,可以根据行线和列线的状态计算求得,也可查表求得。

【例 8-3】 根据图 8-24 所示的接口电路,编写行列式键盘扫描程序。

分析:行列式键盘连接单片机的 P0 口,P0 口作为 I/O 口输出时,只能输出低电平和高阻态,不能直接输出高电平,因此为了实现高电平输出,需要在 P0 口外接一个上拉电阻。首先判断键盘中有无键按下,若 P0 口输出为 0xf0,即向所有列线输出高电平,向全部行线输出低电平,然后读入所有的列信号,如果有按键按下,那么读入的列信号不全为高;如果没有按键按下,则读入的列信号全为高。然后判断闭合键所在的位置。

程序如下:

程序清单 8-3

```
unsigned char KeyScan(void)    //键盘扫描函数
{
        unsigned char Val;          //键值
        P0=0xf0;                    //高 4 位置高电平,低 4 位置低电平
        if(P0!=0xf0)                //表示有按键被按下
```

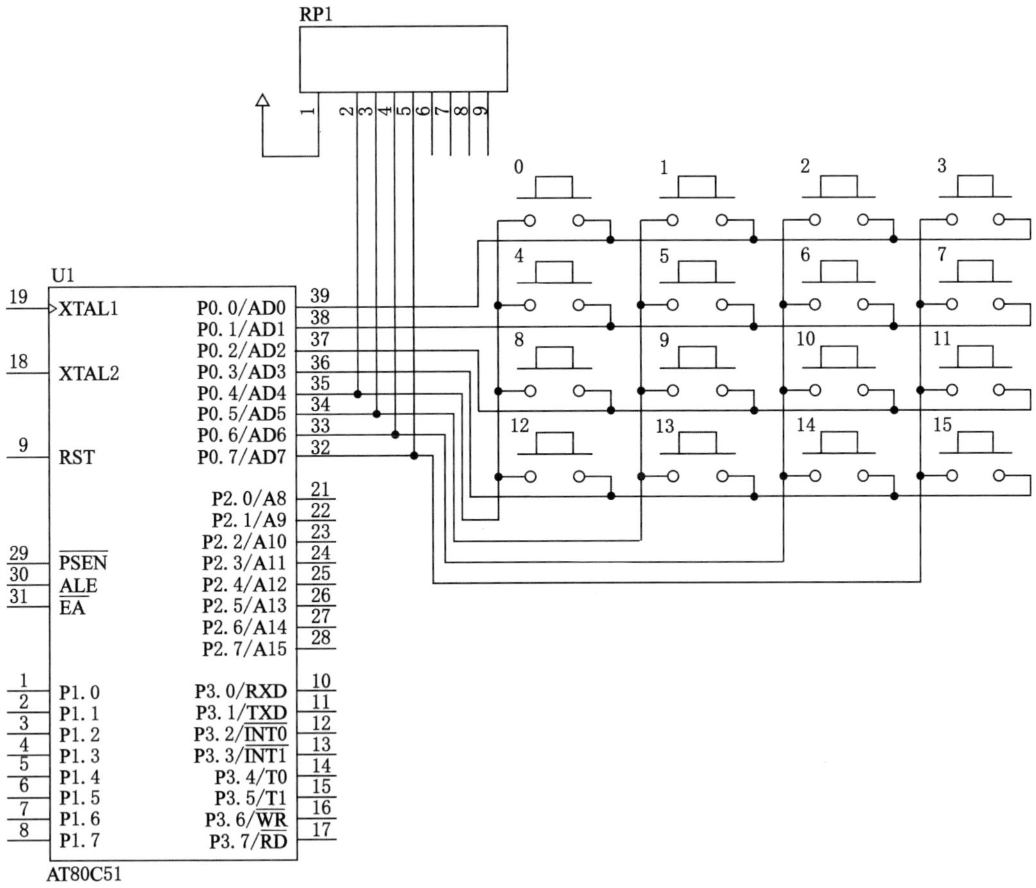

图 8-24　4×4 矩阵键盘结构及其单片机接口电路

```
{
  delayms(10);              //延时 10 ms 去抖
  if(P0!=0xf0)              //表示确定有按键被按下
  {
      P0=0xfe;              //检测第一行
      if(P0)!=0xfe)
      {
          Val=P0&0xf0;
          Val+=0x0e;
          while(P0!=0xfe);
          delayms(10);   //去抖
          while(P0!=0xfe);
          return val;
      }
      P0=0xfd;     //检测第二行
```

```
            if(P0!=0xfd)
            {
                Val=P0&0xf0;
                Val+=0x0d;
                while(P0!=0xfd);
                delayms(10);    //去抖
                while(P0!=0xfd);
                return val;
            }
            P0=0xfb;     //检测第三行
            if(P0!=0xfb)
            {
                Val=P0&0xf0;
                Val+=0x0b;
                while(P0!=0xfb);
                delayms(10);    //去抖
                while(P0!=0xfb);
                return val;
            }
            P0=0xf7;     //检测第三行
            if(P0!=0xf7)
            {
                Val=P0&0xf0;
                Val+=0x07;
                while(P0!=0xf7);
                delayms(10);    //去抖
                while(P0!=0xf7);
                return val;
            }
        }
    }
    return 0xff;
}
```

8.3.4 应用实例

设计一个简易计算器矩阵键盘与单片机的接口电路，编写矩阵键盘扫描及按键信号的LCD1602显示程序。当按下按键时，LCD1602显示该按键对应的信号，各按键信号定义如图8-25所示。

本任务属于简单控制，对控制的实时性要求不高，采用延时函数的方法识别按键不会影响 LCD1602 的显示，采用编程调试较简单的行列反转法识别按键。

使用 Proteus 设计简易计算器电路，包括矩阵键盘与单片机的接口电路和 LCD1602 显示电路。图 8-26 所示为简易计算器参考电路图，其中排阻阻值为 4.7～10 kΩ。此处行列式按键连接 P3 端口，P3 口内部有一个上拉电阻，所以使用时可以不再外接上拉电阻。

0	7	4	1
.	8	5	2
=	9	6	3
÷	×	−	+

图 8-25　各按键信号定义

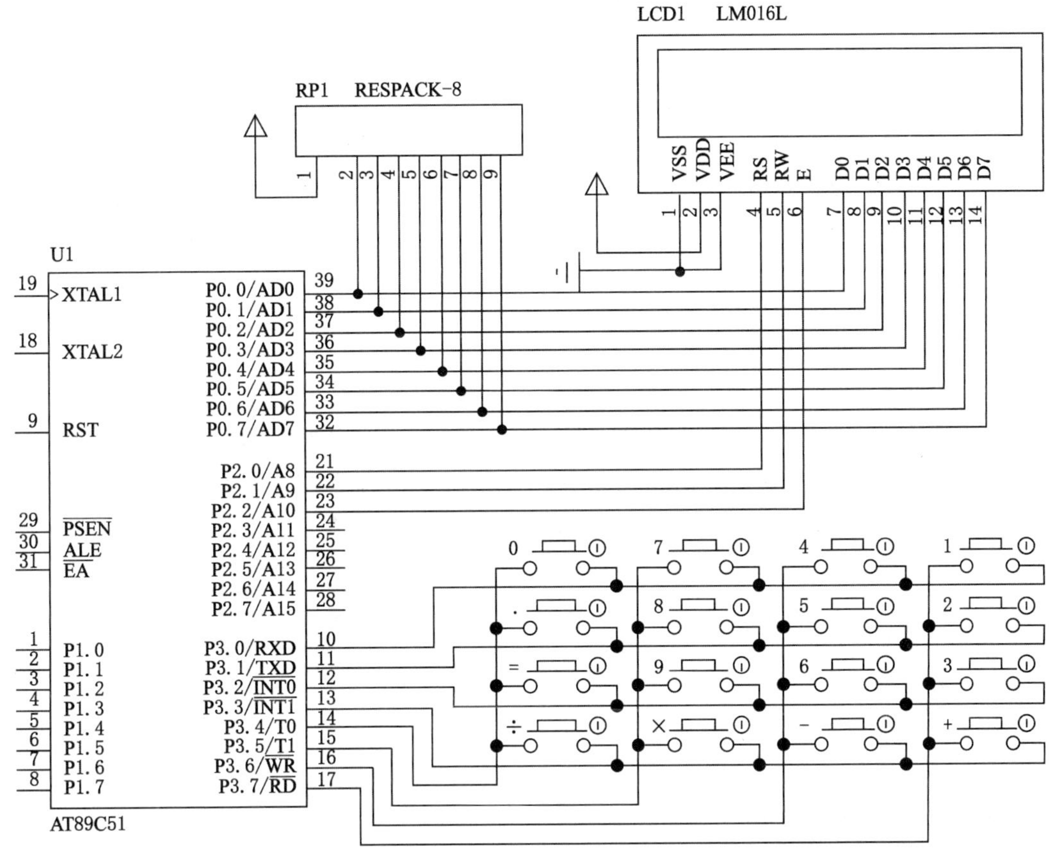

图 8-26　简易计算器参考电路图

图 8-27 所示为键盘按键信息显示参考源程序工程文件，包括 main.c 文件、lcd.c 文件、lcd.h 文件、delay.c 文件、delay.h 文件、key.c 文件和 key.h 文件。

(1) key.c 文件见程序清单 8-4

程序清单 8-4

```
#include<reg52.h>
#include"delay.h"
#define KeyPort P3
unsigned char KeyScan(void)   //键盘扫描函数，使用行列反转扫描法
```

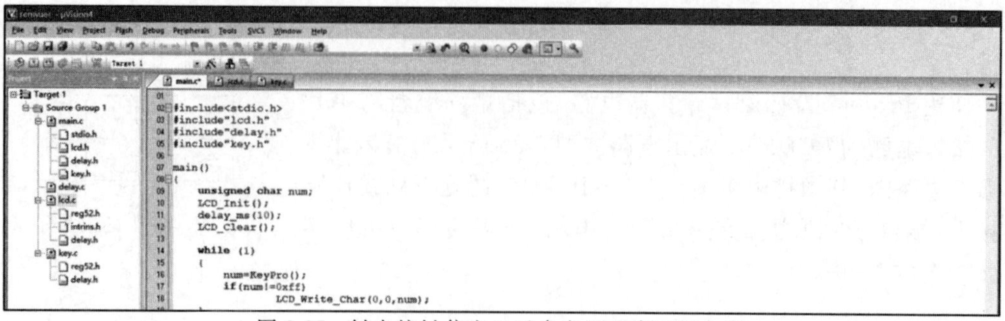

图 8-27　键盘按键信息显示参考源程序工程文件

```
{
    unsigned char cord_h,cord_l;                //行列值中间变量
    KeyPort=0x0f;                               //行线输出全为 0
    cord_h=KeyPort&0x0f;                        //读入列线值
    if(cord_h!=0x0f)                            //先检测有无按键按下
    {
        delay_ms(10);                           //去抖
        if((KeyPort&0x0f)!=0x0f)
        {
            cord_h=KeyPort&0x0f;                //读入列线值
            KeyPort=cord_h|0xf0;                //输出当前列线值
            cord_l=KeyPort&0xf0;                //读入行线值
            while((KeyPort&0xf0)!=0xf0);        //等待松开并输出
            return(cord_h+cord_l);              //键盘最后组合码值
        }
    }
    return(0xff); //返回该值
}
unsigned char KeyPro(void)
{
    switch(KeyScan())
    {
        case 0x7e:return '1';break;
        case 0x7d:return '2';break;
        case 0x7b:return '3';break;
        case 0x77:return '+';break;
        case 0xbe:return '4';break;
        case 0xbd:return '5';break;
        case 0xbb:return '6';break;
        case 0xb7:return '-';break;
```

```
        case 0xde:return '7';break;
        case 0xdd:return '8';break;
        case 0xdb:return '9';break;
        case 0xd7:return 'x';break;
        case 0xee:return '0';break;
        case 0xed:return '.';break;
        case 0xeb:return '=';break;
        case 0xe7:return '/';break;
        default:return 0xff;break;
    }
}
```

（2）key.h 文件参见程序清单 8-5。

程序清单 8-5

```
#ifndef __KEY_H__
#define __KEY_H__
unsigned char KeyScan(void);
unsigned char KeyPro(void);
#endif
```

3.main.c 文件参考内容

```
#include<stdio.h>
#include"lcd.h"
#include"delay.h"
#include"key.h"
main()
{
    unsigned char num;
    LCD_Init();
    delay_ms(10);
    LCD_Clear();
    while (1)
    {
        num=KeyPro();
        if(num!=0xff)
        LCD_Write_Char(0,0,num);
    }
}
```

（3）delay.c 文件参见程序清单 8-6。

程序清单 8-6

```
void delay_ms(unsigned char ms)    /* 12 MHz 晶振时延时毫秒函数 */
```

```
{
    unsigned char i;
    while(ms--)
        for(i=0;i<120;i++);
}
```

(4) delay.h 文件参见程序清单 8-7。

程序清单 8-7

```
#ifndef __DELAY_H__
#define __DELAY_H__
void delay_ms(unsigned char ms);
#endif
```

(5) lcd.c 文件参见程序清单 8-8。

程序清单 8-8

```
#include<reg52.h>
#include<intrins.h>
#include "delay.h"
#define CHECK_BUSY
sbit RS=P2^0; //定义端口
sbit RW=P2^1;
sbit EN=P2^2;
#define RS_CLR RS=0
#define RS_SET RS=1
#define RW_CLR RW=0
#define RW_SET RW=1
#define EN_CLR EN=0
#define EN_SET EN=1
#define DataPort P0
bit LCD_Check_Busy(void) /*判忙函数*/
{
    #ifdef CHECK_BUSY
    DataPort=0xff;
    RS_CLR;
    RW_SET;
    EN_CLR;
    _nop_();
    EN_SET;
    return (bit)(DataPort&0x80);
    #else
```

```
        return 0;
        #endif
    }
    void LCD_Write_Com(unsigned char com) /*写入命令函数*/
    {
        delay_ms(5);
        RS_CLR;
        RW_CLR;
        EN_SET;
        DataPort= com;
        _nop_();
        EN_CLR;
    }
    void LCD_Write_Data(unsigned char Data) /*写入数据函数*/
    {
        delay_ms(5);
        RS_SET;
        RW_CLR;
        EN_SET;
        DataPort= Data;
        _nop_();
        EN_CLR;
    }
    void LCD_Clear(void) /*清屏函数*/
    {
        LCD_Write_Com(0x01);
        delay_ms(5);
    }
    void LCD_Write_Char(unsigned char x,unsigned char y,unsigned char Data) /*写入
字符函数*/
    {
        if (y==0)
        {
        LCD_Write_Com(0x80+x);
        }
        else
        {
        LCD_Write_Com(0xC0+x);
        }
```

```
    LCD_Write_Data(Data);
}
void LCD_Write_String(unsigned char x,unsigned char y,unsigned char * s)
/ * 写入字符串函数 * /
{
    while ( * s)
    {
        LCD_Write_Char(x,y, * s);
        s++;
        x++;
    }
}
void LCD_Init(void) / * 初始化函数 * /
{
    LCD_Write_Com(0x38); //显示模式设置
    delay_ms(5);
    LCD_Write_Com(0x38);
    delay_ms(5);
    LCD_Write_Com(0x38);
    delay_ms(5);
    LCD_Write_Com(0x38);
    LCD_Write_Com(0x08); //显示关闭
    LCD_Write_Com(0x01); //显示清屏
    LCD_Write_Com(0x06); //显示光标移动设置
    delay_ms(5);
    LCD_Write_Com(0x0c); //显示开及光标设置
}
```

(6) lcd.h 文件参见程序清单 8-9。

程序清单 8-9

```
#ifndef __LCD_H__
#define __LCD_H__
bit LCD_Check_Busy(void) ;
void LCD_Write_Com(unsigned char com) ;
void LCD_Write_Data(unsigned char Data) ;
void LCD_Clear(void) ;
void LCD_Write_String(unsigned char x,unsigned char y,unsigned char * s) ;
void LCD_Write_Char(unsigned char x,unsigned char y,unsigned char Data) ;
void LCD_Init(void) ;
#endif
```

(7) 仿真分析

为简易计算器电路中的单片机加载本任务目标程序，仿真运行。图 8-28 所示为键盘按键信息显示仿真界面，此时按下数字“8”对应的按键，LCD1602 显示数字“8”。

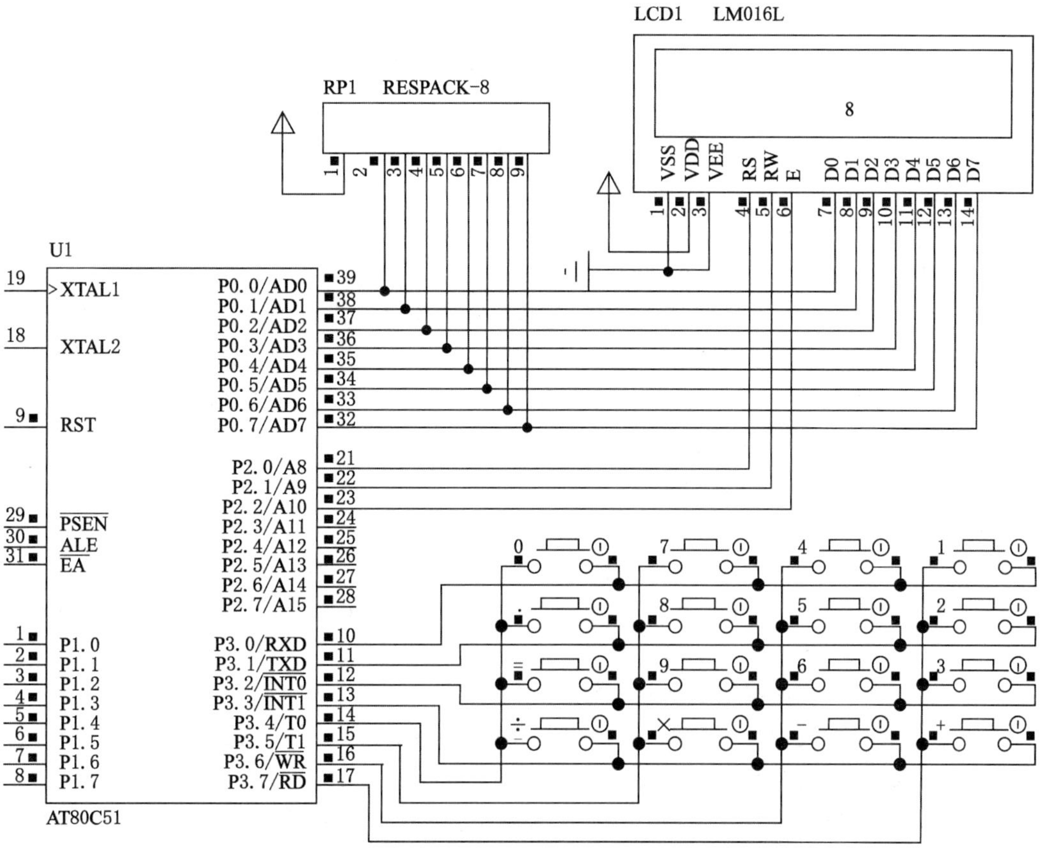

图 8-28　键盘按键信息显示仿真界面

8.4　串行 E2PROM 存储器 AT24CXX 及其应用

传统的单片机系统采用并行总线扩展外围设备，对地址线译码产生片选信号，为每个外设分配唯一的地址，利用并行数据总线传输数据，需要的单片机芯片引脚数多。例如，8051 单片机采用并行总线扩展一个外围芯片需要的最少引脚数为 8(数据)+2(RD、WR)+1($\overline{CS}$)+n 条地址线[$n=\log_2$(内部寄存器或存储器字节的数目)]，这种方式虽然传输速率高，但是芯片封装体积增大致使成本升高，同时印制电路板体积增大，布线复杂度高，故障点增多，给调试和维修带来了不便。串行总线数据传输速率的逐渐提高和芯片逐渐系列化，为多功能、小型化和低成本的单片机系统的设计提供了更好的解决方案。采用串行总线扩展技术，可以简化系统硬件设计，并使系统的修改和扩展更加方便。可以说，串行总线扩展技术已成为单片机总线的主导技术。本节将主要介绍单片机系统的串行总线扩展技术和方法。

8.4.1 I^2C 串行通信总线简介

(1) I^2C 串行总线

为了简化集成电路之间的互连，Philips 公司开发出一种标准外围总线互连接口，称为"集成电路间总线"或"内部集成电路总线"(Inter-IC，I^2C)。I^2C 总线是一个两线双向串行总线接口标准，采用这种接口标准的器件只需要使用两条信号线与单片机进行连接，就可以完成单片机与器件之间的信息交互。其相关的术语有：

① 发送器(Transmitter)：发送数据到总线的器件。

② 接收器(Receiver)：从总线接收数据的器件。

③ 主器件(Master)：即主控器件，初始化发送、产生时钟信号和终止发送的器件。

④ 从器件(Slave)：被主器件寻址的器件。

由于 I^2C 总线的双向特性，总线上的主器件和从器件都可能成为发送器和接收器。在主器件发送数据或命令时，主器件是发送器(主发送器)；在主器件接收从器件的数据时，主器件为接收器(主接收器)。而从器件在接收主器件命令或数据时，从器件是接收器(从接收器)；当从器件向主器件返回数据时，从器件是发送器(从发送器)。

由于采用串行数据传输方式，数据传输速率不太高。标准模式下传输速率为 100 kbps，快速模式下传输速率为 400 kbps，高速模式传输速率为 3.4 Mbps。

采用 I^2C 总线设计系统具有如下优点：

① 实际的器件与功能框图中的功能模块相对应，所有 I^2C 器件共用一条总线，便于将框图转化成原理图。

② 在两条线上完成寻址和数据传输，可缩小印制电路板的体积。

③ 器件通过内置地址结合可编程地址的方式寻址，无须设计总线接口；增加和删减系统中的外围器件，不会影响总线和其他器件的工作，便于系统功能的改进和升级。

④ 数据传输协议可以完全由软件来定义，应用灵活，适用面广。

⑤ 通过多主器件模式可以将外部调试设备连接到总线上，为调试、诊断提供便利。

(2) I^2C 总线的电气连接

I^2C 总线采用二线制传输，分别是串行数据线 SDA(Serial Data Line)和串行时钟线 SCL(Serial Clock Line)，所有 I^2C 器件都连接在 SDA 和 SCL 上。

为了避免总线信号混乱和冲突，I^2C 总线接口电路均为漏极开路或集电极开路，因此总线上必须有上拉电阻。上拉电阻与电源电压 VDD 和 SDA/SCL 总线串接电阻 Rs 有关，Rs 一般可选 5～10 kΩ，或依据器件参考手册选择。

如图 8-29 所示，单片机系统采用 I^2C 总线可方便地扩展外部存储器、A/D 和 D/A 转换器、实时时钟、键盘、显示等电路。

I^2C 总线的外围扩展器件大都是 CMOS 器件，总线有足够的电流驱动能力，因此总线扩展的节点数由负载电容特性决定，I^2C 总线的驱动能力为 400 pF。可根据器件的 I^2C 总线接口的等效电容确定可扩展的器件数目和总线的长度，以减少总线传输的延迟和出错概率。

(3) I^2C 总线的工作方式

I^2C 总线支持多主和主从两种工作方式。一般设计中 I^2C 总线工作在主从方式，I^2C 总

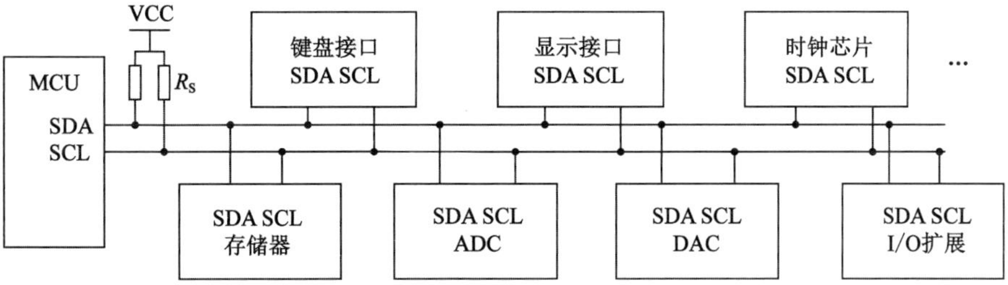

图 8-29　总线外围接口扩展示意图

线上只有一个主器件，其他均为从器件，主器件对总线具有控制权。在多主方式中，通过硬件和软件的仲裁，主控制器取得总线控制权。

(4) I^{2}C 总线的器件寻址方式

I^{2}C 总线上连接的器件都是总线上的节点，每个时刻只有一个主器件操控总线。每个器件都有一个唯一确定的地址，主器件通过这个地址实现对从器件的点对点数据传输。器件的地址由 7 位组成，其后附加了 1 位方向位，确定数据的传输方向，这 8 位构成了传输起始信号 S 后的第一字节，如图 8-30 所示。

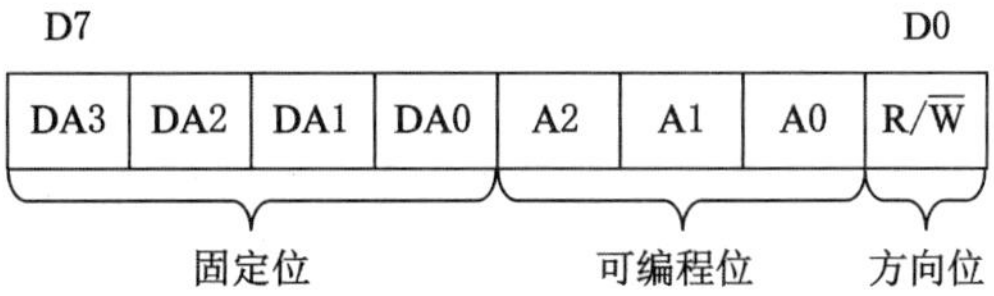

图 8-30　I^{2}C 总线器件寻址方式的地址组成

器件的地址由 4 位固定位和 3 位可编程位组成。固定位由生产厂家给出，用户不能改变。可编程位与器件的地址引脚的连接相对应，当系统中使用了多个相同芯片时可以进行正确的访问。

当主器件发送了数据帧的第一字节后，总线上连接的从器件会将接收到的地址数据与自己的地址进行比较，被选中的从器件再根据方向位确定是接收数据还是发送数据。

注意：不同的器件有时会有相同的固定位，例如，静态 RAM 器件 PCF8570 和 EEPROM 器件 PCF8582 的固定位均为 1010，此时通过可编程位进行区分，如图 8-31 所示。图中，两个芯片地址引脚 A0、A1、A2 接法不同，地址也就不同。

(5) I^{2}C 总线的数据传输过程

I^{2}C 总线必须由主器件控制，主器件产生起始和停止条件，控制总线的传输方向，并产生时钟信号同步数据传输。I^{2}C 总线的数据传输过程如图 8-32 所示。总线上有如下几种类型的信号。

① 起始信号(S)：在时钟线 SCL 为高电平时，数据线 SDA 从高电平变为低电平产生起始条件，标志着启动 I^{2}C 总线。

② 终止信号(P)：在时钟线 SCL 为高电平时，数据线 SDA 从低电平变为高电平，标志着终止 I^{2}C 总线传输过程。

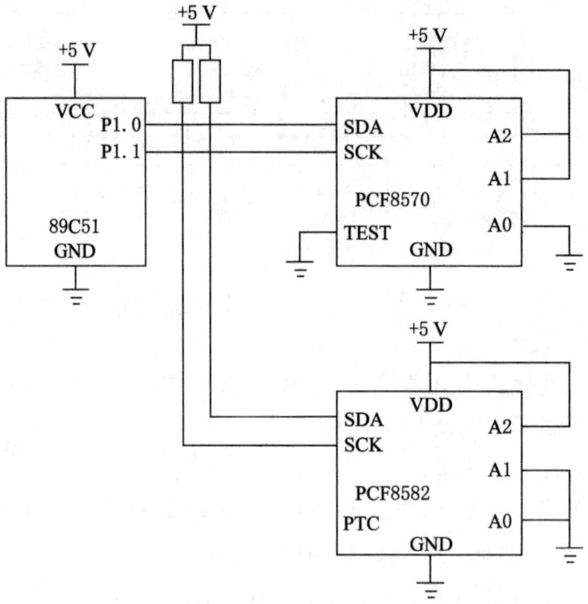

图 8-31　I^2C 总线器件的可编程位设置

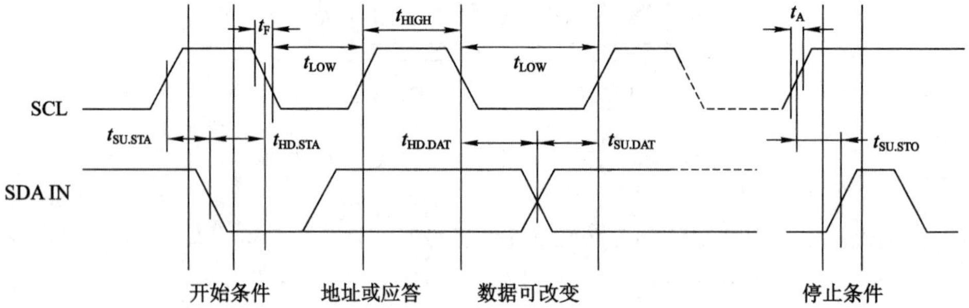

图 8-32　I^2C 总线的数据传输过程

③ 应答信号(ACK/NACK):I^2C 协议规定总线每传输一字节数据后,都要有一个应答位。

④ 应答位由接收器件产生,即主器件向从器件发送数据时,应答位由从器件产生;主器件接收从器件数据时,应答位由主器件产生。

⑤ 数据接收方可以接收数据时,产生应答信号(ACK);不能接收数据时,产生非应答信号(NACK)。如果接收器件产生了非应答信号,则发送器件应终止发送。

⑥ 当主器件接收从器件送来的最后一个数据后,必须给从器件发一个非应答信号(NACK),令从器件释放 SDA 数据线,这样主器件可以发送终止信号来结束数据的传输。

⑦ 数据信号:地址和数据均以字节为单位,且高位在前,低位在后。接收方每接收一字节数据都产生一个应答信号。发送器必须在接收器发送应答信号前,预先释放对 SDA 线的控制(SDA=1),以便主器件对 SDA 线上应答信号的检测。

⑧ 与起始和终止信号不同,传输数据时 SCL 低电平期间允许 SDA 线上的电平变换,

改变和准备数据，SCL 高电平期间 SDA 线的电平要保持稳定。

⑨ 无论何种情况下时钟信号始终由主器件产生。

⑩ 时钟线 SCL 的一个时钟周期只能传输一位数据，I^2C 总线的通信速率受主器件控制，在不超过芯片最快速度的情况下，取决于主器件的时钟信号。

⑪ 主器件与从器件之间传输数据是交互进行的，除起始位、结束位及数据外，还应包含被叫对象地址、操作性质（读写）、应答等信息，即一次信息传输过程传输的信息包含 6 部分。一个完整的数据传输过程如图 8-33 所示。

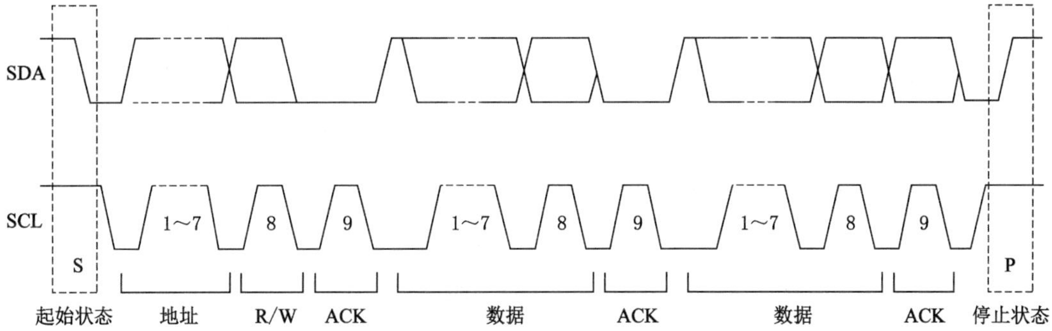

图 8-33　I^2C 总线数据传输过程

根据所连接的器件性质不同，在 I^2C 总线上可能存在如下的数据传输方式。

① 主器件发送命令或数据到从器件。在寻址字节之后，主器件通过 SDA 线向从器件发送信息，信息发送完毕后发送终止信号，以结束传送过程。这种情况下，数据传输的方向不发生变化。例如，向 D/A 转换器写入数据，或向 I/O 扩展器件写输出值，如图 8-34(a)所示。

② 主器件读取从器件的数据。寻址字节发送完成第一个应答信号后，主器件由发送器变为接收器，从器件则变为发送器。主器件通过 SDA 线接收从器件发送的信息。这种情况下，数据传输方向会发生变化。例如，读取 A/D 转换器的转换结果，或者读取 I/O 扩展器件的输入信息，如图 8-34(b)所示。

③ 复合模式。主器件向从器件发送命令或数据后，再次向从器件进行一次操作性质相反的操作。例如，在对串行 EEPROM 的操作中，先向从器件写入要访问的存储器地址，然后再向从器件发送读取命令，读回数据，如图 8-34(c)所示。

主器件与从器件进行通信时，有时需要切换数据的收发方向，例如，访问某一具有 I^2C 总线接口的 EEPROM 存储器时，主器件先向存储器输入存储单元的地址信息（发送数据），然后再读取其中的存储内容（接收数据）。在切换数据的传输方向时，可以不必先产生停止条件再开始下次传输，而是直接再一次产生开始条件。I^2C 总线在已经处于忙的状态下，再一次直接产生起始条件的情况称为重复起始条件。重复起始条件常常简记为 Sr。正常的起始条件和重复起始条件在物理波形上并没有什么不同，区别仅仅在逻辑方面。在进行多字节数据传输过程中，只要数据的收发方向发生了切换，就要用到重复起始条件。

(6) 常用的 I^2C 总线器件

常用的 I^2C 总线器件见表 8-11。

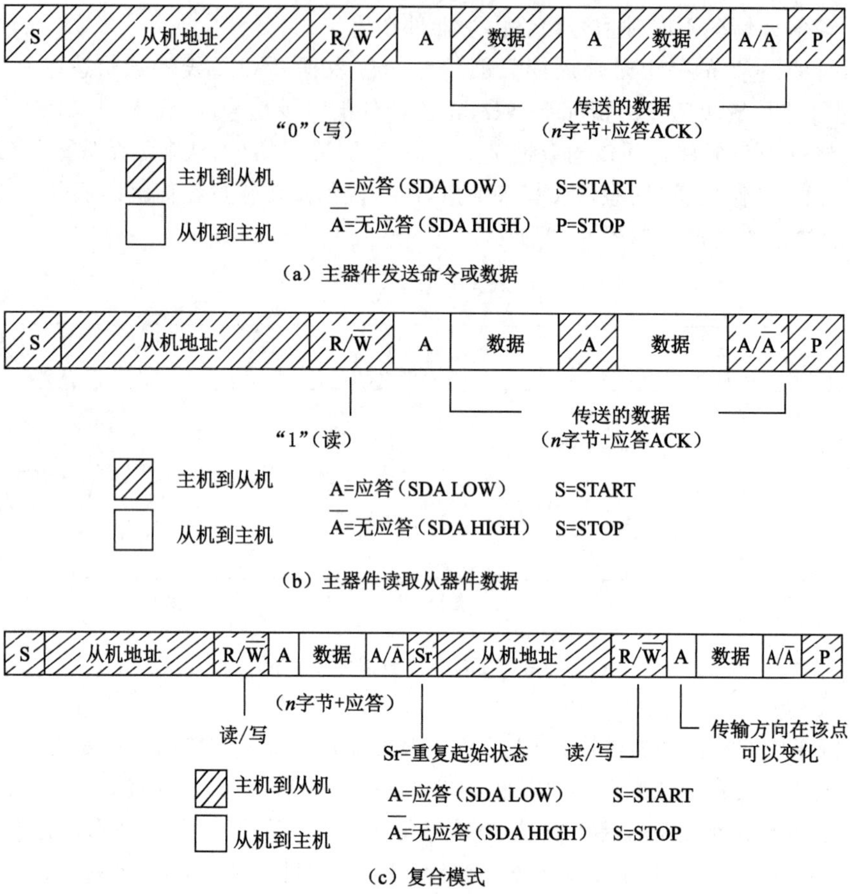

图 8-34　I^2C 总线数据传输的几种不同方式

表 8-11　常用的 I^2C 总线器件

类型	型号
存储器	Atmel 公司的 AT24CXX 系列 EEPROM
8 位并行 I/O 接口扩展	PCF8574/JLC1562
实时时钟	DS1307/PCF8563/SD2000D/M41T80/ME901/ISL1208
数据采集 ADC 芯片	MCP3221(12 位 ADC)/ADS1100(16 位 ADC)/ADS1112(16 位 ADC)/MAX1238(12 位 ADC)/MAX1239(12 位 ADC)
数模转换 DAC 芯片	DAC5574(8 位 DAC)/DAC6573(10 位 DAC)/DAC8571(16 位 DAC)
LED 显示器件	ZLG7290/SAA1064/CH452/MAX6963/MAX6964
温度传感器	TMP101/TMP275/DS1621/MAX6625

8.4.2　AT24CXX 简介

(1) I^2C 接口的 EEPROM 存储器扩展

在单片机应用系统设计中，由于单片机的 I/O 接口往往有复用功能，加之引脚数目的限制，在使用不同的功能时，I/O 接口引脚可能不够用。若所需 I/O 接口引脚数目较多，则可以考虑采用 I/O 接口扩展方法进行 I/O 接口扩展。若所需 I/O 接口引脚数目不多，则可以考虑将并行口改成串行口；若印制电路板尺寸不允许，这时也需考虑将并行器件改为串行器件，因为串行器件引脚较少，体积较小。

本节以 Microchip 公司 24CXX 系列的 EEPROM 存储器为例介绍 I^2C 总线的存储器扩展技术。

(2) 24CXX 系列串行 EEPROM 引脚功能

24CXX 系列是串行 EEPROM 器件，同 I^2C 串行总线兼容，其容量从 256 B 到 2 KB 不等，器件型号及容量见表 8-12。其典型的 8 引脚 DIP 封装如图 8-35 所示，各引脚功能如下。

表 8-12　常用 24CXX 系列串行 EEPROM 的有关信息

型号	容量/B	I^2C 连接数	页写字节数	器件地址引脚	读写控制位
24C01A	128	8	8	A2,A1,A0	R/ $\overline{W}$
24C02	256	8	8	A2,A1,A0	R/ $\overline{W}$
24C04	512	4	16	A2,A1,A0	R/ $\overline{W}$
24C08	1K	2	16	A2,A1,A0	R/ $\overline{W}$
24C16	2K	1	16	A2,A1,A0	R/ $\overline{W}$

SDA：串行数据线。

SCL：串行时钟线。

WP：写保护输入，当 WP 接地时，允许 EEPROM 完成正常的读写操作；而当 WP 接电源电压 VCC 时，EEPROM 处于写保护状态。

A2、A1、A0：可编程地址输入，用于确定 EEPROM 在 I^2C 串行总线上的地址。

VCC 和 GND：正电源与地。

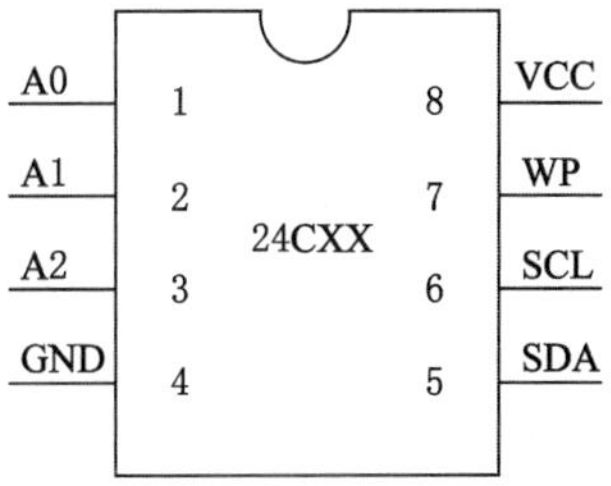

图 8-35　24CXX DIP 封装

(3) 串行 EEPROM 寻址

由于 24CXX 系列器件是功能单一的存储器器件，因而在 I^2C 总线中属于被控器件。若在 I^2C 总线上连接 EEPROM 器件，则传输信息的目标地址部分的高 4 位地址用于识别存储器器件，低 3 位用于选择挂接在 I^2C 总线上的目标存储器。

(4) 串行 EEPROM 操作

① 串行 EEPROM 字节写操作

字节写操作是指将数据随机写入 EEPROM 中的任意一个存储单元。为完成字节写操作，单片机应向 EEPROM 器件传送启停信号、器件地址、寻址单元地址和待写数据，其操作过程如下：

单片机发送起始信号 S；

单片机发送器件地址及读写控制位（R/$\overline{W}$=0）；

EEPROM 回送应答信号 ACK；

单片机发送寻址单元地址；

EEPROM 回送应答信号 ACK；

单片机发送待写数据字节；

EEPROM 回送应答信号 ACK；

单片机发送终止信号 P。

② 串行 EEPROM 页写操作

串行 EEPROM 支持页操作，根据器件容量不同，页的大小不同，一般一页包括 8～16 B。页写操作是指单片机在发送 EEPROM 器件地址与终止信号 P 之间，可以连续向 EEPROM发送一页数据。在页写操作过程中，EEPROM 自动修改内部存储单元地址指针，并在收到终止信号 P 后将收到的数据写入相应的存储单元中。

③ 串行 EEPROM 读操作

在信息传输过程中，若将读写控制位置 1($R/\overline{W}=1$)，则执行对 EEPROM 的读操作。串行 EEPROM 支持 3 种读操作，即当前地址读操作、随机读操作和顺序读操作。读操作类似写操作，仅是器件地址中的读写控制位应置 1。在当前地址读操作过程中，单片机和被控 EEPROM 之间的信息交换描述如下：

单片机发送起始信号 S；

单片机发送读写控制位 $R/\overline{W}=1$；

EEPROM 回送应答信号 ACK；

EEPROM 输出当前地址的字节数据；

单片机产生非应答信号 NACK；

单片机发送终止信号 P，信息传输结束。

随机读操作方式由虚字节写周期开始，虚字节写周期由起始信号 S、器件地址和寻址目标地址组成，其后是当前地址读操作周期。顺序读操作方式采用当前地址读操作开始，或是采用随机读操作开始，在顺序读操作方式下，主机在接收每一字节数据后，都要检测是否存在应答信号 ACK，若在字节数据后检测到应答信号 ACK，继续进行 EEPROM 读操作，并传输下一字节数据，直至检测到非应答信号 NACK，才终止读出过程。

下面以 AT24C02 EEPROM 存储器芯片应用为例介绍串行存储器的扩展方法。

8.4.3 应用实例——IC 卡水表

设计一 IC 卡水表，基本功能要求如下：

(1) IC 卡由 EEPROM24C02 组成，24C02 用来存储取水金额，单片机配置有与 IC 卡的接口。

(2) 取水时，IC 卡金额随着取水量的增多而减少，LCD1602 实时显示 IC 卡余额；

(3) 设计“充值”“增加”“减小”和“确定”四个功能按键，用来给 IC 卡充值；

(4) 用 LCD1602 显示充值金额。

图 8-36 为 IC 卡水表的结构框图。

其工作过程具体如下：

(1) 上电后 LCD1602 第一行居中显示“IC card”，第二行居中显示“rest：××”（“××”为 IC 卡两位数余额）。

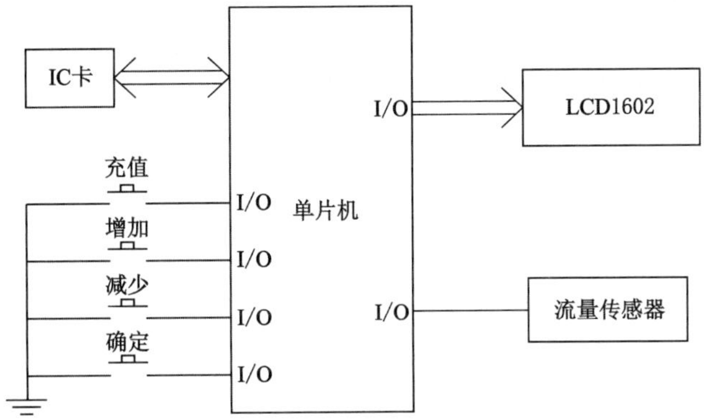

图 8-36　IC 卡水表的结构框图

(2) 取水时，IC 卡余额由当前值递减，递减至“0”则不可继续取水。

(3) 按“充值”键，进入充值状态，LCD1602 第一行居中显示“IC card”，第二行居中显示“Recharge:10”(初始充值金额为“10”)，按“增加”或“减少”键，充值金额在“10”的基础上增减。设定完成后，按“确定”键，完成充值，LCD1602 显示充值后的余额。

一、硬件电路设计

设计方案：使用按键模拟取水过程，按键按下模拟开始取水。水流量传感器由时钟发生器模拟，本任务设 500 Hz 与 200 Hz 两个时钟发生器，分别模拟不同流量的两路水流，通过单刀双掷开关进行切换。IC 卡水表仿真电路如图 8-37 所示。

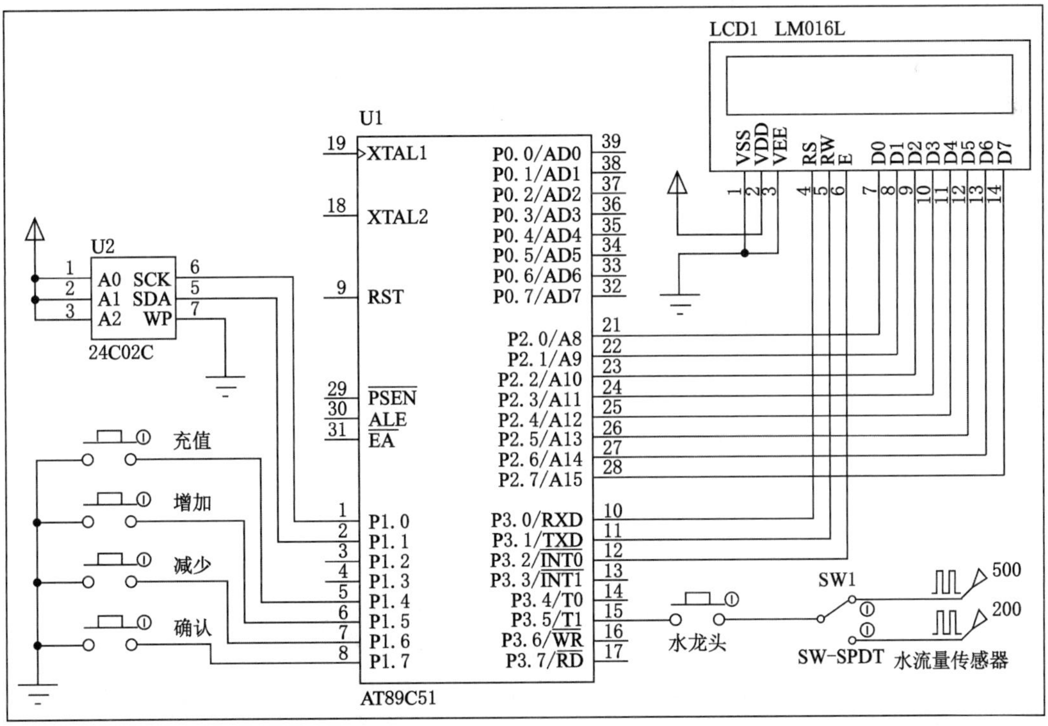

图 8-37　IC 卡水表参考仿真电路

二、源程序设计

IC 卡水表参考源程序结构如图 8-38 所示，包括 main.c、i2c.c、led.c、delay.c、i2c.h、lcd.h 和 delay.h 文件。lcd.c 文件中的数据及控制端口按图 8-37 设置，其余部分及程序 8-8 为 lcd.c，主程序 main.c 见程序清单 8-10，i2c.h 见程序清单 8-11，i2c.c 见程序清单 8-12。

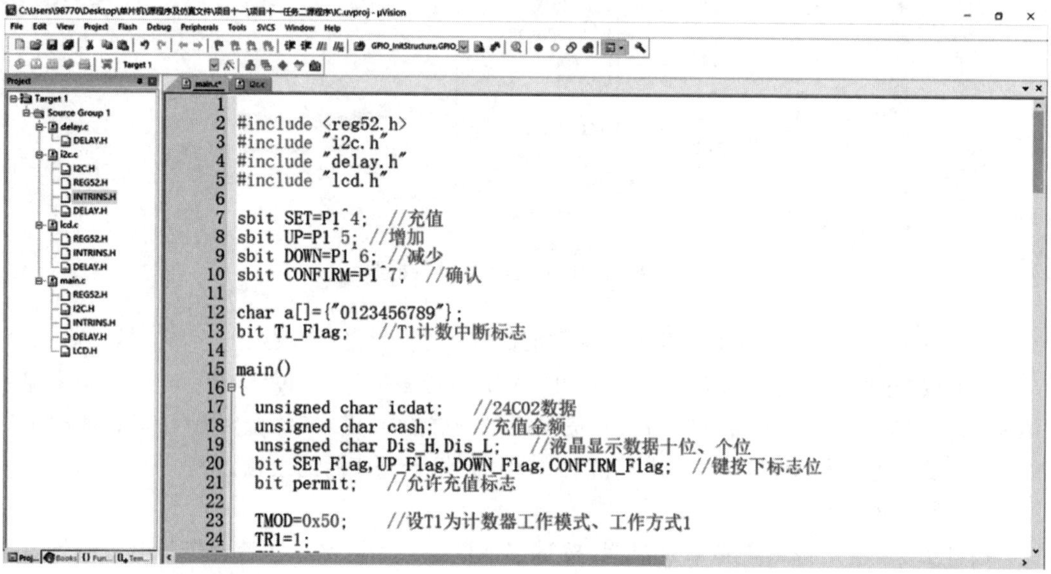

图 8-38　IC 卡水表参考源程序结构

（1）main.c 文件参见程序清单 8-10。

程序清单 8-10

```
#include <reg52.h>
#include "i2c.h"
#include "delay.h"
#include "lcd.h"
sbit SET=P1^4;  //充值
sbit UP=P1^5;  //增加
sbit DOWN=P1^6;  //减少
sbit CONFIRM=P1^7;  //确认
char a[]={"0123456789"};
bit T1_Flag;  //T1 计数中断标志
main()
{
    unsigned char icdat,cash;    //24C02 数据，充值金额
    unsigned char Dis_H,Dis_L;    //LCD 显示数据十位、个位
    bit SET_Flag,UP_Flag,DOWN_Flag,CONFIRM_Flag;   //键按下标志位
    bit permit;   //允许充值标志
    TMOD=0x50;
```

```
TR1=1;
TH1=255;TL1=155;    //计 100 次则计满
IE=0x88;    //开 T1 中断,因计数脉冲频率高,不可采用查询法
LCD_Init();
DelayMs(10);
LCD_Clear();
LCD_Write_String(4,0,"IC card");   //LCD1602 首行第 4 列显示 IC card
while(1)
{
    if(T1_Flag==1)  //计数满 100,中断服务
    {
      TH1=255;TL1=155;
      T1_Flag=0;
      if(permit==0)
      {
        if(icdat>0)    --icdat;
        IIC_Write(0xae,4,&icdat,1);   //写入 24C02
      }
    }
    if(permit==0&&icdat>=0)       //未处于充值状态
    {
      IIC_Read(0xae,4,&icdat,1);    //读取 24C02 数据
      LCD_Write_String(2,1,"   ");
      LCD_Write_String(11,1,"   ");    //覆盖充值界面的部分内容
      LCD_Write_String(4,1,"rest:");   //rest 剩余
      Dis_H=icdat/10; Dis_L=icdat%10;
      LCD_Write_Char(9,1,a[Dis_H]);
      LCD_Write_Char(10,1,a[Dis_L]);//余额显示
    }
    SET=1;
    if(SET==0)   delayms(10);   //延时 10 ms 去抖
    if(SET==0)   SET_Flag=1;    //SET 键按下标志位置位
    if(SET==1&&SET_Flag==1) //松开 SET 键
    {
      permit=1; //允许充值标志位置位
      SET_Flag=0;
      cash=0;
      }
    if(permit==1) //充值中
    {
      LCD_Write_String(2,1,"Recharge:");   //Recharge 充值
```

```
            Dis_H=cash/10;  Dis_L=cash%10;
            LCD_Write_Char(11,1,a[Dis_H]);
            LCD_Write_Char(12,1,a[Dis_L]); //充值金额显示
            UP=1;
            if(UP==0)   DelayMs(10);
            if(UP==0)   UP_Flag=1;
            if(UP==1&&UP_Flag==1)
            {
              if(cash<99)    ++cash; //充值金额最高为99
              UP_Flag=0;
            }
              DOWN=1;
              if(DOWN==0)  DelayMs(10);
              if(DOWN==0)  DOWN_Flag=1;
              if(DOWN==1&&DOWN_Flag==1)
              {
              if(cash>1)   cash--;   //充值金额最低为1
              DOWN_Flag=0;
            }
            CONFIRM=1;
            if(CONFIRM==0)   DelayMs(10);
            if(CONFIRM==0)   CONFIRM_Flag=1;
            if(CONFIRM==1&&CONFIRM_Flag==1)
            {
              icdat=cash+icdat;  //充值金额+余额
              IIC_Write(0xae,4,&icdat,1);  //写入24c02
              CONFIRM_Flag=0;
              permit=0;
            }
          }
        }
}
void t1() interrupt 3  /* T1中断函数 */
{
    T1_Flag=1;   //中断标志位置位,在主程序中中断服务
}
```

(2) i2c.h 文件参见程序清单 8-11。

程序清单 8-11

```
#ifndef __I2C_H__
#define __I2C_H__
```

```
#include <reg51.h>

extern bit ack;      //应答标志位

extern void IIC_init();                    //IIC 总线初始化函数
extern void IIC_Start();                   //起始信号函数
extern void IIC_Stop();                    //终止信号函数
extern void IIC_Ack(bit a);                //应答函数

//无子地址写字节数据函数
extern void SendByte(unsigned char c);
//无子地址读字节数据函数
extern unsigned char RcvByte();

//向没有子地址器件发送字节数据函数
extern bit ISendByte(unsigned char sla, unsigned char c);
//向有子地址器件发送多字节数据函数
extern bit ISendStr(unsigned char sla,unsigned char suba,unsigned char * s,unsigned
                    char no);

//从无子地址器件读取字节数据函数
extern bit IRcvByte(unsigned char sla, unsigned char * c);
//从有子地址器件读取多字节数据函数
extern bit IRcvStr(unsigned char sla, unsigned char suba,unsigned char * s,unsigned
                   char no);

#endif
```

(3) i2c.c 文件参见程序清单 8-12。

程序清单 8-12

```
#include "I2C.H"
#include <intrins.h>

sbit SCL = P3^6;        //IIC 模拟时钟传送位
sbit SDA = P3^7;        //IIC 模拟数据控制位
bit  ack;               //应答标志

void Delay5us(void)
{
    _nop_(); _nop_(); _nop_(); _nop_(); _nop_();
}
```

```
void IIC_init()
{
    SCL = 1;
    _nop_();
    SDA = 1;
    Delay5us();
}

void IIC_Start()
{
  SCL = 1;                 //拉高 SCL
  _nop_();
  SDA = 1;                 //拉高 SDA
  Delay5us();              //保证 SDA 建立时间>4.7 μs
  SDA=0;                   //使 SDA 产生下降沿跳变
  Delay5us();              //保持建立时间>4 μs
  SCL=0;                   //拉低 SCL
  _nop_();
}

void IIC_Stop()
{
  SDA = 0;                 //SDA 为低电平
  _nop_();
  SCL = 1;                 //SCL 产生上升沿
  Delay5us();              //建立时间>4 μs
  SDA = 1;                 //SDA 产生上升沿
  Delay5us();              //建立时间>4.7 μs
}

void IIC_Ack(bit a)
{
    if (a==0)  SDA=0;               //应答
    else SDA=1;                     //非应答
    _nop_();                        //确保 SDA 信号已经稳定
    SCL = 1;
    Delay5us();
    SCL = 0;                        //清时钟线,准备接收
    Delay5us();
}
```

```
void SendByte(unsigned char c)
{
    unsigned char BitCnt;
    for (BitCnt=0; BitCnt<8; BitCnt++)          //传送一个 Byte 即 8 个 bit
    {
        SCL = 0;                                //保证 SCL 处于低电平
        if ((c<<BitCnt)&0x80)   SDA=1;          //判断发送的位状态
        else   SDA=0;
        _nop_();
        SCL = 1;                      //拉高 SCL，通知从机开始接收数据
        Delay5us();
        SCL = 0;                      //复位 SCL,为下一次发送做准备
    }
    _nop_();
    SDA = 1;                          //8 位发送完后释放数据线,准备接收应答位
    _nop_();
    SCL = 1;
    Delay5us();
    if (SDA==1)   ack = 0;                  //是否接收到应答信号
    else ack = 1;
    SCL = 0;
    _nop_();
}

unsigned char RcvByte()
{
    unsigned char retc = 0;
    unsigned char BitCnt;

    SDA = 1;                                    //置数据线为输入方式
    for (BitCnt=0; BitCnt<8; BitCnt++)
    {
        _nop_();
        SCL = 0;                                //置时钟线为低,准备接收数据位
        Delay5us();                             //时钟低电平周期大于 4.7 μs
        SCL = 1;                                //置时钟线为高使数据线上数据有效
        _nop_();
        retc = retc<<1;
        if (SDA==1)   retc = retc+1;    //读数据位,接收的数据位放入 retc 中
        _nop_();
    }
```

```
    SCL=0;
    _nop_();
    return(retc);
}

bit ISendByte(unsigned char sla, unsigned char c)
{
   IIC_Start();                          //启动总线
   SendByte(sla);                        //发送器件地址
   if (ack==0)   return(0);
   SendByte(c);                          //发送数据
   if (ack==0)   return(0);
   IIC_Stop();                           //结束总线
   return(1);
}

bit ISendStr(unsigned char sla, unsigned char suba,unsigned char *s, unsigned char no)
{
   unsigned char i;
   IIC_Start();                          //启动总线
   SendByte(sla);                        //发送器件地址
   if (ack==0)   return(0);
   SendByte(suba);                       //发送器件子地址
   if (ack==0)   return(0);
   for (i=0; i<no; i++)
   {
       SendByte(*s);
       if (ack==0)   return(0);
       s++;
   }
   IIC_Stop();                           //结束总线
   return(1);
}

bit IRcvByte(unsigned char sla, unsigned char *c)
{
    IIC_Start();                         //启动总线
```

```
        SendByte(sla+1);                          //发送器件地址
        if (ack==0)   return(0);
        *c = RcvByte();                           //读取数据 0
        IIC_Ack(1);                               //发送非就答位
        IIC_Stop();                               //结束总线
        return(1);
    }

    bit IRcvStr(unsigned char sla, unsigned char suba,unsigned char *s,unsigned char no)
    {
        unsigned char i;

        IIC_Start();                              //启动总线
        SendByte(sla);                            //发送器件地址
        if (ack==0)   return(0);
        SendByte(suba);                           //发送器件子地址
        if (ack==0)   return(0);
        IIC_Start();                              //启动总线
        SendByte(sla);                            //发送器件地址
        if (ack==0)   return(0);
        for (i=0; i<no-1; i++)
        {
            *s =RcvByte();
            IIC_Ack(0);
            s++;
        }
        *s =RcvByte();
        IIC_Ack(1);                               //发送非就答位
        IIC_Stop();                               //结束总线
        return(1);
    }
```

三、仿真分析

为 IC 卡水表仿真电路中的单片机加载本任务目标程序，仿真运行。

(1) IC 卡水表初始仿真界面如图 8-39 所示，此时 IC 卡余额为 19。

(2) 按“充值”键，进入图 8-40 所示的 IC 卡充值仿真界面，按“增加”键或“减少”键设置充值金额。

(3) 按“确定”键完成充值，进入充值完成后的仿真界面，如图 8-41 所示，此时余额变为 30(19+11)。

(4) 接通水龙头，模拟取水，取水仿真界面如图 8-42 所示，图中 IC 卡实时余额为 8。

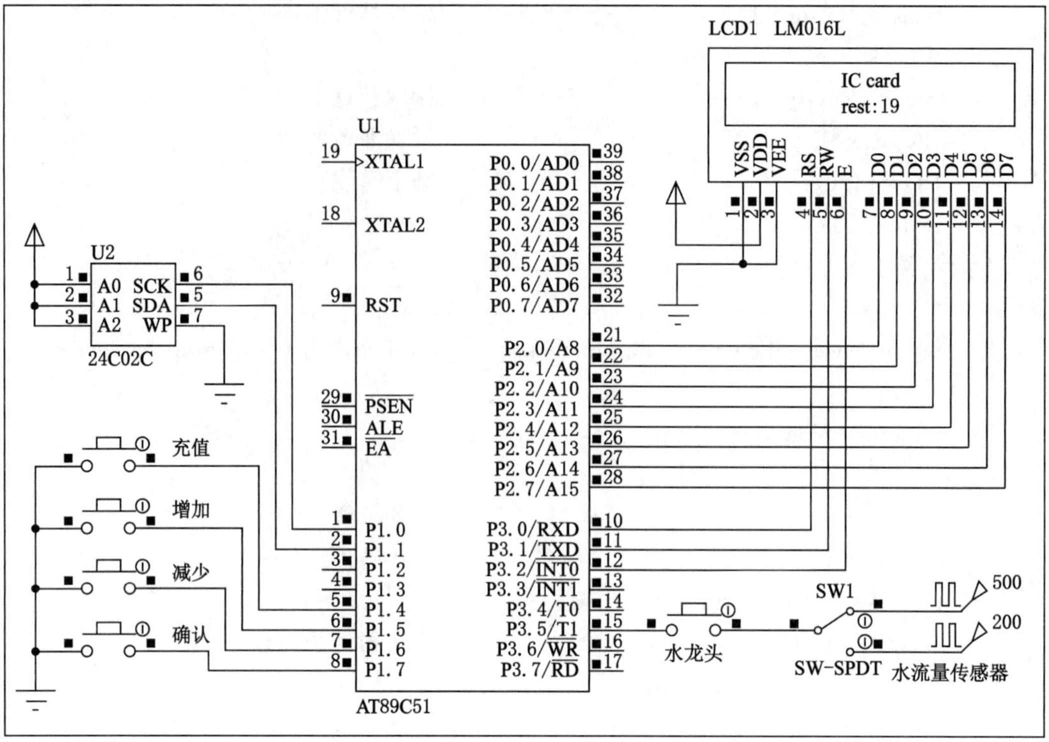

图 8-39 IC 卡水表初始仿真界面

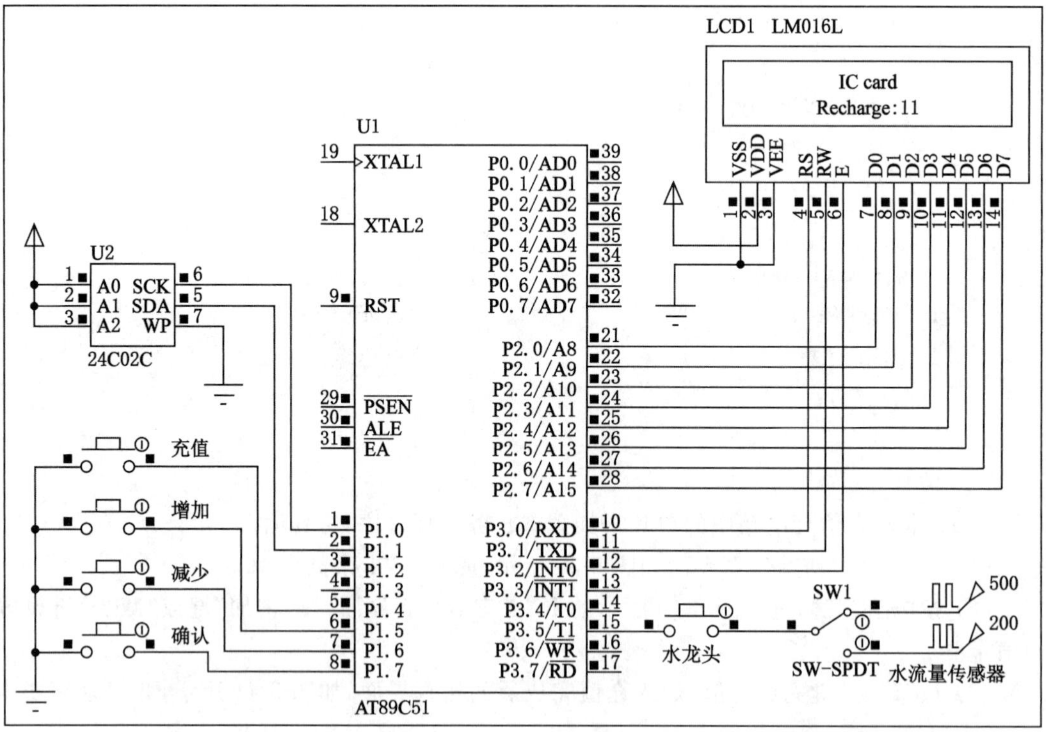

图 8-40 IC 卡充值仿真界面

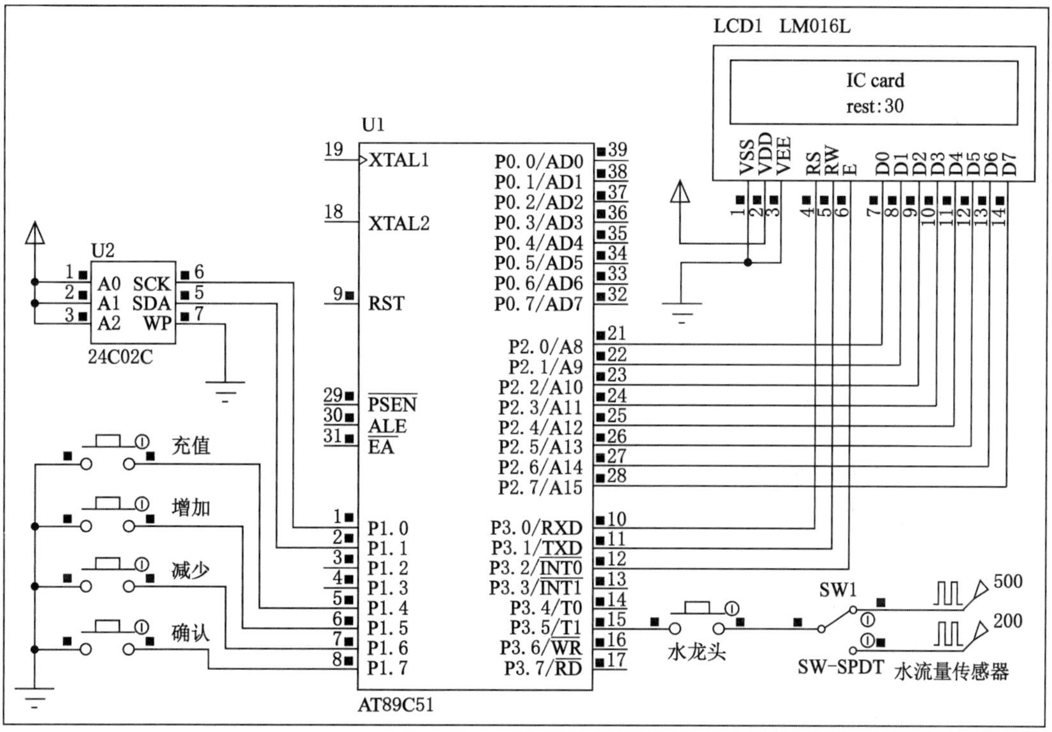

图 8-41　IC 卡充值完成后的仿真界面

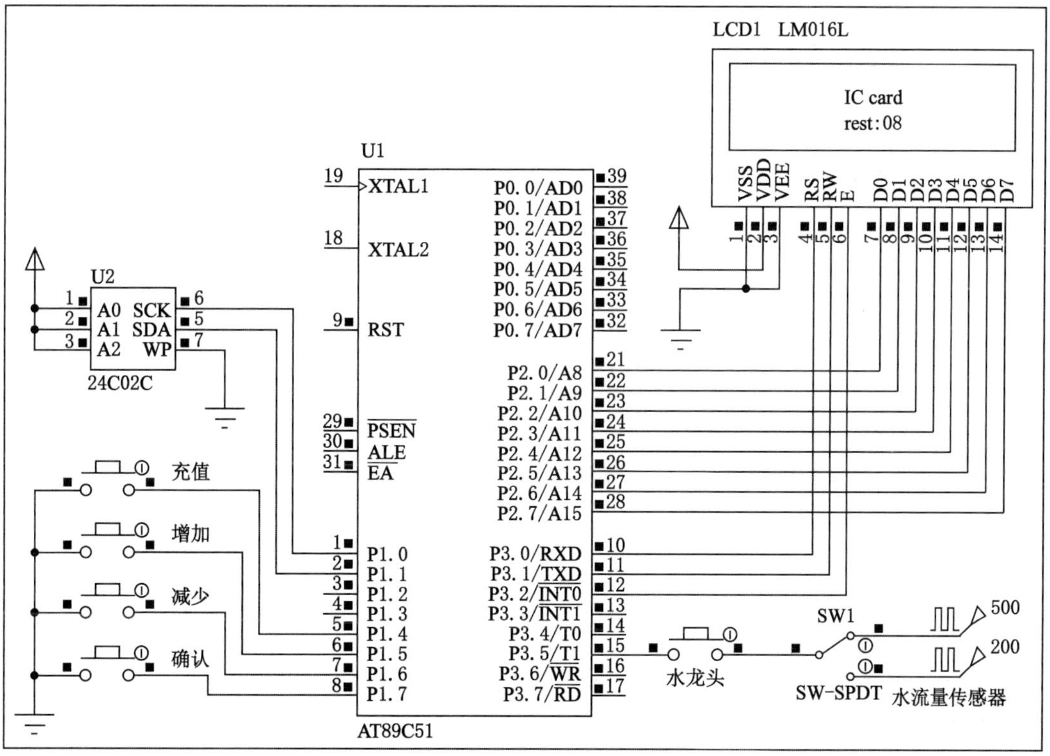

图 8-42　取水仿真界面

8.5 习题

一、填空题

1. 若 LED 为共阴极接法，则“9”的八段代码值应当为__________。

2. 1602 液晶显示器与 CPU 接口采用 8 位并行数据总线和__________根控制线。

3. 1602 液晶显示器，$R/\overline{W}=0$ 时，数据寄存器在__________状态下写入；$R/\overline{W}=1$ 时，数据寄存器在__________状态下读出。

4. 1602 液晶显示器改变对比度的驱动电压调节引脚是__________，背光电压是__________V。

5. 键盘抖动可以使用__________和__________两种办法消除。

6. 键盘中断扫描方式的特点是__________。

7. 独立按键通过判断数据线的__________判断是否有按键按下。

8. I^2C 总线是芯片间__________行传输总线，包括__________线和__________线。

9. I^2C 总线上发送数据的器件称为__________，接收数据的器件称为__________。控制信息交换的器件称为__________，受主器件控制的器件称为__________。

10. I^2C 总线上从器件 24C02 的地址由__________设定。

11. I^2C 总线中产生串行时钟信号 SCL 的器件是__________。产生起始信号和停止信号的是__________。

12. I^2C 总线在传送数据过程中共有三种类型信号：______________、______________和__________。

二、选择题

1. 单片机在 I^2C 总线中不可作为(　　)。

A. 主器件　　B. 从器件　　C. 发送器　　D. 接收器

2. I^2C 总线中，最多可配置(　　)片 24C02。

A. 5　　B. 6　　C. 7　　D. 不确定

3. 读取 24C02 数据时，单片机发送的器件地址可为(　　)。

A. 0xAE　　B. 0xAF　　C. 0xBE　　D. 0xBF

4. 向 24C02 写入数据时，单片机发送的器件地址可为(　　)。

A. 0xAE　　B. 0xAF　　C. 0xBE　　D. 0xBF

三、简答题

1. 数码管的静态显示方式与动态显示方式有何区别？各有什么优缺点？

2. 1602 液晶显示器模块的 RS、$R/\overline{W}$、E 引脚有什么功能？当对 1602 写指令操作时，这三个引脚应为什么状态？

3. 若要定义 1602 为 8 位总线两行 5×7 点阵显示，控制代码为多少？

4. 1602 液晶显示器开命令的控制代码为多少？

5. 如果想在 1602 液晶显示器的第二行左起第 3 个位置显示字符，则送给 1602 的地址控制指令为多少？

6. 说明行列式键盘的扫描原理。

7. 简述独立按键和行列式键盘的优缺点。

8. 简述 I^2C 总线协议规定的内容。

9. 简述 I^2C 总线中起始信号、停止信号、应答信号的定义。

10. 简述单片机对 24C02 进行选择性读的过程。

11. 简述单片机对 24C02 进行字节写的过程。

四、应用题

1. 利用图 8-43 模拟工厂的流水线产品计数器。系统中包含一个 8 位 LED 数码管，两个按键 K1 和 K2 键，其中 K1 用于模拟流水线上红外传感器，当有产品经过时，会使 K1 送出低电平，即有一个产品(用手按下 K1 来模拟)。具体如下：

(1) K1 每按一下，便会使数码管上的计数器加 1(1～99)。选用 2 个数码管，最大计数值为 99，计满清 0，重新计数。

(2) K2 用于手动对计数器强制清零。请编程实现，并用 Proteus 仿真调试。

2. 根据图 8-16 所示的 1602 硬件原理图，编程实现 51 单片机控制 1602 液晶显示器两行字符的显示，显示具体内容为：第一行显示日期(为实验当天日期，居中显示)，第二行显示姓名及学号(靠左显示)。

3. 例 8-2 中，若第二行显示字符串较长，超过 16 个字符，请编写程序以循环流动方式显示内容：The air air humidity is 50%，good!，并通过 Proteus 仿真调试。

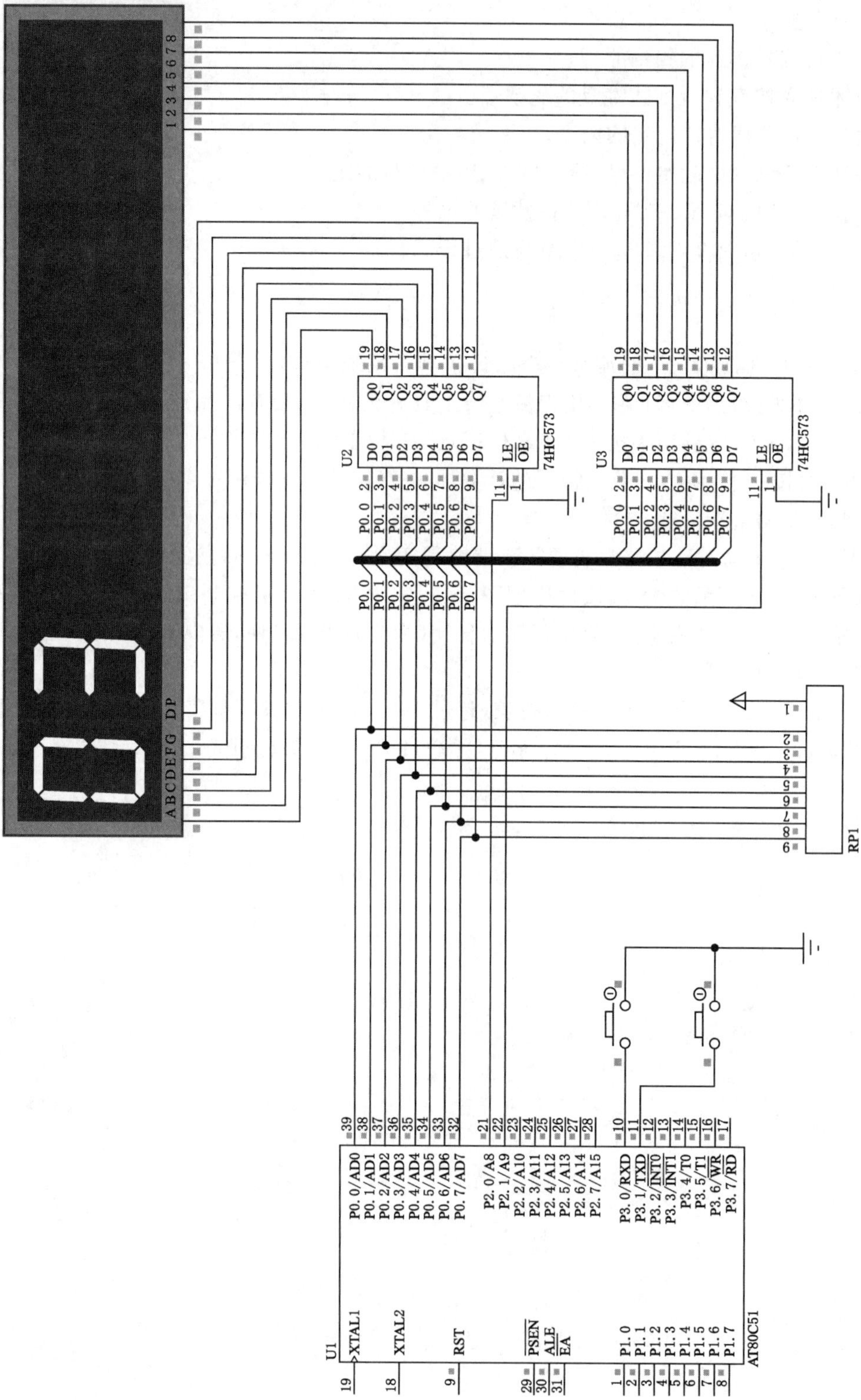

图8-43　流水线产品计数器模拟线路示意图

第 9 章　ADC 转换设计

在单片机应用系统中，经常会遇到模拟量信号的采集与控制问题，如何将模拟量转换成数字量送给单片机，或将数字量转换成模拟量输出到单片机外部，需要用到模数(A/D)或数模(D/A)转换器。

模数转换器又称 A/D 转换器，简称 ADC(Analog to Digital Converter)是将连续的模拟信号转换成二进制数字量的器件，为单片机应用系统采集模拟量信号进而实现数字化处理提供了一种接口。数模转换器又称 D/A 转换器，简称 DAC(Digital to Analog Convertor)，是一种将数字信号转换成模拟信号的器件，为单片机应用系统将数字信号转换成模拟信号输出提供了一种接口。

从数字分辨率角度看，A/D 转换器和 D/A 转换器都有 8 位和高于 8 位之分；从与单片机的数据接口方式(多线并行或串行数据)看，A/D 转换器和 D/A 转换器都有并行口和串行口之分。单片机与 A/D 转换器或 D/A 转换器接口时，需要根据以上区别采取不同的设计方法。

9.1　D/A 转换与 DAC0832 应用

9.1.1　D/A 转换器的组成

图 9-1 所示为 D/A 转换器的结构框图，包括数码寄存器、模拟电子开关电路、解码网络、求和电路等几部分。数字量以并行或串行方式输入并存储于数码寄存器中，数码寄存器输出的每位数码驱动对应数位上的电子开关将在解码网络中获得的相应数字权值送入求和电路。求和电路将各权值相加便得到与数字量对应的模拟量。

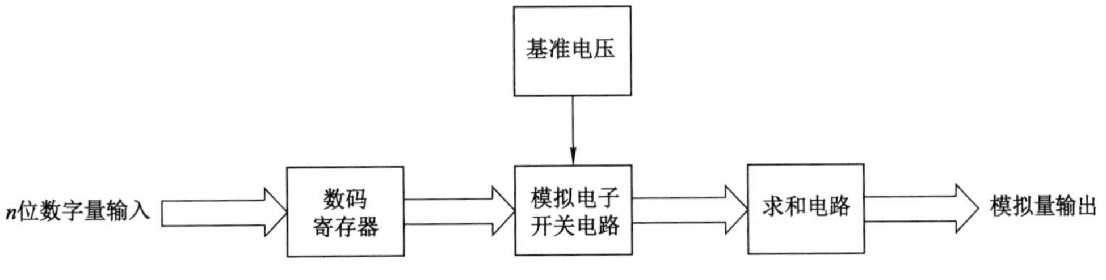

图 9-1　D/A 转换器的结构框图

9.1.2　D/A 转换器的分类

D/A 转换器种类很多，按数据输入方式不同，分为串行 D/A 转换器和并行 D/A 转换器两类；根据建立时间的长短，可以将 D/A 转换器分成超高速(<1 μs)、高速(1～10 μs)、中速(10～100 μs)、低速(≥100 μs)几类。根据输出信号类型不同，D/A 转换器分为电流输出型和电压输出型两类；根据芯片内是否带有锁存器，可分为内部无锁存器和内部有锁存器两类；按解码网络结构不同，分为 T 形电阻解码网络 D/A 转换器、倒 T 形电阻解码网络 D/A 转换器、权电流 D/A 转换器、权电阻网络 D/A 转换器等。

9.1.3　D/A 转换器的工作原理

D/A 转换器多数采用 T 形电阻解码网络，现以 8 位 T 形电阻解码网络 D/A 转换器为例说明 D/A 转换器的工作原理。如图 9-2 所示，二进制数的每一位 D_i($i=0\sim7$)对应一个电阻 $2R$，并由该二进制值 D_i 控制一个双向电子开关 S_i，当 $D_i=0$ 时 S_i 接地；当 $D_i=1$ 时，S_i 接通右边运算放大器的反向输入端。下面分析输出电压。

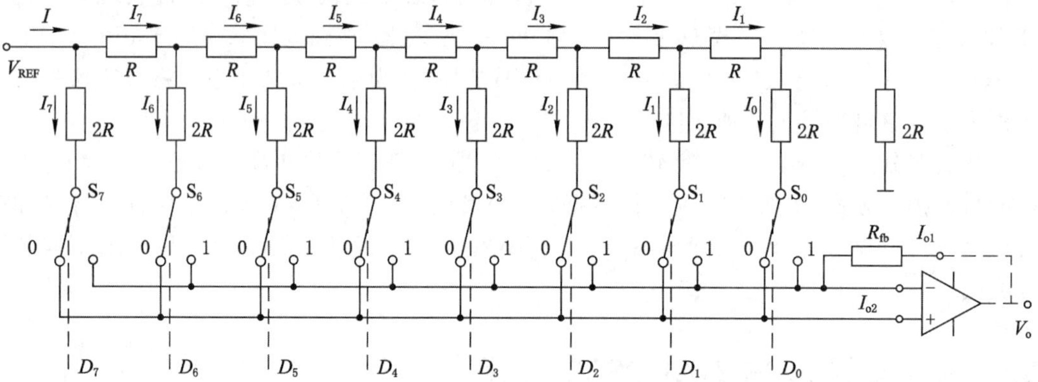

图 9-2　8 位 T 形电阻解码网络 D/A 转换器工作原理

运算放大器输出电压：

$$V_O=-I_{O1}\times R_{fb}=-R_{fb}\cdot\frac{V_{REF}}{R}\cdot\frac{1}{2^n}\cdot\sum D_i\cdot2^i \tag{9-1}$$

$$V_O=-I_{O1}\times R_{fb}=-R_{fb}\cdot\frac{V_{REF}}{R}\cdot\frac{1}{2^n}\cdot\sum D_i\cdot2^i \tag{9-2}$$

由上式可见，输出电压与二进制数 D 呈线性关系。调整运算放大器的反馈电阻 R_{fb} 和参考电压 V_{REF}，就可得到和 n 位二进制数成线性比例的输出电压 V_o。

9.1.4　D/A 转换器的主要性能指标

(1) 分辨率

分辨率是指输入 D/A 转换器的单位数字量变化引起的模拟量输出的变化，通常定义为输出满刻度值(满量程)与 2^n 之比。显然，二进制位数越多，分辨率越高。

例如，若满量程为 10 V，则分辨率为 10 V/2^n。设 D/A 转换器为 8 位，即 $n=8$，则分辨率为 10 V/2^8＝39.1 mV，该值占满量程的 0.391%，用 1 LSB(最低有效位)表示。

同理，10 位 D/A 转换器：1 LSB＝9.77 mV＝0.1%满量程；12 位 D/A 转换器：1 LSB＝2.44 mV＝0.024%满量程。

(2) 线性度

线性度(也称非线性误差)是实际转换特性曲线与理想转换特性直线之间的最大偏差，常以相对于满量程的百分数表示。例如，±1%是指实际输出值与理论值之差在满刻度的±1%以内。

(3) 绝对精度和相对精度

绝对精度(简称精度)是指在整个刻度范围内，任一输入数码所对应的模拟量实际输出值与理论值之间的最大误差。绝对精度是由 D/A 转换器的增益误差(当输入数码全为 1 时，实际输出值与理想输出值之差)、零点误差(当输入数码全为 0 时，D/A 转换器的非零输出值)、非线性误差和噪声等引起的。绝对精度(最大误差)应小于 1 LSB。

相对精度用最大误差相对于满刻度的百分比表示。

应当注意，精度和分辨率具有一定的联系，但概念不同。D/A 转换器的位数多时，分辨率会提高，量化误差对精度的影响会减小。但其他误差(如温度漂移、线性不良等)的存在仍会使 D/A 转换器的精度变差。

(4) 建立时间

建立时间是描述 D/A 转换器转换快慢的参数，用来表示转换速度。建立时间为从输入数字量变化到输出模拟量达到终值误差±(1/2 LSB)时所需的时间。

电流输出型 D/A 转换器的建立时间短，电压输出型 D/A 转换器的建立时间主要决定于运算放大器的响应时间。

9.1.5　DAC0832 与 TLC5615D/A 转换器

9.1.5.1　DAC0832

DAC0832 是使用非常普遍的 8 位 D/A 转换器。DAC0832 以电流形式输出，当需要转换为电压输出时，可外接运算放大器。属于该系列的芯片还有 DAC0830、DAC0831 等，它们可以相互代换。

(1) DAC0832 内部结构及引脚功能

DAC0832 内部主要由 8 位输入锁存器、8 位 DAC 寄存器、8 位 D/A 转换电路和控制逻辑电路(由与门组成)四部分组成，其内部结构框图如图 9-3 所示。

输入锁存器：8 位，数模转换需要一定的时间，这段时间内输入端(DI0～DI7)的数字量应稳定。输入锁存器用于存放输入的数字量，使输入数字量得到缓冲和锁存，其状态由$\overline{\text{LE1}}$控制。$\overline{\text{LE1}}$为低电平时，输入锁存器直通；$\overline{\text{LE1}}$为高电平时，输入锁存器禁止输出。

数码寄存器：8 位，存放待转换的数字量，其状态由$\overline{\text{LE2}}$控制。$\overline{\text{LE2}}$为低电平时，数码寄存器直通。

D/A 转换电路：由 T 形电阻解码网络和电子开关组成，T 形电阻解码网络输出和数字量成正比的模拟电流。

DAC0832 共 20 个引脚，各引脚功能详细说明如下：

DI0～DI7：8 位数字信号输入端。

$\overline{\text{CS}}$：片选端，低电平有效。

ILE：数据锁存允许控制端，高电平有效。

$\overline{\text{WR1}}$：输入锁存器写选通控制端。当$\overline{\text{CS}}$=0、ILE=1、$\overline{\text{WR1}}$=0 时，输入数字信号被锁存

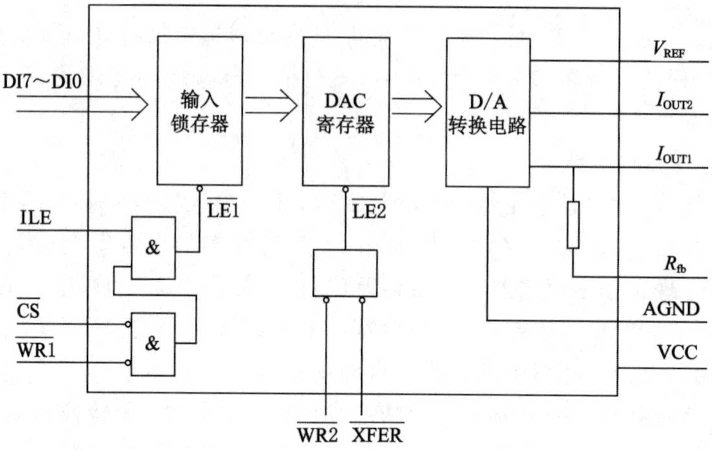

图 9-3　DAC0832 内部结构框图

在输入锁存器中。

$\overline{XFER}$:数据传送控制端。

$\overline{WR2}$:数码寄存器写选通控制端。当$\overline{XFER}$=0、$\overline{WR2}$=0 时,输入锁存器信号传入数码寄存器中。

I_{OUT1}:D/A 转换器电流输出 1 端,输入数字量全为 1 时,I_{OUT1}最大;输入数字量全为 0 时,I_{OUT1}最小。

I_{OUT2}:D/A 转换器电流输出 2 端,$I_{OUT2}+I_{OUT1}$=常数。

R_{fb}:外部反馈信号输入端,内部已有反馈电阻 R_{fb},用作外接运算放大器的反馈电阻,将 DAC0832 的输出电流转换成输出电压。

VCC:电源输入端,一般接+5 V。

V_{REF}:基准电压,范围为−10～+10 V。

GND:接地端。

AGND:模拟信号地。

(2) DAC0832 的工作方式

DAC0832 有三种工作方式:直通工作方式、单缓冲工作方式和双缓冲工作方式。

① 直通工作方式

当输入锁存器与数码寄存器均处于直通状态时,DAC0832 工作于直通工作方式。数字量一旦输入,便直接进入数码寄存器,进行数模转换,从输出端得到转换的模拟量。

② 单缓冲工作方式

当输入锁存器与数码寄存器一个处于直通状态,另一个处于受控制状态时,DAC0832 工作于单缓冲工作方式。此方式适用于只有一路模拟量输出,或有几路模拟量输出但不要求同步的系统。

图 9-4 所示是一种单缓冲工作方式接口电路,输入锁存器为直通工作方式,数码寄存器的状态由单片机 P2.7 口控制。

③ 双缓冲工作方式

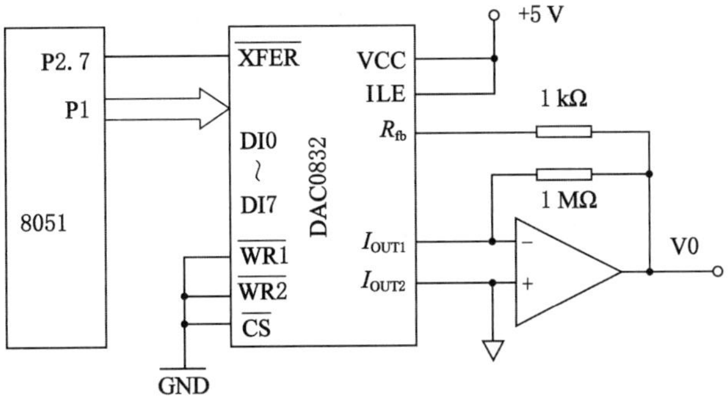

图 9-4　单缓冲工作方式接口电路

多路模拟量同步输出时，必须采用双缓冲工作方式，即输入锁存器和数码寄存器均处于受控状态。双缓冲工作方式下，单片机对 DAC0832 的操作分两步：第一步，控制输入锁存器导通，将 8 位数字量写入输入锁存器中；第二步，控制数码寄存器导通，将 8 位数字量从输入锁存器送入数码寄存器。

图 9-5 所示为一种双缓冲工作方式接口电路，为保证图 9-5 中两路模拟量同步输出，两片 DAC0832 的输入锁存器和数码寄存器的状态分别由单片机的 P2.7 口、P2.6 和 P2.5 口同步控制。

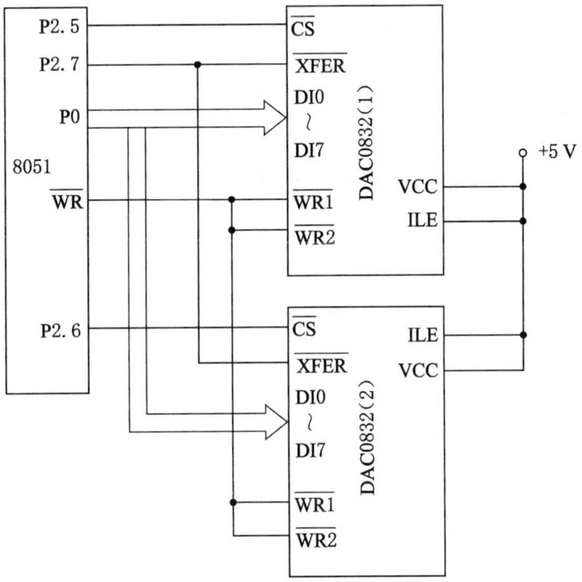

图 9-5　双缓冲工作方式接口电路

9.1.5.2　TLC5615

TLC5615 是具有串行口的 10 位 D/A 转换器，其输出电压信号，最大输出电压是基准电压的两倍，具有上电复位功能，只需要通过 3 根串行总线就可以完成 10 位数据的串行输入。

(1) TLC5615 的内部结构

图 9-6 所示为 TLC5615 内部结构框图,主要由以下几部分组成。

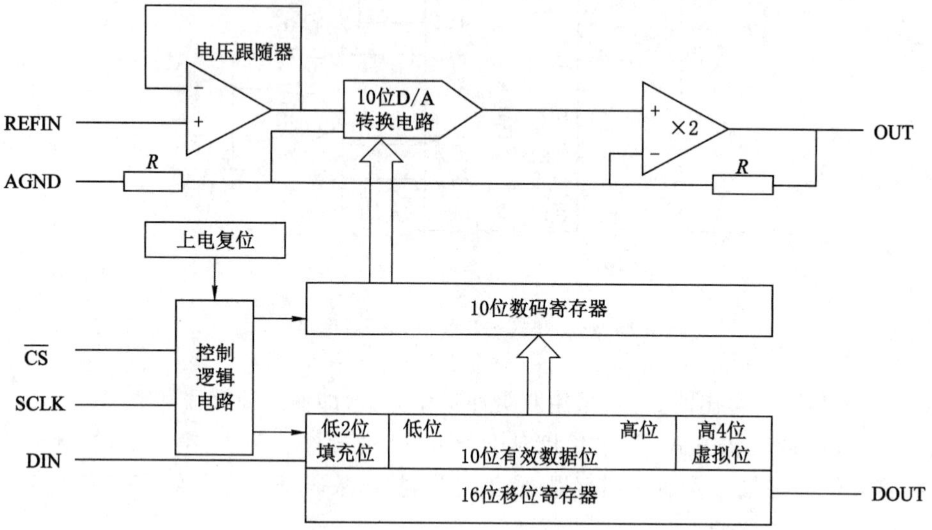

图 9-6　TLC5615 内部结构框图

① 10 位 D/A 转换电路,内含解码网络和电子开关。

② 16 位移位寄存器,接受串行移位输入的二进制数,并且有一个级联的数据输出端 DOUT。

③ 并行输入输出的 10 位数码寄存器,为 10 位 D/A 转换电路提供待转换的二进制数。

④ 电压跟随器,为参考电压端 REFIN 提供很高的输入阻抗,大约 10 MΩ。

⑤ 放大倍数为 2 倍的放大电路,提供最大值为 2 倍于 REFIN 的电压输出。

⑥ 上电复位电路和控制电路。

(2) TLC5615 引脚排列及功能说明

TLC5615 引脚排列如图 9-7 所示,引脚功能说明如下。

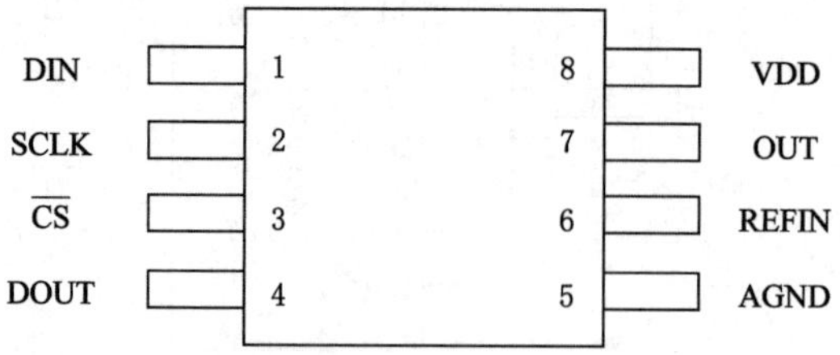

图 9-7　TLC5615 引脚排列

① DIN:串行数据输入端。

② SCLK:串行时钟输入端。

③ $\overline{CS}$:芯片选择端,低电平有效。

④ DOUT:用于级联时的串行数据输出端。

⑤ AGND:模拟地。

⑥ REFIN:基准电压输入端,接+5 V。

⑦ OUT:模拟电压输出端。

⑧ VDD:电源端,接+5 V。

(3) TLC5615 的工作方式

TLC5615 有两种工作方式:12 位数据序列和 16 位数据序列。

① 12 位数据序列

由图 9-6 可知,16 位移位寄存器分为高 4 位虚拟位、低 2 位填充位及 10 位有效数据位。LC5615 的工作方式为 12 位数据序列时,只需要向 16 位移位寄存器先后输入 10 位有效数据位和低 2 位填充位,低 2 位填充位数据任意。

② 16 位数据序列

16 位数据序列工作方式也称级联方式,在该工作方式下,将本片的 DOUT 接到下一片的 DIN,需要向 16 位移位寄存器先后输入高 4 位虚拟位、10 位有效数据位和低 2 位填充位,由于增加了高 4 位虚拟位,所以需要 16 个时钟脉冲。

(4) TLC5615 的工作时序

TLC5615 的工作时序如图 9-8 所示,由时序图知:只有当$\overline{CS}$为低电平时,串行输入数据才能被移入 16 位移位寄存器。当$\overline{CS}$为低电平时,在每个 SCLK 时钟的上升沿将 DIN 的一位数据移入 16 位移位寄存器,二进制数的最高有效位被导前移入,接着$\overline{CS}$的上升沿将 16 位移位寄存器中的 10 位有效数据锁存于 10 位数码寄存器,供 D/A 转换电路进行转换。当$\overline{CS}$为高电平时,串行输入数据不能被移入 16 位移位寄存器。$\overline{CS}$的上升和下降都必须发生在 SCLK 为低电平期间。

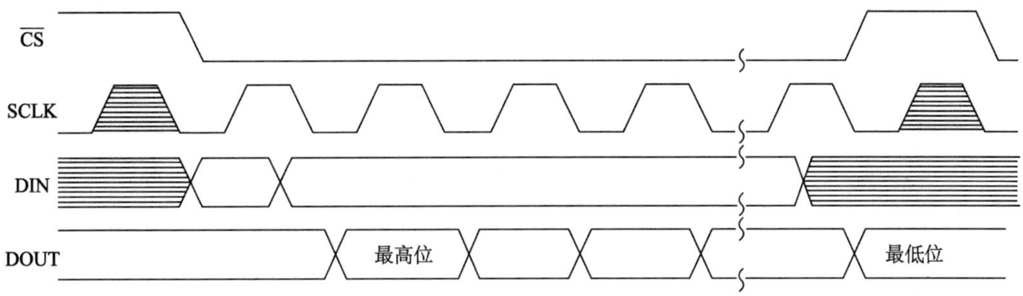

图 9-8　TLC5615 的工作时序

9.1.6　工程实例——波形发生器的设计

(1) 接口电路设计

要求使用 DAC0832 及 TLC5615 两种不同类型的 D/A 转换器对数字信号进行数模转换,输出电压信号,设计这两种 D/A 转换器与单片机的接口电路。

方案一:使用 DAC0832 产生所需电压信号

由于本设计电路仅需一路模拟量输出，DAC0832 可选择工作于直通方式，即输入锁存器与数码寄存器均处于直通状态。引脚$\overline{CS}$、$\overline{WR1}$接地，ILE 接电源，使输入锁存器处于直通状态时，引脚$\overline{WR2}$、$\overline{XFER}$接地，使数码寄存器也处于直通状态。DAC0832 输出模拟量为电流信号，需外接运算放大器将电流信号转换成电压信号。

方案一参考电路如图 9-9 所示，图中运放为 741。

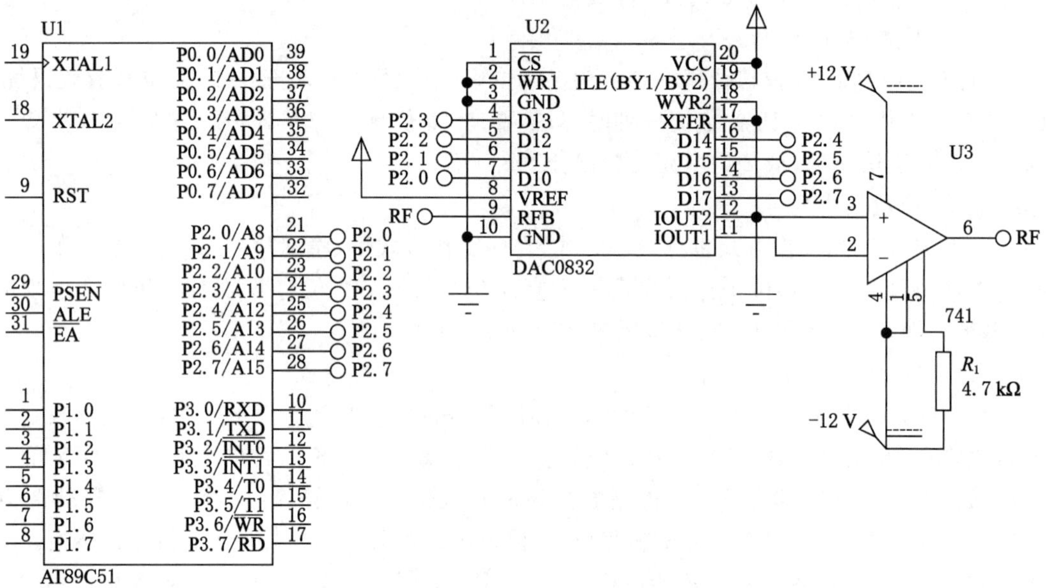

图 9-9　方案一参考电路

方案二：使用 TLC5615 产生所需电压信号

TLC5615 为电压输出型串行 A/D 转换器，需要通过 3 根串行总线（数据线、时钟信号线、片选线）完成 10 位数据的串行输入。

方案二参考电路如图 9-10 所示，SCLK 时钟信号由单片机 P2.0 引脚控制，$\overline{CS}$片选信号由 P2.1 引脚控制，DIN 数据线由 P2.2 控制。

(2) 波形发生器的设计

使用 DAC0832 及 TLC5615 两种不同类型的 D/A 转换器完成项目要求的波形发生器的硬件电路的设计，编写控制程序，实现正弦波、方波和三角波三种波形输出，通过一个按键顺序切换三种波形。

① 硬件电路设计

基于 DAC0832 的波形发生器参考电路与基于 TLC5615 的波形发生器参考电路分别如图 9-11 与图 9-12 所示。图中，按键由单片机 P3.1 引脚控制。

② 源程序设计

方案一参考源程序如程序清单 9-1 所示。

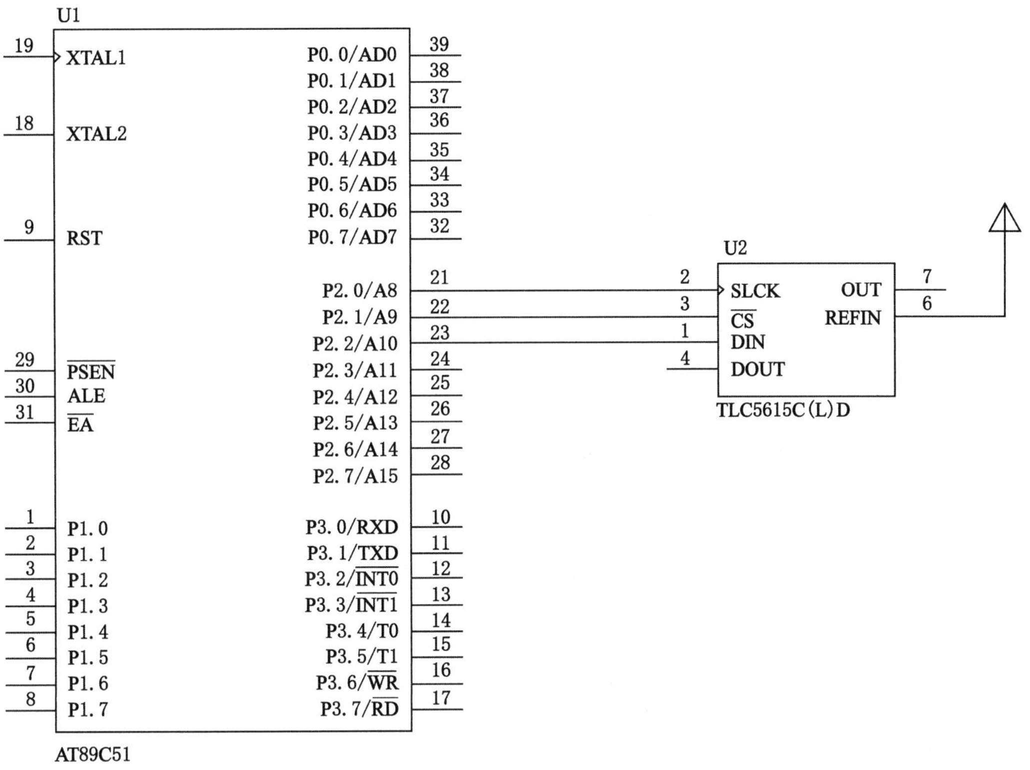

图 9-10　TLC5615 与单片机接口电路

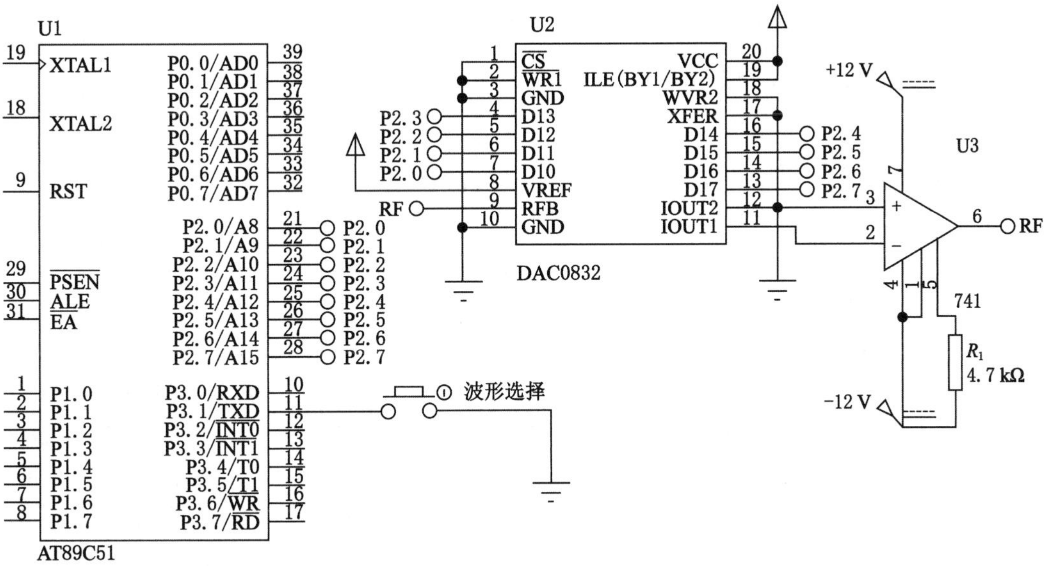

图 9-11　基于 DAC0832 的波形发生器参考电路

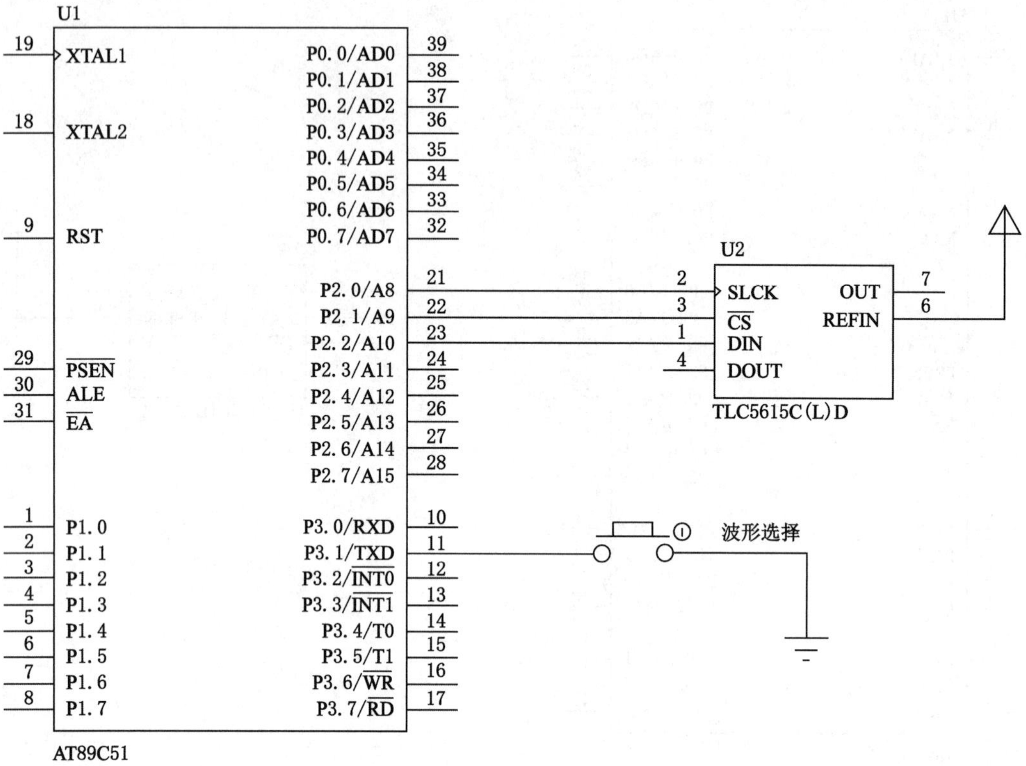

图 9-12　基于 TLC5615 的波形发生器参考电路

程序清单 9-1

```
#include <reg52.h>
#define DACPORT P2
sbit KEY=P3^1;                  //波形选择键
unsigned char code sin_tab[]=   //正弦波输出表
{
  0x80,0x83,0x86,0x89,0x8D,0x90,0x93,0x96,0x99,0x9C,0x9F,0xA2,0xA5,
  0xA8,0xAB,0xAE,0xB1,0xB4,0xB7,0xBA,0xBC,0xBF,0xC2,0xC5,0xC7,
  0xCA,0xCC,0xCF,0xD1,0xD4,0xD6,0xD8,0xDA,0xDD,0xDF,0xE1,0xE3,
  0xE5,0xE7,0xE9,0xEA,0xEC,0xEE,0xEF,0xF1,0xF2,0xF4,0xF5,0xF6,0xF7,
  0xF8,0xF9,0xFA,0xFB,0xFC,0xFD,0xFD,0xFE,0xFF,0xFF,0xFF,0xFF,
  0xFF,0xFF,0xFF,0xFF,0xFF,0xFF,0xFF,0xFF,0xFE,0xFD,0xFD,0xFC,
  0xFB,0xFA,0xF9,0xF8,0xF7,0xF6,0xF5,0xF4,0xF2,0xF1,0xEF,0xEE,0xEC,
  0xEA,0xE9,0xE7,0xE5,0xE3,0xE1,0xDF,0xDD,0xDA,0xD8,0xD6,0xD4,
  0xD1,0xCF,0xCC,0xCA,0xC7,0xC5,0xC2,0xBF,0xBC,0xBA,0xB7,0xB4,0xB1,
  0xAE,0xAB,0xA8,0xA5,0xA2,0x9F,0x9C,0x99,0x96,0x93,0x90,0x8D,0x89,
  0x86,0x83,0x80,0x80,0x7C,0x79,0x76,0x72,0x6F,0x6C,0x69,0x66,0x63,0x60,
```

```
    0x5D,0x5A,0x57,0x55,0x51,0x4E,0x4C,0x48,0x45,0x43,0x40,0x3D,0x3A,
    0x38,0x35,0x33,0x30,0x2E,0x2B,0x29,0x27,0x25,0x22,0x20,0x1E,0x1C,
    0x1A,0x18,0x16,0x15,0x13,0x11,0x10,0x0E,0x0D,0x0B,0x0A,0x09,0x08,
    0x07,0x06,0x05,0x04,0x03,0x02,0x02,0x01,0x00,0x00,0x00,0x00,0x00,0x00,
    0x00,0x00,0x00,0x00,0x00,0x00,0x01,0x02,0x02,0x03,0x04,0x05,0x06,0x07,
    0x08,0x09,0x0A,0x0B,0x0D,0x0E,0x10,0x11,0x13,0x15,0x16,0x18,0x1A,
    0x1C,0x1E,0x20,0x22,0x25,0x27,0x29,0x2B,0x2E,0x30,0x33,0x35,0x38,
    0x3A,0x3D,0x40,0x43,0x45,0x48,0x4C,0x4E,0x51,0x55,0x57,0x5A,0x5D,
    0x60,0x63,0x66,0x69,0x6C,0x6F,0x72,0x76,0x79,0x7C,0x7E
};
void delay(unsigned char n)
{
    while(n--);
}
void stair() //锯齿波
{
    unsigned char i;
    for(i=0;i<255;i++)
    DACPORT=i;
}
void square()          //方波
{
    DACPORT=255;
    delay(200);
    DACPORT=100;
    delay(200);
}
void trian()           //三角波
{
    unsigned char i;
    for(i=0;i<255;i++)
        DACPORT=i;
    for(i=255;i>0;i--)
        DACPORT=i;
}
void sin()             //正弦波
{
    unsigned char i;
    for(i=0;i<255;i++)
```

```
        DACPORT=sin_tab[i];
}
void main()
{
    unsigned char Key_Flag;
    unsigned char t;
    while(1)
{
    KEY=1;
    if(KEY==0)
        Key_Flag=1;
    if(Key_Flag==1&&KEY==1)
    {
        ++t;
        Key_Flag=0;
    }
    switch(t)
    {
        case 1:stair();break;
        case 2:square();break;
        case 3:trian();break;
        default:
        {
            sin();
            t=0;
        }
        break;
    }
  }
}
```

方案二参考源程序如程序清单 9-2 所示。

程序清单 9-2

```
#include<reg51.h>
sbit SCL=P2^0;        //串行时钟线
sbit CS=P2^1;      //片选
sbit DIN=P2^2;        /串行数据线
sbit KEY=P3^1;
unsigned char code sin_tab[]=      //正弦波输出表
```

```
{
  0x80,0x83,0x86,0x89,0x8D,0x90,0x93,0x96,0x99,0x9C,0x9F,0xA2,0xA5,
  0xA8,0xAB,0xAE,0xB1,0xB4,0xB7,0xBA,0xBC,0xBF,0xC2,0xC5,0xC7,
  0xCA,0xCC,0xCF,0xD1,0xD4,0xD6,0xD8,0xDA,0xDD,0xDF,0xE1,0xE3,
  0xE5,0xE7,0xE9,0xEA,0xEC,0xEE,0xEF,0xF1,0xF2,0xF4,0xF5,0xF6,0xF7,
  0xF8,0xF9,0xFA,0xFB,0xFC,0xFD,0xFD,0xFE,0xFF,0xFF,0xFF,0xFF,
  0xFF,0xFF,0xFF,0xFF,0xFF,0xFF,0xFF,0xFF,0xFE,0xFD,0xFD,0xFC,
  0xFB,0xFA,0xF9,0xF8,0xF7,0xF6,0xF5,0xF4,0xF2,0xF1,0xEF,0xEE,0xEC,
  0xEA,0xE9,0xE7,0xE5,0xE3,0xE1,0xDF,0xDD,0xDA,0xD8,0xD6,0xD4,
  0xD1,0xCF,0xCC,0xCA,0xC7,0xC5,0xC2,0xBF,0xBC,0xBA,0xB7,0xB4,0xB1,
  0xAE,0xAB,0xA8,0xA5,0xA2,0x9F,0x9C,0x99,0x96,0x93,0x90,0x8D,0x89,
  0x86,0x83,0x80,0x80,0x7C,0x79,0x76,0x72,0x6F,0x6C,0x69,0x66,0x63,0x60,
  0x5D,0x5A,0x57,0x55,0x51,0x4E,0x4C,0x48,0x45,0x43,0x40,0x3D,0x3A,
  0x38,0x35,0x33,0x30,0x2E,0x2B,0x29,0x27,0x25,0x22,0x20,0x1E,0x1C,
  0x1A,0x18,0x16,0x15,0x13,0x11,0x10,0x0E,0x0D,0x0B,0x0A,0x09,0x08,
  0x07,0x06,0x05,0x04,0x03,0x02,0x02,0x01,0x00,0x00,0x00,0x00,0x00,0x00,
  0x00,0x00,0x00,0x00,0x00,0x00,0x01,0x02,0x02,0x03,0x04,0x05,0x06,0x07,
  0x08,0x09,0x0A,0x0B,0x0D,0x0E,0x10,0x11,0x13,0x15,0x16,0x18,0x1A,
  0x1C,0x1E,0x20,0x22,0x25,0x27,0x29,0x2B,0x2E,0x30,0x33,0x35,0x38,
  0x3A,0x3D,0x40,0x43,0x45,0x48,0x4C,0x4E,0x51,0x55,0x57,0x5A,0x5D,
  0x60,0x63,0x66,0x69,0x6C,0x6F,0x72,0x76,0x79,0x7C,0x7E
}
void delay(unsigned int ms)          /*延时函数*/
{
  unsigned char u;
  while(ms--)
  for(u=0;u<124;u++);
}
void convert(unsigned int da)        /*5615DA 转换函数*/
{
  unsigned char i;
  da<<=2;          //将 10 位二进制数移至 16 位寄存器的有效位
  CS=0;            //片选 DA 芯片
  SCL=0;
  for(i=0;i<16;i++)
  {
    DIN=da&0x8000;         //10 位二进制数就位
    SCL=1;                 //时钟信号上升沿送数据
    SCL=0;
```

```
        da<<=1;
    }
    CS=1;                      //CS 的上升沿
    SCL=1;
}
void stair()                   /*锯齿波*/
{
    unsigned char i;
    for(i=0;i<255;i++)
    convert(i);
}
void square()                  /*方波*/
{
    convert(250);
    delay(50);
    convert(50);
    delay(50);
}
void trian()                   /*三角波*/
{
    unsigned char i;
    for(i=0;i<255;i++)
    convert(i);
    for(i=255;i>0;i--)
    convert(i);
}
void sin()                     /*正弦波*/
{
    unsigned char i;
    for(i=0;i<255;i++)
    convert(sin_tab[i]);
}
void main()
{
    unsigned char KEY_Flag;
    unsigned char t;
    while(1)
    {
        KEY=1;
```

```
        if(KEY==0) KEY_Flag=1;
        if(KEY_Flag==1&&KEY==1)
        {
          ++t;
          KEY_Flag=0;
        }
        switch(t)
        {
          case 1:stair();break;
          case 2:square();break;
          case 3:trian();break;
          default:
          {
            sin();
            t=0;
          }
          break;
          }
        }
    }
```

9.2　A/D 转换与 ADC0809 应用

A/D 转换常用技术有:计数式 A/D 转换、逐次逼近式 A/D 转换、双积分式 A/D 转换、并行 A/D 转换、串并行 A/D 转换及 V/F 变换等。在这些转换中,主要区别是速度、精度和价格,一般来说速度越快、精度越高,则价格也较高。逐次逼近式 A/D 转换器既照顾了速度,又具有一定的精度,是目前使用最多的一种。本节仅针对逐次逼近式 A/D 转换中的 ADC0809 芯片的工作原理和接口应用进行介绍。。

9.2.1　A/D 转换器的工作原理

逐次逼近式 A/D 转换器由电压比较器、D/A 转换器、控制逻辑电路、N 位寄存器和锁存缓存器组成,工作原理如图 9-13 所示。

逐次比较型 A/D 转换器的转换过程:开始转换后,时钟脉冲首先将寄存器最高位置 1,寄存器输出的数据为 10000000。这个数据被 D/A 转换电路转换成相应的模拟电压 V_n,送到比较器中与输入电压 V_{in}进行比较。若 $V_n>V_{in}$,说明该数字过大,将最高位的 1 清除;若 $V_n< V_{in}$,说明该数字不够大,应将最高位的 1 保留。然后按同样的方式将次高位置 1,并且经过比较后确定次高位 1 是否应该保留。这样逐位比较下去,一直到最低位为止。比较完毕后,寄存器中的状态就是所要求的数字量输出,该数字量进入锁存缓冲器等待控制器读出。

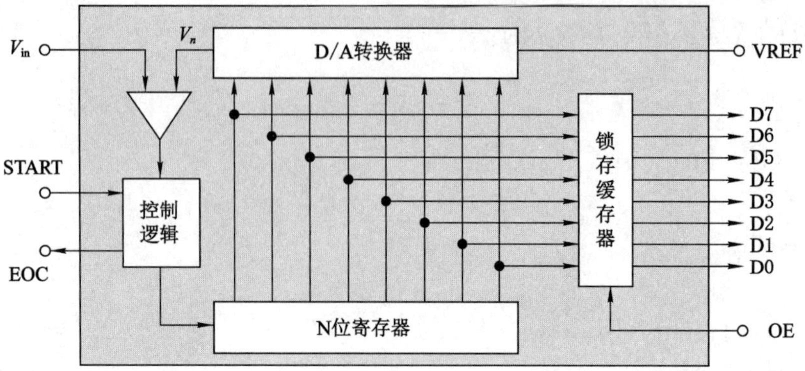

图 9-13　逐次逼近式 ADC 工作原理

9.2.2　A/D 转换器的主要性能指标

(1) 转换时间和转换速率

转换时间是完成一次模数转换所需要的时间,转换时间的倒数为转换速率。转换时间越短,转换速率越快。

(2) 分辨率

分辨率表示 A/D 转换器对微小输入量变化的敏感程度,通常指使输出数字量变化一个相邻数码对应输入模拟电压的变化量。

【例 9-1】 一个 5 V 满刻度的 8 位 A/D 转换器能分辨的最小输入电压变化值是多少?若数字量输出为 204,对应的输入电压为多少?

解　因为 A/D 转换器能分辨的最小输入电压变化值为

$$5 \times \frac{1}{2^8} = 19.531(\text{mV}) \tag{9-3}$$

数字量输出为 204,对应的输入电压为

$$\frac{5 \times 204}{256} = 3.984(\text{V}) \tag{9-4}$$

(3) 转换精度

A/D 转换器的转换精度是指与数字输出量所对应的模拟输入量的实际值与理论值之间的差值。在模数转换电路中,与每个数字量对应的模拟输入量并非一个单一的数值,而是一个范围值 Δ,其中 Δ 的大小理论上取决于电路的分辨率。定义 Δ 为数字量的最小有效位 LSB。但在外界环境的影响下,与每一数字输出量对应的模拟输入量的实际范围往往偏离理论值 Δ。

转换精度通常用最小有效位 LSB 的分数值表示。目前常用的 A/D 转换器的转换精度为 1/4 LSB～2 LSB。

9.2.3　ADC0809 与 ADC0831 转换器

(1) ADC0809

ADC0809 是典型的 8 位逐次比较型 A/D 转换器，有 8 位并行输出接口，可转换基准电压以下的单极性电压信号。

ADC0809 内部主要由 8 路模拟开关、地址锁存与译码器、8 位 A/D 转换器和三态输出锁存器等部分组成，内部结构如图 9-14 所示。

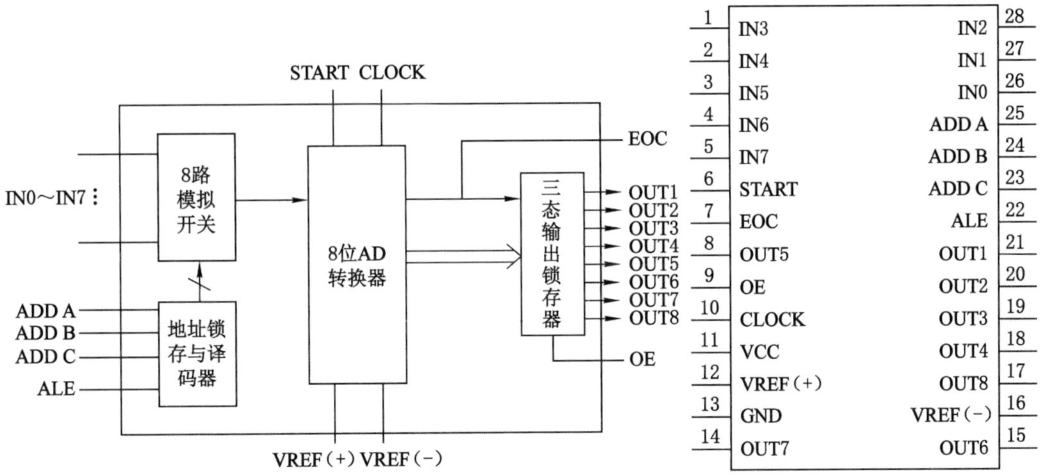

图 9-14　ADC0809 的内部结构及引脚图

ADC0809 有 28 个引脚，采用双列直插式封装，部分引脚名称及引脚功能详细说明如下。

IN0～IN7：8 路模拟量输入端。

C、B、A：8 路模拟开关的地址选通信号输入端。3 个输入端的信号为 000～111 时，接通 IN0～IN7 对应通道。表 9-1 为地址信号与选中通道的关系。

表 9-1　地址信号与选中通道的关系

地址信号			选中通道
C	B	A	
0	0	0	IN0
0	0	1	IN1
0	1	0	IN2
0	1	1	IN3
1	0	0	IN4
1	0	1	IN5
1	1	0	IN6
1	1	1	IN7

ALE：地址锁存允许信号输入端。通常向此引脚输入 200 ns 以上的正脉冲时，选通相应的模拟输入通道。

D0～D7:8 位数字量输出端。

START:启动模数转换控制信号输入端。一般向此引脚输入 200 ns 以上的正脉冲,脉冲下降沿到来后开始模数转换,转换期间该输入端保持低电平。

CLK:时钟信号输入端,频率一般为 500 kHz。

EOC:转换结束信号输出端。模数转换期间 EOC 输出为低电平,模数转换结束后 EOC 输出为高电平。

OE:输出允许控制端。当 OE 输入为低电平时,转换结果数据出现在引脚 D0～D7。当 OE 输入为高电平时,引脚 D0～D7 对外呈高阻状态。

VR＋、VR－:分别为基准电源的正、负输入端,一般接＋5 V 和 0 V。

ADC0809 工作时序图如图 9-15 所示。由图可见:

地址选通信号 ADDA、ADDB、ADDC,选通控制信号 ALE 和模拟信号 IN 出现后,START 正脉冲信号可启动 A/D 转换过程(要求不严格时,允许 ALE 与 START 使用同一正脉冲)。

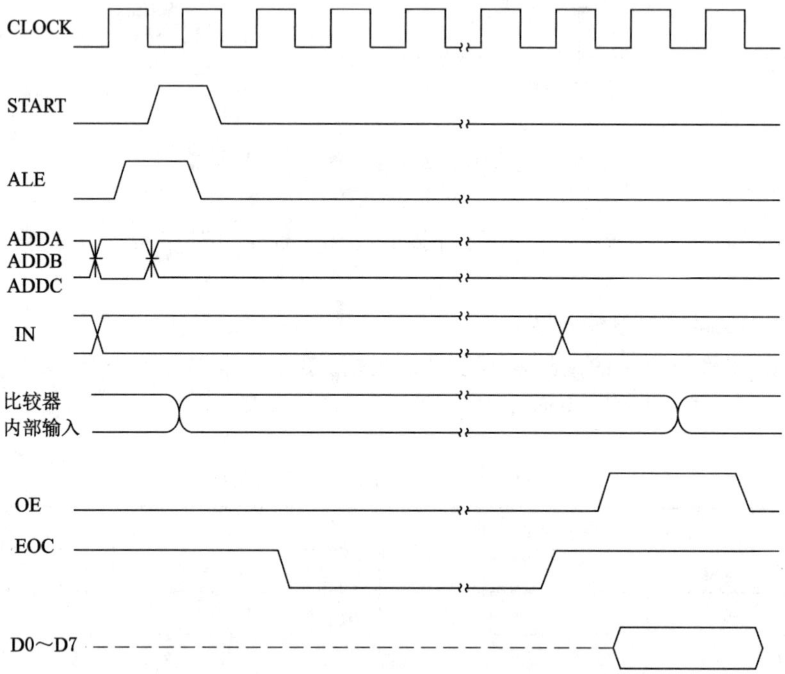

图 9-15 ADC0809 工作时序图

A/D 转换启动后,EOC 自动从高电平变成低电平。A/D 转换期间,EOC 始终保持低电平。转换结束后,EOC 自动从低变成高电平。

EOC 变成高电平后,若使 OE 为高电平,转换结果 data 便可锁存到 D0～D7 上。CPU 读取转换数据后,再使 OE 变为低电平,一次 A/D 转换过程结束。

(2) ADC0831

ADC0831 是单输入通道、串行输出接口的逐次比较型 A/D 转换器,可转换参考电压以下的单极性电压信号。图 9-16 所示为 ADC0831 引脚图,共 8 个引脚,部分引脚名称及引脚功能详细说明如下。

$\overline{CS}$:片选输入端,低电平有效。

VIN(+)、VIN(−):差分输入端。

VREF:参考电压输入端,接+5 V。

DO:串行数据输出端。

CLK:时钟信号输入端。

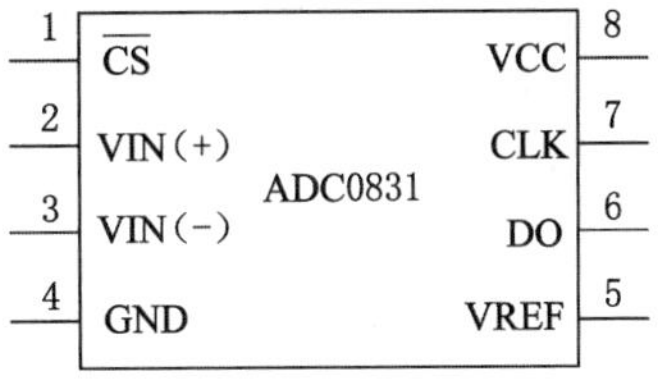

图 9-16　ADC0831 引脚图

ADC0831 的工作时序如图 9-17 所示。ADC0831 在$\overline{CS}$为低电平时启动转换,启动转换后,在第一个时钟的下降沿到来时,ADC0831 的串行数据输出端 DO 被拉低,准备输出转换数据,从第二个时钟的下降沿开始输出转换数据,首先输出数据的最高位,第三个时钟的下降沿输出数据的次高位,第九个时钟的下降沿输出转换数据的最低位。

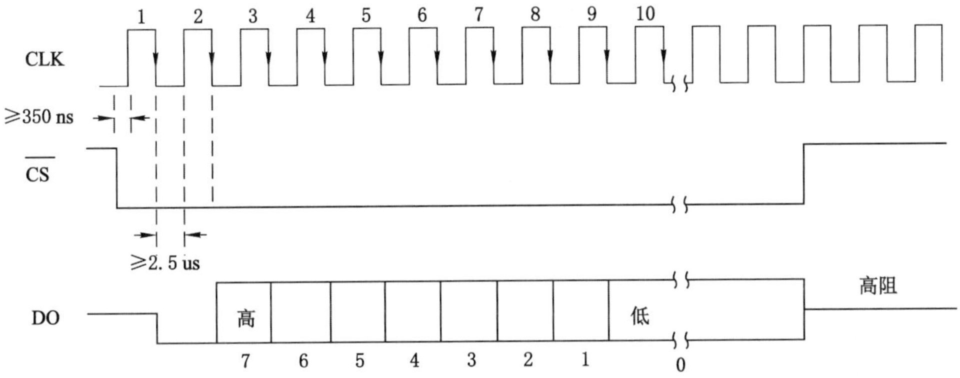

图 9-17　ADC0831 的工作时序

9.3　工程实例——简易数字电压表的设计

9.3.1　A/D 转换器与单片机的接口电路设计

使用 ADC0809、ADC0831 两种不同类型的 A/D 转换器对模拟电压进行模数转换,设计这两种 A/D 转换器与单片机的接口电路。

方案一　使用 ADC0809 对待测模拟电压进行模数转换。

在 Proteus 中 ADC0809 不能仿真,此处使用 ADC0808 代替 ADC0809,二者除精度略有差别外,其余各方面完全相同。模拟量输入通道选择 IN0,地址选通信号输入端 C、B、A 需输入低电平,通过使 C、B、A 三端接地获得低电平。ADC0808 的 4 个控制端 START、EOC、OE、ALE 分别接单片机的 4 个 I/O 口。ADC0808 数据输出为并行输出,接单片机的一个 8 位并行 I/O 口(此处选用 P1 口)。待测模拟电压由可变电阻器将 DC 5 V 分压提供。显示电路使用 4 位一体数码管的低 3 位,高位为整数位,低两位为小数位,使用 74HC04 驱动数码管。图中,共阳极数码管型号为 7SEG-MPX4-CA,可变电阻为 1 kΩ,非门型号为 7404。

方案一参考电路如图 9-18 所示。

方案二　使用 ADC0831 对待测模拟电压进行模数转换。

ADC0831 为串行输出接口的 A/D 转换器，串行数据输出端 DO 接单片机的一个 I/O 口，片选输入端 $\overline{CS}$ 与时钟信号输入端 CLK 各接单片机的 I/O 口，待测模拟电压的获得方法同方案一。

方案二参考电路如图 9-19 所示。

9.3.2　简易数字电压表的软件设计

设计 AD 转换器的模数转换控制程序，使之能对 0～5 V 的模拟电压进行模数转换并使用 3 位数码管显示转换结果。显示一位整数，两位小数。

(1) 源程序

方案一源程序见程序清单 9-3。

程序清单 9-3

```
#include <reg52.h>
#include <intrins.h>
sbit SEG4=P3^0;       //小数点后第二位数码管位选端
sbit SEG3=P3^1;       //小数点后第一位数码管位选端
sbit SEG2=P3^2;       //整数位数码管位选端
sbit ADC0808_ALE=P3^4;
sbit ADC0808_OE=P3^5;
sbit ADC0808_EOC=P3^6;
sbit ADC0808_START=P3^7;
#define SEGPORT P2  //P2 口发送数码管段码
unsigned char code a1[]={0x40,0x79,0x24,0x30,0x19,0x12};  //带小数点段码，
                                                         //整数位 0～5
unsigned char code a2[]={0xc0,0xf9,0xa4,0xb0,0x99,0x92,0x82,0xf8,0x80,
0x90};
float result;  //全局变量，主函数显示函数均用到
void delay(unsigned int x)    //延时函数
{
  unsigned char j;
  while(x--)
  for(j=0;j<10;j++);
}
void display()   //显示函数
{
  unsigned char i;
  unsigned int m,buffer[]={0,0,0};
  m=result*100;
```

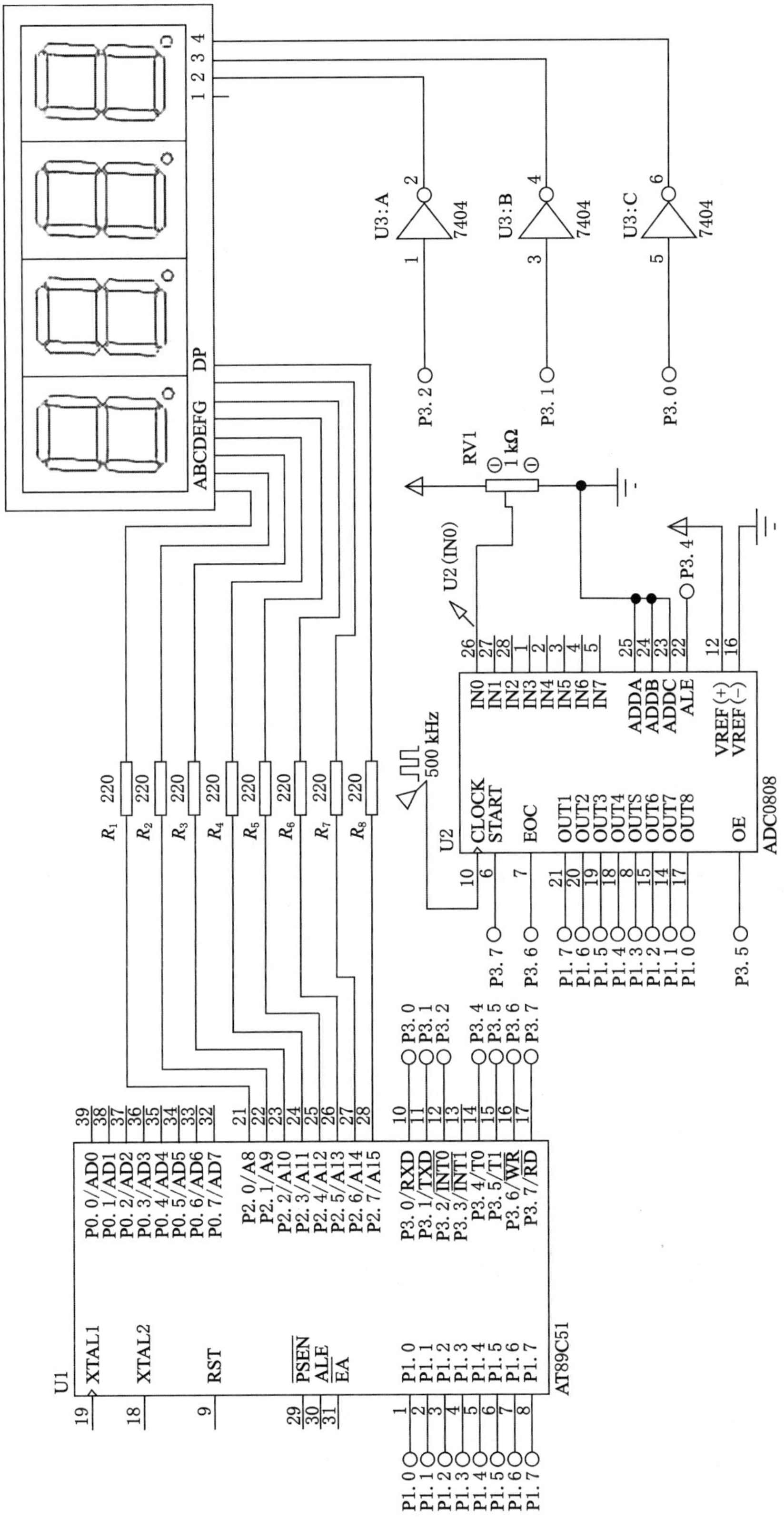

图9-18　方案一参考电路图（含数码管显示部分）

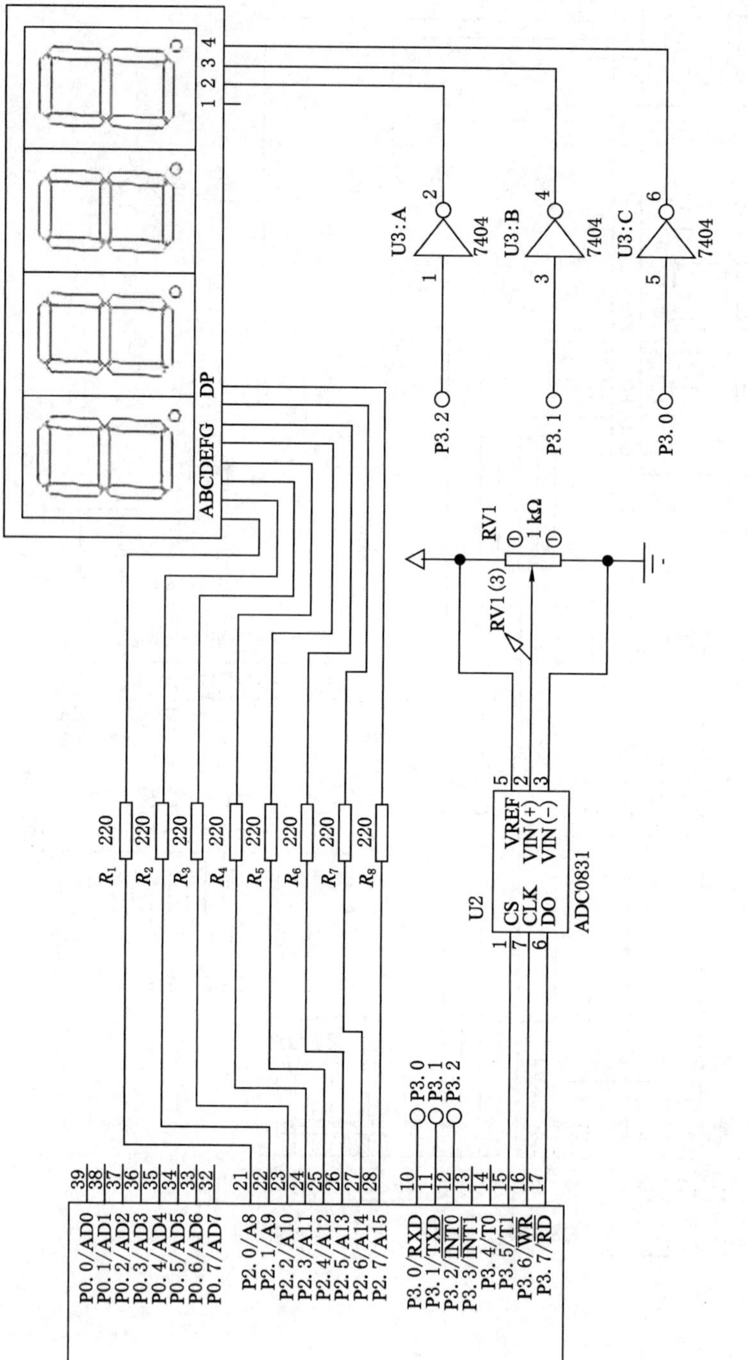

图9-19　方案二参考电路

```
    buffer[2]=m/100;            //获取整数位
    buffer[1]=m%100/10;         //获取第一小数位
    buffer[0]=m%100%10;         //获取第二小数位
    switch(i)
    {
      case 0: //显示小数点后第二位
      {
        SEGPORT=0xff;                   //先熄灭所有数码管
        SEG4=0;SEG3=1;SEG2=1;           //位选小数点后第二位
        SEGPORT=a2[buffer[0]];
        i++;
        break;
      }
      case 1: //显示小数点后第一位
      {
        SEGPORT=0xff;                   //先熄灭所有数码管
        SEG4=1;SEG3=0;SEG2=1;           //位选小数点后第一位
        SEGPORT=a2[buffer[1]];
        i++;
        break;
      }
      default: //显示整数位
      {
        SEGPORT=0xff;                  //先熄灭所有数码管
        SEG4=1;SEG3=1;SEG2=0;          //位选整数位
        SEGPORT=a1[buffer[2]];         //整数位段码带小数点
        i=0;
        break;
      }
    }
    delay(5);
}
unsigned char ADC0808_Read() /* AD 转换函数 */
{
    unsigned char dat;
    ADC0808_ALE=0;
    ADC0808_START=0;
    _nop_();
    ADC0808_ALE=1;
```

```
    ADC0808_START=1;
    _nop_();
    ADC0808_ALE=0;
    ADC0808_START=0;                 //ALE与START获得一个200 ns以上的
                                     //正脉冲
    while(! ADC0808_EOC);            //等待转换结束
    ADC0808_OE=1;                    //允许读取转换结果
    dat=P1;
    ADC0808_OE=0;
    return(dat);
  }
  main()
  {
      while(1)
      {
        display();
        result=0.0195 * ADC0808_Read();  //转换结果存到result中,0.0195为
                                         //分辨率
      }
  }
```

方案二参考源程序见程序清单 9-4。

程序清单 9-4

```
#include <reg52.h>
#include <intrins.h>
sbit SEG4=P3^0;
sbit SEG3=P3^1;
sbit SEG2=P3^2;
sbit ADC0831_CS=P3^5;
sbit ADC0831_CLK=P3^6;
sbit ADC0831_DO=P3^7;
#define SEGPORT P2
unsigned char code a1[]={0x40,0x79,0x24,0x30,0x19,0x12,0x02,0x78,0x00,
0x10}; //带小数点段码
unsigned char code a2[]={0xc0,0xf9,0xa4,0xb0,0x99,0x92,0x82,0xf8,0x80,
0x90};
float result;   //全局变量,主函数显示函数均用到
void delay(unsigned int x)
{
  unsigned char j;
```

```
  while(x--)
  for(j=0;j<10;j++);
}
void display()
{
  unsigned char i;
  unsigned int m,buffer[]={0,0,0};
  m=result * 100;
  buffer[2]=m/100;           //获取整数位
  buffer[1]=m%100/10;        //获取第一小数位
  buffer[0]=m%100%10;        //获取第二小数位
  switch(i)
  {
    case 0:
    {
      SEGPORT=0xff;                //先熄灭所有数码管
      SEG4=0;SEG3=1;SEG2=1;        //位选小数点后第二位
      SEGPORT=a2[buffer[0]];
      i++;
      break;
    }
    case 1:
    {
      SEGPORT=0xff;                    //先熄灭所有数码管
      SEG4=1;SEG3=0;SEG2=1;            //位选小数点后第一位
      SEGPORT=a2[buffer[1]];
      i++;
      break;
    }
    default:
    {
      SEGPORT=0xff;                    //先熄灭所有数码管
      SEG4=1;SEG3=1;SEG2=0;            //位选整数位
      SEGPORT=a1[buffer[2]];           //整数位段码带小数点
      i=0;
      break;
    }
  }
  delay(5);
```

```
}
  unsigned char ADC0831_Read()
  {
       unsigned char i;
       unsigned char dat;
       ADC0831_CS=1;ADC0831_CLK=1;
       ADC0831_CS=0;  //启动转换
       _nop_();
       ADC0831_CLK=0; //第一个脉冲下降沿
       _nop_();
       ADC0831_CLK=1;
       for(i=8;i>0;i--)
       {
          ADC0831_CLK=0; //脉冲下降沿
          dat<<=1;
          if(ADC0831_DO)
          dat|=0x01;
          ADC0831_CLK=1;
       }
       ADC0831_CS=1;
       return(dat);
}
main()
{
  while(1)
       {
         display();
         result=0.0195*ADC0831_Read(); //转换结果存到 result 中,0.0195 为
                                               //分辨率
       }
}
```

(2) 仿真分析

方案一电路与方案二电路的单片机分别加载对应的目标程序,仿真运行。

① 图 9-20 所示为方案一数字电压表仿真界面,使用 Proteus 电压表探针探试待测电压,图中待测模拟电压为 3.599 98 V,数字电压表显示电压为 3.58 V。

② 图 9-21 所示为方案二数字电压表仿真界面,使用 Proteus 电压表探针探试待测电压,图中待测模拟电压为 2.55 V,数字电压表显示电压为 2.53 V。

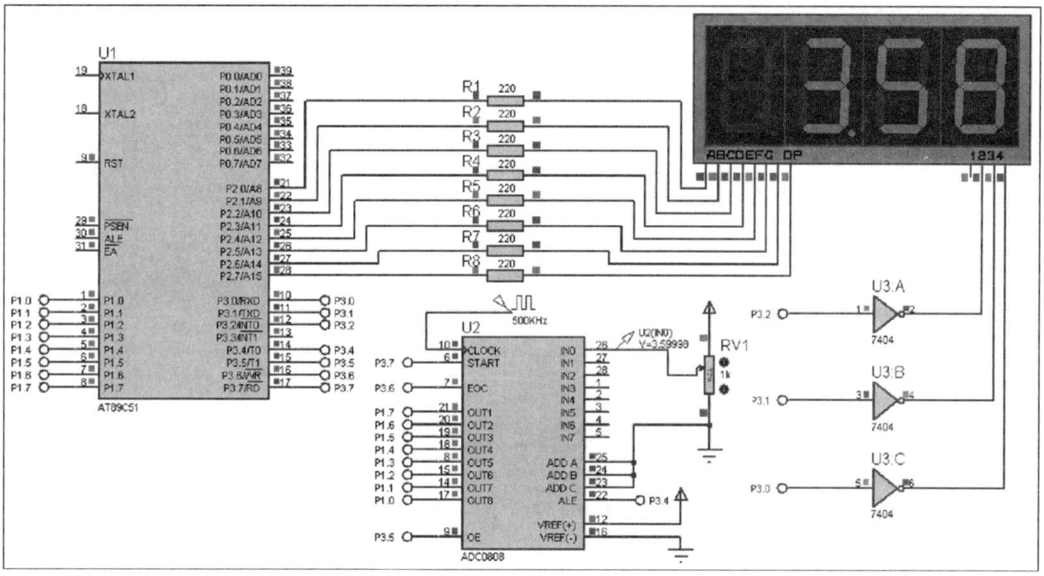

图 9-20　方案一数字电压表仿真界面

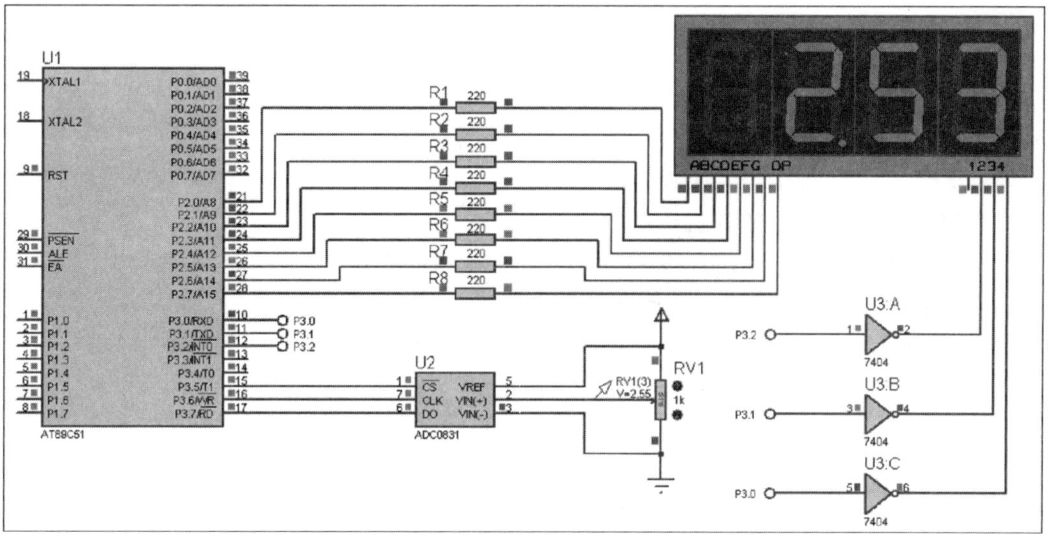

图 9-21　方案二数字电压表仿真界面

9.4　习题

一、填空题

1. D/A 转换器是指将__________转换成__________的芯片。
2. 按数据输入方式不同，D/A 转换器分为__________和__________两类。
3. 根据输出信号类型不同，D/A 转换器分为__________和__________两类。

4. 按解码网络结构不同,D/A 转换器分为________、________、________、________。

5. 描述 D/A 转换器的主要性能指标有________、________、________、________。

6. DAC0832 的工作方式有________、________、________。

7. TLC5615 为________位 D/A 转换器,其输出信号为________信号,接口类型为________接口。

8. TLC5615 有________和________两种工作方式。

9. 满量程为 10 V 的 12 位 D/A 转换器的分辨率为________。

10. A/D 转换器的作用是将________量转换为________量。

11. ADC0808 是________位模数转换芯片,具有________路模拟开关。

12. ADC0831 是________输入通道,________输出接口的模数转换芯片。

13. 模拟输入量程为 0~5 V 的 12 位 A/D 转换器的分辨率为________。

14. 若满量程为 5 V 的 8 位 AD 转换器的输出数字量为 100,则对应的输入电压为________V。

二、单项选择题

1. 高速 D/A 转换器的转换时间为(　　)。

A. <1 μs　　B. 1~10 μs　　C. 10~100 μs　　D. ≥100 μs

2、TLC5615 的基准电压为 5 V,则能转换的最高电压为(　　)。

A. 5 V　　B. 10 V　　C. 15 V　　D. 20 V

3. 模数转换结束后,单片机读取数据的方式有 3 种,其中不包括(　　)。

A. 查询方式　　B. 直接读　　C. 中断方式　　D. 固定时间延时

4. 模数转换的精度由(　　)确定。

A. 模数转换位数　　B. 转换时间　　C. 转换方式　　D. 转换速度

三、简单题

1. 简述 D/A 转换器的结构。

2. 简述 T 形电阻解码网络 D/A 转换器的工作原理。

3. 按不同分类方式,A/D 转换器分为哪几类?

4. A/D 转换器的分辨率如何表示?它与精度有何不同?

四、设计题

1. 设计一个波形发生器,要求能发生正弦波、方波、锯齿波、三角波,并且波形能在线切换,频率能在线调整。

2. 设计一个 8 路数据采集系统,要求轮流循环显示路数和采集值。

第 10 章　单片机应用系统设计与开发

10.1　单片机系统的设计开发过程

单片机由于其面向控制、使用灵活等一系列特点广泛应用于机电一体化的自动控制系统、智能化产品、家电、通信和军事等领域。

10.1.1　单片机典型应用系统

一个完整的单片机应用系统由单片机最小系统、前向通道、后向通道、人机交互通道与计算机相互通道组成，如图 10-1 所示。

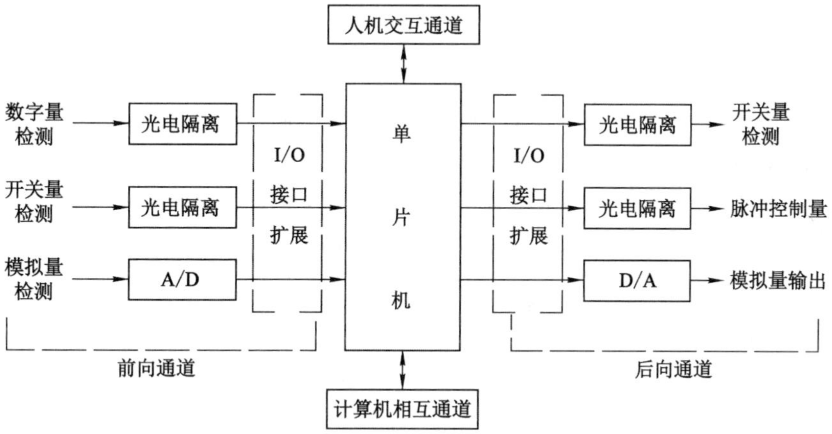

图 10-1　单片机典型系统应用

(1) 单片机最小系统：由单片机芯片和必要的振荡电路与复位电路构成。它只能完成单片机的一些基本操作和控制，例如无须端口驱动/隔离/扩展时的开关量输入/输出功能等。

(2) 前向通道：它是单片机与采集对象相连的部分，是应用系统的输入通道，通常与现场采集对象相连，也是现场干扰进入的主要通道和整个系统抗干扰的重点部位。参量信号可以有多种形式，如开关量、模拟量、频率量等。由于许多参量信号不能满足计算机输入的要求，故需要加入形式多样的信号变换与调节电路，如测量放大器、A/D 变换和整形电路等。

(3) 后向通道：它是应用系统的输出通道，大多数需要功率驱动。此外，因其靠近工作控制对象现场，控制对象的大功率负荷容易从后向通道进入计算机系统，因此，后向通道的隔离对系统的可靠性影响极大。根据输出控制的不同要求，后向通道电路有模拟电路、数字电路和开关电路等，有电流输出、电压输出、开关量输出以及数字量输出。

(4) 人机交互通道：它是用户为了对应用系统进行干预以及了解系统运行状态所设置的通道，主要有键盘、显示器和打印机等通道接口。人机交互通道一般为数字电路，多数采用内总线接口形式。

(5) 计算机相互通道：它解决计算机系统之间的相互通信问题，要组成大的测控系统，相互通道不可缺少。大多数单片机设有串行口，相互通道一般为数字系统，抗干扰能力强，但大多数都需要长线传输，因此，如何解决长线传输驱动、匹配和隔离等问题很重要。

10.1.2 单片机应用系统的开发过程

单片机应用系统是根据用户所提出的功能和技术要求，设计并制作出的符合要求的产品或装置。单片机虽说功能比较齐全，是一个完整的计算机，但它本身无自我开发能力，必须借助开发工具来开发应用软件以及对硬件系统进行诊断。单片机应用系统开发和应用的具体过程与一般微机的开发、应用在方法和步骤上基本相同。对于一个实际的课题和项目，从任务的提出到系统的选型、确定、研制直至投入运行要经过一系列的过程，该过程的一般形式如图 10-2 所示。

(1) 总体论证

一个产品或项目提出之后，要完成其任务，第一步首先要进行总体论证，主要是对项目进行可行性分析，即对所研制任务的功能和技术指标详细分析、研究，明确功能要求；对技术指标进行一些调查、分析和研究；对产品项目的先进性、可靠性、可维护性、可行性以及功能/价格比进行综合考虑；同时还要对国内外同类产品或项目的应用和开发情况予以了解。当用户提出的要求过高，在目前条件下难以实现时，应根据自己的能力和情况提出合理的功能要求及技术指标。

(2) 总体设计

在产品或项目的功能和技术指标确定之后，应根据系统的组成进行总体设计。

对于一个功能相对独立的产品来说可直接进行产品的总体设计，而对于一个综合性的应用课题或项目，它可能涉及的面比较宽，使用的技术也较多，比如通信、网络、管理以及集散型控制技术等。首先要确定系统的组成和管理，上位机一般由系统微机担任，而现场的实时检测、控制和设置等由单片机担任，二者之间的通信方式、通信协议等也就大致确定，这部分任务交由系统软件的开发者完成。单片机应用系统的开发可相对独立地来进行。

单片机应用系统的总体设计主要包括系统功能（任务）的分配、确定软硬件任务及相互关系、单片机系统的选型以及拟定调试方案和手段等。系统任务的分配、确定软硬件任务及相互关系包括两方面的含义：一是确定必须由硬件或软件完成的任务，相互之间是不能替代的；二是有些任务双方均能完成，还有些任务需要软硬件配合才能完成。这就要综合考虑软硬件的优势和其他因素，如速度、成本、体积等，从而进行合理的分配。

在确定用单片机来实现产品或项目的功能后还涉及单片机的选型问题，因为目前单片机的品种非常丰富，资源和性能也不尽相同。如何选择性价比最优、开发容易及开发周期短

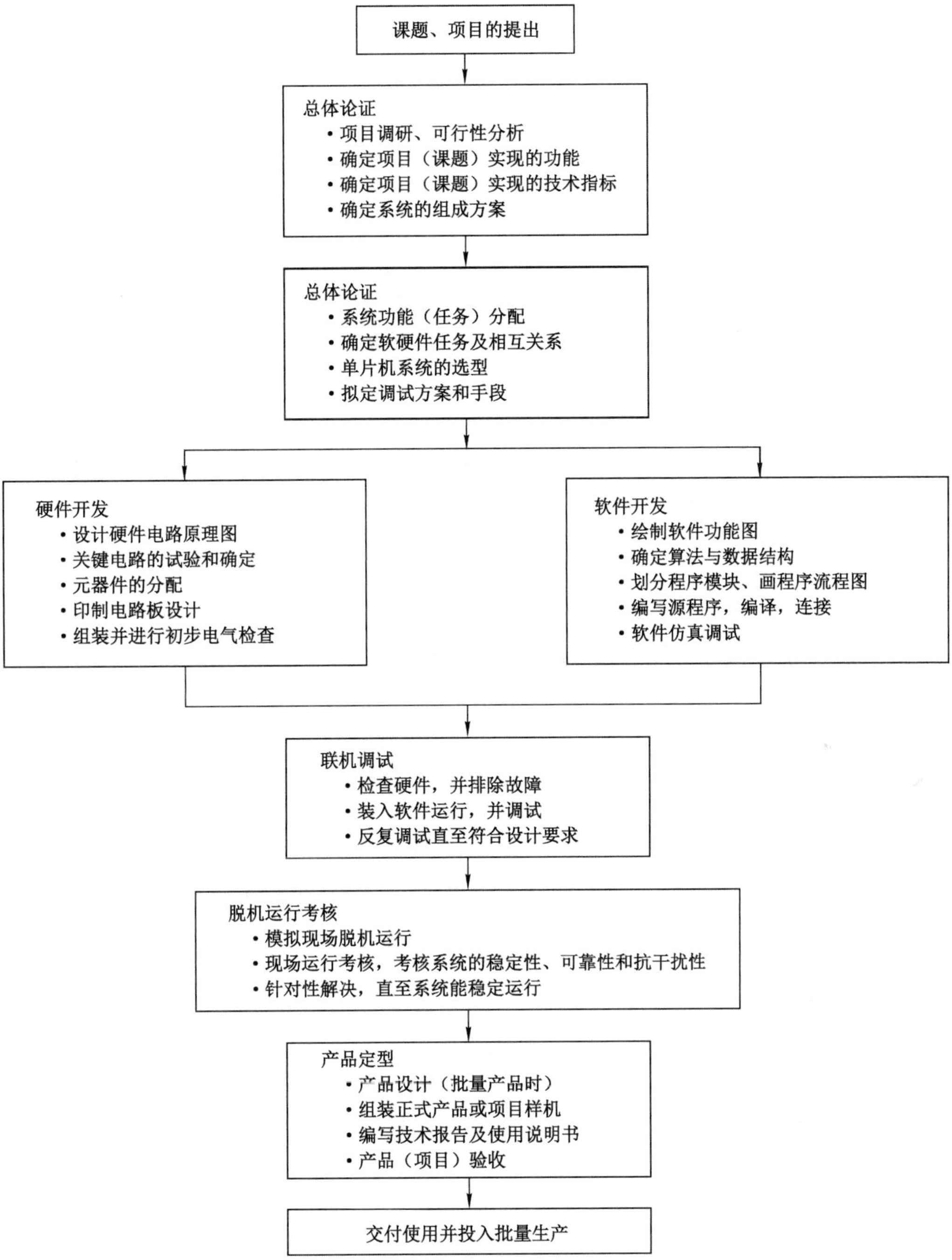

图 10-2　单片机应用系统开发过程

的产品，是开发者要考虑的主要问题之一。目前我国销售的主流单片机有 MCS-51、PIC、MSP430、AVR 等系列。选择单片机总体上应从两方面考虑：其一是目标系统需要哪些资源；其二是根据成本的控制选择价格最低的产品，即所谓性价比最高原则。

（3）硬件开发

硬件开发的第一步是电路原理图的设计，它包括常规通用逻辑电路的设计和特殊专用电路的原理设计，特别是专用电路的原理设计，它一般没有现成的电路，要根据要求首先进行原理设计，有条件的话可利用软件模拟仿真。在理论分析通过的基础上可进行实际电路的试验、调试和确认。整个系统的硬件电路原理图设计完毕并确认无误后，可进行元器件的配置，即将系统所有元器件（外形尺寸不同）购齐以备绘制印制电路板使用。印制电路板的设计也可以委托相关厂家，但需要提供系统电路原理图中所有元器件的型号、参数和尺寸，如有特别要求（元器件的布局）应事先提出。印制电路板制作出来之后，要用万用表进行检查，对照设计图检查有无短路、断路和连接错误，检查后可进行元器件的焊接和装配。

（4）软件开发

单片机软件开发过程与一般高级语言的软件开发基本相同，主要区别在于：第一，它是根据所用单片机的型号进行系统资源的分配；第二，软件的调试环境不同。编写源程序可以采用汇编语言和 C51 语言，也可以采用混合编程，即用 C51 编写主程序，用汇编语言编写硬件有关的程序。

一般地讲，软件的功能分为两大类：一类是执行软件，它能完成各种实质性的功能，如测量、计算、显示、打印及输出控制等；另一类是监控软件，它是专门用来协调各个执行模块和操作者的关系的，在系统软件中充当组织调度角色。设计人员在进行程序设计时应从以下几个方面加以考虑：

① 根据软件功能要求，将系统软件分成若干个相对独立的部分，设计出合理的软件总体结构，使其清晰、简洁、流程合理。

② 功能程序实行模块化、子程序化，既便于调试、连接，又便于移植、修改。

③ 在编写应用软件之前，应绘制出程序流程图，这不仅是程序设计的一个重要组成部分，而且是决定成败的关键部分。从某种意义上讲，多花一些时间来设计程序流程图，就可以在源程序编写、调试时节约几倍的时间。

④ 要合理分配系统资源，包括 ROM、RAM、定时/计数器及中断源等，其中最关键的是片内 RAM 分配。对于汇编语言编程需要人为筹划各个资源的使用，但若使用 C51，则只需设置合理的变量类型，编译系统将会自动进行资源分配。

⑤ 注意在程序的相关位置处写上功能注释，以提高程序的可读性。

（5）联机调试

经过总体设计、硬件设计、软件设计、元器件安装以及将程序写入系统存储器芯片后，系统样机即可运行。然而，一次性开机即成功几乎是不可能的，多少会出现一些硬件、软件上的错误，这就需要通过调试来发现错误并加以改正。由于 MCS-51 单片机本身并无开发能力，因此，编制开发应用软件，对硬件电路进行诊断、调试都必须借助仿真开发工具进行。仿真开发工具的基本功能是模拟用户的实际样机，并且能随时观察运行的中间过程而不改变运行中原有的数据和结果。为此要求仿真开发工具应当具有如下最基本的功能：

· 用户样机硬件电路的诊断与检查；
· 用户样机程序的输入与修改；
· 程序的运行、调试(单步运行、断点运行)及状态查询等功能；
· 将程序固化到程序存储器中。

目前国内使用较多的开发系统大致分为以下两类。

① 通用型单片机开发系统

这是目前国内使用最多的一类开发装置，如上海复旦大学的 SICE-Ⅱ、南京伟福实业有限公司的在线仿真器等。它们都采用国际上流行的独立型仿真结构，配备有 EPROM 读出/写入器、仿真插头和其他外设，通过 USB 接口与计算机相连，连接关系如图 10-3 所示。

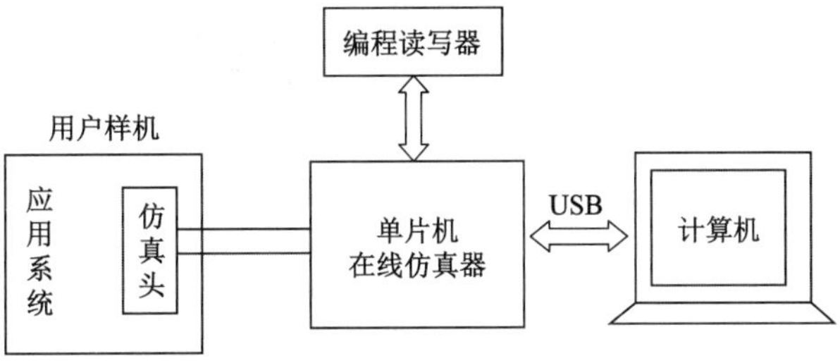

图 10-3　通用型单片机开发系统

在调试用户样机时，需要先拔掉用户样机中的 MCU 芯片，用仿真插头插入此处，实现与计算机的联机。用户通过集成开发软件可编辑、修改样机源程序，通过编译、连接形成目标码，并传送到在线仿真器中。这时用户可用单步、断点、跟踪、全速等方式运行用户程序，同时，单片机的系统状态可实时显示在屏幕上。如果一切正常，可通过编程读/写器将调试后的用户程序固化到用户样机的 MCU 中。最后拔掉仿真插头，插入用户样机的 MCU，系统即可脱离计算机独立运行了。

这类仿真开发系统的最大优点是可以充分利用通用计算机系统的软、硬件资源，开发效率较高。

② 软件模拟开发系统

软件模拟开发系统是一种完全依靠软件手段进行开发的系统，开发系统与用户样机在硬件上没有任何联系，Proteus 就是这样的一种先进的仿真开发系统。

利用 Proteus 开发、调试用户样机与采用上述硬件仿真器的实际调试过程几乎完全相同。实践证明，Proteus 是单片机应用产品研发的灵活、高效的设计与仿真平台，它可明显提高研发效率，缩短研发周期，节约研发成本，同时也促进了单片机产品研发过程的改革。有 Proteus 参与的单片机系统开发过程一般分为 4 步(以一个数码管显示器为例)。

① 在 Proteus 平台上进行单片机系统电路设计(见图 10-4)、选择元器件、接插件、连接电路和电气检测等。

② 在 Proteus 平台上进行单片机系统源程序设计、编程、汇编编译、调试，最后生成目标代码文件(*.HEX)。具体如图 10-5 所示。

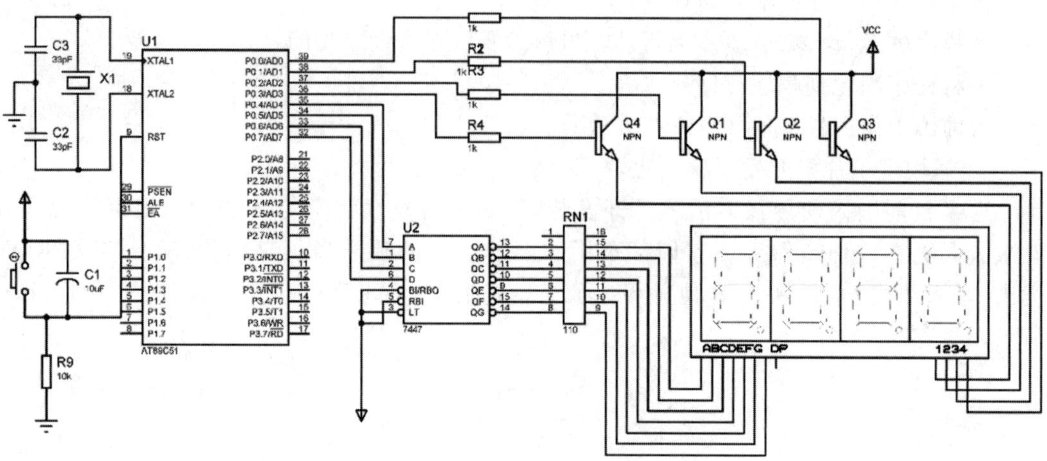

图 10-4　原理图输入

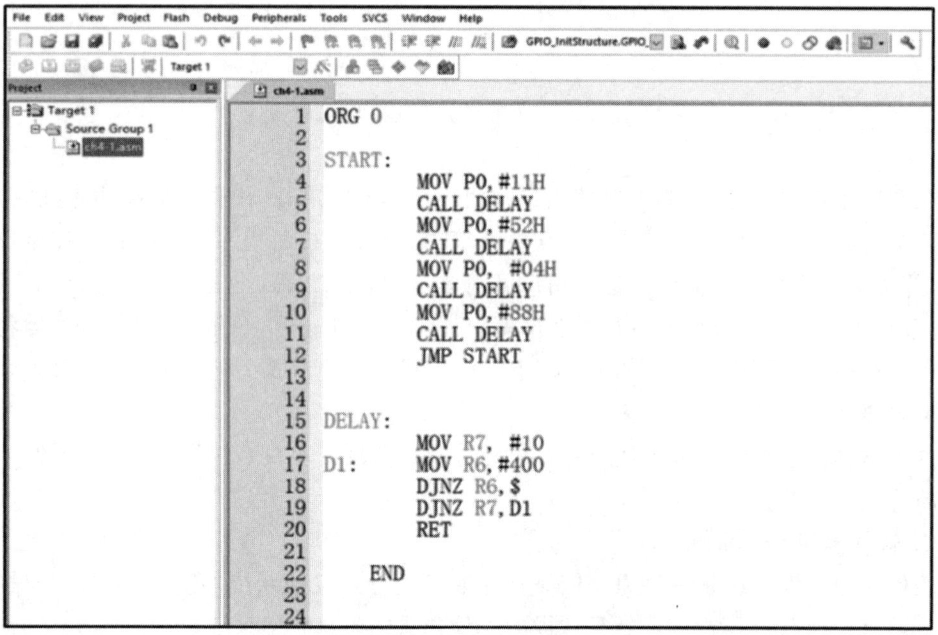

图 10-5　单片机程序编程

③ 在 Proteus 平台上将目标代码文件加载到单片机系统中，如图 10-6 所示，并实现单片机系统的实时交互、协同仿真，具体如图 10-7 所示。

④ 仿真正确后，制作实际单片机系统电路，并将目标代码文件（＊.HEX）下载到实际单片机中运行、调试，直至运行成功。

Proteus 仿真开发软件具有很强的系统开发调试功能，能够对单片机进行实物级的仿真。从程序的编写、编译到调试、目标板的仿真运行一应俱全，其中硬件模拟功能可进行模

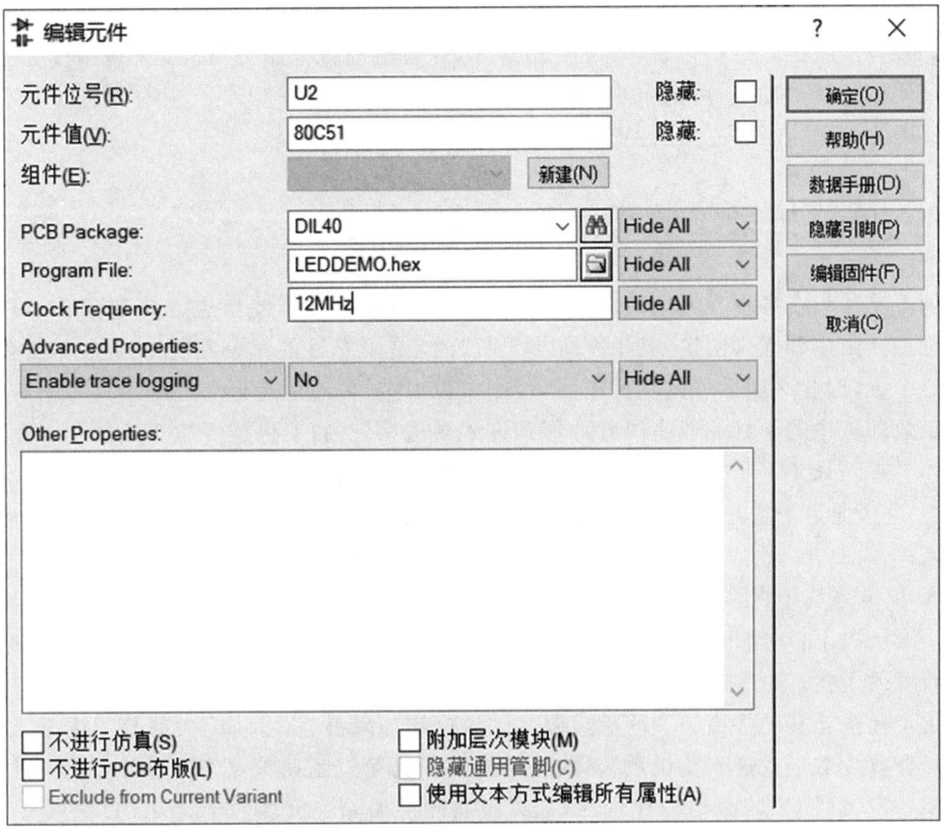

图 10-6　可执行文件加载

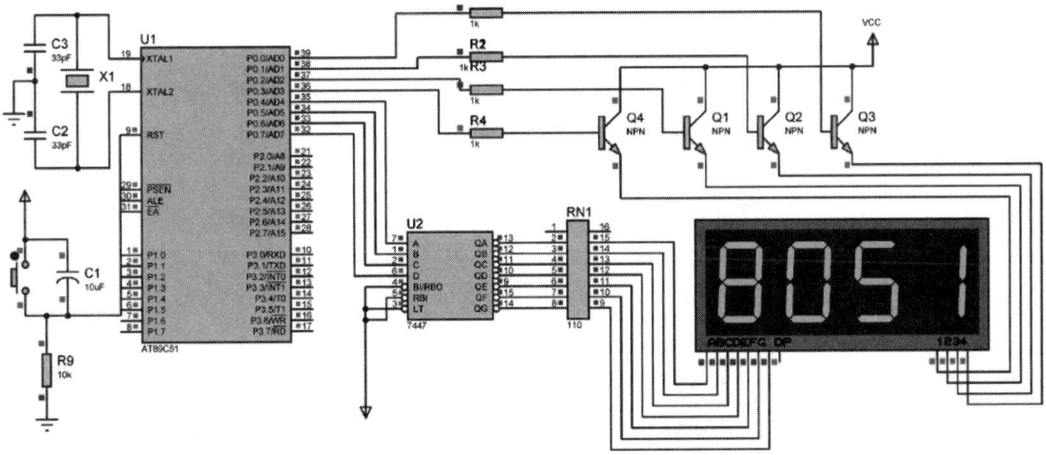

图 10-7　交互式仿真运行

拟电路、数字电路和数模混合电路的特性分析和检验。大量内置控件如显示器、电位器、按键、开关以及指示灯等可在仿真运行时产生直观的人机互动效果。以虚拟方式提供的调试仪器，如示波器、逻辑分析仪、信号发生器等，可方便地进行电路测试和运行监测；系统提供有丰富的软件调试功能，可用单步、断点、全速等方式运行用户程序。在编程语言上不仅支持汇编语言编程，在第三方软件支持下还可进行 C51 语言编程。

10.2 单片机系统的可靠性技术

随着单片机在各个领域中的应用越来越广泛，对其可靠性要求也越来越高。单片机系统的可靠性由多种因素决定，其中系统抗干扰性能是可靠性的重要指标。工业环境有强烈的电磁干扰，因此必须采取抗干扰措施，否则难以稳定、可靠地运行。

工业环境中的干扰一般是以脉冲形式进入微机系统的，渠道主要有 3 条：

① 空间干扰(场干扰)，电磁信号通过空间辐射进入系统；

② 过程通道干扰，干扰通过与系统相连的前向通道、后向通道及与其他系统的相互通道进入；

③ 供电系统干扰，电磁信号通过供电线路进入系统。

一般情况下，空间干扰在强度上远小于其他两种，故微机系统中应重点防止过程通道与供电系统的干扰。

抗干扰措施有硬件措施和软件措施。硬件措施如果得当，可将绝大部分干扰拒之门外，但仍然会有少数干扰进入微机系统，故软件措施作为第二道防线必不可少。由于软件抗干扰措施是以牺牲 CPU 效率为代价的，如果没有硬件消除绝大多数干扰，CPU 将疲于奔命，无暇顾及正常工作，这样会严重影响系统的工作效率和实时性。因此，一个成功的抗干扰系统是由硬件和软件相结合构成的。

10.2.1 硬件抗干扰技术概述

(1) 光电隔离

在输入和输出通道上采用光电隔离器来进行信息传输是很有好处的，它将微机系统与各种传感器、开关、执行机构从电气上隔离开来，这样很大一部分干扰将被阻挡。

(2) 配置去耦电容

数字电路的开关动作很快，如 TTL 的动作时间为 5～10 ns，这样便会产生瞬变电流，在电源内阻抗和公共阻抗作用下，产生开关噪声。开关噪声使电源电压发生振荡。为了抑制数字集成电路芯片的开关噪声，同时，吸收该集成电路开门和关门瞬间的充放电能量，一般在印制电子线路板上，为各个集成电路配置去耦电容。

去耦电容可以按照 $C=1/f$ 选用，其中 f 为电路频率，即 10 MHz 取 0.1 μF，100 MHz 取 0.01 μF。去耦电容应直接跨接在芯片的源和地之间，数字电路每一颗芯片原则上应配置一个去耦电容，以便随时充放电。

(3) 模拟地和数字地的分离

在单片机构成的数据采集系统中，往往既有数字信号又有模拟信号。由于单片机工作频率较高，易于产生开关噪声等高频干扰信号，这些干扰信号经过地线传入模拟量输入电路，会引起模拟量的输入采集信息的误差。为避免模拟信号与数字信号间的相互窜扰，在模拟、数字混合的单片机系统，将模拟部分和数字部分的地信号分离为模拟地和数字地，模拟和数字部分各自构成独立回路，与此同时，模拟地和数字地通过电感或磁珠相连接，形成“分区集中并联一点接地”，这样，既可以保证模拟和数字部分具有相同的地电位参考平面，又使得地线电流不会流到其他功能单元的回路中，避免各个单元的相互干扰。另外，在 PCB 设计时，地线应该尽量加粗，必要时可以采用“铺地”技术，以减少地线的阻抗。

(4) “看门狗”技术

应用系统工作在恶劣环境或大噪声的干扰环境下，由于外界干扰对 CPU 的影响，使得程序不能按照正常的设计要求运行，出现程序跑飞或死循环的现象。对此，可以通过“看门狗”电路强制 CPU 复位，使系统重新进入正常运行的轨道。

单片机在正常工作的情况下，通过定时器设置产生脉冲信号，将该脉冲信号送入“看门狗”电路“喂狗”，“看门狗”在定时“吃到”脉冲的情况下，不产生复位操作。当单片机工作系统出现异常，不能再定时向“看门狗”提供定时脉冲“喂狗”时，“看门狗”电路自动产生复位信号，通过硬件驱动单片机系统复位，从而，使“跑飞”或陷入死循环的 CPU 重新运行程序，摆脱由于干扰而造成系统异常的状态。

10.2.2　软件抗干扰技术概述

在提高硬件系统抗干扰能力的同时，软件抗干扰以其设计灵活、节省硬件资源、可靠性好也越来越受到重视。

(1) 指令冗余

CPU 取指令过程是先取操作码，再取操作数。当 PC 受干扰出现错误时，程序便脱离正常轨道“乱飞”，若乱飞到某双字节指令，且取指令时刻落在操作数上，误将操作数当作操作码，程序将出错。若“飞”到了三字节指令，出错概率更大。

在关键地方人为插入一些单字节指令，或将有效单字节指令重写称为指令冗余。通常是在双字节指令和三字节指令后插入两字节以上的 NOP。这样即使程序飞到操作数上，但由于空操作指令 NOP 的存在，也会避免后面的指令被当作操作数执行，使程序自动纳入正轨。

此外，在对系统流向起重要作用的指令如 RET、RETI、LCALL、LJMP、JC 等之前插入两条 NOP，也可将乱飞程序纳入正轨，确保这些重要指令的执行。

(2) 软件陷阱

当乱飞程序进入非程序区，冗余指令便无法起作用。通过软件陷阱，可以拦截乱飞程序，将其引向指定位置，再进行出错处理。软件陷阱是指用来将捕获的乱飞程序引向复位入口地址 0000H 的指令。通常在 EPROM 中非程序区填入以下指令作为软件陷阱：

```
NOP
NOP
LJMP    0000H
```

其机器码为 0000020000。考虑到程序存储器的容量，软件陷阱一般每 1 KB 空间有 2～3 个就可以进行有效拦截了。

(3) 软件“看门狗”技术

若失控的程序进入“死循环”,通常采用“看门狗”技术使程序脱离“死循环”。通过不断检测程序循环运行时间,若发现程序循环运行时间超过最大循环运行时间,则认为系统陷入“死循环”,需进行出错处理。

“看门狗”技术可由硬件实现,也可由软件实现。在工业应用中,严重的干扰有时会破坏中断方式控制字,关闭中断,使得系统无法定时“喂狗”,使硬件看门狗电路失效。而软件“看门狗”可有效地解决这类问题。

10.3 系统开发实例——温度控制系统的设计

10.3.1 系统设计要求

完成温度控制系统的整体设计,详细功能要求如下:

控制空间温度在设定温度附近,当实际温度低于设定温度 5 ℃以上时,启动加热设备,待实际温度达到设定温度后停止加热。

LCD12864 第一行显示“设定温度:×× ℃”,第二行显示“当前温度:×× ℃”。加热过程中第三行显示“加热中”,加热完毕“加热中”不再显示。

按“设置”键进入设定状态,设定温度值闪烁显示,默认设定温度为 50 ℃。按“增加”或“减少”键设定温度,设定范围为 20～100 ℃,每按一次“增加”(或“减少”)键,设定温度值加 1 ℃(或减 1 ℃)。当温度设定值为 100 ℃时,按“增加”键无效,当设定温度值为 20 ℃时,按“减少”键无效。设定完毕后再次按“设置”键保存设定温度值,设定温度值停止闪烁。

单片机控制强电负载时,可采用如图 10-8 所示的继电器隔离方式,由继电器触点控制强电负载回路的通断,继电器的线圈由单片机控制。当 I/O 口输出低电平时,三极管饱和导通,继电器线圈得电,常开触点闭合,接通强电负载回路,使其工作。通过继电器实现了强电与弱电的隔离。

若继电器线圈电压不是+5 V,可采用如图 10-9 所示的光耦合器+继电器隔离方式,I/O口输出低电平,光耦合器导通,进而使三极管饱和导通,继电器线圈得电,继电器常开触点闭合,接通强电负载回路,使其工作。

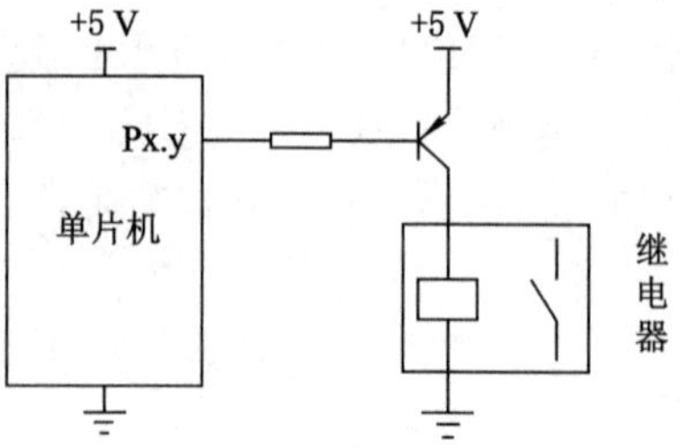

图 10-8 继电器隔离方式

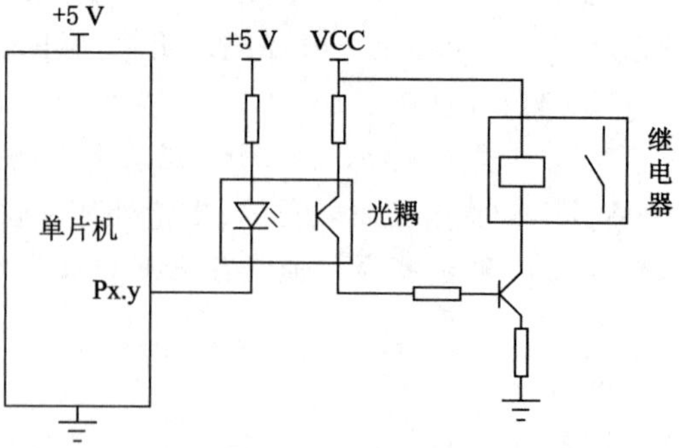

图 10-9 光耦合器+继电器隔离方式

10.3.2　系统设计

10.3.2.1　温度控制系统硬件电路设计

温度控制系统加热部分为强电负载，其回路需与弱电控制回路隔离，本任务选用如图 10-9 所示的继电器隔离电路，由继电器常开触点控制加热回路，继电器的线圈由单片机控制。温度控制系统参考电路如图 10-10 所示。图中 C_4 为电解电容 10 μF/25 V，R_3 电阻为 10 kΩ。

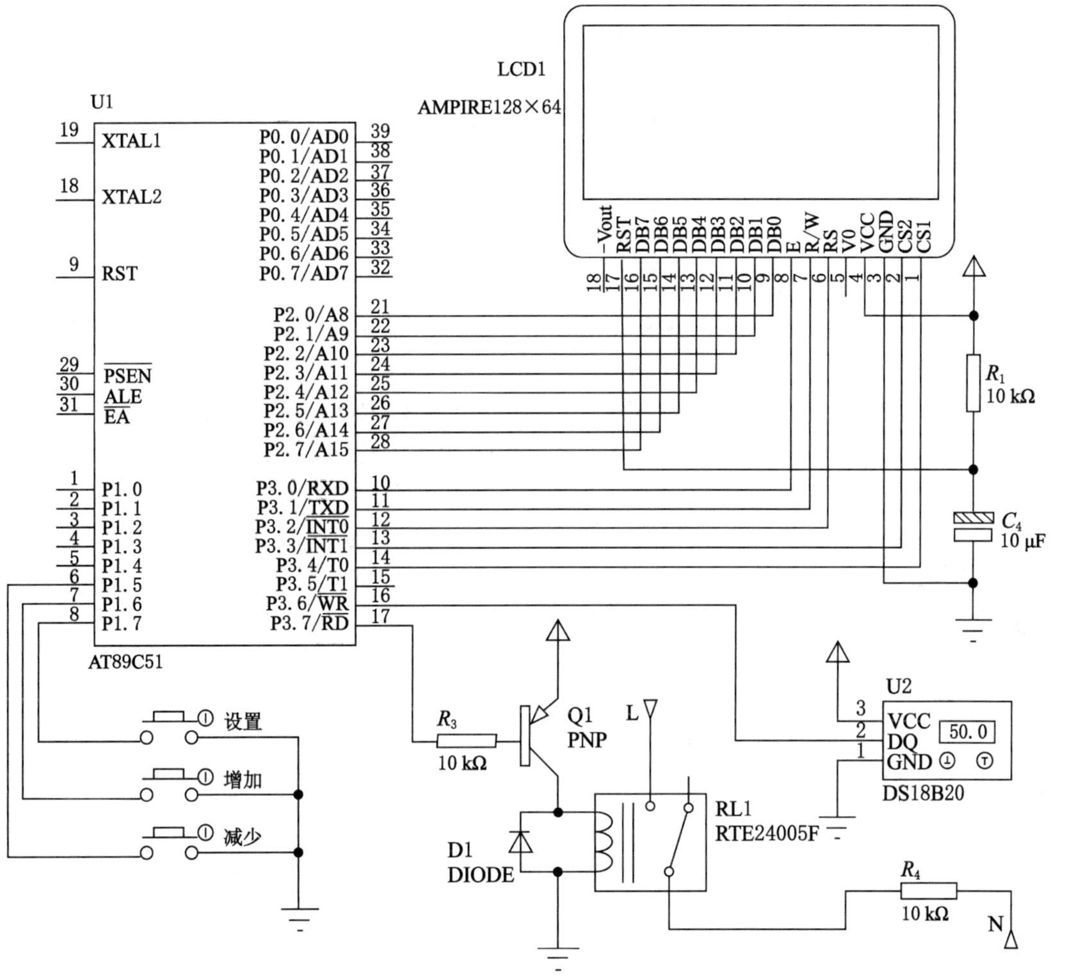

图 10-10　温度控制系统参考电路图

10.3.2.2　器件选型介绍

(1) 温度传感器 DS18B20

① 概述

DS18B20 数字温度传感器提供 9-Bit 到 12-Bit 的摄氏温度测量精度和一个用户可编程的非易失性且具有过温和低温触发报警的报警功能。DS18B20 采用的 1-Wire 通信即仅采用一个数据线(以及地)与微控制器进行通信。该传感器的温度检测范围为－55 ℃至＋125 ℃，并且在温度范围超过－10 ℃至 85 ℃之外时还具有±0.5 ℃的精度。此外，DS18B20 可以直接由数据线供电而不需要外部电源供电。

每片 DS18B20 都有一个独一无二的 64 位序列号，所以一个 1-Wire 总线上可连接多个 DS18B20 设备。因此，在一个分布式的大环境里用一个微控制器控制多个 DS18B20 是非常简单的。这些特征使得其在 HVAC 环境控制，建筑、设备及机械的温度监控系统，以及温度过程控制系统中有着很大的优势。

② 特性

- 独特的 1-Wire 总线接口仅需要一个管脚来通信。
- 每个设备的片内 ROM 上都烧写了一个独一无二的 64 位序列号。
- 多路采集能力使得分布式温度采集应用更加简单。
- 无须外围元件。
- 能够采用数据线供电，供电范围为 3.0～5.5 V。
- 温度可测量范围为：－55～＋125 ℃(－67～＋257 ℉)。
- 温度范围超过－10 ℃至 85 ℃之外时具有±0.5 ℃的精度。
- 应用于温度控制系统、工业系统、民用产品、温度传感器或者任何温度检测系统中。

③ 综述

图 10-11 所示为 DS18B20 的内部框图。内部的 64 位 ROM 存储其独一无二的序列号。暂存存储器(The scratchpad memory)包含了存储有数字温度结果的 2 个字节宽度的温度寄存器。另外，暂存存储器还提供了一个字节的过温和低温(TH 和 TL)温度报警寄存器和一个字节的配置寄存器。配置寄存器允许用户自定义温度为 9、10、11、12 位转换精度。过温和低温(TH 和 TL)温度报警寄存器是非易失性的(EEPROM)，所以其可以在设备断电的情况下保存。

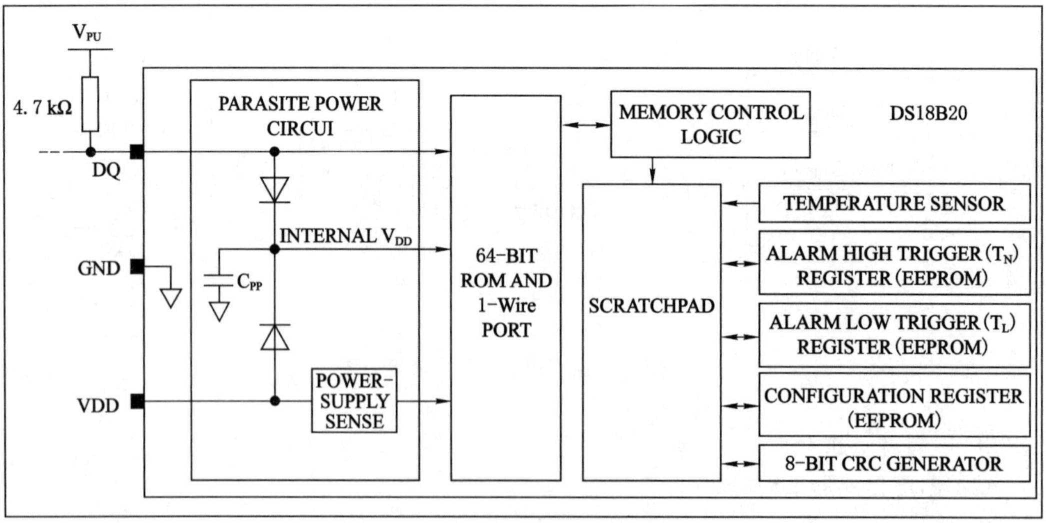

图 10-11　DS18B20 内部方框图

DS18B20 采用的 Maxim 公司专有的 1-Wire 总线协议，该总线协议仅需要一个控制信号进行通信。该控制信号线需要一个唤醒的上拉电阻以防止连接在该总线上的口是 3 态或者高阻态(DQ 信号线是在 DS18B20 上)。在该总线系统中，微控制器(主设备)通过每个设备的 64 位序列号来识别该总线上的设备。因为每个设备都有一个独一无二的序列号，挂在一个总线上的设备理论上可以是无限个。

DS18B20 的另外一个特性就是可以无须外部电源供电。当数据线 DQ 为高的时候由其为设备供电。总线拉高的时候为内部电容(Spp)充电，当总线拉低时由该电容向设备供电。这种由 1-Wire 总线为设备供电的方式称为“寄生电源”。此外，DS18B20 也可以由外部电源通过 VDD 供电。

④ 功能说明

a. 温度测量：DS18B20 的核心功能是直接温度-数字测量。其温度转换可由用户自定义为 9、10、11、12 位转换精度，分别为 0.5 ℃、0.25 ℃、0.125 ℃、0.0625 ℃分辨率。值得注意的是，上电默认为 12 位转换精度。DS18B20 上电后工作在低功耗闲置状态下。主设备必须向 DS18B20 发送温度转换命令[44h]才能开始温度转换。温度转换后，温度转换的值将会保存在暂存存储器的温度寄存器中，并且 DS18B20 将会恢复到闲置状态。如果 DS18B20 是由外部供电，当发送完温度转换命令[44h]后，主设备可以执行“读数据时序”，若此时温度转换正在进行 DS18B20 将会响应“0”，若温度转换完成则会响应“1”。如果 DS18B20 是由“寄生电源”供电，该响应的技术将不能使用，因为在整个温度转换期间，总线必须强制拉高。

DS18B20 的温度输出数据是在摄氏度下校准的；若是在华氏度下应用的话，可以用查表法或者常规的数据换算。温度数据以一个 16 位标志扩展二进制补码数的形式存储在温度寄存器中(详见图 10-12)。符号标志位(S)表示温度的正负极性：正数则 S＝0，负数则 S＝1。如果 DS18B20 被定义为 12 位的转换精度，温度寄存器中的所有位都将包含有效数据。若为 11 位转换精度，则 bit 0 为未定义的。若为 10 位转换精度，则 bit 1 和 bit 0 为未定义的。若为 9 位转换精度，则 bit 2、bit 1 和 bit 0 为未定义的。表 10-1 所示为在 12 位转换精度下温度输出数据与相对应温度之间的关系。

	BIT 7	BIT 6	BIT 5	BIT 4	BIT 3	BIT 2	BIT 1	BIT 0
LS BYTE	2^3	2^2	2^1	2^0	2^{-1}	2^{-2}	2^{-3}	2^{-4}
	BIT 7	BIT 6	BIT 5	BIT 4	BIT 3	BIT 2	BIT 1	BIT 0
MS BYTE	S	S	S	S	S	S	S	S

S=SIGN

图 10-12　温度寄存器格式

表 10-1　温度/数据对应关系

温度/℃	DIGITAL OUTPUT(BINARY)	BIGITAL OUTPUT(HEX)
＋125	0000 0111 1101 0000	07D0h

表10-1(续)

温度/℃	DIGITAL OUTPUT(BINARY)	BIGITAL OUTPUT(HEX)
+85 *	0000 0101 0101 0000	0550h
+25.0625	0000 0001 1001 0001	0191h
+10.125	0000 0000 1010 0010	00A2h
+0.5	0000 0000 0000 1000	0008h
0	0000 0000 0000 0000	0000h
−0.5	1111 1111 1111 1000	FFF8h
−10.125	1111 1111 0101 1110	FF5Eh
−25.0625	1111 1110 0110 1111	FE6Fh
−55	1111 1100 1001 0000	FC90h

* 上电复位时温度寄存器中的值为+85 ℃。

b. 温度报警

当DS18B20完成一次温度转换后，该温度转换值将会与用户定义的温度报警TH和TL寄存器(详见图10-13)中的值进行比较。符号标志位(S)表示温度的正负极性：正数则S=0，负数则S=1。过温和低温(TH和TL)温度报警寄存器是非易失性的(EEPROM)，所以其可以在设备断电的情况下保存。过温和低温(TH和TL)温度报警寄存器在“寄存器”章节中可以解释为暂存寄存器的第2、第3个字节。

BIT 7	BIT 6	BIT 5	BIT 4	BIT 3	BIT 2	BIT 1	BIT 0
S	2^6	2^5	2^4	2^3	2^2	2^1	2^0

图10-13　过温和低温(TH和TL)温度报警寄存器

因为过温和低温(TH和TL)温度报警寄存器是一个8位的寄存器，所以在与其比较时温度寄存器的4位至11位才是有效的数据。如果温度转换数据小于或等于TL及大于或等于TH，DS18B20内部的报警标志位将会被置位。该标志位在每次温度转换之后都会更新，因此，如报警条件消失，该标志位在温度转换之后将会关闭。

主设备可以通过报警查询命令[Che]查询该总线上的DS18B20设备的报警标志位。任何一个报警标志位已经置位的DS18B20设备都会响应该命令，因此，主设备可以确定到底是哪个DS18B20设备存在温度报警。如果温度报警存在，并且过温和低温(TH和TL)温度报警寄存器已经被改变，则下一个温度转换值必须验证其温度报警标志位。

② LCD显示屏

a. 选型

目前来说，LCD常用的有LCD12684和LCD1602这两种类型。LCD12864是一种图形点阵液晶显示器，它主要由行驱动器/列驱动器及128×64全点阵液晶显示器组成。可完成图形显示，也可以显示8×4个(16×16点阵)汉字或者显示16×4个(8×16点阵)ASCII

码。而 LCD1602 是一种工业字符型液晶，能够同时显示 16×2 即 32 个字符。LCD1602 液晶显示的原理是利用液晶的物理特性，通过电压对其显示区域进行控制，有电就有显示，这样即可以显示出图形。两者区别有：(1) 分辨率不同，LCD1602 是每字 5×8 点阵，字符区域 16×2 个；LCD12864 是 128×64 分辨率的点阵。(2) 驱动芯片也不同，因此控制字、时序略有不同。(3) 相比较而言，LCD12864 功耗低，体积小，显示功能更多，但价格稍贵。LCD12864 模块主要用来显示所要的界面信息或数据，所以要求能显示汉字、字符和数字，而 LCD12864 满足系统要求的显示功能。

b. AMPIRE126X84 模块接口说明如表 10-2 所示。

表 10-2　AMPIRE128X64 接口说明表

管脚号	管家名称	电平	说明
1	$\overline{CS1}$	H/L	片选择信号，低电平时选择前 64 列
2	$\overline{CS2}$	H/L	片选择信号，低电平时选择后 64 列
3	GND	0V	逻辑电源地
4	VCC	5V	逻辑电源正
5	V0		LCD 驱动电压，应用时在 VEE 和 V0 之间加一个 2 kΩ 可调电阻
6	RS	H/L	数据\指令选择。高电平：数据 D0～D7 将送入显示 RAM；低电平：数据 D0～D7 将送入指令寄存器执行
7	R/W	H/L	读\写选择。高电平：读数据；低电平：写数据
8	E	H/L	读写使能，高电平有效，下降沿锁定数据
9	DB0	H/L	数据输入输出引脚
10	DB1	H/L	数据输入输出引脚
11	DB2	H/L	数据输入输出引脚
12	DB3	H/L	数据输入输出引脚
13	DB4	H/L	数据输入输出引脚
14	DB5	H/L	数据输入输出引脚
15	DB6	H/L	数据输入输出引脚
16	DB7	H/L	数据输入输出引脚
17	RST	L	复位信号，低电平有效
18	VOUT	−10V	LCD 驱动电源

10.3.2.3　源程序设计

编写温度控制系统源程序，实现功能要求。温度控制系统参考源程序结构如图 10-14 所示，包括 18b20.c 文件、18b20.h 文件、delay.c 文件、delay.h 文件、lcd12864.c 文件、

lcd12864.h 文件和 main.c 文件。

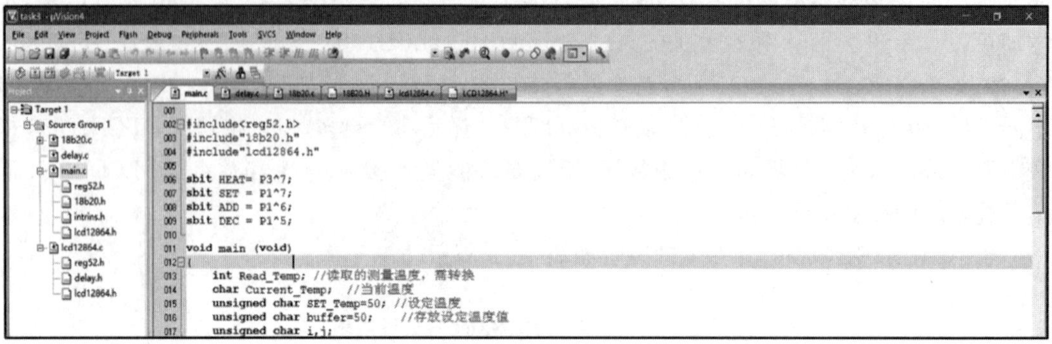

图 10-14　温度控制系统参考源程序结构

(1) 18b20.c 文件参考内容

```
#include"delay.h"
#include<reg52.h>
sbit DQ=P3^6;                 //ds18b20 端口
bit Init_DS18B20(void)
{
    bit dat=0;
    DQ=1;                     //DQ 复位
    DelayUs2x(5);             //稍做延时
    DQ=0;                     //单片机将 DQ 拉低
    DelayUs2x(200);           //精确延时 大于 480 μs 小于 960 μs
    DelayUs2x(200);
    DQ=1;                     //拉高总线
    DelayUs2x(50);            //15～60 μs 后接收 60～240 μs 的存在脉冲
    dat=DQ;                   //如果 x=0 则初始化成功,x=1 则初始化失败
    DelayUs2x(25);            //稍做延时返回
    return dat;
}
unsigned char DS18B20_Read(void)
{
    unsigned char i=0;
    unsigned char dat=0;
    for (i=8;i>0;i--)
    {
```

```
        DQ=0;            //给脉冲信号
        dat>>=1;
        DQ=1;            //给脉冲信号
        if(DQ) dat|=0x80;
        DelayUs2x(25);
    }
    return(dat);
}
void DS18B20_Write(unsigned char dat)
{
    unsigned char i=0;
    for (i=8; i>0; i--)
    {
        DQ=0;
        DQ=dat&0x01;
        DelayUs2x(25);
        DQ=1;
        dat>>=1;
    }
    DelayUs2x(25);
  }
unsigned int Get_Temp(void)
{
    unsigned char a=0;
    unsigned int b=0;
    unsigned int t=0;
    Init_DS18B20();
    DS18B20_Write(0xCC);       // 跳过读序列号的操作
    DS18B20_Write(0x44);       // 启动温度转换
    DelayMs(10);
    Init_DS18B20();
    DS18B20_Write(0xCC);       //跳过读序列号的操作
    DS18B20_Write(0xBE);       /读取温度寄存器等(共可读 9 个寄存器)
                               //前两个就是温度
    a=DS18B20_Read();          //低位
```

```
    b=DS18B20_Read();            //高位
    b<<=8;
    t=a+b;
    return(t);
}
```

(2) 18b20.h 文件参考内容

```
#ifndef __DS18B20_H__
#define __DS18B20_H__
#include<reg52.h>           //包含头文件,一般情况不需要改动,头文件包含
                            //特殊功能寄存器的定义
#include<intrins.h>
#define uchar unsigned char
#define uint  unsigned int;
unsigned int Get_Temp(void);
bit Init_DS18B20(void);
unsigned char Read_Char(void);
void Write_Char(unsigned char dat);
#endif
```

(3) delay.c 文件参考内容

```
void delay_ms(unsigned char ms) /* 12 MHz 晶振时延时毫秒函数,最大值 25 s */
{
    unsigned char i;
    while(ms--)
    for(i=0;i<124;i++);
}
```

(4) delay.h 文件参考内容

```
#ifndef __DELAY_H__
#define __DELAY_H__
extern void delay_ms(unsigned char ms);
#endif
```

(5) lcd12864e.c 文件参考内容

```
#include<reg52.h>
#include"delay.h"
#include"lcd12864.h"
#define DATAPORT P2
```

```
unsigned int LCD12864_Cmd;      //指令存储变量,为全局变量
unsigned int LCD12864_Dat;      //数据存储变量
unsigned int page;              //页数存储变量
unsigned int column;            //列数存储变量
unsigned int code  a[]={
  /*--文字:  0  --*/
  /*--宋体12;  此字体下对应的点阵为:宽×高=16×16   --*/
  0x00,0xE0,0x10,0x08,0x08,0x10,0xE0,0x00,0x00,0x00,0x00,0x00,0x00,0x00,0x00,0x00,
  0x00,0x0F,0x10,0x20,0x20,0x10,0x0F,0x00,0x00,0x00,0x00,0x00,0x00,0x00,0x00,0x00,
  /*--文字:  1  --*/
  /*--宋体12;  此字体下对应的点阵为:宽×高=16×16   --*/
  0x00,0x10,0x10,0xF8,0x00,0x00,0x00,0x00,0x00,0x00,0x00,0x00,0x00,0x00,0x00,0x00,
  0x00,0x20,0x20,0x3F,0x20,0x20,0x00,0x00,0x00,0x00,0x00,0x00,0x00,0x00,0x00,0x00,
  /*--文字:  2  --*/
  /*--宋体12;  此字体下对应的点阵为:宽×高=16×16   --*/
  0x00,0x70,0x08,0x08,0x08,0x88,0x70,0x00,0x00,0x00,0x00,0x00,0x00,0x00,0x00,0x00,
  0x00,0x30,0x28,0x24,0x22,0x21,0x30,0x00,0x00,0x00,0x00,0x00,0x00,0x00,0x00,0x00,
  /*--文字:  3  --*/
  /*--宋体12;  此字体下对应的点阵为:宽×高=16×16   --*/
  0x00,0x30,0x08,0x88,0x88,0x48,0x30,0x00,0x00,0x00,0x00,0x00,0x00,0x00,0x00,0x00,
  0x00,0x18,0x20,0x20,0x20,0x11,0x0E,0x00,0x00,0x00,0x00,0x00,0x00,0x00,0x00,0x00,
  /*--文字:  4  --*/
  /*--宋体12;  此字体下对应的点阵为:宽×高=16×16   --*/
  0x00,0x00,0xC0,0x20,0x10,0xF8,0x00,0x00,0x00,0x00,0x00,0x00,0x00,0x00,0x00,0x00,
  0x00,0x07,0x04,0x24,0x24,0x3F,0x24,0x00,0x00,0x00,0x00,0x00,0x00,0x00,0x00,0x00,
  /*--文字:  5  --*/
  /*--宋体12;  此字体下对应的点阵为:宽×高=16×16   -x/
  0x00,0xF8,0x08,0x88,0x88,0x08,0x08,0x00,0x00,0x00,0x00,0x00,0x00,0x00,0x00,0x00,
  0x00,0x19,0x21,0x20,0x20,0x11,0x0E,0x00,0x00,0x00,0x00,0x00,0x00,0x00,0x00,0x00,
  /*--文字:  6  --*/
  /*--宋体12;  此字体下对应的点阵为:宽×高=16×16   --*/
  0x00,0xE0,0x10,0x88,0x88,0x18,0x00,0x00,0x00,0x00,0x00,0x00,0x00,0x00,0x00,0x00,
  0x00,0x0F,0x11,0x20,0x20,0x11,0x0E,0x00,0x00,0x00,0x00,0x00,0x00,0x00,0x00,0x00,
  /*--文字:  7  --*/
```

```
/*——宋体12;  此字体下对应的点阵为:宽×高=16×16  ——*/
0x00,0x38,0x08,0x08,0xC8,0x38,0x08,0x00,0x00,0x00,0x00,0x00,0x00,0x00,0x00,0x00,
0x00,0x00,0x00,0x3F,0x00,0x00,0x00,0x00,0x00,0x00,0x00,0x00,0x00,0x00,0x00,0x00,
/*——文字: 8  ——*/
/*——宋体12;  此字体下对应的点阵为:宽×高=16×16  ——*/
0x00,0x70,0x88,0x08,0x08,0x88,0x70,0x00,0x00,0x00,0x00,0x00,0x00,0x00,0x00,0x00,
0x00,0x1C,0x22,0x21,0x21,0x22,0x1C,0x00,0x00,0x00,0x00,0x00,0x00,0x00,0x00,0x00,
/*——文字: 9  ——*/
/*——宋体12;  此字体下对应的点阵为:宽×高=16×16  ——*/
0x00,0xE0,0x10,0x08,0x08,0x10,0xE0,0x00,0x00,0x00,0x00,0x00,0x00,0x00,0x00,0x00,
0x00,0x00,0x31,0x22,0x22,0x11,0x0F,0x00,0x00,0x00,0x00,0x00,0x00,0x00,0x00,0x00,
/*——文字: 设  ——10*/
/*——宋体12;  此字体下对应的点阵为:宽×高=16×16  ——*/
0x40,0x40,0x42,0xCC,0x00,0x40,0xA0,0x9E,0x82,0x82,0x82,0x9E,0xA0,0x20,0x20,0x00,
0x00,0x00,0x00,0x3F,0x90,0x88,0x40,0x43,0x2C,0x10,0x28,0x46,0x41,0x80,0x80,0x00,
/*——文字: 定  ——11*/
/*——宋体12;  此字体下对应的点阵为:宽×高=16×16  ——*/
0x10,0x0C,0x44,0x44,0x44,0x44,0x45,0xC6,0x44,0x44,0x44,0x44,0x44,0x14,0x0C,0x00,
0x80,0x40,0x20,0x1E,0x20,0x40,0x40,0x7F,0x44,0x44,0x44,0x44,0x44,0x40,0x40,0x00,
/*——文字: 当  ——12*/
/*——宋体12;  此字体下对应的点阵为:宽×高=16×16  ——*/
0x00,0x40,0x42,0x44,0x58,0x40,0x40,0x7F,0x40,0x40,0x50,0x48,0xC6,0x00,0x00,0x00,
0x00,0x40,0x44,0x44,0x44,0x44,0x44,0x44,0x44,0x44,0x44,0x44,0xFF,0x00,0x00,0x00,
/*——文字: 前  ——13*/
/*——宋体12;  此字体下对应的点阵为:宽×高=16×16  ——*/
0x08,0x08,0xE8,0x29,0x2E,0x28,0xE8,0x08,0x08,0xC8,0x0C,0x0B,0xE8,0x08,0x08,0x00,
0x00,0x00,0xFF,0x09,0x49,0x89,0x7F,0x00,0x00,0x0F,0x40,0x80,0x7F,0x00,0x00,0x00,
/*——文字: 温  ——14*/
/*——宋体12;  此字体下对应的点阵为:宽×高=16×16  ——*/
0x10,0x60,0x02,0x8C,0x00,0x00,0xFE,0x92,0x92,0x92,0x92,0x92,0xFE,0x00,0x00,0x00,
0x04,0x04,0x7E,0x01,0x40,0x7E,0x42,0x42,0x7E,0x42,0x7E,0x42,0x42,0x7E,0x40,0x00,
/*——文字: 度  ——15*/
/*——宋体12;  此字体下对应的点阵为:宽×高=16×16  ——*/
0x00,0x00,0xFC,0x24,0x24,0x24,0xFC,0x25,0x26,0x24,0xFC,0x24,0x24,0x24,0x04,0x00,
0x40,0x30,0x8F,0x80,0x84,0x4C,0x55,0x25,0x25,0x25,0x55,0x4C,0x80,0x80,0x80,0x00,
```

```
/*——文字：  ：  ——16*/
/*——宋体12;  此字体下对应的点阵为:宽×高=16×16  ——*/
0x00,0x00,0x00,0x00,0x00,0x00,0x00,0x00,0x00,0x00,0x00,0x00,0x00,0x00,0x00,0x00,
0x00,0x00,0x36,0x36,0x00,0x00,0x00,0x00,0x00,0x00,0x00,0x00,0x00,0x00,0x00,0x00,
/*——文字：  ℃  ——17*/
/*——宋体12;  此字体下对应的点阵为:宽×高=16×16  ——*/
0x06,0x09,0x09,0xE6,0xF8,0x0C,0x04,0x02,0x02,0x02,0x02,0x02,0x04,0x1E,0x00,0x00,
0x00,0x00,0x00,0x07,0x1F,0x30,0x20,0x40,0x40,0x40,0x40,0x40,0x20,0x10,0x00,0x00,
/*——文字：  加  ——18*/
/*——宋体12;  此字体下对应的点阵为:宽×高=16×16  ——*/
0x10,0x10,0x10,0xFF,0x10,0x10,0xF0,0x00,0x00,0xF8,0x08,0x08,0x08,0xF8,0x00,0x00,
0x80,0x40,0x30,0x0F,0x40,0x80,0x7F,0x00,0x00,0x7F,0x20,0x20,0x20,0x7F,0x00,0x00,
/*——文字：  热  ——19*/
/*——宋体12;  此字体下对应的点阵为:宽×高=16×16  ——*/
0x08,0x08,0x88,0xFF,0x48,0x48,0x00,0x08,0x48,0xFF,0x08,0x08,0xF8,0x00,0x00,0x00,
0x81,0x65,0x08,0x07,0x20,0xC0,0x08,0x04,0x23,0xC0,0x03,0x00,0x23,0xC4,0x0F,0x00,
/*——文字：  中  ——20*/
/*——宋体12;  此字体下对应的点阵为:宽×高=16×16  ——*/
0x00,0x00,0xF0,0x10,0x10,0x10,0x10,0xFF,0x10,0x10,0x10,0x10,0xF0,0x00,0x00,0x00,
0x00,0x00,0x0F,0x04,0x04,0x04,0x04,0xFF,0x04,0x04,0x04,0x04,0x0F,0x00,0x00,0x00,
0x00,0x00,0x00,0x00,0x00,0x00,0x00,0x00,0x00,0x00,0x00,0x00,0x00,0x00,0x00,0x00,
0x00,0x00,0x00,0x00,0x00,0x00,0x00,0x00,0x00,0x00,0x00,0x00,0x00,0x00,0x00,0x00,
};
void LCD12864_Write_Cmd()
{
  RS=0;
  RW=0;
  EN=1;
  DATAPORT=LCD12864_Cmd;
  EN=0;
}
void LCD12864_Write_Dat()
{
  RS=1;
  RW=0;
  EN=1;
```

```
  DATAPORT=LCD12864_Dat;
  EN=0;
}
void Init_LCD12864()
{
  unsigned char i,j;
  LCD12864_Cmd=0x3f;//显示打开
  LCD12864_Write_Cmd();
  CS1=0;
  CS2=1;//选中左半屏
  for(i=0xb8;i<=0xbf;i++) //从第 0 页开始清屏,共清 8 页
  {
     LCD12864_Cmd=i; //页面地址设置指令
     LCD12864_Write_Cmd( ); //确定要清的页
     for(j=0x40;j<=0x7f;j++) //每页 64 列
     {
     LCD12864_Cmd=j; //列地址设置指令
     LCD12864_Write_Cmd( ); //确定要清的列
     LCD12864_Dat=0;
     LCD12864_Write_Dat( );
   }
   j=0;
}
   i=0;
   CS1=1;
   CS2=0; //选中右半屏
   for(i=0xb8;i<=0xbf;i++) //从第 0 页开始清屏,共清 8 页
   {
     LCD12864_Cmd=i;
     LCD12864_Write_Cmd( ); //确定要清的页

     for(j=0x40;j<=0x7f;j++) //每页 64 列
     {
       LCD12864_Cmd=j;
       LCD12864_Write_Cmd( ); //确定要清的列
       LCD12864_Dat=0;
       LCD12864_Write_Dat( );
     }
     j=0;
```

```
    }
    i=0;
}
void Display_One(unsigned char x)
{
    unsigned int m,n,s;
    s=32*x; //s为汉字第一个段码的编号
    LCD12864_Cmd=page|0xb8;
    LCD12864_Write_Cmd( );
    LCD12864_Cmd=column|0x40;
    LCD12864_Write_Cmd( );              //以上4条指令确定显示的起始页和列
    for(m=s;m<16+s;m++)                 //每个汉字由16*16点阵显示,先显示
                                        //第一页的16列
    {
        LCD12864_Dat=a[m];
        LCD12864_Write_Dat( );
    }

        LCD12864_Cmd=++page|0xb8; //(++变量)为先加1再使用,而(变
                                  //量++)为先使用再加1
        LCD12864_Write_Cmd( );
        LCD12864_Cmd=column|0x40;
        LCD12864_Write_Cmd( );
        for(n=s+16;n<32+s;n++)//显示汉字的第二页
        {
          LCD12864_Dat=a[n];
          LCD12864_Write_Dat( );
        }
}
```

(6) lcd12864e.h 文件参考内容

```
#ifndef __LCD12864_H__
#define __LCD12864_H__
void Init_LCD12864( );
void Display_One(unsigned char x);
sbit CS2=P3^3;
sbit CS1=P3^4;
sbit EN=P3^0;
sbit RW=P3^1;
sbit RS=P3^2;
```

```
extern unsigned int LCD12864_Cmd;         //指令存储变量,为全局变量
extern unsigned int LCD12864_Dat;         //数据存储变量
extern unsigned int page;        //页数存储变量
extern unsigned int column;      //列数存储变量
#endif
```

(7) main.c 文件参考内容

```
#include<reg52.h>
#include"18b20.h"
#include"lcd12864.h"
sbit HEAT= P3^7;
sbit SET=P1^7;
sbit ADD=P1^6;
sbit DEC=P1^5;
void main (void)
{
  int Read_Temp; //读取的测量温度,需转换
  char Current_Temp;//当前温度
  unsigned char SET_Temp=50; //设定温度
  unsigned char buffer=50;//存放设定温度值
  unsigned char i,j;
  bit SET_Flag,ADD_Flag,DEC_Flag; //键按下标志
  bit flash;

  TMOD |= 0x01;//使用模式 1,16 位定时器,使用"|"符号可以在使用多个
                //定时器时不受影响
  TH0=(65536-2000)/256;        //2 ms 初值赋值
  TL0=(65536-2000)%256;
  TR0=1;
  Init_LCD12864();
  CS1=0;
  CS2=1;                       //选中左半屏
  page=0;
  column=0;
  Display_One(10); //设
  page=0;
  column=16;
  Display_One(11); //定
  page=0;
  column=32;
```

```
Display_One(14); //温
page=0;
column=48;
Display_One(15); //度
CS1=1;
CS2=0;//选中右半屏
page=0;
column=0;
Display_One(16); //:
page=0;
column=48;
Display_One(17); // ℃
CS1=0;
CS2=1;//选中左半屏
page=2;
column=0;
Display_One(12); //当
page=2;
column=16;
Display_One(13); //前
page=2;
column=32;
Display_One(14); //温
page=2;
column=48;
Display_One(15); //度
CS1=1;
CS2=0;//选中右半屏
page=2;
column=0;
Display_One(16); //:
page=2;
column=48;
Display_One(17); // ℃
while(1)
{
  if(TF0==1)
{
TF0=0;
```

```
TH0=(65536-2000)/256;  //重新赋值 2 ms
TL0=(65536-2000)%256;
if(++i==100) //每 200 ms 转换一次,显示一次温度值
{
  i=0;
  flash=~flash;
  Read_Temp=Get_Temp();
  Current_Temp=Read_Temp * 0.0625; //将读取的温度值转换成实际值
  CS1=1;
  CS2=0;//选中右半屏
  page=2;
  column=16;
  Display_One(Current_Temp/10); //当前温度十位显示
  page=2;
  column=32;
  Display_One(Current_Temp%10); //当前温度个位显示
  page=0;
  column=16;
  if(j==1) //按一次设置键,设定温度闪烁显示
  {
      if(flash==1)
          Display_One(SET_Temp/10); //设定温度十位显示
      else
          Display_One(21); //设定温度十位灭
  }
  else //未按设置键或按两次,设定温度常亮显示
  Display_One(SET_Temp/10);
  page=0;
  column=32;
  if(j==1)
  {
      if(flash==1)
          Display_One(SET_Temp%10); //设定温度个位显示
      else
          Display_One(21); //设定温度个位灭
  }
  else
      Display_One(SET_Temp%10);
  }
```

```
}
SET=1;
if(SET==0)
    SET_Flag=1;
if(SET==1&&SET_Flag==1) //松开按键后再处理
{
    ++j; //按键次数
    SET_Flag=0;
}
if(j==1) //按一次 SET 才能处理加减键
{
    ADD=1;
    if(ADD==0)
        ADD_Flag=1;
    if(ADD==1&&ADD_Flag==1)
    {
        ++SET_Temp;
        ADD_Flag=0;
    }
    DEC=1;
    if(DEC==0)
        DEC_Flag=1;
    if(DEC==1&&DEC_Flag==1)
    {
        --SET_Temp;
        DEC_Flag=0;
    }
}
if(j==2)
{
    buffer=SET_Temp;
    j=0;
}
if(Current_Temp<(buffer-5))
{
    HEAT=0;
}
if(Current_Temp>buffer)
{
```

```
        HEAT=1;
    }
    if(HEAT==0) //显示"加热中"
    {
            CS1=0;
            CS2=1;//选中左半屏
            page=4;
            column=0;
            Display_One(18);
            page=4;
            column=16;
            Display_One(19);
            page=4;
            column=32;
            Display_One(20);
    }
        if(HEAT==1) //清除"加热中"
        {
            CS1=0;
            CS2=1;//选中左半屏
            page=4;
            column=0;
            Display_One(21); //加
            page=4;
            column=16;
            Display_One(21); //热
            page=4;
            column=32;
            Display_One(21); //中
        }
      }
    }
```

10.3.2.4 仿真分析

为温度控制系统电路中的单片机加载本任务目标程序,仿真运行。

(1) 温度控制系统初始仿真界面如图 10-15 所示,当前温度为 52 ℃,设定温度为默认值 50 ℃。

(2) 当前温度降至 44 ℃时,满足加热条件(低于设定温度 5 ℃以上),加热设备工作,液晶屏显示"加热中",加热仿真界面如图 10-16 所示。

(3) 按"设置"键时,进入图 10-17 所示的"设定温度"设置仿真界面,设定温度值闪烁显示。

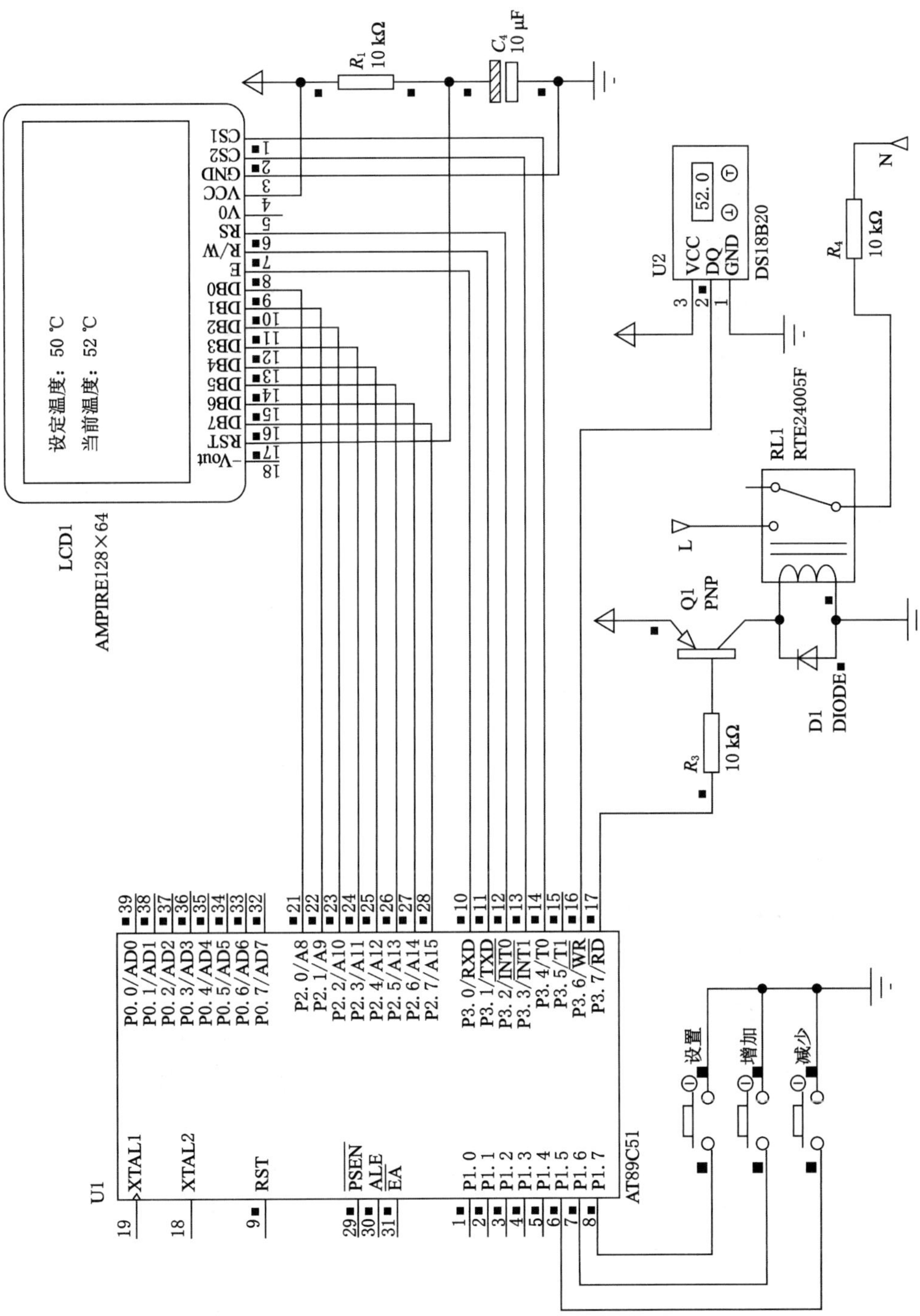

图10-15　温度控制系统初始仿真界面

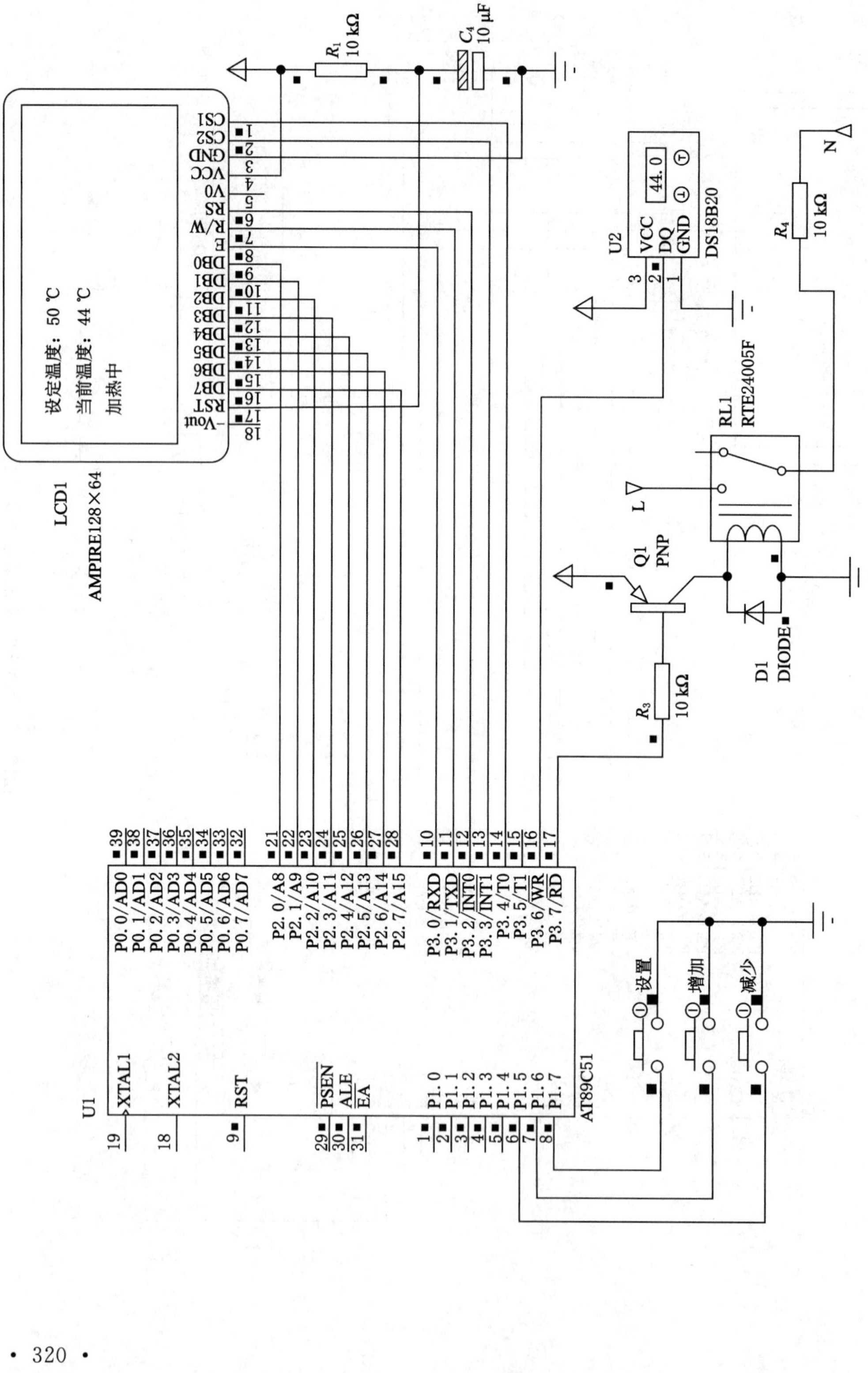

图10-16 温度控制系统加热仿真界面

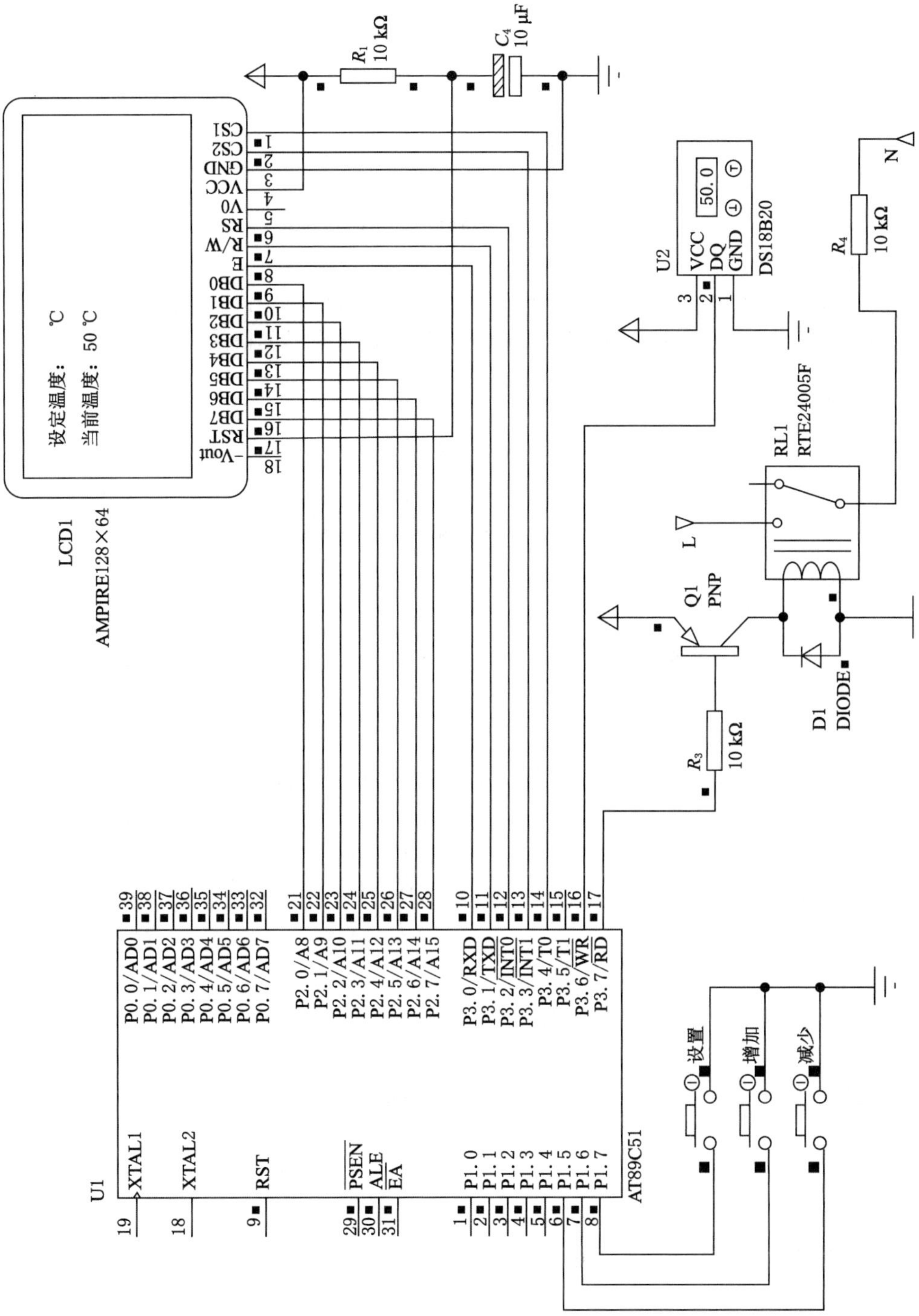

图10-17　设定温度仿真界面

10.4 习题

一、填空题

1. LCD12864 整个液晶屏共__________行__________列，可显示__________个汉字。
2. LCD12864 显示屏分左、右半屏，每屏__________页__________列。
3. 关闭 LCD12864 显示的指令是__________。
4. DS18B20 是一种________接口的数字式温度传感器，测量温度范围为________。
5. 默认状态下 DS18B20 的分辨率为__________ ℃。
6. 已知 DS18B20 输出数据为 0000 010101011100，则对应温度值为__________ ℃。
7. 已知 DS18B20 输出数据为 111111110111 1110，则对应温度值为__________ ℃。

二、单项选择题

1. 选中 LCD12864 左半屏显示时，CS1 与 CS2 分别为（　　）。

A. 00　　B. 01　　C. 10　　D. 11

2. 若写入的起始页地址为 0xB8，起始列地址为 0x41，则起始页与起始列分别为第（　　）页和第（　　）列。

A. 00　　B. 01　　C. 80　　D. 81

3. 向 LCD12864 写显示数据时，LCD12864 的 RS 与 RW 引脚信号应分别为（　　）和（　　）。

A. 00　　B. 01　　C. 10　　D. 11

4. 判断 LCD12864 是否忙 C 时 LCD1286 的 RS 与 RW 引脚信号应分别为（　　）和（　　）。

A. 00　　B. 01　　C. 10　　D. 11

5. 设置 LCD1284 显示的起始行与起始列时，LCD12864 的 RS 与 RW 引脚信号应分别为（　　）和（　　）。

A. 00　　B. 01　　C. 10　　D. 11

6. DS18B20 序列号的作用为（　　）。

A. 实现一根总线上挂接多个 DS18B20　　B. 设置分辨率
C. 配置高温报警值　　D. 配置低温报警值

三、简答题

1. LCD12864 内部功能器件有哪些？
2. 简述 DS18B20 的典型温度读取过程。

四、设计题

设计一温度监控系统，能监控某空间 4 个不同位置的温度，使用 12864 分 4 行显示 4 个不同位置的温度，使用 DS18B20 采集温度信号。假设 DS18B20 输出信号在传输过程中没有衰减。

参考文献

[1] 林立，张俊亮.单片机原理及应用：基于 Proteus 和 Keil C[M].4 版.北京：电子工业出版社，2018.

[2] 蔡美琴，张为民，何金儿，等.MCS－51 系列单片机系统及其应用[M].2 版.北京：高等教育出版社，2004.

[3] 朱兆优，陈坚，王海涛，等.单片机原理与应用：基于 STC 系列增强型 80C51 单片机[M].3 版.北京：电子工业出版社，2016.

[4] 姜志海，王蕾，姜沛勋.单片机原理及应用[M].5 版.北京：电子工业出版社，2021.

[5] 王会良，王东锋，董冠强.单片机 C 语言应用 100 例[M].3 版.北京：电子工业出版社，2017.

[6] 熊才高.单片机原理及应用[M].2 版.武汉：华中科技大学出版社，2021.

[7] 张毅刚.单片机原理及应用：C51 编程＋Proteus 仿真[M].3 版.北京：高等教育出版社，2021.

[8] 杨学昭，王东云.单片机原理、接口技术及应用(含 C51).西安：西安电子科技大学出版社，2009.

[9] 李学礼.基于 Proteus 的 8051 单片机实例教程[M].北京：电子工业出版社，2008.

[10] 王静霞.单片机应用技术：C 语言版[M].3 版.北京：电子工业出版社，2015.